中 国 佛 教 建 筑

中國佛教建築

中国建筑设计院
建筑历史研究所
孙大章 著

中国建筑工业出版社

目录

第一章

中国佛教建筑的发展历史

一、印度佛教——3

二、佛教传入中国的时期——10

三、中国佛教及佛教建筑的演进——11

（一）初期的佛教与建筑——11
（二）三国两晋南北朝时期佛教与建筑——11
（三）隋唐、五代十国时期的佛教与建筑——16
（四）宋辽金时期的佛教与建筑——21
（五）元明清时期佛教与建筑——22

四、中国佛教建筑艺术的历史分期——26

（一）祠祭时期——26
（二）模仿时期——27
（三）融合时期——27
（四）神秘时期——28

第二章

中国佛教寺院的建筑特色

一、汉传佛教寺院——34

二、藏传佛教寺院——72

三、南传佛教寺院——90

四、石窟寺——92

第三章

中国佛教寺院布局

一、初期中国佛寺——103

二、塔殿并列式寺院布局——105

三、廊院制寺院布局——109

四、纵轴式寺院布局——112

五、合院式寺院布局——118

六、自由式寺院布局——120

七、坛城式寺院布局——126
八、附崖式寺院布局——128

第四章

中国佛教建筑的

佛殿

一、佛殿的形成与发展——135
（一）圣物崇拜与偶像崇拜——135
（二）精舍——136
（三）舍宅为寺——137
（四）佛殿的演变——138

二、佛殿的形式分类——140
（一）宫室式佛殿——140
（二）楼阁式佛殿——147
（三）都纲式佛殿——155

三、佛殿的艺术造型——162
（一）佛殿空间与像设——162
（二）佛殿的屋顶组合与金顶——166
（三）佛殿群体组合——168

第五章

中国佛教建筑的

佛塔

一、佛塔诸名释义——177
（一）浮屠——177
（二）窣堵坡——178
（三）精舍——179
（四）塔——180

二、楼阁式塔——181
（一）塔形探原——181
（二）北魏时期的永宁寺塔——188
（三）纯木结构楼阁式塔——197
（四）砖身木檐楼阁式塔——200
（五）砖构楼阁式塔——207

（六）石构楼阁式塔——226

三、密檐式塔——230

（一）嵩岳寺塔——230
（二）唐代密檐塔——231
（三）辽代密檐塔——234

四、单层塔——244

（一）亭阁式塔——244
（二）舍利塔——249
（三）多宝塔——253
（四）佛帐形式转化的修定寺塔——255

五、金刚宝座塔——258

（一）北京正觉寺塔——258
（二）印度佛陀迦耶塔——259
（三）金刚宝座塔式在中国的发展 ——263
（四）五塔造型在建筑艺术上的象征意义——268

六、喇嘛塔——270

（一）元代喇嘛塔——271
（二）明代喇嘛塔——274
（三）清代喇嘛塔——277

七、琉璃塔及铁塔——286

（一）琉璃塔——286
（二）铁塔及金属塔——290

八、华塔——294

九、异形塔——297

十、双塔及群塔——304

（一）双塔——304
（二）布局式群塔 ——306
（三）塔林——317

十一、南传佛教佛塔——320

十二、文峰塔——322

十三、经幢——322

第六章

中国佛教建筑的技术表现

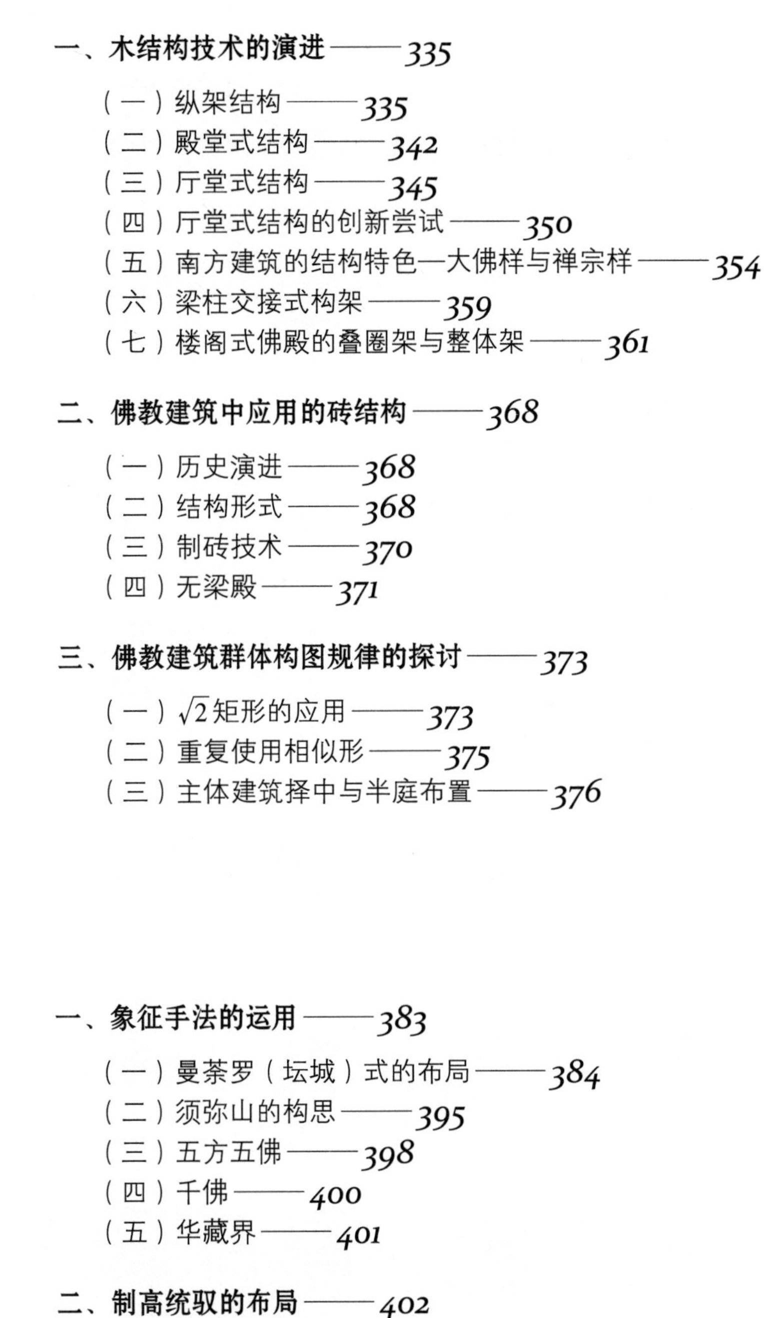

一、木结构技术的演进——335

（一）纵架结构——335
（二）殿堂式结构——342
（三）厅堂式结构——345
（四）厅堂式结构的创新尝试——350
（五）南方建筑的结构特色—大佛样与禅宗样——354
（六）梁柱交接式构架——359
（七）楼阁式佛殿的叠圈架与整体架——361

二、佛教建筑中应用的砖结构——368

（一）历史演进——368
（二）结构形式——368
（三）制砖技术——370
（四）无梁殿——371

三、佛教建筑群体构图规律的探讨——373

（一）$\sqrt{2}$矩形的应用——373
（二）重复使用相似形——375
（三）主体建筑择中与半庭布置——376

第七章

中国佛教建筑的艺术表现

一、象征手法的运用——383

（一）曼荼罗（坛城）式的布局——384
（二）须弥山的构思——395
（三）五方五佛——398
（四）千佛——400
（五）华藏界——401

二、制高统驭的布局——402

三、山林寺院的景观设计——406

（一）布局自由有序——407
（二）经营环境景观——408
（三）因境成景——409

四、精巧的小木作装修——411

（一）天花与藻井——411
（二）门窗棂格——422
（三）壁藏、转轮藏、天宫楼阁——426

五、彩绘及塑造工艺的成就——432

（一）壁画——432
（二）塑壁——436
（三）彩画——437

六、多彩的佛教建筑装饰图案——446

第八章

传承创新

继往开来

一、中国现代佛教建筑的演进——463

二、中国现代佛教建筑的设计构思——467

（一）以体量高大取胜的案例——468
（二）继承传统建筑风格的案例——470
（三）具有创新意识的案例——474
（四）借鉴国外建筑艺术的案例——477

第一章 中国佛教建筑的发展历史

一、印度佛教

中国佛教是由印度传入的异国宗教。印度佛教自公元前6～5世纪创始以来，历经兴衰，在公元前2世纪至2世纪期间为极盛时期，8世纪中叶印度佛教即呈衰颓之势，至公元1200年伊斯兰教侵入印度，佛教遂绝灭不传，寺院佛迹被毁，僧徒多避居南印度及西藏等地。但是佛教自从汉代传入中国以后，经历代帝王之倡导，历朝佛法弘盛，佛教成为中国之主要宗教，历两千年至今犹存，并东传至朝鲜及日本，故中国成为当今的佛教中心。但研究中国佛教事迹及其建筑的发展必须了解印度佛教传布发展之概况，以明其承传嬗递之源，异同变化之处。

印度佛教为北天竺迦毗罗卫国（今尼泊尔境内）净饭王之子悉达多·乔达摩所创。后世称其为释迦牟尼，是根据梵语的音译而成。乔达摩为释迦族人，意思是强勇、仁智之意，牟尼是寂默之意，释迦牟尼意为释迦族内所出现的圣者，是赞美语句。释迦牟尼成为宗教崇拜对象以后，信徒们又称其为佛陀（Buddha），是梵语中知音、大觉者的意思，以示崇拜。

释迦牟尼出生于公元前557～477年，约为中国的周灵王或周敬王时期，确切的生卒年代不详。当时印度正处于奴隶社会没落时期，阶级压迫十分严苦，根据当时盛行的婆罗门教种姓制度，将全国人民分为四个等级，第一种姓为婆罗门，即僧侣阶级，掌握宗教祭祀大权；第二种姓为刹帝利，即贵族阶级，掌握军政民政大权；第三种姓为吠舍，即平民，从事农业及工商；第四种姓为首陀罗，即奴隶，多为原土著人，专门从事各种贱役。种姓居民世代不能更改，低种姓人民历代受到剥削压制。释迦七岁时受学于婆罗门教师，通晓诸经技艺，十八岁结婚，享受人间富贵。因他对当时的阶级压迫制度甚感不平，并为人们不能脱离生老病死之苦，而产生厌世思想。十九岁生子以后，恐牵缠于世俗之累，益增烦恼，乃于是年辞家出走，削发易衣，至王舍城外雪山修道，凡六年。最后在佛陀伽耶这个地方的菩提树下悟道（图1－1），独思冥想，觉悟了人生之究竟，解决了生死问题，自称为佛，即大彻大悟之意。其教旨以慈悲忍辱为主，排斥阶级制度，提倡平等主义，主张个人炼心修行，超脱生死轮回的苦界，入寂灭无为之妙境，称为道德圆满，是为涅槃。其悟道之过程归结为四圣谛，即苦、集、灭、道。“苦”指由于人们存在贪、嗔、痴而产生苦，人生充满了苦；“集”指致苦原因，是因世间存在色业与烦恼，很多物质与精神方面的诱惑；“灭”指解脱，即是断绝人们对色业与烦恼的关联，自然达到清凉安住的境界；“道”即指达到涅槃之道，离开人生苦乐两端，而行中道，乃得解脱。佛教倡导众生平等，反对种姓压迫，声言“一切众生皆有佛性”“皆得成佛”，这一点上具有反对婆罗门奴隶制度的意义，代表了新兴封建阶级的思想倾向。但同时它又主张因果报应、六道轮回，把受苦之由归结为果报，掩盖剥削压迫之实质，并以忍辱无争，顺其自然，以寄希望于来世的态度，来接受世间的种种不平等，放弃斗争与奋进。正因为如此，佛教受到印度统治阶级（包括中国的历代统治阶级）的提倡、保护、奖励而大盛起来。

释迦成道以后住在摩揭陀国的首府王舍城传道，国王亦悟道，献出竹园供做寺舍，称为竹园精舍。其间广收门徒，包括其子及姨母皆出家学道。后又去舍卫城传道，波斯匿王为其建祇洹（qí huán）精舍。释迦传道44年后于拘尸国的毗舍离城逝世。释迦逝世后，佛教并没有迅速发展起来，仅限于中印度和东印度地区，不出恒河流域。很快则因为诸弟子争夺道统，阐述教义方面发生分歧，而形成东西两派。这期间虽然开过三次诵经大会，结集经典，以求统一，但未达到目的。佛史称之为三次结集（即王舍城结集、毗舍离城结集、华氏城结集）。释迦死后两百余年，孔雀王朝的阿育王（佛史亦称其为阿输迦王、无忧王）统一全印度，建立统一王国（约当中国的战国末期）。他本人十分虔信佛教，定佛教为国教，在全国颁布敕令和教谕，并建立石柱三十余根（图1－2），刻载释迦遗训，以旌表佛迹，又于摩崖上刻以诰文。为尊崇释迦成道的遗迹，在释迦悟道的佛陀伽耶城的菩提树附近建造大塔（图1－3），绕以玉垣。并将佛舍利（佛的遗骨）分散各

图1－1　表现佛成道处菩提树祠的泥版存波士顿艺术馆

图1－2　阿育王石柱的狮子柱头

图1－3　印度佛陀迦耶塔

地建造塔庙供养，或凿石室而藏之，佛史上有阿育王造八万四千塔以崇佛的传说。阿育王复派高僧去四方传教，东至缅甸、马来半岛；西至大夏（今伊朗）；北至罽（jì）宾（今巴基斯坦，白沙瓦一带）；南至狮子国（今斯里兰卡）。佛教大盛，传布范围益广，阿育王成为佛教第一位护法的大王。阿育王死后，印度内地佛教反而衰落，其中有一个时期婆罗门教复兴起来。

兴起于今阿富汗一带的大月氏王阎膏珍，灭亡罽宾，领土扩张至西北两印度，国王亦崇信佛教，故中印度大批佛教徒投奔大月氏，北印度遂成为佛教的中心地。大月氏贵霜王朝三传至迦腻色迦王（公元1世纪末至2世纪中），受希腊雕刻艺术的影响，开始有了佛像的雕铸（图1－4），佛教崇拜的信物由遗迹、遗骨，发展成为佛像，极大地扩展了佛教艺术的影响力。因当时大月氏定都于印度河上游的犍陀罗的布路沙布逻城（今巴基斯坦的白沙瓦城附近），故又称此时精美的佛教艺术为犍陀罗艺术。迦腻色迦王并再次结集经典，历十二年才告完成，佛教史称为第四次结集。并在首都建迦腻色迦寺，传大乘教义。此后名僧辈出，如北印度的马鸣、南印度的龙树以及无著、世亲等，各有著述。

至公元8世纪，印度佛教又呈衰颓之势，中印度几无传者，惟南北印度尚有余绪，大批名僧东来中国传教，如善无畏、金刚智、不空、实义难陀等人，这时中国正当唐朝鼎盛时期，佛教亦十分发达。至公元1200年前后，信仰伊斯兰教的高尔王朝侵入印度，烧毁印度佛教寺院及经像，大批佛教徒多避地于南印度及西藏地区，印度佛教几近完全毁灭[①]。

印度佛教通过宗教文化的传播对古代中国文化产生了巨大的影响，在哲学、语言、音乐、绘画、建筑、雕刻等方面皆有明显的表现。尤其佛教建筑方面开创了许多有中国特色的建筑类型。例如佛寺、佛殿、佛塔、经幢等。因中印之间的喜马拉雅山的阻隔，佛教传入路线是通过西北印度、阿富汗、中亚、西域而达中国内地。后期西藏的藏传佛教兴起，印度佛教建筑又通过尼泊尔和我国西藏传入，特别是覆钵式塔（喇嘛塔），这种佛教纪念物几乎成为流行全中国的塔式。

印度佛教建筑经过历史的损毁及人为的破坏，至今已所存无几，仅有一些佛教纪念柱、石窟、佛塔等，著名的实物有阿育王石柱（公元前3世纪）、桑契窣堵坡（公元前2世纪）、阿旃陀石窟（公元前1世纪至公元7世纪）、卡尔里石窟（公元1世纪）、佛陀迦耶大塔（公元6～12世纪）等少数实例[②]。近年亦对重要遗址进行了考古发掘，如著名的那烂陀寺院，以及鹿野苑遗址等（图1－5～图1－9）。由于印度佛教建筑遗物较少，同时佛教传入中国是经过犍陀罗、大月氏（阿富汗一带）从西域传入中原，因此印度佛教建筑艺术是在传布过程中不断融合，吸取当地文化，逐步变异，最后达到中国的。而目前上述的流布地区多皈依伊斯兰教，佛教建筑文化亦已湮灭，因此，完全搞清各国各地佛教建筑之间相互影响、传递的历史情况成为一件十分困难的研究工作。

从概貌上看来，中国佛教建筑受印度的影响可从下列诸方面体现出来，如魏晋南北朝早期佛寺所谓的西域式或天竺式布局即是印度式；印度的窣堵坡形式的墓塔传入中国后，成为中国佛塔的重要组成部分，并发展成其他类型的塔式；南北朝以来在中国盛行的石窟寺建筑，明显受印度佛教的影响；明代传入的金刚宝座式塔为印度的原型；释迦本生故事（记载释迦前世的种种善行的故事）和传记（记载释迦成道的八个阶段，又称八相成

①参见《佛祖统记》《法苑珠林》《外国历史大事年表》诸书中有关印度佛教的著述。

②参见《外国建筑史》（十九世纪以前）陈志华编；《世界建筑全集》第四卷印度部分，平凡社（日本）1959年。

图1－4　犍陀罗出土的希腊风格的佛像 藏新德里国家博物馆

图1－5 印度桑契窣堵坡

图1－6 印度奥兰加巴德阿旃陀石窟

图1－7　印度奥兰加巴德阿旃陀石窟第29窟

图1-8　印度瓦拉纳西鹿野苑僧房院遗址

图1-9　印度瓦拉纳西鹿野苑法轮塔

道），成为佛教壁画及雕刻经常使用的题材；另外中国佛教建筑中常用的装饰母题，如莲花、忍冬纹、象、菩提树、孔雀等亦为印度佛教的装饰母题。

二、佛教传入中国的时期

根据汤用彤先生整理有关佛教传入中国的传说约有十条①，其中包括孔子时代、秦始皇时代、汉武帝时代、汉哀帝时代、东汉明帝时代诸种说法，参照印度佛教创始及流布的时间地域来考虑，有许多传说明显是后人伪造的，以便抬高佛教的社会地位。其中以汉明帝永平求法一说较接近实际，这一说法曾出现在许多文献记载中：如牟子的《理惑论》、刘宋宗炳的《明佛论》、萧梁僧祐的《出三藏论集》、梁慧皎的《高僧传》、道经中的《老子化胡经》、陶弘景的《真诰》、东晋袁宏的《后汉纪》、宋范晔的《后汉书》、北齐魏收的《魏书·释老志》、宋志磐的《佛祖统论》以及《法苑珠林》中的《冥祥论》等书。诸书中按时间排列以牟子《理惑论》最早，其他多书有相互传抄的迹象，又掺杂若干臆测之言，不足为证。《理惑论》第二十章称"昔孝明皇帝梦见神人，身有日光，飞在殿前，欣然悦之。明日博问群臣，此为何神。有通人傅毅曰：臣闻天竺有得道者，号之曰佛，飞行虚空，身有日光，殆将其神也？于是上悟，遣中郎蔡愔、羽林郎中秦景，博士弟子王遵等十八人，于大月氏写佛经四十二章，藏在兰台石室第十四间。时于洛阳城西雍门外起佛寺，于其壁画千乘万骑，绕塔三匝。又于南宫清凉台及开阳城门上作佛像。明帝存时，预修造寿陵，陵曰显节，亦于其上作佛图像，时国丰民宁，远夷慕义，学者由此而滋。"其中有关清凉台及显节陵上作佛图像等在早于《理惑论》的《四十二章经序》中并无这段记载。因此根据上述文献可知东汉初期的永平时期（公元58～75年），曾遣使求佛，但是是通过大月氏国间接求得佛法的，当时书写带回了《四十二章经》，并在洛阳城西雍门外建了佛寺（即《魏书·释老志》中所称的白马寺），并有壁画。但是否有佛像同时带进来，尚不明了。

以上是朝廷最初接触佛教的最早记载，实际民间接触佛教可能更早。后汉光武帝的儿子楚王刘英"晚年更喜黄老，学为浮屠斋戒祭祀"如并

①《汉魏两晋南北朝佛教史》，汤用彤

②《后汉书·光武十王列传》卷四十二

③《后汉书·西域传》卷八十八

④《后汉书·陶谦传》

⑤《高僧传·卷一 康僧会传》记载称"果获舍利……五色光炎，照耀瓶上……权大嗟服，即为建塔，以始有佛寺，故号建初寺，因名其地为佛陀里，由是江左大法遂兴。"

⑥《出三藏记集卷七·放光经记》记载朱士行取经之事。

“诵黄老之微言，尚浮屠之仁祠”[②]。这里所说的“浮屠”即“佛陀”的转音，即是佛教崇拜。楚王英祭佛之事约在永平八年（公元65年），估计民间早于此时已有佛教流传，同时也说明在中国南方的佛教甚至早于北方，亦说明佛教传入中国不仅是通过西域、大月氏陆路一线，而且可能经南海由海路传入，这一点在以后晋唐诸名僧赴印度求法中所取的路线，亦证明海路在中印交往中的重要作用，一部分僧人是由广州乘海舶赴印，有的是从陆路转赴印度，然后由海路转回中国的。

三、中国佛教及佛教建筑的演进

（一）初期的佛教与建筑

初期佛教是指东汉末年佛教传入中国以后的状况。由于佛教本身教义所具有的消极出世思想，极易被帝王所接受，因其“清心释累之训，空有兼遣之宗，道书之流也。且好仁恶杀，蠲敝崇善，所以贤达君子爱其法”[③]，除了汉明帝时楚王英为浮屠设祠，斋戒祭祀以外，降至汉桓帝（公元147～167年）时曾数次祭祀浮图、老子，“设华盖之座，用郊天之乐”，经过提倡，民间奉佛者逐渐增多。但汉代佛教仅属于祠祭的一种，而且在某些场合下仅为老庄信仰的陪祀，尚不具备完整的宗教独立性。佛教寺院也尚未确立，初期以朝廷接待宾客的寺舍改建而成，尚无确切的寺院形制，如在洛阳西门外建立的白马寺，就是一座官舍（图1－10）。

最早的有关寺院的记载，当为汉末灵帝中平五年（公元188年）至献帝初平四年（公元193年）间，笮融在徐州所建的浮屠祠（亦称浮屠寺）。文献记载称该祠佛殿为“上累金盘，下为重楼，又堂阁周回，可容三千许人，作黄金涂像，衣以锦彩。”[④]说明当时佛寺建筑已经有自己的特殊形制，并且开始有偶像的信仰，这种形制是否为印度寺院的形制，因记载过于简略尚不可辨。当时佛教宗教活动已经摆脱老庄的影响而独立进行。

（二）三国两晋南北朝时期佛教与建筑

三国时期，连年战乱，“名都空而不居，百里绝而无民”，在干戈不息、生活困苦之时，人民为求精神寄托，转而祈求佛法，推动了佛教的发展。三国时代佛教集中地，北方为洛阳，南方为建业（今南京市）。因吴国好佛，佛教及建筑活动尤胜于北方。其中著名寺院首推赤乌十年（公元247年）孙权在建业所建的建初寺[⑤]。此寺是孙权有感于康僧会所说的佛舍利的灵迹而建造的，同时亦为佛舍利建造了佛塔。据文献记载此时期尚建造了保宁寺、瑞相寺，扬州的化城寺，武昌的昌乐寺等一批寺院。

西晋时代译著佛经事业比较发达，一批西域僧人陆续到达中国，带来各种经典。同时佛教建筑亦有发展。在北方，大月氏僧人竺昙摩罗刹在长安青门外造敦煌寺。据《洛阳伽蓝记》记载，西晋时洛阳有寺院42所，僧尼3000余人。虽然汉代有禁令，不准士民出家为僧，但在汉晋之际，兵荒马乱，禁令已弛，士民入寺为僧已成为常事。曹魏时颍川朱士行以信士名义于甘露五年（公元260年）出家为沙门（和尚），并出塞西，至于阗，求得梵本经书九十章，在西晋初转托弟子送于洛阳[⑥]，即可证明士民不准出家之令已弛。至西晋时佛教徒所称的三

图1－10　河南洛阳白马寺

宝——佛、法、僧已完全具备，即信仰的偶像、信仰的法典经书及主持信仰活动的职业工作者僧人等三方面的条件皆已完备，可以称为佛教宗教化的开始。西晋时宗教教义的论述尚未普及，教徒仅希图通过宗教达到占福避祸的目的而已，这点从西晋时代已知的寺院名称可知一斑。例如西晋洛阳名称可考的十座寺院名为白马寺、东牛寺、菩萨寺、石塔寺、愍怀太子浮图、满水寺、槃鵄（pán chī）山寺、大市寺、法始立寺、竹林寺，大部分为地名、人名、俗名，这与后来寺院的名为法华寺、华严寺、光明寺、菩提寺、奉慈寺等（以佛经名称或奉养名称）不同。

东晋十六国时期战乱频仍，佛教得以迅速发展。后赵石勒及石虎皆是佛教热烈崇拜者，在邺城举行各种奉佛活动，十分奢靡，并带动朝臣贵族广建佛寺。后赵二石十分信仰西天竺僧人佛图澄，尊礼备至。佛图澄门下弟子以万计，建立佛寺达九百余所。佛图澄门下弟子道安得到北方前秦统治者苻坚的信任，积极开创了北部佛教的传布活动。后秦姚兴尊崇僧人鸠摩罗什，并在城北逍遥园集聚众多沙门听罗什讲经。又在长安城内“起浮图于永贵里，立波（般）若台于中宫，沙门坐禅者恒有数千。州郡化之，事佛者十室而九矣。”[①]。当时长安城内尚有大寺、中寺、石羊寺等。东晋诸帝亦倡导佛教，晋明帝曾手画佛像供养于东贤堂内。晋孝武帝立精舍于

①《晋书·载记第十七姚兴上》

②《高僧传·卷五道安传》：道安至襄阳：“乃更立寺，名曰檀溪，即清河张殷宅也。大富长者并和赞助，建塔五层，起房四百。凉州刺史杨弘忠送铜万斤，拟为承露盘……”

③《高僧传·卷五昙翼传》

④《高僧传·卷二慧远传》

⑤《魏书·释老志》

殿内，令沙门居住在内宫，司徒琅玡王道子建立尼寺，聚女尼百余人。两晋十六国时期的佛教建筑现无实例可资考察，仅从文献记载可见此时期的建筑进展，与东汉有所不同。首先造塔之风已兴起，造塔缘起不仅是供养佛像，随着域外僧人所携来的佛舍利或所谓显灵而发掘出的佛舍利增多，普遍为埋藏舍利而建塔，如孙权时建初寺塔即为舍利塔。据《高僧传・慧达传》记载，晋简文帝于长干寺塔下发现了舍利石函，乃于塔西另立一舍利塔，初建为单层，至太元十六年（公元391年）更加高为三层。这种为舍利而建塔之风一直影响到隋唐、五代十国时期，甚至更后期。舍利塔的材质及形制可能是多样的，目前尚无定论，但这时期所建塔大部分为木塔。所谓的木塔实为夯土塔心，外包木檐的土木混合式塔。另外这个时期的佛寺除新建的寺院以外，已经出现舍宅为寺的实例。如东晋释道安在襄阳所主持的檀溪寺，即为张殷的住宅，并得到当地富户长者的资助进行了改造[②]；又如道安弟子昙翼主持的江陵长沙寺即为长安太守滕含施舍自己的住宅建造的[③]。舍宅为寺以建功德之风气至南北朝时期大盛，对中国佛寺布局产生深远影响。这个时期已经出现了净土崇拜，即希望自己死后，灵魂能够到西方净土（即阿弥陀佛所在的众佛去处，因在西方，故称西方净土）或兜率净土（即弥勒佛净土，弥勒佛是释迦以后出现化人的佛，又称未来佛，他所居住的地方名叫兜率天），免去六道轮回之苦，永享天国之乐。东晋名僧慧远曾在庐山东林寺与刘遗民、周续之等十八人于阿弥陀佛像前发愿，期生净土，开创净土宗信仰。净土僧徒为远绝尘念，潜心念佛，故他们所选择的寺院多在风景优美、山林清幽之地，为中国寺庙的园林化布局开创了独特的道路。例如慧远所居的庐山东林寺的选址及设计便出自慧远之手，据载："远创造精舍，洞尽山美，却负香炉之峰，旁带瀑布之壑，仍石垒基，即松裁构，清泉环阶，白云满室。复于寺内别置禅林，森树烟凝，石径苔合，凡在瞻履，皆神清而气肃焉"[④]。

南北朝是中国佛教大发展的时期。北魏定都平城（今大同市）时期即已开始了佛教的传布。道武帝天兴元年（公元398年）即在京城作五级浮屠（佛塔），又作须弥山殿，并加以装饰，其后献文帝天安二年（公元467年）又建平城永宁寺七级浮屠，高达三百余尺，又于天宫寺造释迦立像，高四十三尺，用赤金十万斤，黄金六百斤。其间因佛教发展过度，影响社会经济，借长安寺内僧人私藏武器为由，北魏太武帝于太平真君七年（公元446年）发布灭法敕令，焚经佛，毁寺塔，令沙门还俗，为历史上第一次灭法。但为期甚短，仅限于北方地区，没有影响广大地区。文成帝期间开始在平城武州山开凿著名的云冈石窟（图1－11），孝文帝于太和十九年（公元495年）迁都洛阳以后，佛法更盛，在洛阳广建寺院，并开始了龙门石窟和甘肃炳灵寺石窟的开凿（图1－12）。孝明帝时在洛阳建瑶光、景明、永明诸寺，至熙平元年（公元516年）胡太后在洛阳城内建立规模巨大的永宁寺，其中庭所立浮屠，高达九层，以木材为骨架，间以夯土，文献记载塔高四十余丈（一说百丈），如果文献记载准确的话，可称为世界土木构的第一巨作[⑤]。

图1－11　山西大同云冈第20窟大佛

图1－12　洛阳龙门石窟奉先寺卢舍那大佛

据《洛阳伽蓝记》记载，北魏末期仅洛阳一地即存寺院1367所，全国（北魏领地）存寺院达3万余座，僧尼200万人。北齐帝王迁都邺城，仍奖励译经，建立寺塔，“都下大寺，略计四十，所住僧尼将八万”。并在磁州开凿南北响堂山石窟以及太原天龙山石窟。北朝佛教的多度发展，形成遍地“招提栉比，宝塔骈罗……金刹与灵台比高，广殿与阿房共壮……木衣绨绣，土被朱紫”①。这种社会经济的畸形现象，直接影响了社会生产力的正常运转，故于北周武帝时发生第二次灭法，对佛教进行打击，此时大批佛寺被毁。

①《洛阳伽蓝记》

南朝佛教亦有很大发展，宋、齐、梁、陈四朝皆有建树，尤以梁武帝萧衍佞佛最甚，在位48年间号称以佛治国。在建康城内营造了爱敬、智度、新林、法王、仙窟、光宅、解脱、开善、同泰等九寺，当时京师寺观多达七百余座，并命僧祐在剡溪造巨大的石佛像，佛龛前架三层堂阁。萧衍本人三次舍身于同泰寺，表现出对佛的虔诚崇拜。

南北朝时期的佛教建筑现今尚有部分遗存，如建于北魏正光元年（公元520年）的嵩山嵩岳寺塔即是仅存的北朝砖塔（图1－13），为12角等边

图1－13　河南登封嵩岳寺塔

密檐塔，高15层，全塔轮廓有缓和的抛物线形收分，呈炮弹形，表现出深厚的造型艺术特点。此外在西北地区曾出土有北凉末期的供养石塔多座，带有浓厚的犍陀罗艺术风格；此外在朔县崇福寺内曾保存着一座天安元年（公元466年）所造的供养小石塔，四方形，9层楼阁式，各层雕满佛像，亦是一件十分珍贵的建筑实物（图1－14）。五台山佛光寺大殿南侧有一座砖构的祖师塔，据研究专家认为亦应为北朝时建筑。此外在太原龙山童子寺尚保留有一座寺院内的石灯（建于公元556年），是国内最早的石灯。除了以上建筑实物以外还可在石窟的窟形、雕刻及壁画中发现大量有关建筑形象的间接材料，例如，云冈石窟中的中心塔柱式窟即为当时寺

图1－14　北魏天安元年供养小石塔（朔县崇福寺藏）

院布局的模仿；太原天龙山石窟的门廊所表现的斗栱、梁枋、人字栱，亦是当时佛殿建筑的写照；南北响堂山石窟的窟檐做成窣堵坡式屋顶，很可能是当时流行的佛帐进一步建筑化的结果。总之研究这一时期的佛教建筑已经可以取得一定的形象材料，不仅是单纯的文献资料了。

南北朝时期的佛教建筑从历史发展角度分析有许多变化。因舍宅为寺之风盛行，因此出现了宫室式的佛寺平面布局，亦利用住宅中的前堂后寝之制，改造为前佛殿后讲堂的佛寺，原来以塔为中心的西域制度仍然存在，在有的寺院中尚存在塔殿并存的状态。说明佛寺平面正在融合中国特点再进行改进。塔的位置也不局限在中轴线，而且有的以双塔形式建造①。佛塔建造材料多样化，有木、砖、石，个别有铁制的。佛塔由佛教崇拜物转变为纪念性建筑物，多为某人造塔追福，或自积功德，而且以高大为功德高深之标志，因此高塔叠起，促进了高层结构的发展。石窟寺建造之风由中亚、西域，沿河西走廊传入中原。早期窟形多为大像龛式，以后逐渐追摹当时寺院建筑形制，创制了各种窟形，后期又兴盛较小的摩崖造像类型，成为一般佛教信徒祈福造福的功德手段。佛法初传，造像兴盛以后，像设较小。当时并有“行像”制度（即定期将寺院内佛像抬出，在城市内游行），故也限制了佛像的尺度。自石窟寺兴起以后，凿制大像推动了雕刻技艺的发展，为隋唐时期创制巨大佛像做了先期准备。总观之，佛教建筑在布局、类型、建筑材料、佛像雕塑等方面都有了发展。

（三）隋唐、五代十国时期的佛教与建筑

隋文帝杨坚在幼时曾受女尼智仙的抚养，及登位之后，崇信佛教，开皇元年（公元581年）下诏于五岳各建立一座佛寺，开皇三年又将北周武帝所废除的寺院尽皆兴立起来，开皇十一年令天下州县各立僧尼二寺，十九年又令其以前所经过的四十五州，皆同时建立大兴国寺。仁寿元年至四年（公元601～604年）又三次下诏在全国各州普遍建立舍利塔，前后共有112个州建了塔②。仁寿年间尚在首都长安永阳坊为献后建立了一座巨大的寺院，名为禅定寺。由著名匠师宇文恺进行规划，在寺中建立一座木塔，高“三百三十尺”“周回一百二十步”，十分壮丽。

隋炀帝时崇奉天台山国清寺的名僧智顗（yǐ），尊为国师、智者大师。智顗所建的南京栖霞寺、苏州灵岩寺、天台国清寺、当阳玉泉寺称为天下

①《南史·卷七十 虞愿传》：“帝以故宅起湘宫寺，费极奢侈。以孝武庄严刹七层，帝欲起十层，不可立，分为两刹，各五层……虞愿曰：‘陛下起此寺，皆是百姓卖儿贴妇钱，佛若有知，当悲哭哀愍。’”

②《广弘明集》卷八、卷十七

③《资治通鉴·唐证圣元年》

四绝，说明其选址绝佳。并由此开创了中国僧人创集的教派——天台宗。炀帝还在并州（今太原）的龙山作弥陀佛摩崖石刻像，高达130尺。此外在长安陆续修建了清禅寺、日严寺、香台寺等众多的寺院，直至隋亡。

唐初，承战乱之遗绪，宗教建筑没有什么建树。至唐太宗时代又一度兴盛起来，首先于各战场为阵亡将士建立了十所寺院以追福。贞观十二年（公元638年）北征，还至幽州（今北京）为阵亡将士建悯忠寺。贞观十九年（公元645年）名僧玄奘回至长安，他在印度求法历经18年，带回大批经典，一时掀起译经的高潮。玄奘著写了《大唐西域记》一书，成为研究印度中世纪历史重要文献。唐高宗李治时又营建了著名的西明寺。武则天当政时因《大云经》的出现，诏令全国各州普建大云寺一座。证圣元年（公元695年）因建造明堂已完成，命僧人怀义作夹纻大佛像，异常高大，其小指中尚可容数十人。于明堂北建造天堂一座以贮大佛像。天堂高五层，其规模与明堂差不多，亦为一巨大的建筑[③]。唐玄宗开元二十六年（公元738年）令天下诸郡各建开元寺、龙兴寺两座，规定国忌日在龙兴寺行礼，千秋节在开元寺祝寿。根据文献记载，唐武宗灭法以前仅长安城内就有佛寺达64座，尼寺27座，全国有大寺4600座，一般寺庙4万座，僧尼26万余人。佛教的过度发展，大批劳力及田地归入寺庙，直接影响社会生产，因此唐武宗于会昌五年（公元845年）下令拆毁天下佛寺，僧尼还俗，史称“会昌灭法”。与前两次共称“三武灭法”。会昌灭法是全国性的行动，给佛教以严重的打击，大批寺院被拆毁，甚至石幢、僧人墓塔皆在拆毁之列，使得现存唐代佛教建筑遗留极少。武宗以后佛教虽有恢复，但已属强弩之末，始终未达盛唐之规模。

唐代佛教与封建士大夫阶级结合，在魏晋玄学的基础上又增加了儒家的思想，为南北朝以来的佛教哲学增添了新的成分，在众多中国名僧的努力创教活动中，逐渐完成了这个异域宗教的中国化，其表现之一即为唐代佛教宗派的纷起。根据学者研究当时佛教宗派有三论宗、净土宗、律宗、法相宗、密宗（真言宗）、天台宗、华严宗、禅宗等八家，其中尤以天台宗、禅宗更具有中国哲学味道。唐代各宗由于教义宣传重点之不同，或多或少地对当时的佛教建筑产生了影响。例如戒坛规式（律宗）、经幢的广泛流行（密宗），西方净土变壁画的绘制（净土宗），法堂的内部布置（禅宗），观音菩萨的供养（净土宗）等都与宗派的产生有关。

五代十国佛教接受唐代余波，仍有发展。北方契丹族亦于公元902年始建佛寺。四川大足龙冈山自唐末开始石窟雕刻，历前蜀、后蜀、南唐各时期的雕凿，成为艺术价值极高的佛教石窟。南方吴越国钱镠父子亦十分崇信佛教，三传至钱弘俶曾在杭州一带铸作舍利塔84000具，分藏各地塔幢之中，至今吴越国时代所建石刻塔、幢，尚保存在杭州等地。五代末，后周世宗柴荣是一位有为的君主，他曾主持改建了开封城，为扭转世俗，于显德二年（公元955年）诏禁私度僧尼，敕废天下无敕额的寺院3万余所，毁铜像钟钹以铸钱，佛史上与“三武灭法”之难共称“三武一宗之厄”。

隋唐、五代十国时期遗存的建筑实例增多。唐代木构的佛殿尚存4座，即五台南禅寺（公元782年）、五台佛光寺东大殿（公元857年）（图1－15）、平顺天台庵、芮城龙王庙。至于唐代砖石佛塔所存的数量更多。著名的有西安慈恩寺大雁塔（明代改造过）、荐福寺小雁塔（图1－16）、兴教寺玄奘塔、大理崇圣寺千寻塔、安阳修定寺塔、历城神通寺四

图1－15　山西五台佛光寺大殿塑像

图1－16　陕西西安荐福寺小雁塔

①《辨正论》唐法琳

门塔、登封会善寺净藏禅师塔、平顺海会院明惠大师塔等。至于唐代石经幢亦存在不少。五代十国时期的木构建筑有平遥镇国寺万佛殿、平顺大云院大佛殿、平顺龙门寺等，砖石塔中著名的有南京栖霞寺舍利塔、苏州云岩寺塔、杭州灵隐寺双石塔等。

隋唐时期佛教建筑的发展具有新的特点。由于帝王介入佛教产生若干全国性佛寺建设高潮，如隋文帝诏四十五州同时建大兴国寺，100余州同时建舍利塔，唐太宗诏建十所寺院为阵亡将士祈福，武则天诏全国各州普建大云寺，唐玄宗令天下各郡各建开元、龙兴两寺等，皆是重要的举措。至于为帝王亲眷招福所敕建的寺院更属不少。隋唐时期在继续进行石窟寺建造的同时，还建立了不少巨大的佛像，如武则天时代的天堂巨像、龙门石窟卢舍那大佛像、唐玄宗时的四川乐山凌云寺摩崖大佛像，隋炀帝时在太原龙山所凿弥陀坐像高130尺①。这种大像反过来又促进了巨大佛殿的建设，不管是独立的大阁（洛阳天堂）还是附崖的层阁（乐山大佛）皆需要高超的木构技术，而这种高层木构架在前代是没有的，还是不完备的，需要进行新的独创的研究设计。唐代佛教的中国化也表现在佛寺布局上，可以说中国廊院式的佛寺在唐代已经成熟，佛塔的地位已经退让给佛殿，佛塔成为次要的崇拜物，而居于偏院或后部。寺院内部又增加其他宗教小品，如经幢、石灯。寺院住持和尚死后，普遍建立墓塔，为中国佛塔增加不少模式，也是后代著名寺院塔林（墓地）形成的开端。唐代佛塔艺术亦有了巨大发展，可以说主要类型至此时已经具备，如楼阁式塔、密檐式塔、龛庐式塔（亦称单层塔），以及小型的金涂塔（又称阿育王塔），还有异形的各种塔式，如安阳修定寺塔的浮雕壁面，山东历城的九顶塔、龙虎塔，以及镇江甘露寺铁塔等。隋唐时期传统的画壁艺术与佛教建筑相结合产生辉煌的宗教壁画艺术。敦煌石窟中保存了相当多的唐代壁画，在长安寺庙中亦有相当多的题材广泛的寺庙壁画，有力地配合了寺庙内盛行的俗讲制度，起到了宣传佛法，向往净土的作用。

（四）宋辽金时期的佛教与建筑

宋代是佛道两教并行的时期。初期继周武宗灭法以后仅存寺院2000余所，宋太祖曾下诏令诸路寺院恢复佛法，废寺妥为保存。宋真宗时诏令全国各路皆立戒坛，剃度僧人。宋初亦十分奖励讲经及译经，尤其在印经方面投入了大量人力。太平兴国七年（公元982年），在汴京太平兴国寺西面建立译经院及印经院，整理历史全部经书译著，并在四川益州设坊雕版印刷全部经藏，为我国开雕大藏经之始。但宋仁宗以后佛教受到一定的抑制；英宗、神宗尤好道学；宋徽宗更是奉道抑佛，大肆建筑道观，自称教主道君皇帝，至金军攻破汴梁，佛教始终没有振兴起来。

反之在中国北方建立王朝的辽代却十分重佛，一些重要的寺院全是由亲王、贵族捐资兴筑的。寺院自有田产，经济实力强，寺院建筑务求华丽，气魄雄大，保持并继承了唐代的寺院风格。金代攻灭北宋以后，大批中原工匠北迁，这时的佛教也带进了宋式的影响。

偏居江南的南宋王朝的佛教仍继续发展，隋唐时期一度兴盛的八家宗派逐渐式微，唯有适合中国士流口味的禅宗一派流传下来。唐末宋初的禅宗由于传授的不同，又分化成为五家，其中除临济宗在河北正定以外，其他四家全在江南，从佛教哲学的角度看，中心已移到南方。因此大批按禅宗教义要求建造的佛寺建筑在南方建造起来。佛教经典中称之为“伽蓝七堂”之制，这种制度的确切解释虽尚无定论，但肯定是一种有别于传统佛寺的布局制度。

两宋辽金时期现存的佛教建筑实例已十分众多了，例如著名的山西应县佛宫寺释迦塔、蓟县独乐寺观音阁、定县开元寺料敌塔、正定隆兴寺摩尼殿、开封祐国寺铁塔、宁波保国寺大殿、福州华林寺大殿、杭州六和塔、苏州瑞光塔等皆是这个时期的建筑。由于实例增多，因此对佛殿建筑的构造及细部的认识更具体化了。总括这时期佛教建筑的概况可有如下数点。

在平面布局上完成了从廊院式向合院式的过渡，宋辽时期合院式寺院的两厢往往尚未形成配殿，而以楼阁分列两侧，在南方寺院往往还保留两侧联檐通脊的环廊，但总之殿阁已经独立，不再用廊垣环绕了。佛殿单体构架有了明确的模式。在北方继承唐制发展成殿堂式和厅堂式两种型制，并在殿堂式构架的基础上创制了中空式的高层建筑构架，可以说是建筑技术上的一次飞跃。著名的应县木塔及独乐寺观音阁可为代表作（图1－17）。

在南方，在原来的地方建筑技术基础上进一步提炼成闽浙风格的建筑构架型制，此式东渡日本，形成日本建筑史上称之为“大佛样”式的佛寺建筑，这个时期的佛塔砖石化倾向已经成为全国普遍性的趋向。辽金佛塔不论是楼阁式，还是密檐式皆为砖构；南方的佛塔也由纯木构转变为砖心木檐形式。此时期还增加了双塔并列布置的实例，北方尚变异出华塔及多宝塔式的楼阁塔。修建石窟寺的风气在这个时期已不十分热烈，但仍出现一些优秀作品，如四川大足宝顶山及北山石刻，一般讲这时的石窟雕刻艺术走向小型化、生活化。宗教上的严肃气氛减少，而世俗民情的情调增浓。这时期的琉璃瓦制作也应用到佛寺中，开封祐国寺塔即是实例。此外首先兴起于南方的门窗小木作装饰技术也推广到各地佛殿中，金代的北方寺庙也开始使用雕花棂格的隔扇门窗。殿堂内的天花藻井亦有发展，将佛像上部的宝盖庄严，变成固定式的内檐装修。总之佛教建筑的艺术及技术质量都有提高。

（五）元明清时期佛教与建筑

蒙古贵族统治全中国以后，采取多种宗教并举的政策，以怀柔各族人民，尤其重视传布在西藏地区的喇嘛教——藏传佛教。早在唐代，西藏地

图1－17　山西应县木塔

区（史称吐蕃）即已崇信佛教，吐蕃王弃宗弄赞即遣人赴印拜求法典，后来北天竺僧人巴特玛撒巴巴（即莲花生）来西藏，带来密宗佛教的仪轨经典，与西藏当地流传苯教相结合，而创立了藏传佛教。公元1253年元世祖忽必烈征服西藏，带回来藏传佛教的著名喇嘛八思巴，忽必烈即帝位后封他为国师、帝师，统领吐蕃地域及全国的佛教，并赋予藏传佛教寺僧以各种免税、占田等特权[①]，于是藏传佛教大盛，在京师内造大天寿万宁寺、大圣寿万安寺（即今白塔寺）（图1－18）等一大批寺院。明朝继续鼓励藏传佛教，明成祖时为西藏僧人哈立麻加尊号，使其统领天下佛教。仁宗时赐僧人智光为大国师，英宗时又加号为西天佛子[②]。明武宗朱厚照更有甚者，自称为大庆法王，造建新的寺庙在内苑之中。

①《元史·释老传》卷二百零二

②《明史·西域传》卷三百三十一

明代藏传佛教经历重大的改革，宗喀巴制定了更严格的宗教戒律，僧徒着黄衣黄冠，不同于原来的红衣喇嘛，故又称黄教。黄教振兴以后在西藏及青海等地建造了不少规模巨大的寺院。清代亦执行多种宗教并举的政策。为了怀柔统治西藏、青海、蒙古等地的藏蒙民族，竭力推行藏传佛教，政府内设理藩院，执掌全国寺院配置及喇嘛定级任免之事。清初西藏地区执行了政教合一的体制，由达赖及班禅统领政府及寺庙，上受清廷节制。雍正时期又增设哲卜尊丹巴胡图克图及章嘉胡图克图两个宗教支系，分统蒙古的藏传佛教事宜。由于政府的支持，全国敕建大量黄教寺院。除西藏原有的寺院外，又在青海（建塔尔寺）、甘肃（建拉卜楞寺）、内蒙古（建五当召、席力图召、汇宗寺）等各地广建寺庙。北京、承德等畿辅重地亦建立不少寺院（图1－19）。

唐宋以来的汉传佛教（因着青衣，又称青教）逐渐萎缩。明代虽有少数名僧宣扬佛义，如憨山大师、智旭等人，但终敌不过藏传佛教的宗教势力。明末曾有限制僧人的数目规定。至清代乾隆时代明令不许建立新的寺院，禁止民间男子60岁以下、女子40岁以下者出家为僧尼，实际上是令其自行萎缩。汉传佛教仅在南方民间较盛，寺院较多。至清代佛教宗派历经变化，仅余临济宗、曹洞宗、贤首宗（华严宗）、净土宗、律宗等五宗。仅衣钵相传，没有突出的宗教贡献。

图1－18　北京妙应寺白塔，公元1279年

元明清时期的佛教寺院建筑，现存的数量甚多，表现出很高的艺术和技术质量。在平面布局方面，元代寺庙盛行工字殿制度，在寺院后部增加藏经阁，而在前部布置了钟楼和鼓楼，这一点与唐宋以来在佛殿左右布置

图1－19　甘肃夏河拉卜楞寺大经堂

钟楼、经阁制式不同。明代进一步发展成典型的寺院平面制式，即前山门、中天王殿、后大雄宝殿、左右配置钟鼓楼及东西配殿。清代由于推崇藏传佛教，进而推广至青海、甘肃、蒙古等地，因之藏式建筑艺术与内地建筑艺术进行了融合与交流，在寺院布局上出现了因山就势，结合地形的自由式布局，打破了千百年传统寺院的中轴对称的布局习惯。而且由于密宗重视仪典，相应地对建筑艺术的表现力亦十分重视，往往结合建筑布局及具有特色的单体建筑来表现宗教的世界观，例如流行于各地的须弥山及四大部洲的布局，又如坛城式布局等。这个时期的佛殿建筑突出表现在大佛阁及都纲式佛殿的建筑上，在清代建筑技术基础上建造30余米的中空大佛阁是很容易达到的要求；藏传佛教要求众多的喇嘛集体诵经，因此促进了大经堂式的建筑发展，藏族僧人称之为“都纲式”佛殿。另外，一般佛殿的规模在这个时期亦有很大变化，大空间的佛殿在南方北方皆有建造。佛塔类型在元明清亦有很大发展，首先得到推广的是覆钵式塔（喇嘛塔），这种瓶式塔遍布于全国各地，一般和尚墓塔几乎全采用了这种形式。明代由西域僧人带进中国的金刚宝座式塔，首先在北京西郊建造起来，继之在其他各地续有建造。佛塔的布置也更趋多样，除了双塔布置外，也有五塔、七塔并列布置，或布置成塔门形式，甚至组成塔群，如青铜峡市的百八塔。在宋代基础上，元明清的琉璃塔向五彩方向发展。这时期的佛塔逐渐从崇拜物向标志物或观赏性质转化，有些甚至就是风水塔。元明清佛像塑造有较大改变，元初自尼泊尔请来阿尼哥，主持佛寺及佛像的建造工作，明廷专设梵像提举司，推广造型猛烈恐怖的西域式佛像，又称之为梵像，与传统流传的汉像风格迥异。元明清三代敕建佛寺佛像大部分为梵像。

在建筑技术上，元代佛殿的木结构构架曾使用过纵向大内额的制式，力图改变传统的横向构架，以减少室内的柱子数量，增加室内有效的空间。明代佛殿构架已基本定型，其最大特点为引用了南方的榫卯构造法，摆脱了斗栱节点构造。另外由于帮拼构造的应用，除了可以用小木拼攒大木以外，又可分段施工，现场拼装，为建造高层楼阁式建筑开辟了新的施工方式。这个时期的佛殿还利用砖拱技术建造了不少砖筒拱式的殿堂，俗称无梁殿。

以上为中国佛教建筑发展梗概，实际上遗漏尚多。唐以前缺少实际例证，边远地区的实物湮灭，如新疆诸地，因此情况不明，有待今后补充。

四、中国佛教建筑艺术的历史分期

佛教虽然起源于印度，但盛行于中国。在中国传教的时间最长，地域最广，在建筑方面亦有着辉煌的成就。自唐代以后，中国佛教在教义上较印度又有了新的发展，形成了自己的宗派，成为东亚各国佛教徒求法的中心。因此佛教在东亚一带传播过程中，中国起到了主导作用。近两千年来中国佛教建筑的发展，历经兴衰，迄今不断，其间融合了华夏各地文化及外来文化，创造出适合中国特点的新的建筑类型及技术构造方式，呈现出不断变化求新的精神。若从建筑艺术角度，综观全局大致可划分为四个历史阶段。

（一）祠祭时期

初传时期的宗教概念尚未形成，因此人们只把“佛”作为自然界的一个神灵进行祭祀。据《后汉书》记载，东汉光武帝的儿子楚王刘英“晚节更喜黄老，学为浮屠斋戒祭祀”。又提及汉桓帝刘志在濯龙宫亦曾“设华盖

①《后汉书·卷七 孝桓帝纪第七》：“桓帝好音乐，善琴笙。饰芳林而考濯龙之宫，设华盖以祠浮图、老子，斯将所谓听于神乎！”《后汉书·志第八 祭祀中》：“桓帝即位十八年，好神仙事。延熹八年，初使中常侍之陈国苦县祠老子。九年，亲祠老子于濯龙。文罽为坛，饰淳（纯）金扣器，设华盖之座，用郊天乐也。”

以祠浮图、老子”。文中所述的“浮屠”“浮图”即佛的梵文音译，说明当时对佛的认识与固有的天、地、山、河之神同样看待，祭佛的仪式中用的音乐为郊天时的音乐，同时与老子合祭①。自西汉以来，黄老即受到统治者的推崇，佛、老同祭这种情况，表明当时佛教尚无独立传教的能力。此时佛教经书与画像虽已传入，但佛教建筑形式并没有传入，加之平民不能出家为僧，寺院数量不多，所以尚未形成具有特点的佛教建筑类型。“寺”原为汉代一种官署建筑的名称，其中鸿胪寺为招待各国使节及四方宾客之所在。据说永平十年（公元67年）西域僧人迦叶摩腾及竺法兰来到中国洛阳，朝廷待以宾客之礼，宿于鸿胪寺中，故以后僧人居住地沿称为“寺”。最早建立的洛阳白马寺即是改造官寺而成，尚不具备佛教特点。估计当时对佛的虔诚崇拜集中表现在像设及庄严等方面，而在建筑艺术方面表现并不突出，这种情况一直持续到汉末。

（二）模仿时期

自公元3世纪至6世纪，约相当于中国的两晋南北朝时期。这时期自印度及大月氏等国来中国的传教僧人甚多，竺法护、佛图澄、鸠摩罗什等人都是著名的僧人。随着域外僧人来华，必将印度诸国的艺术风格带入中国。印度佛教在公元1～2世纪时已经从佛迹崇拜转向了佛像崇拜，并受希腊雕塑艺术的影响在北印度创立了繁荣的犍陀罗艺术，出现了大量精美的佛像，同时这个时期西域诸国陆续皈依佛教，印度的建筑及雕塑艺术有可能沿丝绸之路传递进来。此时汉族平民在战争动乱、生活困苦之时，为寻求解脱而大量出家，佛教事业大发展，也推动了寺庙建造活动。这时期的中国佛教建筑（佛寺与佛塔）是以印度及犍陀罗艺术为楷模的。在《魏书・释老志》中曾提到“自洛中构白马寺，盛饰佛图，画迹甚妙，为四方式，凡宫塔制度，犹依天竺旧状，而重构之……”说明这时期盛行的以塔为中心，周围环绕着僧房的佛寺布局方式即是印度佛寺常用的方式。

开凿石窟寺也是一种模仿活动，遗存至今的著名的甘肃敦煌莫高窟、天水麦积山石窟、永靖炳灵寺石窟，山西大同云冈石窟，河南洛阳龙门石窟、巩县石窟等都是这一时期开凿的。依据新疆现存的佛教石窟可证明凿窟之风正是从大月氏越葱岭经西域诸国传入内地的，流脉甚清。敦煌、云冈早期洞窟的佛像雕刻造型多具有隆鼻、细目、长耳、丰颐、袈裟贴身的特征，明显带有犍陀罗艺术风格。此时不仅多层楼阁式塔普遍应用，而且仿效印度天祠建筑的密檐式塔也已出现。此外，印度佛教装饰题材，如莲花、飞天、莨苕叶、花圈、狮、象等图案也大量应用在中国佛教建筑上。总之，这时期可称做吸收与模仿外来艺术的时期。

（三）融合时期

自公元6世纪至13世纪，约相当于中国的隋唐至宋、辽、金时期。佛教在中国经过六百余年的传布，同时与传统的儒家思想融合，发展成为中国式的宗教，出现许多具有高深佛学修养的中国僧人，并创立了中国式的宗教建筑。自南北朝以来，舍宅为寺之风盛行，使寺庙布局逐渐向宫室建筑形制转化，以塔为中心转变成为以佛殿为主体的纵向轴线式布局，而原来作为崇拜物的佛塔，转变为祈福的建筑，在形式上向多样化发展，而且外观上更向传统的木构建筑形式靠拢。出于宣传宗教观念、教理教义的需要，结合中国建筑以木结构体系为主的特点，在泥墙上绘制壁画的风气极为流行，出现了许多技艺精湛的宗教艺术画家，如吴道子、阎立本、周昉、韩干诸人。特别是受净土宗教义影响，描绘西方净土世界、兜率净土世界、东方净土世界的华美的净土变巨型壁画成为这时期佛教壁画的重要题材。由于统治者的提倡，出现许多大型佛像，带动了多层楼阁建筑的建造活动，形成别具一格的中国式高层建筑，应县木塔堪称代表性建筑。南方禅宗寺院中为讲习义理增设了法堂或禅房建筑；而密宗为诵祷陀罗尼经以祈福，在寺院中设置了固定的石质经幢。这些都是中国佛教建筑内容的新发展。这时期的佛塔已由土木结构向砖石结构转变，平面形式和外观都很丰富多彩，几种类型的佛塔都已出现，而且和尚的墓塔的建造提供了大量新的塔形。在室内装饰上除了活动性的华盖、幢幡以外，逐渐出现固定式的藻井、佛龛、佛帐，以及表现天国世界的模型式的天宫楼阁。总之，这个时期中国式佛教建筑特征已经全面显现出来，完成了一种异国宗教在中国传布、模仿、吸收、再创造的过程。

（四）神秘时期

自公元13世纪至19世纪，相当于中国的元、明、清时期。佛教从汉族地区推向更广大的兄弟民族地区，扩大了信徒范围。因此教义更加简易，专以诵咒祈祷为主要仪式的藏传佛教成为佛教的主要流派，以便向文化低的平民进行传教。同时元明清三代统治者为巩固政治上的统一，团结少数民族，皆采取了多种宗教并存的政策，对蒙藏地区信奉的藏传佛教给予特别的支持和优容。在建筑上，藏传佛教特有的佛塔形式，即类似瓶子式样的喇嘛塔在全国各地建造起来。藏传佛教寺院内僧徒众多，经常聚在一起诵经，需要建立室内空间巨大的经堂建筑。这种建筑的屋顶往往是由几个屋顶组合在一起的，由顶部采光，室内昏暗神秘，在传统建筑中很少见到这种形式。很多藏传佛教寺院建在山区，因山就势，不规则地布置了佛殿、学院、僧房院等许多建筑，规模庞大，气势恢宏，较过去时代的佛寺具有更大的艺术感染力。有的寺庙布局是按佛教世界构成模式作为规划意匠主题，组成庞大的殿、阁、台、塔的建筑群体，体现出建筑艺术创作的魅力，例如承德普宁寺即为佳例。很多寺庙在建筑艺术形式上更多地吸收了藏式建筑风格，高台座，红白色的外墙粉刷，金瓦顶，梯形黑色窗套等，装饰效果更富于刺激性。另外还出现了一种新塔型，即在高台上建立五座小塔的金刚宝座塔，其形制是象征佛所居住的须弥山。藏传佛教的佛像与壁画往往表现出形状怪异的鬼怪神灵形象，与前朝的汉式佛像完全异趣。这时期的壁画、塑壁、陈设、彩画等装饰装修方面，更是五彩纷呈，热烈与繁杂成为主调。总之，此时期的佛教建筑较以前更具有超凡脱俗的趋向，与反映人世间情趣的建筑艺术面貌拉开较大的距离，反映出神秘主义的艺术倾向。

佛教建筑的近两千年的历史发展，为我们提供了许多有意义的思想借鉴。例如它展示了外来建筑文化逐渐同化于中国建筑文化的过程，这种过程又是深深地扎在民族传统之中的，是“洋为中用”的。它也说明任何建筑的进展都是因果关系的发展，建筑的形式与内容都是客观环境与人群的需要所决定的，是“有源之水”。它也说明建筑艺术是有巨大的社会宣传价值的，它是无言的书。宗教往往利用这个特性，这一点也是世界建筑史所证明了的。中国佛教建筑在许多方面宣传阐明赞扬了佛教的教义，补充了其在哲学阐述方面的不足，尤其是中国佛教的晚期，藏传佛教盛行的时期更为显著。在佛教哲学理论上最为浅易的两个宗派——净土宗与密宗，却是佛教建筑艺术最辉煌的流派，留下了不少有艺术价值的建筑物。

中国佛教建筑在中国建筑史上也占有举足轻重的地位。它直接推动新的建筑类型的繁殖，例如佛塔、佛殿、石窟、经幢以及特殊类型的建筑，包括经堂、罗汉堂、大佛阁、卧佛殿等。甚至寺庙园林也对中国园林建设产生积极的影响与补充。佛教寺庙的布局是一种完全服务于宗教的布局，它是社会生活与宗教生活混合的产物，与宫殿、宅第不同，与园林、陵寝也不同，它提供了建筑布局方面某些特殊的经验。宗教需要的空间变化幅度很大，如巨像冲天、千僧集会、摩崖大佛、五百罗汉供奉等都需要不同寻常的高耸、宽大或险峻的建筑，因此促进了中国古代建筑结构技术的发展，几乎中国古代结构史中优秀的实例，绝大部分出自佛教建筑。因此研究中国建筑史必须首先研究中国佛教建筑。

第二章

中国佛教寺院的建筑特色

中国现存佛教寺院数目众多，据不完全统计约有2万余所。但各寺院的历史际遇不同，具有不同的历史价值与文化价值。有些寺院历史上曾经有过辉煌的发展与宏伟的规模，但今非昔比，至今已无建筑存在。如陕西西安的大慈恩寺，在唐代，玄奘法师自印度取经回国后，住慈恩寺译经，寺院规模急速扩展。史称“重楼复殿，云阁洞房有十数院，总一千八百九十七间”，是当时全国十大寺院之一。而如今寺院衰毁，仅存一塔。又如江苏南京的建初寺，建于三国时期，是中国最早的寺院之一。南北朝时称长干寺，宋代称天喜寺，元代称圣忠寺，明代更名为大报恩寺，并建有13层的大琉璃塔。历史上皆是极大的寺院，但毁于清代太平天国之役，至今已全无遗存建筑。又如西安的大兴善寺，在唐代开元年间，印度僧人善无畏、金刚智、不空三人来华，称“开元三大士”，住在大兴善寺内译经，传授密宗教理。寺院屡次被毁，清末仅存钟鼓楼及山门。现存建筑皆为近代重建之物。

有的寺院在中国佛教发展史中占有重要地位，具有文化史的价值，如唐代以来形成的佛教各宗派的祖庭寺院。但有些祖庭寺院，由于教派不振，而寺院建筑破败不堪。如黄檗宗的福建福清的万福寺。有的已无存，如唐代密宗祖庭陕西西安青龙寺。有的已经改建，如临济宗的河北正定临济寺（现有建筑为20世纪重建）。有的祖庭虽然仍存，但后建的寺院布局及建筑并无特色，如净土宗祖庭的山西交城玄中寺。

本专题研究是以佛教建筑为主轴，是从有历史性的，有建筑学意义的角度，来选择并阐述著名的佛教寺院。一些有社会学、佛学意义的寺院，或者在雕刻、泥塑、壁画等艺术方面有成就的寺院，没有纳入讨论范围，故无法兼顾各个方面的寺院实例，下述章节选择的有建筑内容的寺院实例，恐怕也不能概括全部。确实在浩瀚众多的佛寺中，势难全顾。只要把问题论述清楚，不一定需要太多的例证。由于宗教教派的宗教活动的不同，佛寺实例可以分为汉传佛寺、藏传佛寺、南传佛寺三类来叙述。

①梁思成．记五台山佛光寺的建筑．文物参考资料，1953，5-6.

一、汉传佛教寺院

汉传佛教是流行于中国大部汉族聚居地区的佛教，属大乘佛教教义。虽然自唐代以来汉传佛教产生了许多宗派，但其寺院建筑大同小异，差别不明显。汉传寺院多以木结构建造，单层建筑为主，并呈院落式布局，其布局形式与宫廷建筑、大型宅第类同。也有一些寺院按潜心静修的禅宗思想，选择在远离市廛的山林之地，这些寺院因山就势，不拘一格，呈自由式布局，在汉传佛教寺院中是多见的实例。汉传寺院内的佛塔类型众多，以砖石构造为主，是中国高层建筑的代表，也是中国市镇中重要的景观因素。现存的汉传寺院数目众多，并有许多年代久远的建筑，已经列入国家重点文物名单，是一份宝贵的文化遗产。经过长期的发展，汉传佛教寺院的建筑内涵，形成包括以佛殿（或佛塔）为中心，配以天王殿、配殿、佛阁等组成的信仰建筑部分，法堂、禅堂、藏经阁、钟鼓楼等修学佛法的建筑部分，以及配有方丈、僧房、斋堂、库舍、净舍、墓地等僧人生活建筑部分，组成的佛、法、僧三宝俱全的建筑群体。有的大型寺院尚建有园林陂池。

寺院的建造有两种情况。一为敕造，即由帝王命令建造，由朝廷出资。但因政局变化，朝代兴废，寺院亦有变迁；一为募资建造，即由名僧大德捐募资金建造，或由显贵舍宅或出资建造，这种寺院占大多数，完全是私有经营模式。因此寺院常有兴废，或改建扩建，或完全塌毁无存。这一点与西方教堂不同。教堂有教会支持，有稳定的经济来源，可逾百年而不衰。在现存的寺院中选择有建筑艺术或建筑技术特色的寺院介绍如下。

佛光寺

位于山西五台县，寺内现存有国内最古老最大的唐代木构大殿东大殿。该殿建于唐大中十一年（公元857年）。大殿面阔七间，进深四间，单檐板瓦庑殿顶，斗栱雄大，出檐深远，长达2.02米。外檐铺作为双杪双下昂，内檐铺作为偷心四跳华栱。板门，直棂窗。屋顶梁架分为明栿与草栿，明栿采用月梁形式，月梁之上加设平闇式天花。最有特色的是其平面柱列分为内外两圈，柱高相同，在柱头上结合斗栱设置5层素枋，周圈联结，形如井干，固接如槽，极大地加强了柱网的稳定性。在宋代《营造法式》一书中，对这种内外两圈的铺作方式，称之为“金箱斗底槽”。该殿造型中的板门、直棂窗、脊槫叉手、不用普柏枋、月梁、平闇天花、应用真昂、金箱斗底槽的铺作系统、檐柱的升起与侧脚等，皆是唐代建筑的形式特点。在国内缺少早期木构建筑实例的状况下，此殿弥足珍贵。除建筑历史价值以外，殿内的塑像均为唐塑，内檐栱眼壁上尚保存有唐代壁画，梁底留有唐人的墨书题记，四种唐代艺术荟萃一堂，堪称“一殿四绝”[①]（图2－1）。

佛光寺寺门内南侧，尚有一座重要的殿堂，即文殊殿。建于金天会十五年（公元1137年）。面阔七间，进深四间，八架椽屋。其横剖面为前后乳栿，中为四椽栿，用四柱的规制。但内柱经过大量的省减，扩大了殿内的有效空间。前内檐柱仅用两根，后内檐柱亦用两根，各减省四根。柱间采用加大由额的断面及类似桁架的内额由额组合方式，来承担两缝屋架梁栿的荷载。这是一种大胆创新之举，具有结构史的意义。佛光寺大殿之旁有祖师塔

图2－1　山西五台佛光寺大殿

一座，为两层楼阁式塔。按形式分析，应为唐代之物，亦十分珍贵。

南禅寺

位于山西五台县，其大殿建于唐建中三年（公元782年），比佛光寺大殿早75年。寺内其他建筑均为明清时期添建。大殿面阔进深均为三间，单檐歇山顶。结构简单，为“四架椽屋通檐用二柱”的规制，无内檐柱，以一根四椽栿架设在前后檐柱上，属于一种小型佛殿。其柱身的生起、侧脚明显，斗栱为双杪，偷心，无下昂，无铺间斗栱，平梁上用叉手支承脊槫。这些特点皆反映了唐代小型殿堂的标准做法，亦有重要的历史价值[①]（图2－2）。

镇国寺

位于山西平遥城北郝洞村。全寺共有两进院落，山门与天王殿合而为一。前院正殿为万佛殿，后院以三佛楼为正殿，配以其他殿堂。寺内建筑皆为明清地方建筑，但以万佛殿历史最久。该殿建于北汉天会七年（公元963年），是国内保存不多的五代十国建筑之一。大殿面阔三间，进深三间六椽，单檐歇山顶。斗栱尺寸硕大，屋顶举折比例平缓，举高与进深之比达到1：3.6。内部构架保留有叉手、托脚、由额与阑额的重额枋制度，椽头有卷杀，斗栱为双杪双下昂，下昂为真昂，柱头上的斗栱素枋达六层，构造坚固有力，虽然出现了补间铺作，但每间仅一朵。建筑很少有附加装饰，表现出一种结构刚劲的艺术美。万佛殿这一实例，说明五代十国至宋初的建筑艺术与技术，尚保持着唐代遗风，至宋代中叶建筑面貌才向美丽纤巧、华美精致的风格转化[②]（图2－3）。

华林寺

位于福建福州市内，建于五代十国吴越钱弘俶十八年（公元964年）。原名越山吉祥禅院，建有山门、大殿、讲堂、经藏等建筑，至近代大部分建筑被毁，仅余大殿一座，经政府迁址重建，是南方仅存的最古老的木构建筑实物。大殿面阔三间，进深四间八椽，构架形式为“前后乳栿对四椽栿用四柱”的规制。内外柱不同高，类似宋代的厅堂式构架。柱头斗栱为双杪双下昂，因将令栱出挑的耍头也改成斜出下昂，故外貌显示为三下昂，

①祁英涛，柴泽俊．南禅寺大殿修复．文物，1980，11．

②祁英涛等．两年来山西省发现的古建筑．文物参考资料，1954，11．

图2－2　山西五台南禅寺大殿

此为特例。斗栱用材雄大，栱高达33厘米，是唐宋建筑中用材最大的。栱枋用材比例是2∶1的狭长矩形。补间铺作仅用在正面，余三面不用补间。栌斗底加设皿板，昂嘴雕作枭混曲线，不像唐代的直削的劈竹昂嘴。梁枋上雕刻有柿蒂状的团窠纹样，柱身挑出插栱（丁头栱），梁栿之间不用蜀柱支承，而改用云形驼峰托垫，这些手法皆有鲜明的南方建筑的地方特色。其铺作层是一层斗栱一层素枋相叠而设，与唐代隐出栱身的多层素枋相叠方式不同。哪一种形式更为古老些，尚有待研究。从使用皿斗、曲线昂嘴、入柱多条插栱、圆形月梁等手法来

图2－3　山西平遥镇国寺万佛殿

考察，日本12世纪从中国引进的“大佛样”（汉称天竺样）式建筑，应该是源于华林寺为代表的我国福建地方建筑样式[①]（图2－4）。

图2－4　福建福州华林寺大殿外景

阁院寺

位于河北涞源县城内。无明确的始建纪年，据专家分析约建于辽代末年（公元1100年左右）。寺内有天王殿、文殊殿、藏经阁、钟楼等建筑，仅文殊殿为辽代原构，余均为明清建筑。文殊殿面阔三间，进深三间，单檐歇山顶，平面近方形。构架为“乳栿对四椽栿用三柱”的规制，减去一根前金柱，使空间变得相对开敞。柱头铺作外出双杪，以令栱替木托撩檐枋，内出三跳华栱托在四椽栿下。每间仅设一朵补间铺作，铺作内转四跳华栱托在襻间枋上。斗栱构造简洁，完全继承了唐代铺作成“槽”的做法。但不设下昂，并在第二跳上增加了翼形栱，是与唐风不同之处。外檐为格子门，门上的横披窗尚保留有辽代的球纹棂格，有四斜球纹、四斜球纹加条径、簇六球纹、簇六套六方等十几种花样。宋代建筑已经将板门直棂窗发展成为格子门及有棂花格图案的门窗心，极大地改善了殿内的采光条件，在宋《营造法式》一书中有详细的描述。但北方辽代建筑使用较晚，该殿是最早使用球纹棂格的实例。此外，该殿的内檐彩画绘于明嘉靖二十五年（公元1546年）。图案中已经出现一整二破的旋花纹样及写生花，亦属于十分稀少的明代彩画实例[②]（图2－5）。

①林钊．福州华林寺大雄宝殿调查报告．文物参考资料，1956，7.

②冯秉其，申天．新发现辽代建筑－涞源阁院寺文殊殿．文物，1960，8-9.

③梁思成．蓟县独乐寺观音阁山门考．中国营造学社．中国营造学社汇刊第三卷第2期.

独乐寺

位于天津蓟县，建于辽统和二年（公元984年）。早期的寺院布局已无从考察。现存有山门、观音阁、书院亭及部分小殿。山门及观音阁为辽代原构，尤以观音阁最为著名。该阁面阔五间，进深四间八椽、单檐歇山顶。楼高2层，内部结构实为3层（中间夹一暗层），平面布局为内外两圈柱子，中为空井，以容纳高达15.4米的十一面观音立像。其结构体系仍为唐辽时期的做法。每层柱高相同，柱上为井干式铺作层，组成“金箱槽”，上层结构柱插在铺作层上，3层相叠，形成中空的楼层结构体系。与应县木塔的构造原理相似，反映了该时期建造木构中空楼阁的标准做法。唐代以来，盛行建造大像的风气，当时容纳大像的楼阁建筑已无遗存，观音阁为我们提供了例证。屋顶结构为“乳栿对四椽栿用四柱”规制，双杪双下昂，明栿与草架并用。为了加强构架的稳定性，在底层设置厚达1米的刚性墙，每

图2－5　河北涞源阁院寺文殊殿

图2－6　天津蓟县独乐寺观音阁全景

层设置了双乳栿，角部增设了角乳栿，暗层墙壁内设置斜撑等措施。自辽代开始，该阁经大小28次地震，仍然屹立，说明古代匠师的技术智慧。阁内的泥塑观音立像及壁画，仍为辽代作品，亦十分珍贵。阁内空间狭窄而高峻，人们入阁后需仰望才能观看立像，而头部由于上层的采光而照亮，形成神秘而壮观的印象。该寺山门面阔三间，进深二间，有中柱，单檐庑殿顶。斗栱双杪五铺作，铺作系统呈分心槽规制，是典型的山门设计。其屋面正脊端的鸱尾，尚保留着辽代形制，是珍贵的实物[③]（图2－6）。

梅庵

位于广东肇庆。该寺曾为佛教禅宗六祖慧能驻锡之地，因慧能曾手植梅树，故以梅庵命名。该寺规模很小，仅有山门、大雄宝殿、祖师殿及少量附属建筑，并经多次重修。仅大雄宝殿尚存宋代建筑特征。该殿建于宋至道二年（公元996年），面阔五间，进深三间，两坡硬山顶。山顶及屋面、装修皆经后世添改，仅当中三间的构架尚保存较多宋代建筑特征。构架为“前后乳栿、中六椽栿、十架椽屋”制式。使用梭柱、月梁、斗栱为单杪三下昂七铺作斗栱，下昂为真昂直托在梁底，这些都与《营造法式》所载相吻合。同时构架中使用了弧形随木，实为宋代构架中的托脚木的装饰化。除脊槫木为圆形外，其余各槫均为长方形。步架较短，仅为1米左右，可能受穿斗架的影响。补间斗栱使用了长两架的下昂，斗下设皿板，为了加强铺作的整体性，加设了栱栓及昂栓，将构件连接牢固。斗栱用材为18厘米×9厘米，其比例为2：1，这些都带有闽粤地方做法的特色。故梅庵大殿的结构是研究宋代岭南地区建筑的重要实例（图2－7）。

保国寺

位于浙江省宁波市，始建于东汉，唐宋重建，寺内现存建筑中除大殿以外，皆为明清重建或增建。该寺建于山坡台地上，计分为三台，前为天王殿，中为大雄宝殿，后为法堂，最后为藏经阁，层层递上，尚保留有早期禅宗寺院的布局形式。大雄宝殿建于宋大中祥符六年（公元1013年），是浙江地区保存最古老的建筑。大殿面阔三间，11.9米，进深三间，13.35米，单檐歇山顶，是一座微纵长的方形建筑。其构架为“前三椽栿，中三椽栿，后乳栿用四柱”的八架椽屋。由于前槽用三椽栿，所以入殿以后的礼佛空间较为宽阔。并在顶部建造了三个斗八圆形藻井，进一步装饰美化了入口空间。中间用三椽栿布置佛坛，空间为彻上明造，强调了礼佛主体的重要性。该殿柱子不同高，内檐金柱较高，外檐柱较低，所以形成部分梁尾插入柱身的做法。外檐仍沿用铺作斗栱系统，用真昂，昂尾挑在梁底，或插入金柱，尚存唐代的遗风。纵向构架之间用大额与由额的“重楣”及多条襻间枋相联系，增强了构架的稳定性。额枋及大梁皆作成月梁形式，十分华美。总之保国寺大殿的构架灵巧多变，既有唐代风格，又有江南地方做法，是宋代初年建筑不可多得的实例。另外，该殿的木柱为八瓣瓜棱形柱，十分华美。其制作工艺分为三种，一为原木切削而成；一为四根圆木拼合榫卯而成，再在柱缝之间加木条拼成八瓣，工艺上称“四段合”；另一种心材为较小圆木，周围贴拼八块弧形木片而成八瓣，称为“包镶作”。瓜棱柱是中国早期木构件的装饰手法，在该殿中得以体现。额枋上尚存留有“七朱八白”式的刷饰，亦有古风[①]（图2－8）。

图2－7 广东肇庆梅庵外檐斗栱 网络图片

奉国寺

位于辽宁义县城内，建于辽开泰九年（公元1020年）。初建时，寺院规模庞大，有山门、七佛殿、后法堂、观音阁、三乘阁、弥陀阁、斋堂等，现状多已不存，仅余大雄宝殿（七佛殿）为原构。大殿面阔九间，长55.8米，进深五间十椽，通进深25.13米，单檐庑殿顶，是比较大的殿堂。殿内供养称“过去七佛”的七尊大佛，每尊大佛两侧有两铺胁侍，佛坛东西

①窦学智，戚德耀，方长源. 余姚保国寺大雄宝殿，文物，1987，8.

②杜仙洲. 义县奉国寺大雄殿调查报告. 文物，1961，2.

图2－8 浙江宁波保国寺大殿

两侧有两尊力士像。殿内设七佛是辽圣宗为纪念其六世祖先及本人而设。每佛占一间之广，加左右转佛廊，共九间，形成超大的空间体量。平面布局为“前廊及中部为四椽栿，后乳栿用四柱”的规制，而前金柱后移两椽，形成佛前约10米的空间，对礼佛、瞻仰七座大佛十分有利。其构架的四柱不同高，檐柱高约6米，后金柱高约8.3米，前金柱高约9.6米。前四椽栿用双栿，后尾入前金柱；中部四椽用六椽栿，而且是两根栿料重叠，向前伸出两椽搭在前四椽栿上。其铺作层仍能形成内外两槽。但从梁尾入柱，内柱不同高，补间铺作与柱头铺作近似等特点来看，奉国寺大殿实为厅堂式构架中创新的一个例证。大殿尚保留有辽代的彩画，梁栿底面绘有云朵、飞天、草凤等，皆为写生画法，并有退晕。斗栱上绘有宝相花，团窠柿蒂及琐纹等。梁栿正面彩画多漫漶不清，隐约显出有箍头、找头的布局形式，是难得的宋辽彩画遗物。另外大殿内的佛像均为辽代作品。所以奉国寺内的建筑、彩画及佛像为三大珍品[②]（图2-9）。

下华严寺

位于山西大同市内。华严寺自明代分为上下两寺。上寺存有大雄宝殿，下寺存有薄伽教藏殿，其他殿宇皆已不存，故原寺的布局已不可知。薄伽教藏殿建于辽重熙七年（公元1038年），正面五间25.65米，进深四间18.46米，单檐歇山顶。当心间构架为“乳栿对四椽栿用四柱”，内外柱同高，为

图2-9　辽宁义县奉国寺大殿 引自《义县奉国寺》

金箱槽之形制。而次间构架在四椽栿中间加分心柱，以承托山面的脊槫。栿上另有草架承重。殿内的佛像、彩画及壁藏经橱皆为辽代原物，有极高的文物价值。壁藏环绕四壁而立，总长约60米，是国内绝无仅有的孤例。壁藏高5米，分上下两层，下层藏经书，一间一橱。上层为空廊，设有佛龛，上下层之间有腰檐、平坐、栏杆。上下层的屋顶斗栱台基俱全，完全仿造真实楼阁建筑的比例建造。殿后壁当心间处更有天宫楼阁五间，飞跨后窗之上，以环桥与左右壁藏上层相连接，飞浮悬空，极具玲珑之致。壁藏实为辽代建筑按比例的精美模型，其细部构件，如鸱尾、悬鱼、脊饰、栏杆花纹等皆有忠实描写，在辽代实物建筑不多的情况下，难能可贵。该殿的天花、藻井、梁枋尚有辽代彩画，其中的水纹、锁纹、篳纹、写生花纹皆具辽代彩画的特色[①]（图2－10）。

①梁思成，刘敦桢. 大同古建筑调查报告. 中国营造学社汇刊第四卷第3期，第 4 期.

②梁思成. 正定调查记略. 中国营造学社汇刊第四卷第2期.

隆兴寺

位于河北正定城内，始建于隋代，宋开宝四年（公元971年）拓建成今日规模。全寺规划布局沿中轴线纵深布置，以高阁为全寺的中心，其他亭、台、殿、阁作为烘托。建筑形体交替变化，构成完整群体组合，同时起造高大的佛像及高阁建筑，是唐代以后寺庙布局的风尚。该寺主要建筑自南而北有天王殿（山门）、大觉六师殿基、摩尼殿、戒坛、慈氏阁及转轮藏殿、大悲阁、弥陀殿及御碑亭等。其中摩尼殿、慈氏阁、转轮藏殿、天王殿为宋代木构建筑。一寺之中尚存数座宋代建筑为十分珍贵的实例。摩尼殿建于北宋皇祐四年（公元1052年），面阔进深各七间，重檐歇山绿琉璃瓦剪边顶。殿身四面各出一歇山抱厦，呈十字形平面，为宋代木构中的特例。其构架为"前后乳栿，中间四椽栿八架椽屋"形制，内柱较高，斗栱有45度斜栱，皆为宋代特点。内槽扇面墙后的观音塑壁，神态悠闲，形象逼真，是反映世俗生态的优秀作品。转轮藏及慈氏阁均为宋代木构，位于大悲阁之前，其中的转轮藏殿中有转动的经橱，是《营造法式》卷十一中所提到的转轮经藏做法的实物例证。大悲阁又称佛香阁，高约33米，3层歇山顶，上两层为重檐，左右为御书楼及集庆阁，为三阁分列之制，很好地烘托了大阁之巍峨雄大。新中国成立初期已几乎塌毁，唯存阁内的铜铸千手观音像，为宋开宝四年（公元971年）所铸。近年按宋制恢复重建，但是否为原来形制，尚有疑问。寺内保存的《龙藏寺碑》为隋开皇六年（公元586年）所立，楷书中微含魏隶遗韵，是书法艺术承前启后的代表作[②]（图2－11）。

图2－10　山西大同下华严寺

佛宫寺

位于山西应县城内，现存建筑有山门、释迦塔、大雄宝殿及配殿等，呈纵轴排列，在布局上仍保留了北朝以来以塔为中心，前塔后殿的古老传统。该寺最有价值的是释迦塔，又称应县木塔。该塔建于辽清宁二年（公元1056年），距今已900余年。造型为八边形，外观5层，加上4个平坐暗层，实为9层，全部木结构，总高67.31米，是世界上现存最高最古的木构楼阁建筑。该塔具有结构学的历

图2－11　河北正定隆兴寺摩尼殿

史价值，即用短小的木材建造出高达67米的巨构。其构造原理就像笼屉一样，用叠圈构架垒置而成，明层与暗层分别组成构架，由柱、枋、斗栱互相拉结坚固，形成稳定的整体，层层叠起形成全塔，解决了唐以前佛塔必须用通长的塔心柱来稳固全塔的构造模式。对于叠圈构架的稳定性问题，设计者采用了八角形平面，减少倾侧，并用内外两圈柱列增加刚度，每层柱子向内侧脚增加向心力，在暗层内增斜撑，避免柱枋扭曲，底层加设一圈刚性墙等技术措施，保证木塔的稳定。此外，该塔各层的佛像为辽代原塑，是按密宗坛城的布局设计的，首层的斗八藻井及附着的辽代彩画，亦有十分重要的历史价值[①]（图2－12）。

①陈明达．应县木塔．文物出版社，1966.

青莲寺

位于山西晋城峡石山。青莲寺分为古青莲寺（下院）及青莲寺（上院）两部分。古青莲寺建于北齐天保年间，现仅余正殿三间，南殿三间，皆为后来的建筑。正殿中供奉的弥勒像及南殿中的释迦像等彩塑尚为唐宋的作品。古寺东侧有明代砖构舍利塔，西侧有慧峰法师石塔（唐乾宁二年）。青莲寺上院建于唐太和年间，历代皆有增建。寺前为平台，上建东西阁，其后为天王殿、藏经阁、释迦殿（大佛殿）、大雄宝殿；西厢左右对称，建有

图2-12　山西应县木塔
释迦塔

观音阁、地藏阁、经堂、僧舍等。释迦殿建于宋元祐四年（公元1089年），面阔三间，进深三间，呈方形平面，单檐歇山顶，构架为“四椽栿双乳栿用三柱”的制式。斗栱为单杪单下昂，下昂及耍头砍作批竹式。大殿明间设板门，两次间设破子棂窗，前檐明间地栿、立颊、上槛均为石作，线刻花卉纹饰。释迦殿的宋式梁架结构，在晋东南一带的应用比较普遍，如高平开化寺大殿、平顺龙门等大殿，皆为类同的构造，代表了宋代北方中小型殿堂的标准做法（图2－13）。

图2－13　山西晋城青莲寺

该寺总体布局有许多巧妙处理，如通往寺院的山路上，设置了七座过街式门楼，称七星楼，通过层层引导，加深了拜山的印象，成为整顿思绪的前奏。另外，在青莲寺院东侧，利用壁立的小崖，建造了慧远禅师的掷笔处及款月亭等，登之可望周围景色。建筑小巧玲珑，与山崖的比例合宜，宛如一组盆景置于苍翠的山林之中，具有很强的风景艺术效果。

觉山寺

位于山西灵丘县。全寺由三条轴线组成，中轴主殿为大雄宝殿；东轴为弥陀殿；西轴为塔院及贵珍殿，均为两进院落。在三条轴线的前方，设置山门及东西阁、钟鼓楼等。全寺除砖塔以外，皆为清代建筑，砖塔建于辽代大安六年（公元1090年），是典型的辽代密檐塔，保存状况良好，是辽塔中优秀的实例。装饰繁丽，雕制精巧，雕饰加工部位集中在下层须弥座的束腰，中层平坐蜀柱、间壁及上层勾栏的华板，形成3层装饰带，与塔身及密檐形成强烈的繁简对比。雕刻题材有狮子、兽面、伎乐天女、力神、龙、花叶、几何纹、万字纹等，尤以动物、人物的雕刻最为传神精丽。该寺为三轴复合的平面，布局紧凑，条理分明，亦十分有特点①（图2－14）。

①柴泽俊．觉山寺舍利塔．柴泽俊古建筑文集．文物出版社，1999：230.

开化寺

位于山西高平舍利山。现存建筑有大悲阁、大雄宝殿及左右配殿，大殿后院原有的演法堂已毁，其他尚存净室、方丈等附属建筑。大悲阁为金代遗物，大雄宝殿建于宋元祐七年（公元1092年），是一座古老的建筑。该殿面阔三间，进深三间，单檐歇山顶。殿内减去二根前金柱，使佛坛前的空间更开阔，构架用“四椽栿对乳栿用三柱六架椽屋”的制式。这种构架为宋代中小型殿堂的通式，在晋东南数座宋辽时期的庙宇皆为此种式样。

最为珍贵的是该殿内壁尚保留有绘于宋代绍圣三年（公元1096年）的壁画。壁画内容以佛教经变为主体，即宣传佛经教义及故事的绘画，包括《华严经变》《报恩经变》《本生经变》等，在这些故事画中表现出的佛、菩萨、天王、力士的形象实际就是宋代社会中从帝王至平民各种人物的写实。其背景的各种宫殿、高阁、楼台、村舍、池塘等皆反映了绘者所处时代的真实面貌，而且工笔细致，一丝不苟，故对了解宋代建筑是不可多得的资料。早期寺庙壁画中以表现佛陀、菩萨像为主，但开化寺的壁

图2－14　山西灵丘觉山寺全景

画中建筑内容众多，是继承了唐代兴起的经变宣传的遗绪。该殿木结构中还保留了宋代的建筑彩画，虽然已经漫漶不清，但仍能看出宋代彩画的构图格局及纹饰图案的特点，在中国彩画史上有重要的价值[①]（图2－15）。

图2－15　山西高平开化寺

少林寺

位于河南登封西北五乳峰山麓，北魏孝昌三年（公元527年）印度僧人菩提达摩来此传授佛典禅法，至唐代六祖慧能正式成立禅宗，故尊少林寺为禅宗祖庭。唐太宗李世民在战争中曾得到少林寺僧人的帮助，故封赏优厚，僧人多习拳术，历经发展，形成久负盛名的武术流派，广为流传。寺内早期建筑已经无存，现存建筑有山门、白衣殿、地藏殿、毗卢阁（千佛殿）等，以毗卢殿最为宏大，建于明嘉靖年间。殿内壁绘有五百罗汉朝毗罗壁画，达300余平方米。白衣殿内壁绘有十三僧人救秦王及少林拳谱壁画。寺内最古老的建筑为建于寺院西北岗阜上的初祖庵。该庵建于宋宣和七年（公元1125年），面阔三间，进深三间，单檐歇山顶，为了安排佛座，后金柱向后移了一步架，形成前乳栿、后劄牵、中三椽栿的构架。初祖庵柱高相同，皆为八角形石柱，外檐露明的六根石柱皆满雕压地隐起的石刻，图案为枝条卷成花叶纹样，花叶间添加化生童子、孔雀、飞凤、嫔伽等图案，外墙墙裙部分亦有鱼龙水浪石刻。该庵石刻题材与宋《营造法式》中所列的十分吻合，是宋代建筑石刻的忠实代表作品。此外，少林寺历代僧人的墓地——塔林，保存有历代墓塔220余座，规模十分庞大，为国内之最，尤其尚保存有数座唐代墓塔，是建筑史上的重要例证[②]（图2－16）。

①柴泽俊．高平开化寺．柴泽俊古建筑文集．文物出版社，1999：163.

②杨焕成．初祖庵．杨焕成古建筑文集．文物出版社，2009：483.

③梁思成，刘敦桢．大同古建筑调查报告．中国营造学社汇刊第四卷第3期.

上华严寺

位于山西大同市内。寺内仅存大殿一座，建于金天眷三年（公元1140年）。该殿面阔九间53.70米，进深五间27.44米，单檐庑殿顶，是一座体量巨大的佛殿，仅稍次于义县奉国寺大殿。全殿座于4米高的台基上，巍峨雄浑，肃穆森严。其当中的五间梁架用“前后三椽栿用四柱十架椽屋”制式，但在中间四椽栿下又用了一条六椽栿，长达20.3米，两端伸入三椽栿上，形成长达20.3米的连续梁，像这样长的巨料，十分难得。梢间与尽间改用六柱系列，以承托山面斜角梁，该殿的斗栱较辽宋建筑偏小，普遍用五铺作，出两跳，不用上昂和下昂，故出檐深度较小。在当心间及第二次间的补间铺作出现斜栱，以代替华栱，当心间为60度，第二次间为45度，说明

图2－16　河南登封少林寺初祖庵大殿

图2－17　山西大同上华严寺

金代的斗栱造型逐渐开始装饰化的过程。大殿鸱尾为金代遗物，高达4.5米，由八块琉璃件组成，是由鱼尾向龙吻过渡的实物证例[3]（图2－17）。

善化寺

位于山西大同市内。现存建筑有山门、三圣殿、大雄宝殿，按中轴线排列，两侧有观音殿、地藏殿、普贤阁、文殊阁（已毁）及僧房等。重修于金皇统三年（公元1143年）。其中大雄宝殿为辽代遗构，三圣殿、普贤阁及山门为金代重修之物。大雄宝殿面阔七间41米，进深五间25米，单檐庑殿顶。殿内中央五间供养五方佛，东西两侧设护法二十四诸天，皆为金代塑像。其构架中间四间为“前四椽栿，中四椽栿，后乳栿用四柱”的制式，内外柱不同高。其特点是中四椽栿下部加设一根六椽栿，长约17米的大料，前端深入前槽两椽距离，形成一根连续梁，这种构架方式与下华严寺大殿如出一辙。梢间、尽间不减柱，仍用五间六柱之设置，以托山面角梁。斗栱用五铺作出双跳，不用昂。最特色之处在当心间及次间补间铺作亦出60度斜栱。内檐当心间上设平棊天花及藻井，藻井构造分为两层，下为八角井，上为圆井，中间以宝镜结束，井周皆以斗栱出挑，不施斜梁的阳马，与宋式斗八藻井构造有所变化，开启明清以降藻井的诸多形式。三圣殿建于金皇统三年（公元1143年），面阔五间32.5米，进深四间19.2米，单檐庑殿顶。殿内柱子配置方法十分特殊，当心间仅用三柱，六椽栿对乳栿，次间亦用三柱五椽栿对三椽栿，等于减去内槽八根内柱。由于减柱的结果，使佛前空间十分开敞，便于宗教礼拜活动。减柱也使得构架产生许多的变化，例如六椽栿用材为双料、梁高达140

厘米，四椽栿及平梁上加添缴背，梁下增加巨大的绰幕方等。三圣殿次间补间斗栱三杪六铺作带45度斜栱的构造，外观有如一朵巨大的花朵，是斗栱向装饰化发展的一个特殊例子。普贤阁及山门亦是金代同期建造的，其结构式样与《营造法式》亦较为接近[①]（图2－18）。

崇福寺

位于山西朔县，是一座规模较大的寺院，沿中轴线布置山门、天王殿、千佛洞（藏经阁）、大雄宝殿（三宝殿）、弥陀殿、观音殿；两侧设钟鼓楼、地藏堂、文殊堂等。除弥陀殿及观音殿为金代建筑外，余均为明清时期建筑。布局中将藏经阁设在大殿之前，是其他寺庙少见的方式。弥陀殿建于金皇统三年（公元1143年），面阔七间，进深四间，单檐庑殿绿琉璃瓦顶。基本构架为“前后乳栿，中四椽栿，八架椽屋”制式，但前金柱减去两柱，调整了纵向柱距，使佛前空间更为开敞，正中四槫屋架全搁置在内金柱的内额枋上，当心间内额长达12米。匠师大胆地采用了两根枋料，中间以斜撑及驼峰加固，形成了复合式梁架，很好地解决了承重设计，与五台佛光寺文殊殿的构造原理类似，是金代寺庙平面惯用的手法。弥陀殿前檐的门窗装修使用了棂花格扇，改善了殿内的采光，是北方寺庙使用棂花格扇较早的实例。棂花图案按双交、四交、六交的结合构造，组成斜方格、米字格、六方、套八方、球纹、团花等约15种图案。由于门扇尺寸较大，故棂条较粗厚，透光率较低，是早期棂花格扇的必然现象。此外该殿佛像的背光亦是一件珍品，背光高10余米，以木柱枋为骨架，编织荆条网，网上浮塑胶泥花蔓、团花、飞天等纹饰，涂以青绿，线条流畅，完全脱去泥塑质感。该殿的琉璃吻兽，亦为金代的遗存[②]（图2－19）。

岩山寺

位于山西繁峙城东天岩村。现存山门、钟楼、南殿及配殿，原有的水陆殿已被拆除。寺中仅南殿为金元时代建筑，余皆为清代建筑，南殿建于金大定七年（公元1167年），元代延祐二年大修（公元1315年），面阔五间，进深三间，单檐歇山顶，构架为“前后劄牵对四椽栿六架椽”的形式，但内部用减柱做法，前后金柱多减两根，在内柱东西向柱头施用大内额，内额长达二间或三间，四槫四椽栿皆压在大内额上。这种大内额的做法，反映出元代殿堂结构的特殊做法。岩山寺最有艺术价值的是其内壁的壁画，

①梁思成，刘敦桢．大同古建筑调查报告．中国营造学社汇刊第四卷第3期．

②柴泽俊．中国古代建筑·朔县崇福寺．文物出版社，1996．

③柴泽俊．中国古代建筑·繁峙岩山寺．文物出版社，1991．

图2－18　山西大同善化寺

图2－19　山西朔县崇福寺弥陀殿

壁画仍为金代的原作，壁画面积达100平方米，作者为御前承应画匠王逵。壁画内容除佛、菩萨以外大量为佛传故事及佛本生故事。画面表现诸多人物及生活场景，具有鲜明的时代特色。王逵生活在宋金时代，而且又为御前画匠，对皇城宫殿建筑有深刻的了解，故在其佛传画中，表现出当时宫殿的概貌，对了解研究北宋汴梁宫殿及金中都宫殿的形象具有参考价值。岩山寺壁画属于界画的画法，建筑描写细微、准确，透视关系恰当，全画布局紧凑，繁而不乱，是金代绘画的优秀作品[③]（图2－20）。

净土寺

位于山西应县城内东北隅，建于金大定二十四年（公元1184年），现仅余大雄宝殿一座，其余均为近代建筑。大殿深广各三间，单檐歇山顶，绿琉璃瓦剪边，屋顶平缓，斗栱疏朗，尚保持金代建筑风貌。最为珍贵的是殿内尚保留金代原建的藻井和天宫楼阁装修。天花上的藻井共有9个，分别做成四方、六方、八方等不同形式。此外，并在东西北三面沿墙顶做出一圈天宫楼阁小木作装修。这些藻井楼阁与殿内佛像布置紧密相联，相互配合，构成统一的室内空间艺术环境。殿内供释迦牟尼佛及阿弥陀佛、药师佛等三世佛像，每间一尊，在其顶部天花各设一个八方藻井，主井前后两侧设计了菱形及扁六方形藻井，形体简单，形成主次关系。两山墙上各绘制了三尊佛像，后檐墙上两尊，共计八尊。在绘像的上方各制作了一顶木制小殿，以象征佛的居处，以连檐相接，回环互通，与佛像配合无间。当心间及次间的方体藻井皆贴金饰，而且藻井围边斗栱的小斗亦贴金，辉煌闪烁，有如繁星，效果极佳。故净土寺在室内建筑艺术处理上有极高的成就（图2－21）。

①陈从周. 浙江武义县延福寺元构大殿. 文物，1966，4.

延福寺

位于浙江武义，现存建筑有山门、天王殿、大殿、后殿及两侧厢房。除大殿以外，均为明清建筑。大殿建于元延祐四年（公元1317年），是江

图2－20　山西繁峙岩山寺壁画

图2－21　山西应县净土寺大殿藻井

南地区发现的元代建筑最早的实例。大殿面阔三间，进深三间，单檐歇山顶，构架为“前三椽栿，中三椽栿，后乳栿用四柱”的规式，与建于延祐五年（公元1318年）的金华天宁寺大殿结构类似。同为前金柱后移一步架，形成佛前较大的礼拜空间。延福寺大殿的造型有几项突出的时代与地方特色。前檐柱升高，打破了“柱高不越间广”的唐宋规式；当心间用补间斗栱三朵，已开启斗栱变小变多的先声；乳栿上的劄牵为弓形，蜀柱下端为鹰嘴形入梁身，这些特色在明代东阳建筑中广泛应用；檐柱、金柱柱身上下卷杀，形成梭柱，柱下用石锧等皆存古意；外檐铺作昂嘴细长，檐角上翘，江南地方建筑特色逐渐明显等。故武义延福寺大殿是江南地区元代建筑的代表作，与唐宋建筑有着明显的区别。大殿在明天顺七年重修时，在四周加了一圈副阶，变成五间重檐的外貌，庆幸的是内部未改，尚存原貌①（图2－22）。

真如寺

位于上海市真如镇。原寺庙在太平天国之役被毁，仅余大殿一座，新中国成立后陆续恢复了山

图2－22　浙江武义延福寺

门、天王殿及佛塔等。大殿建于元延祐七年（公元1320年），是上海地区遗存最早的木构佛殿。大殿面阔三间，进深三间，平面呈方形，单檐歇山顶，构架采用“前四椽栿、中四椽栿对乳栿、十椽屋”的形制。前金柱内移，形成佛前的广阔礼拜空间，是对宋代厅堂结构形式的进一步发展。该殿的形制反映出江南建筑的许多特点。柱头斗栱与补间斗栱采用同一构造；大殿采用月梁形式；内檐建有平綦式天花；出现了覆以重椽构造的草架屋顶，这是明清江南大型建筑常用的手法；构件细部开始雕饰处理；外檐窗楣采用火焰式，这是直接继承南宋时期“五山十刹”禅宗寺院的装饰特点等。日本佛教寺院从南宋引进的“禅宗样”式样，在中国已无具体实例，但从真如寺建筑中可探寻出不少踪迹[①]（图2－23）。

①刘敦桢．真如寺大殿．文物参考资料，1951，8.

崇善寺

位于山西太原。为明代晋王朱棡为纪念其母而建，建于明洪武十四年（公元1381年），规模庞大，仿南京宫殿制度，而略小其一等。清同治年间毁于大火，仅余大悲殿及后部建筑。但有一幅明成化年间所绘的该寺全图，忠实地描绘了寺院原来的面貌。该寺南北长570米，东西宽290米，在中轴线上布列6层门殿，中间有夹道隔为南北两部分。南部山门以内为天王殿，殿北以回廊环绕构成主体庭院，大殿九间，重檐庑殿顶，正殿与后殿之间配以过厅，形成工字殿。主体庭院两侧各排列8个小型院落。正殿两侧的配

图2－23　上海真如寺大殿

殿亦与其后部殿堂组成工字殿。夹道北部有大悲殿等三路建筑。崇善寺是中国古代大型建筑群的典型布局之一，与唐代的《戒坛图经》中的律宗寺院，宋代《后土祠碑》的道教寺院，金代《中岳庙碑》的坛庙布局相比较，不难看出它们之间的嬗递、演变、承袭的关系。现存大悲殿是明初建筑，面阔七间，重檐歇山顶。殿内神坛上供奉千手观音及文殊、普贤三尊塑像，各高8.5米，充满殿堂的空间。表情端庄雅静，飘逸秀美，是明代雕塑的佳作（图2－24）。

图2－24　山西太原崇善寺大悲殿

潭柘寺

位于北京门头沟区，原名岫云寺，因寺内有龙潭及古柘树，故习惯称潭柘寺。寺院历史上几经兴废，现存建筑规模主要形成于明代，明宣德、正统年间朝廷出资扩建寺院，并建立戒坛及延寿塔，万历年间建方丈院等。明清两代的帝王皆到寺院焚香礼佛、题额、赐赏，故潭柘寺成为京郊著名的皇家寺院。寺院规模庞大，寺基南北长达200余米，分为中东西三路。中路为主，自牌坊起，安排山门、天王殿、大殿、三圣殿（已毁），而达毗卢阁，共四进，依地形层层高升，殿堂高大，古木宏伟，庭院幽深，寺后九峰峙列，溪流深涧，空间变化较多，多有山林之趣。东路较幽静雅致，为方丈院和帝后行宫，颇有宫廷气息。西路肃穆严整，有戒坛、观音殿等。寺前有下塔院，内有辽金元明清历代僧人墓塔数十座，以密檐塔形式为主，是京郊著名的塔林。因为潭柘寺是皇帝寺院，其布局形式成为定式，为其他敕建寺院所仿效。如北京的卧佛寺、戒台寺、大觉寺等皆有类似的布置，就是佛教寺院后期的合院式布局[1]（图2－25）。

图2－25　北京潭柘寺大雄宝殿

戒台寺

位于北京西山极乐峰，原称慧聚寺。辽代咸雍年间始立戒坛，元末寺毁。明代正统八年（公元1443年）重修戒坛，为国内现存戒坛之最，故寺之俗名改为戒台寺。全寺建于山坡之上，台地数级分置殿堂。主要建筑分南北两组。南组依明代官寺制度，建有山门、天王殿、大雄宝殿、千佛阁；山门内左右设钟鼓楼；大殿前设伽蓝、祖师二配殿。北组即戒台院，前有明王殿，后有大悲殿，周以廊庑，将戒殿围在正中。戒坛平面正方形，每面七间，重檐盝顶，顶部平台上立五座喇嘛塔。戒坛内檐采用鎏金斗栱，其抱头梁亦作月梁形，根据记载，戒坛工程的木作是明初著名匠师蒯祥设计施工。殿内中央设汉白玉方形戒坛，边长23米，共3层，是国内最大的戒坛[2]（图2－26）。

①、②建筑历史研究所．北京古建筑，文物出版社，1986.

③刘敦桢．北平智化寺如来殿调查记．中国营造学社汇刊第三卷第3期.

智化寺

位于北京市朝阳门内，为明代权阉王振所建，建于明正统九年（公元1444年）。该寺布局为合院式，中轴排列整齐，山门、两侧钟鼓楼、智化门、智化殿、东西配殿、如来殿（万佛阁）、大悲堂、万法堂等层层递进，东北为方丈院，西北为后庙，共有十余院落，代表了明代早期官式寺庙建筑的布局制度。智化门内设置护法金刚两座与四大天王像，将山门与天王殿的内容合并在一起，是与其他寺庙不同之处。主体建筑为如来殿，最为宏伟，分为上下两层。墙壁上布满小佛龛9000余座，故又称“万佛阁”。最为精丽的是上层天花的斗八云龙藻井，全部贴金；

图2－26　北京戒台寺戒坛殿

图2－27　北京智化寺大殿

四周墙壁上镶砌佛龛，龛上雕制天宫楼阁，金光闪耀，富丽辉煌。可惜中央藻井已失，现存美国纳尔逊美术馆。如来殿内彩画仍保持明代旋子彩画的构图和绘画方法，以青绿为地，点缀金朱，梁端找头采用一整二破仿如意头式的旋花，尚有宋代的画意，是很典型的明代官式彩画实例[③]（图2－27）。

双林寺

位于山西平遥城西，始建于北魏，早期建筑已毁，现存建筑大多为明清重建，约在明代天顺弘治时期。沿中轴线布置三进院落，前院为天王殿、释迦殿，两厢为罗汉殿、武圣殿；中院为大雄宝殿，两厢的千佛殿，菩萨殿；后院为娘娘殿、贞义祠。双林寺的艺术重点在于各殿的彩色泥塑佛像，大小总数达2000余躯，形态生动，眉目传神，俱为佳作。天王殿檐下的四大金刚高达3米，造型雄浑有力，有人间武士的气概；殿内居中为弥勒菩萨，帝释、梵天分侍左右。南墙倒座四大天王，手执琵琶、宝剑、蛇、伞，代表“风调雨顺”之意。释迦殿内以释迦佛为主尊，精彩的是四壁运用圆雕、深浅浮雕的手法，分层组合成连环塑壁形式，表现出佛传故事，人像达200余尊，身份不同，形态各异，布置在建筑、山石之间，构图绝妙，具有人间生活气息。大殿扇面墙后塑的渡海观音，身形突出壁外，背景为波涛汹涌的海浪，具有强烈的对比效果。罗汉殿内的十八罗汉，比例适当、解剖准确、表情生动，准确地表现了人物的年龄、身世及内心活动，有拟人的效果。此外，千佛殿内塑壁的五百菩萨，观音像的胁侍韦驮，都是佳品；菩萨殿的主像为千手观音，仪容丰满，体态温柔，有如人间少妇。总之，双林寺可称为一座雕塑博物馆（图2－28）。

报恩寺

位于四川平武县龙安镇。建于明天顺四年（公元1460年）。是当地成州（平武）土官王玺所建。修建时，曾延请北京工匠，参照皇宫形制建造该庙，成为一座兼有庙宇与宫殿特征的古代佛寺。平面为纵深式布局，山门、天王殿、大雄宝殿、万佛阁沿中轴展开。天王殿左侧有钟楼，但无鼓楼，大殿前有大悲殿及华严藏殿，左右对峙，两殿山墙后

图2－28　山西平遥双林寺

接长庑，各有34间，直达万佛阁，形成纵长的完整空间，万佛阁前有一对碑亭。具有特色的是该寺山门前有经幢一对，类似华表；有石雕狻猊一对，类似石狮；山门左右设八字照墙，并有琉璃装饰，类似皇宫；天王殿前有金水桥三座，亦仿效宫廷之设；大殿两侧长廊，类似皇宫的千步廊，殿内彩画采用和玺彩画等。总之，该庙形制中的宫殿因素甚多，为其他寺庙建筑所少见。另外，该寺又加入了许多地方特色，例如各殿构架的天花以下明栿为抬梁做法，天花以上为穿斗做法；斗栱密集繁多，极富装饰性，使用45度斜栱，象鼻式昂嘴挑出深长，皆不同于明官式斗栱；殿内井口天花彩画所绘龙凤花卉，每井皆不相同；格扇门的格心用步步紧配菱花图案；华严藏殿中可转动的转轮藏经阁，是民间小木作制品的代表作等。报恩寺反映出明代官式在地方建筑中的演化[①]（图2－29）。

①李先逵．深山名刹平武报恩寺．古建园林技术，43.

②柴泽俊，任毅敏．洪洞广胜寺，文物出版社，2006.

广胜寺

位于山西洪洞县东北霍山南麓，相传建于汉代，元大德九年重建。广胜寺包括下寺、上寺、水神庙三个建筑组群。下寺有山门、前殿、大雄宝殿三座建筑。前殿建于明成化八年（公元1472年），面阔五间，进深三间，悬山屋顶。内檐仅设置两根后金柱，用巨大的内额承托次间的梁架，次间梁架改为斜梁担在内额上，一端托于檐柱，一端顶托在平梁上，具有杠杆结构的原理。大雄宝殿建于明弘治十年（公元1497年），为面阔七间，进深四间，悬山顶。内檐前金柱仅两根，后檐为四根，作了较大的减柱处理，

图2－29　四川平武报恩寺万佛阁　引自《中国建筑艺术全集》

图2－30　山西洪洞广胜寺毗卢殿

使内檐空间更为开阔。最大的内额长达11.5米。这样室内的六椽屋架完全托在纵向的大额上，而且前后的乳栿构材亦为斜梁，搭在大额之上。上寺按轴线布列山门、飞虹塔、前殿、大殿、毗卢殿。前殿为面阔五间，进深四间，近于方形的歇山顶建筑，建于明嘉靖十一年（公元1532年）。内檐仅前后设置两根金柱，采用设置内额，四面以斜梁搭于内额上，端部皆交于平梁之下，形成井口般的构架体系。广胜寺各殿木构的移柱设计及斜梁支撑，表现了元明时代地方木结构的变通及改进的探索，对中国传统木构的发展有积极的意义。飞虹塔高13层，八角形平面，外部包镶各色琉璃砖，五彩缤纷，泛光流霞，是国内大型琉璃塔的实例。此外水神庙内祈雨故事及戏剧的壁画，绘于元泰定元年（公元1324年），亦属壁画中的珍品[②]（图2－30）。

碧云寺

位于北京香山东麓，建于明正德十一年（公元1516年），经内监于经扩建，后又经权阉魏忠贤扩建。清乾隆时期在寺后建造了金刚宝座塔，寺右增建了罗汉堂，寺左建了行宫院。全寺坐西朝东，沿山势层层递进，在中轴线上有四进院落。山门内首进为天王殿，左右建钟鼓楼，又在钟鼓楼之间建有哼哈二将殿，补充了山门的不足，这是异于常制的。第二进为大殿，第三进为菩萨殿，院中植有娑罗树，最后为塔院，是全寺最高处。院中的金刚宝座塔建于清乾隆十三年（公元1748年），是北京地区三座金刚宝座塔之一。此塔型为印度传来，但在中国却有许多变化。碧云寺塔的下部为塔座，为汉白玉石镶砌，刻有佛像。塔座上列七座佛塔，前面左右为两座喇嘛塔，后为五座密檐式塔，一大四小，呈中心四角布置。塔前尚有石牌坊一座，牌坊两侧有八字形石雕照壁，牌坊后有两座御碑亭，设置乾隆御制的“金刚宝座塔”碑。碧云寺塔表现了印度式塔在中国逐渐华化的进程。罗汉堂也是一座十分奇特的建筑，平面呈田字形，进深仅一间，围成四个三间见方的内天井。木制贴金的五百罗汉绕壁而坐，神态而异。正门内塑四大天王，中心部位塑三世佛，四面通道上各立佛像一尊，与五百罗汉像互为呼应，排布有序[①]（图2－31）。

图2－31　北京碧云寺金刚宝座塔

①建筑历史研究所，北京古建筑，文物出版社，1986.

万年寺

位于四川峨眉山，始建于晋代，历经沧桑，仅存明代万历二十九年（公元1601年）所筑的砖殿一座，其余均为近代复建的。砖殿平面为正方形，上为穹隆顶，每边长15.7米，高16米，前方正中开券洞式门。屋顶上置五座喇嘛塔，一座在正中顶上，余在四角，这种形式可能是受金刚宝座塔的形制影响。殿内主像为铜铸的骑坐在六牙白象上的普贤像，高为7.3米，重达62吨，通体贴金，为北宋太平兴国五年（公元980年）铸造。殿壁下部有二十四个小龛，每龛供铁佛一尊，殿壁上部有六道横龛，其中供养铜制小佛307尊，取“千佛朝普贤”之意。穹隆拱顶上绘有手持琵琶、箜篌、笛子的仙女，衣带飘拂，类似天空。全殿不施一木，故又称“无梁殿”。明代所建的多座无梁殿，皆砖砌筒拱，呈穹隆状的实例不多，万年寺砖殿是难得一例（图2－32）。

显通寺

位于山西五台台怀镇，是五台五大禅院之一，历史悠久，现存建筑皆为明清时期修建。寺院布局气势宏大，在中轴线上安排七座殿宇，即观音殿、菩萨殿、大雄宝殿、无量殿、千钵文殊殿、铜殿、后高殿。配属建筑尚有铜塔、大钟楼、僧舍、库房等。殿宇众多，表现出一定的宫廷气势。最后三座殿宇利用微高的地形，分作3层台地布置，各殿逐步升起，最后一进后高殿为两层高阁，形如寺院屏帐，并且在3层台地上并列式布置配殿，其间还穿插了五座铜塔，全部镏金，代表东西南北中五台胜地。虽然每座殿宇规模不大，但形成了高低上下、复杂多变的立体组群，作为全寺的收

图2－32　四川峨眉山万年寺砖殿

尾，这一点是非常成功的。无量殿是建于明代的一座全为砖券结构的殿宇，故又称无梁殿。该殿面阔七间，进深四间，两层楼阁式，高20米。中间五间为贯穿两层的大筒栱，栱顶一直伸延到歇山屋顶上去，结构十分合理。为了坚固，在底层周围各门窗洞口处，设置垂直大筒拱的小筒栱，做成扶壁栱。该寺后部的铜殿，铸于明万历三十八年（公元1610年），完全仿造木制楼阁形式，斗栱梁枋，门窗格扇与传统建筑无异。棂花上还有花卉人物，飞禽走兽。铜殿与周围的五座铜塔代表了明代冶铸工艺的高度水平（图2－33）。

千佛庵

千佛庵又名小西天，位于山西隰县城西北的凤凰山上，明崇祯七年始建（公元1634年），经十余年始完工。庵分上下两院，上院有大雄宝殿、摩云阁、文殊普贤两配殿；下院有无梁殿、韦驮殿等。全庵建筑规模不大，但殿宇三面环山，古木参天，凤凰山崖壁如削，千佛庵危立山巅，远处望去，如琼楼玉宇悬浮半空，俨然佛国世界。最精妙处在大雄宝殿内檐的悬塑艺术。殿内数以千计的泥塑彩绘佛像悬布于墙壁、壁龛及梁柱之上，大小不一，大者可及屋顶，小者可置掌上，姿态迥异，形态不同，天工巧夺，为明代泥塑精品。殿内居中端坐如来、弥陀、毗卢、弥勒、三大士五尊佛像。在五佛顶部悬塑五大胜境、三十三天及各种骑乘，顶悬船帆宝盖、流云相托。整个殿内如同一幅光彩夺目、神奇富丽的佛国世界场景。千佛庵悬塑的特点是以殿堂楼阁形式烘托众神，规整有序，

图2－33　山西五台显通寺

繁而不乱，与一般寺院悬塑以云水山峦为主体的构图不同。其用色亦有层次，建筑以红色为主，山云以绿色为主，佛像均为金色，各有表现能力。（图2－34）。

图2－34　山西隰县小西天大雄宝殿悬塑之一

天童寺

位于浙江宁波市东，太白山麓。是宋代江南禅宗寺院的“五山十刹”之一。现存建筑除大佛殿建于明崇祯八年（公元1635年），余均为清代建筑。沿中轴线布置有外万工池、七塔苑、内万工池、天王殿、大佛殿、法堂等，分成台地层层递上。中轴两侧为联檐通脊的两庑，具有古代廊院制寺院的遗绪。轴线之西有罗汉堂，东有钟楼、御书楼及禅房等，是南方规模较大的寺院。天童寺的建筑环境极佳，自寺前的万松关开始，沿10公里的山路遍植青松，沿路还设置伏虎亭、古山门、隐盖亭、翠竹丛等景点，古松夹道，浓荫覆地。然后峰回路转，寺庙豁然在目。宋代王安石曾赞：“二十里松行欲尽，青山捧出梵王宫。”形成天童十景的“深径回松”。大佛殿面阔五间带周围廊，通面阔39米，进深十二椽，通进深29.25米。殿内空间高达20米，殿内供养的三世佛亦十分高大，高达13.5米，该殿结构为插梁式构架，最大一跨抬梁多达五级，密密层层，十分壮观，反映了南方殿堂构造技术的高超技术水平。宋代天童寺的禅院布局虽已不存，但从目前寺院布局中，仍可看到一些禅院特色，如与风景区结合；寺院普遍设立法堂、禅房、罗汉堂等建筑；装修上用壶门式窗棂；单独建造藏经阁等（图2－35）。

①林钊．泉州开元寺大殿．文物，1959，2.

开元寺

位于福建泉州西街，是闽南著名的佛寺。寺院规模宏大，占地约7万余平方米。是按中轴线布局，照壁、山门、天王殿、拜亭、大雄宝殿，依次布置，近年又在两翼修复了东西长廊。大殿建于唐代，明朝崇祯十年（公元1637年）重建，面阔九间，进深六间，重檐歇山顶，屋角略翘，屋脊呈柔和曲线，正脊上布满人物、鸟兽、花卉雕刻，前檐出华栱一跳，承托撩檐枋及垂莲柱，这些都是南方民居的做法。前檐柱皆为石柱，断面有方柱、八角、圆形等不同形状。尤其是后檐当心间两根石柱上雕刻有印度神话故事，反映出海上丝绸之路所带来的异域文化艺术。大殿内檐南北金柱柱头及补间斗栱上，雕十二对乐伎飞天，展翅两翼，上身半裸，手执各种乐器

图2－35　浙江宁波天童寺放生池

及文房四宝，轻歌曼舞于梁柱之间，是一种异样的氛围。开元寺东西两廊外尚有两座造型类似的石塔，东名镇国塔，西名仁寿塔，相距200余米，东西对峙，皆建于宋代，石塔高5层，平面八角形，仿木构塔的外形。两座石塔塔身上雕刻有天王、护法、文殊、普贤、罗汉等八十余尊，栩栩如生。须弥座束腰间雕有“太子出游”“牧女献糜”等佛传故事，反映出宋代宗教雕刻的技法水平[①]（图2－36）。

崇安寺

位于山西陵川县城北部卧龙岗高地上。始建于明代，后经重修。全寺包括山门（左右为钟鼓楼）、当央殿（左右为东西插花楼）、大雄宝殿，是一组庞大的建筑群。一般寺院将重点建筑如佛阁等布置在寺院最后，而崇安寺一反常规，高大的楼阁布置在最前部及两翼，使全城各方向皆可望到这组雄踞在高地上的建筑群。崇安寺山门又称古陵楼，楼上兼作天王殿，极大地扩充了建筑体量。古陵楼系明代建筑，为两层三滴水、五开间歇山顶的大建筑，周圈设有围廊，二层挑出平坐及勾栏，彩色琉璃剪边屋面。两侧钟鼓二楼亦为两层重檐建筑。三座楼阁并列，一字排开。前面并有两层月台，三折踏步，气势异常雄浑，具有宫殿午朝门的五凤楼式的艺术特色。头进院的东西插花楼亦为两层三檐，设平坐、勾栏，与山门合围，形成群楼环绕的寺院。崇安寺居高临下，俯瞰全城，气魄雄伟，故当地流传“先有崇安，后有陵川”的说法（图2－37）。

峨眉山寺院

峨眉山的历史悠久，早在东汉时期即有佛教寺庙，明代更成为四大佛教圣地之一，为普贤菩萨的道场，盛时寺庙达一百余座。现存的报国寺、伏虎寺、清音阁、万年寺为较大的寺庙，以及沿山路建造的众多的小寺庙，如雷音寺、大峨寺、仙峰寺等。海拔2000余米的山顶为金顶，周围一片云海，风景绝佳。峨眉山寺庙一般都坐落在山坡上，依山傍势在不同标高上建筑房屋，分成若干台地，院落较浅，有些台阶就纳入建筑内，称为“纳陛”，显得错落有致。布局中，寺庙皆有一定的轴线，但又不拘泥于轴线，随宜布置。入口前可有弯折的踏步，辗转入寺。寺庙建筑大部分采用民居建筑形态，吊脚楼、垂柱、硬挑檐、穿斗架、屋顶相互穿

图2－36　福建泉州开元寺大殿

图2－37　山西陵川崇安寺古陵楼

插、长短坡的屋面、白粉墙等，形成轻松自由的面貌，并且可以随时进行添建、联结，可以说是自由增长的有机建筑。另外峨眉山有盘曲的山势，配以瀑布、飞泉、山涧、溪流、动静结合。地势高低悬殊，配以不同气候带的植物，构成一幅幅绝佳的自然风景画面，使得峨眉山寺院更加质朴简素，清新有趣[①]（图2-38）。

图2－38　四川峨眉山清音图二水斗牛心

光孝寺

位于广州市红书北路，是广东省古老的寺院之一。三国时，虞翻舍宅为寺，名制止寺，唐代佛教禅宗著名僧人慧能曾在此寺戒坛受戒，开辟了禅宗南宗一派，使该寺名声大振，至南宋时改名光孝寺。现存建筑为清代所建，有大雄宝殿、六祖殿、伽蓝殿、睡佛殿等。大雄宝殿为清顺治十一年（公元1654年）改建，面阔七间35.29米，进深六间24.76米，重檐歇山顶，殿前内部空间开敞，巨柱直径70厘米，高达9.5米，全部屋顶为彻上露明造，构架外露。大殿虽然为清代建筑，但有相当多的手法仍保留宋代以来的古意。如上下端卷杀的梭柱；角柱有侧脚和生起；补间斗栱疏朗，仅一朵或两朵；屋顶坡度平缓，举高仅为跨度的四分之一；角椽为平行排列；正面台阶分为东西两阶等。透过这些古朴的建筑手法，可以领略唐宋建筑的某些风格特征。寺内尚保留有南汉大宝六年（公元963年）、大宝十年（公元967年）建造的铁塔两座，为7层楼阁式塔，周身布满佛龛，反映出古代精巧的铸造工艺[②]（图2－39）。

①李道增．峨眉山旅游区及其建筑特色．建筑师，4.

②广东博物馆．广州光孝寺．文物，1982，4.

圆通寺

位于云南昆明城内圆通山下。元大德年间在古寺基础上重建，改称圆通寺。现有建筑格局是清代康熙八年（公元1669年）改建形成。该寺坐北朝南，通过沿街的山门，一路向下，过二门，是“圆通胜境”坊，再后为水院及院中央的两层八角亭（观音殿），池后为圆通宝殿，池中前后有石桥通二门及圆通宝殿。这种水院式的宗教建筑仅在敦煌石窟的西方净土变壁画中见到，实物以圆通寺为孤例。该寺突破成规，也是根据地形特点而灵活采用的方案，该寺用地是一块倒坡地带，愈近山脚愈低下，若用填方改造地形则工程量甚大。匠师们利用水院方法解决了这个难题，并且造就了凌波神殿、浮悬玉阁的美妙景色，既庄重严肃，又华美轻灵，另有一番宗教气氛（图2－40）。

图2－39　广东广州光孝寺大殿

图2－40　云南昆明圆通寺

阿育王寺

位于浙江宁波市东宝幢镇，亦为宋代南方禅宗“五山十刹”之一。传说西晋时刘萨诃曾获得一舍利塔，内藏有释迦牟尼佛的舍利（遗骨）。佛教经典称印度孔雀王朝的阿育王，曾造84000舍利塔，分送各地供养。南朝时在此建寺，供养舍利塔，故赐额名为“阿育王寺”。现存建筑均为清康熙十九年（公元1680年）重建。中轴线上有山门、二山门、阿耨达池、天王殿、大雄宝殿、舍利殿、法堂等建筑。两侧为各种附属建筑，基本布局与天童寺相近似。寺中最重要的建筑为舍利殿，殿中主要供养物为一座石制舍利塔，塔内又置一座七宝镶嵌的5层塔亭，内悬宝磬，舍利珠挂在其中，相传即为刘萨诃持来的佛舍利。舍利塔为中国的佛教塔形之一，多流布于南方地区，其形式亦多有变化。并曾传入日本，广泛建于日本寺院及园林中（图2－41）。

图2－41　浙江宁波阿育王寺天王殿

法雨寺

位于浙江普陀县普陀山下。普陀山是中国佛教四大名山之一（另三处为安徽九华山、四川峨眉山、山西五台山），是观音菩萨的道场。法雨寺是普陀山三大寺之一，得到朝廷的重视。法雨寺于清康熙三十八年（公元1699年）重建，御赐“天花法雨”匾额，故名法雨寺。全寺分列6层台基上，按轴线排列有天王殿、玉佛殿、观音殿、御碑殿、大雄宝殿、方丈殿。法雨寺的布局结合地形，依山凭险，前低后高，层层叠建。殿宇轩敞，显出巍峨宏大的气势，是山寺布局的成功之作。观音殿中的藻井称“九龙盘栱”，是从南京明代故宫中拆迁而来。一龙盘顶，八龙环绕八柱昂首飞舞而下，正中悬一颗明珠，组成九龙抢珠的构图，是一座艺术性很高的藻井实例[①]（图2－42）。

①赵振武，丁承朴．普陀山古建筑．中国建筑工业出版社，1997.

②建筑历史研究所．北京古建筑．文物出版社，1986.

③葛如亮．天台山国清寺建筑．同济大学学报，1979，4.

卧佛寺

位于北京市西郊香山。创建于唐代，经历代改建，现存建筑为清雍正十二年（公元1734年）重修。该寺自元代开始，一直是皇帝敕命、王公督修、中贵募化的官寺，建筑整齐，做法规范，其构造做法及细部装修皆是明清官式，是北京地区佛寺的典型实例。该寺分三路布局。中路前部有琉璃牌坊、放生池及钟鼓楼，进山门后为天王殿、三世佛殿、卧佛殿，共为三进。三殿之间在中心部位以高于地面的甬道相联。但三进之间并无廊墙分隔，而是用周圈的廊庑、配殿，将三殿包围起来，形成一个统一的大院落，具有唐代盛行的廊院式布局。东路有斋堂、禅堂、霁月轩、清凉馆、祖师院等六座小院，西路有三座行宫院等五座小院。东西路与中路之间有夹道分开。故民间有“三宫六院”的俗称。这种廊院式布局在国内的实例极少，仅在敦煌壁画中有过描写，日本平安时期寺院尚有实例。卧佛殿中的铜铸卧佛铸于元至治元年（公元1321年），身长5米，重达25吨，是珍贵的艺术品[②]（图2－43）。

图2－42　浙江普陀普陀山法雨禅寺

国清寺

位于浙江天台县，是佛教天台宗的发祥地。初建于隋代，是晋王杨广依天台宗创始人智者的遗愿建造的，历代屡有兴废，现存建筑为清雍正十二年（公元1734年）重建。全寺按三条轴线布置。中轴线上是“教观总持”八字照壁、丰干桥、“隋代古刹”影壁、弥勒殿、雨花殿、大雄宝

图2－43　北京卧佛寺卧佛

殿，雨花殿两侧有钟鼓楼；西轴线上有安养堂、观音殿、妙法堂；东轴线上有斋堂、方丈楼、迎塔楼等。国清寺入寺前的引导路线设计颇具趣味。首先在路前小山上立一隋代古塔作为标志，数里之外即已在望；进而经过畔溪而建的寒拾亭；沿山路曲折前进，映入眼帘的是七支塔，七座形制相同的石制小塔一字排开，有如迎客的列兵；进而再至丰干桥，对桥而立的是“隋代古刹”的照壁，即达寺院的主轴线；绕过照壁，其侧面是寺院山门，经过转折才达寺院内庭。这种引导系列是依据山形水势的地理条件，因地制宜地安排亭、桥、塔、壁，组成丰富有致的山区景观，在山寺布局中是极成功的佳例。唐代日本僧人最澄来华，入国清寺学习教义，回国后建延历寺；其后弟子圆仁亦来中国，朝拜天台山，巡行各地寺院，著有《入唐求法巡行礼记》一书，说明国清寺在中日佛教文化交流中的作用[③]（图2－44）。

图2－44　浙江天台国清寺大殿

龙山寺

位于台湾台北市，临淡水河，清乾隆三年（公元1738年）创建。为全台四百四十余座龙山寺中最负盛名的大寺。该寺为早期来台的福建移民渡海回乡，从晋江安海龙山寺恭请神祇，在台北修建的。全寺按轴线布局，寺前为牌坊，依次为山门、前殿、大殿、后殿，布局紧凑。殿中虽以观音为主尊，但亦供奉天妃妈祖及四海龙王、城隍、水仙尊王、关帝、文昌君、注生娘娘等，儒释道众神会聚一堂，是典型的民间宗教活动中心。该寺建筑上最著名的有三项。首推石雕，各个殿堂墙壁、柱础、抱鼓石皆为青石雕刻；各建筑的外檐柱皆为雕龙石柱，飞龙盘绕，云气升腾，是闽南石工的佳作。尤其难得的是大殿明间一对龙柱为青铜铸造，造型更为生动，昂首舞爪，游走柱身之上。第二项是嵌瓷与陶塑，在建筑的屋脊上布满各种题材的装饰品，皆以玻璃、瓷片、交趾陶剪黏而成。色彩瑰丽，琳琅满目，堪称台湾特有的剪黏艺术的精华。第三项是前殿的藻井，称为“三川藻井”，即由网状斗栱，分段逐渐向中心拢聚，形成八方藻井。台北龙山寺是继承了闽南建筑的装饰风格，而更加夸张、剧繁的宗教建筑实例（图2－45）。

图2－45　台湾台北龙山寺

洪椿坪

位于四川峨眉山天池峰下，海拔1100米，原名千佛庵，因寺前有洪椿古树，改称洪椿坪。明代始建，清乾隆五十五年（公元1790年）重修。此地属于亚热带高原气候，常年细雾霏霏，无雨而湿衣，有“洪椿晓雨”之称，为峨眉十景之一。该寺布局灵活，寺门居于路侧，而偏离主轴线，山门、正殿、藏经楼及配殿皆按地形，变换位置，不求轴线对称，显示了山区建筑布局的特色。建筑结构采用民间的穿斗架形式，悬山屋顶，以披檐穿插。木构件均为材料本色，不加髹饰，质朴亲切，有村野平易之感。该寺的附属艺术的联匾甚多，佳作不少，最著名的是什邡人冯庆樾撰写的百字长联，上联写山景，下联念高僧；对仗工整，文采甚佳，将自然景观及人文历史囊括其中（图2－46）。

图2－46　四川峨眉山洪椿坪入口

宏仁寺

位于甘肃张掖城内，旧名迦叶如来寺，又名卧佛寺，俗称大佛寺。始建于西夏，明永乐九年（公元1411年）重建，以后大部建筑圮毁。现存大佛殿为清乾隆年间重建的。大佛殿高两层，面阔九间，49米，进深七间，24米，总面积达1370平方米，重檐歇山顶，气势十分雄伟。在佛教寺庙殿堂中，它是很奇特的比例。殿内塑有释迦牟尼侧身横卧的涅槃像，长达34.5米。木胎泥塑，金装彩绘，为国内最大的室内卧佛像。像前塑有优婆夷、优婆塞，南北两侧塑有十八罗汉，四壁满绘壁画。卧佛横长，造成殿堂面阔异常广大之感。为了打破殿堂立面的单调感，大佛殿的屋顶采用了重檐歇山顶，又在下层加了一圈周围廊，立面形成3层檐；同时在二层做出七间凹廊，使立面产生凹凸感，丰富了阴影的变化。该殿的体形设计圆满地解决了横长大佛带来的造型困境（图2－47）。

筇竹寺

位于云南昆明玉案山上。是中原佛教禅宗传入云南的第一寺。现存建筑为清光绪九年（公元1883年）重建。前后共三重院落，依山而上。筇竹寺驰名海内外的是寺内的五百罗汉彩塑。该彩塑是四川民间著名的雕塑家黎广修率徒弟五人，用六年时间完成的。分别供养在大雄宝殿两壁（68尊）及天台来阁（216尊）、梵音阁（216尊）三处，总计500尊。其布置分为上中下3层，上下两层多为坐像，中层为站像，因中层更接近观众的视角，故多为黎广修亲自塑制。该寺罗汉像摆脱了一般塑造佛像的成规，直接取材于现实生活，刻画得细腻传神，千姿百态，妙趣横生，富有表现力。有的手长无比，

图2－47　甘肃张掖宏仁寺大佛殿

想上天揽月；有的长脚垂地，要下海捉鳖；有的和蔼可亲，有的怒目圆睁，有的腾云驾雾，有的窃窃私语，有的开怀大笑，有的全神贯注倾耳谛听，有的凭栏默立俯首沉思，各具神态。用现实主义的手法或浪漫主义的构思，表现出武生、官员、学者、和尚、老人、儿童等众生的扮相。从雕塑艺术角度评价，在国内诸多罗汉堂的雕塑中，以筇竹寺罗汉最为高超（图2－48）。

图2－48 云南昆明筇竹寺

九华山寺庙

九华山位于安徽青阳，属黄山西脉，山势奇峻，风景优美，自古为隐居苦修的僧人静修之所。明清之际，僧尼云集，禅寺日增，成为佛教四大圣地之一，为地藏菩萨的道场。九华山寺庙与城市寺庙不同，因地形环境的特殊，大部分为小型建筑，因山就势，依崖构筑，不拘泥严整布局、轴线规矩的要求，灵活自由。如祇园寺以大雄宝殿为中心，随形布置了山门、二门、配殿、经堂、禅房等，曲折回转，高低错落。又如万年禅寺（百岁宫）建在巨大的山岩上，殿内的佛坛也因势建在浑圆的岩石上，石峰、巨岩、寺院、禅房组织在一起，自然古朴，气象谐调。九华山中大小寺庵规模皆不大，寺舍合一，建筑形式吸取了皖南民居的特点，白墙、青瓦、马头墙。尤其是一些较小的庵堂，就像普通农村民居一样，乱石砌墙，形体不规整，佛堂与住所混合布置，别有自然之趣。九华山寺院位于山区，在进入寺院之前皆有一个导向的空间。如化城寺前有商业广场，场中设塔杆，两侧设放生池，通过大台阶进入寺院；地藏塔殿前随山势设计了诸多的“天门”，然后经十王殿（已毁）大台阶，直达塔殿。总之九华山寺院可称是山岩形寺院群的代表之作①（图2－49）。

①盖湘涛. 九华山寺庙建筑. 古建园林技术.

江天寺

位于江苏镇江长江岸边的金山岛，原在江中，至光绪年间江水泥砂沉积，与陆地连为一体。宋时称龙游寺，清康熙年间改名江天寺。因“白蛇传”中的白娘子水漫金山寺的故事，俗称金山寺。寺门为八字砖照壁及一座石牌坊，入内为天王殿，其后的大殿已毁，其后则登山道上行，沿途阶台错落，殿宇亭廊曲折回复于绿树丛中，景象多变。寺北山巅建有慈寿塔，为八角7层木楼阁式塔，每层建有环形外廊，可凭栏远眺长江水色、瓜洲倩影及焦山、北固山的雄姿。金山峰崖洞壑较多，以

图2－49 安徽青阳九华山百岁宫

妙高峰最高，可供远眺及赏月，康熙曾题字称“江天一览”，建有御碑亭，东侧有苏东坡写经的楞伽台，又有法海洞等。江天寺虽无较古老的建筑，但其整体布局，以及与自然风景相结合的建筑景观效果，堪称十分成功的古代山寺建筑群（图2－50）。

图2－51　四川潼南大佛寺（网络图片）

大佛寺

位于重庆潼南县涪江岸边。因寺中有一座高18米的摩崖大佛，故称大佛寺。该佛佛首开凿于唐代，宋靖康元年（公元1126年）又继续开凿了佛身，并通体贴金。为了保护大佛，在佛身外建造了依崖楼阁，称为大佛殿。原为5层，明代改建为7层，现存建筑为清代重建。这种依山护崖的楼阁建筑，具有宏大的气势。如四川乐山大佛原有13层的楼阁，云冈、龙门大佛亦有护崖楼阁，可惜皆已不存。所以潼南大佛寺的大佛殿是表现这类建筑构造的一个绝好的案例（图2－51）。

图2－50　江苏镇江金山寺

悬空寺

位于山西浑源恒山下金龙口西崖峭壁上，始建于北魏，经历代重修，现存建筑为清代所建。全部寺庙是在陡崖上凿洞穴，插悬梁而构筑起来的。各组建筑之间以栈道相通，殿阁皆背依翠屏，下临深壑，悬空于半山腰间，有如云楼雾阁，蜃吐重台。登临楼阁后，偶闻人声落涧，钟磬浮空，宛如人在虚无缥缈间，不敢低头俯视。工程艰险异常，显示人类与自然环境奋争的气概，被徐霞客称为“天下巨观”。全寺共安排了三组殿堂，中间及东部的两组皆为3层的楼阁建筑，呈纵向的立体布局。并恰当地组织了交通，高下便捷，形成环路。楼阁每层皆有木梁插入山体，与崖壁结合牢固，历经地震而不毁。全寺各殿堂内布置了儒、释、道三家供养的像设，反映了明代以来“三教归一”宗教思想的发展（图2－52）。

桥楼殿

位于河北井陉苍岩山的福庆寺内，因寺中一座佛殿架在跨崖而设的桥上，又名桥楼殿。苍岩山谷深崖峭，落差极大，福庆寺选择在一条狭窄的山沟中，将殿堂布置在山上两崖，从山脚一路攀登400余级台阶，引导上山，行至沟底，面对陡壁已无路可走，于是在两崖间建两座单孔石桥，一座上建山门，一座上建桥楼殿。行人由桥洞穿上，倒折而入山门，后入桥楼殿，将东崖的善庆殿、东天门、老虎洞，及西崖的说法台、梳妆楼、南阳公主祠等建筑联系在一起，是一座利用山形地势，布置灵活的寺庙建筑。运用拉长、折转、跨崖等手法，解决了山沟中建设用地不足的困难，并创造出奇特险峻的艺术空间。从山沟中仰望桥楼殿，天如一线，长虹飞架，佛殿耸立在蓝天白云之间，有升空出世、天外世界之感（图2－53）。

图2－52　山西浑源悬空寺

①陈耀东. 中国藏族建筑. 中国建筑工业出版社，2007：234.

二、藏传佛教寺院

藏传佛教是属于佛教中的密宗，并与西藏本土的原始宗教苯教相结合而成的教派，俗称喇嘛教。在公元11世纪至12世纪时期，教内形成许多宗派。明代初年宗喀巴实行宗教改革，要求僧人守戒、习经、寺内学院与经济组织分开、扩大施主范围等主张，并依此创立格鲁派（又称黄教，因其僧众穿黄色僧服，故名），并迅速在西藏地区传布开来，成为喇嘛教的主流，在藏、卫、康、川、青等地广建寺院。清初为了怀柔蒙藏，大力提倡喇嘛教，在蒙古地区及内地亦建造了大批藏传佛教寺院，致使国内的寺院中藏传佛寺占有相当大的比重。

藏传佛教寺院与汉传寺院建筑有不同之处。由于气候及建筑材料供应不同，其建筑多次进行扩建改建，规模较大，其布局多呈自由式的分区设置。藏传佛教有学院制度，分别学习不同的宗教知识，因此一个寺院内有几个学院，数十个僧人聚居的康村，形成不同的组团。寺院僧人定时定期举行集体辩经、唪经，因此形成较大的辩经场地和空间巨大的经堂，经堂室内有100余根柱子。因为西藏政教合一，寺庙内设有活佛公署管理寺院

图2－53　河北井陉福庆寺桥楼殿

的行政，甚至还有政府办事机构。寺院建筑色彩浓郁，并以镏金屋顶及宝幢作为点缀，具有鲜明的地方民族风格。

明清以降，藏传寺院遍及全国各地，因地域气候、民族习惯的不同，其建筑风格形成藏式、汉式、汉藏混合式三种类型。藏式建筑为平顶、小窗、边玛草女儿墙、大体量的经堂、高峻的佛殿、鲜丽的外粉刷及彩画、镏金装饰、转经道及转经筒的设置等，多流行于西藏、四川地区。汉式建筑就宫廷式样，具有木结构及装修、坡屋顶、院落式布局、琉璃瓦屋面等特色，多流行于内地的北京、山西地区。汉藏混合式即是在藏式布局中增加木构建筑的比重，特别是经堂与佛殿建筑采用传统木构坡屋顶做法。从各地藏传佛教寺院的风格，可以看出民族文化融合的过程，也是世界建筑文化的总的趋势。现将著名的藏传佛寺简述如下。

桑耶寺

位于西藏扎囊雅鲁藏布江北岸。建于公元8世纪中后期，是吐蕃王朝的第一座寺院，为迎请莲花生大师来藏传教而建，也是按佛教宇宙世界观建造的寺庙。其总体布局是仿效印度阿旃延那布尼寺，以表现世界的山水陆地的分布，称为“曼荼罗”，汉译“坛城”。桑耶寺经过历史多次变迁、改建，又经“文化大革命”的浩劫，已非原貌，但其布局仍为历史文献记载的制式，可供研讨。中央主殿称乌策大殿，象征须弥山；四正向布置四座佛殿及诸小佛殿，象征四大部洲及八小部洲；主殿的左右有日光殿、月光殿，象征日月回转；主殿四隅尚有不同颜色的佛塔四座，代表地水火风四种世界元素；寺院周围有一圈圆形塔墙围绕，代表铁围山。这种象征主义的建筑手法传入内地以后，曾在承德及北京建造了“曼荼罗”式的藏传佛教建筑。乌策大殿亦是一座有创意的建筑，总高3层，底面积93×88平方米，周围有廊庑围绕主殿。主殿造型奇特，第一层为藏式建筑，厚墙、小窗、墙体刷白，有边玛草女儿墙檐；第二层为汉式建筑，木柱、木隔扇门窗，有平坐，颜色为赭红色；第三层为印度式；仿须弥山建造了五个金顶亭阁。乌策大殿表现了藏、汉、印三种建筑形制，故又称为“三样楼”。桑耶寺中还保留着许多早期的壁画，具有史料价值[①]（图2-54）。

图2-54　西藏扎囊桑耶寺全景

托林寺

位于西藏阿里地区扎达象泉河南岸。建于北宋时期，公元996年，是古格王国的第一座寺庙。曾在11世纪迎来阿底峡大师驻锡讲经说法。极盛时该寺曾有十余座大小殿堂，及佛塔、塔墙、活佛公署、僧舍等。经历代残毁，现仅余白殿与集会殿；主殿朗巴朗则殿仅余墙壁，其构架、屋顶已残毁，近年有部分恢复。朗巴朗则殿是仿桑耶寺而建，是该寺最早的建筑，亦是表现“曼荼罗”构思的另一种形式的建筑。该殿中心主体是一座14×14平方米的方形佛殿，四面各建一座殿，组成十字平面，象征须弥山。主体周围留有一圈露天的转经道。再外边建造一圈建筑，分别代表四大部洲及八小部洲；四个角隅各建一座佛塔，代表护法的四天王。该殿建筑集中，多角平面，高低错落，形体完整，建筑造型的表现力强烈。另外在托林寺的西北方向尚保留着五段塔墙，每段墙上排列数十乃至上百座小型喇嘛塔，构成一种全新的景观[①]（图2－55）。

图2－55　西藏扎达托林寺

萨迦南寺

萨迦寺是西藏佛教萨迦派的祖寺，位于西藏日喀则南的萨迦县仲曲河谷两岸，以河为界，分为南北两寺。北寺建于宋代，现已毁坏。南寺建于南宋咸淳四年（公元1268年），在政府的资助下修建的。南寺类似城堡，方形，每边约160米，四角设角楼，入口在城东，城外有一圈护城河及羊马墙，城堡中心是一座每边约80米的方形主体建筑。其内由大经堂、灵塔殿（银塔殿）、法事殿、佛殿等组成内院式建筑。大经堂在西面，横长方形，高约10米，堂内有40根巨柱支承，柱身为原木稍加修砍而成，直径达1.30米。经堂内供三世佛及萨迦祖师像；后壁及侧壁建通高的大书架，贮存元明以来的各种珍贵佛经；北面灵塔殿内设11位萨迦法王的灵塔；南面为法王进行佛事活动之处，称法事殿。主楼入口右侧有一架木制楼梯，高达11米，42级，直达二楼的壁画廊，是西藏最大的木梯。壁画皆为元明时期萨迦派法王的事迹，画工精微，十分珍贵。萨迦寺建筑尚有一大特色，即其城堡及主殿外墙，均粉刷成蓝色，并有白红竖向线条为装饰，与格鲁派寺庙的红色粉刷不同。包括萨迦地区的民居亦是这样的粉刷。萨迦南寺建成城堡形，与当时西藏的政治形势有关，当时教派林立，分成13个万户的地方势力，为自保故建成堡垒式样，与西藏宗山（地方政府）建在山冈上的原因一致[②]（图2－56）。

①陈耀东．西藏阿里托林寺．文物，1995，10.

②程竹敏．萨迦寺南寺．文物，1982，10.

③陈耀东．夏鲁寺——元官式建筑在西藏地区的珍遗．文物，1994，5.

④黄盛漳．五台山大塔院寺白塔的来源与创建新考．晋阳学刊，1982，1.

妙应寺

位于北京阜成门内。建于元至元八年（公元1271年）。原名大圣寿万安寺，并请尼泊尔匠师阿尼哥设计建造了大型喇嘛塔一座。明代重修寺庙，改称妙应寺。因大塔外部为白灰粉刷，洁白无瑕，故该寺俗称白塔寺。白塔是由塔基、塔身、塔刹三部分组成。塔基有3层，下层呈方形，上两层为折角亚字形须弥座，逐层内收，雄伟挺拔，光影丰富，与白塔塔身形成鲜明对比。塔身为倒置的覆钵，雄浑粗壮，无眼光门及佛像。塔刹基部为亚

图2－56　西藏萨迦南寺全景

图2－57　北京妙应寺白塔

图2－58　西藏日喀则夏鲁寺

字形须弥座，上托肥厚的相轮（十三天）与后期喇嘛塔的高瘦相轮完全不同。相轮上为直径达9.7米的青铜宝盖，周悬铜制流苏花板及36个铜铃，清风徐来，阵阵铃声不断。宝盖顶上以一个镏金小喇嘛塔结顶。全塔比例恰当，繁简有度，显示了雄伟的气魄。该塔也表现了历史上中尼两国之间的文化交流源远流长（图2－57）。

夏鲁寺

位于西藏日喀则的夏鲁镇。初建于宋代，后来毁于地震，于元至顺四年（公元1333年）重建。夏鲁寺由佛殿及前面的庭院及围廊组成。佛殿坐西面东，两层，平面呈凸字形。前面突出部分的入口为三层，殿堂部分为两层，底层中央为经堂，经堂左右及后面为佛殿，周围并为转经道。完全是藏式佛殿的布置。因宗教原因，其外墙刷成蓝色。二层为一平台，有四座殿堂按轴线对称布置了前殿、正殿，左右配殿，这些殿堂皆是汉式建筑的歇山屋面，使用元代内地式样的木结构做法，角柱有侧脚，屋檐有升起。斗栱及屋架以当时的汉地规格制作，并用琉璃屋脊砖。从这些特点来分析，估计当时有内地工匠参加建造。所以夏鲁寺是一座汉藏建筑形式结合在一起的建筑，虽然结合得比较简单，但起到文化交流融合的作用，为后来藏地佛殿的金顶构造提供了借鉴③（图2－58）。

塔院寺

位于山西五台台怀镇。该布局有牌坊、山门、天王殿及封闭的塔院，塔院中央建有大雄宝殿及高大的舍利塔，故名塔院寺。舍利塔为一实心喇嘛塔，全高56.4米。建于元代，明永乐、万历年间重修，但其形制仍保持着元代的风格。下为方形塔台，基台四角设四个角亭，台上为折角亚字形塔座，塔身呈桶状，十分粗壮，其上的塔脖子及十三天亦十分粗大，再上为华盖及流苏宝顶，通体皆白，金顶闪光，是国内仅存的元代喇嘛塔之一。塔台四角设有六方木制小亭，在体量、材料上反衬大塔的宏伟、硕大，在其他喇嘛塔的设计中亦为少见④（图2－59）。

瞿昙寺

图2－59 山西五台塔院寺白塔

位于青海乐都县曲坛乡，建于明洪武二十五年至宣德二年（公元1392～1427年），是一座由皇家敕建的汉式风格的藏传佛教寺院，对于青海地区长治久安起到抚边的作用。瞿昙寺分三进院落，中轴线上有五座大殿，依次为山门殿、金刚殿、瞿昙寺殿、宝光殿、隆国殿。两侧有东西御碑亭、钟鼓楼、七十二间游廊及四座配殿，四座香趣塔。院东还建有一座活佛宅院。瞿昙寺最大特点是仿皇家宫殿的布局，如三殿联列、对称的大钟鼓楼、周围行廊、爬山廊、棂花格扇、官式屋面瓦件等，都是模拟官式宫殿的造型。另外，该寺所保存壁画仍是明代早期作品，设色艳丽，沥粉贴金，反映的人物器皿皆是中原宫廷的风格。该寺建筑、彩画为明代早期官式彩画，是难得的实例[①]（图2－60）。

大昭寺

位于西藏拉萨市中心。始建于公元7世纪松赞干布时期，15世纪时黄教创始人宗喀巴大规模扩建，清初并有西藏地方政府的办事机构设在寺内，既是寺院也是政府驻地，反映出西藏政教合一的社会制度。大昭寺坐东向西，中心部分由大门、千佛廊院、主殿组成，轴线严格。主殿（大经堂）中心为六十四柱的方形空间，高达3层，上部有天窗采光。其东面（正

①张驭寰，杜仙洲．青海乐都瞿昙寺调查报告．文物，1964，5.

②参见《文物》1957年4期、1959年7期、1960年6期。

图2－60 青海乐都瞿昙寺院落
引自《中国藏族建筑》

面）为释迦佛殿；南、北、西面为多间小型佛堂。主殿的一、二层的廊柱、檐口、门饰的样式与壁画等，皆是早期建筑的形态。如柱身断面有几种形态；柱顶替木是端头抹圆的；雕刻有飞天、象、孔雀等形象；檐下挑出檐头外的卧狮、椽径较大；门框有雕饰等。释迦佛殿前廊的上部使用了一组大叉手、蜀柱承托一斗三升斗栱，与唐宋时期内地建筑手法类同，说明是早期建筑遗存。主殿前门廊及顶部均有镏金铜瓦屋面及宝幢。主殿周围有一圈转经廊及380个转经筒。在主轴线两侧及后部为西藏政府的管理用房及学校、仓库、灶房等，还有数座佛殿。大昭寺是一座综合性的寺庙，又是一座历史性发展久远的寺庙，具有十分重要的史料价值[②]（图2－61）。

图2－61　西藏拉萨大昭寺

甘丹寺

位于西藏拉萨东的卓日吾齐山上，寺建于山顶及南向的山坡上，是格鲁派创始人宗喀巴所建的黄教第一座寺院，建于明永乐七年（公元1409年），是黄教拉萨三大寺中建造最早的。主要建筑有措钦大殿、阳拔犍、两个扎仓（经学院）及活佛拉章（活佛讲经处），还有按僧人来源地域划分的23个康村和20个密村（同乡僧人）。形成一组组的建筑群，其中还有9个辩经场。这些建筑几乎占满了半个山头[①]。寺内还保存了不少文物，包括乾隆皇帝御赐的甲胄等。不幸的是寺院彻底毁于“文革”，最近稍有恢复，但已非原貌（图2－62）。

哲蚌寺

位于西藏拉萨西郊的更培乌孜山的山腰，是藏传佛教格鲁派创始人宗喀巴命其弟子绛钦曲结于明永乐十四年（公元1416年）修建的。它是黄教的第一大寺院，与色拉寺、甘丹寺合称拉萨三大寺。全寺有四所扎仓，分别学习不同的宗教内容。此外，还有许多经堂、僧舍、厨房、库房等，最大的建筑是措钦大殿（全寺的大经堂），由前廊、经堂、佛殿组成，经堂内有184根柱子，建筑面积近2000平方米，可容900名僧人在此集合习经。

图2－62　西藏拉萨甘丹寺 引自《中国藏族建筑》

①王毅．西藏文物见闻记（一）．文物，1960，6．

②陈耀东．中国藏族建筑．中国建筑工业出版社，2007：288．

③陈耀东．中国藏族建筑．中国建筑工业出版社，2007：292．

图2－63　西藏拉萨哲蚌寺

图2－64　西藏拉萨色拉寺

殿内悬挂彩色绸缎的佛幡，光线幽暗，具有神秘气氛。哲蚌寺是二、三、四、五世达赖喇嘛坐床之处，并在寺内建有噶丹颇章（宫殿），为达赖的居住之处，故在黄教寺庙具有母寺的意义。二至四世达赖的灵塔即供奉在措钦大殿的配殿里。全寺是以几座体量庞大的扎仓为主体，周围建造一些较小的佛殿和僧房，形成一组组的群体，配合地形，在山坡上漫山建造，组成有主次的大建筑群，蔚为壮观。哲蚌寺的布局形式影响到西藏很多大寺院的规划[②]（图2－63）。

色拉寺

位于西藏拉萨西北部。亦为拉萨三大寺之一，建于明永乐十六年（公元1418年）。原有五个扎仓，后合并为三个。寺内建有佛殿、经学院、佛塔、活佛公署、僧舍等。最大的建筑为措钦大殿（全寺的大经堂），内有108根柱子，是一座传统式样的藏式楼房。前部经堂部分为两层，后部佛殿部分为四层，其上并有金顶。寺院的色彩特点是除几座活佛公署为黄色墙面外，全为白色建筑，色彩极为明快。色拉寺的布局选址与其他两寺不同。甘丹寺建在山顶，哲蚌寺建在山腰，色拉寺则建在背靠山脚的平地上。布局呈圆形，有一条面北大道将寺院分成两半。道东为措钦大殿及其他建筑；道西为3个扎仓群体及活佛拉章（讲经室）等。寺内还有17个康村（地区性僧人组织）及密村，容纳来自卫、藏、康、甘、青等地僧人，最多时有2000余人。寺院内的绿化很好，建筑的高低层次分明，簇拥着几幢高大建筑，其间并有辉煌灿烂的金顶，环境景观十分壮观[③]（图2－64）。

白居寺

位于西藏江孜县东北山坡上，建于明永乐十六年（公元1418年）。明代寺内曾聚集了藏传佛教的萨迦、噶当、格鲁各派，在西藏佛教史上享有很高的地位。现寺内大部分建筑已毁，仅留有山门、措钦大殿及菩提塔三座建筑。措钦大殿三层，方形平面，有边玛草女儿墙，墙头有镀金铜幢，为典型的藏式建筑。大殿内部沿中轴线布置了门廊、过厅、前厅、经堂；经堂中央有48根柱子，四周为佛殿，屋顶中央抬起，作高侧窗采光，这是萨迦派的经堂建筑的典型式样。二层中央为天井，四周有会议厅及佛殿。三层只有坛城殿一座。二、三层的转经廊壁上画满了千佛像及宗教壁画。菩提塔又名白居塔，塔型为尼泊尔式，高9层，总高32米，五层以下平面为三折角亚字形，六层以上为圆形，塔顶有锥形塔刹并有金铜华盖及宝顶。全塔上下共有108个门，76间龛室，室内供奉佛像有10万之多，故又称为“十万佛塔”。白居寺菩提塔不仅体量巨大，而且造型特异，既有藏式风格，又有尼泊尔的元素，是喇嘛塔造型求变的一个实例①（图2－65）。

图2－65　西藏江孜白居寺菩提塔

圆照寺

位于山西五台的台怀镇。是明宣德年间，为纪念尼泊尔僧人室利沙而建。室利沙来华宣教，留居五台显通寺，后客死中国，朝廷诏旨在五台建圆照寺以为纪念，是为藏传佛教传入五台山之始。该寺分前后两院，前院以大雄宝殿为主体。后院以金刚宝座塔为中心，塔中埋有室利沙的舍利，该塔建于明宣德九年（公元1434年）。其造型与北京真觉寺（五塔寺）塔相比较有不同之处。塔台较矮，塔形为喇嘛塔式，塔前设门殿，实心不能登临，但仍保持须弥山五峰并峙的设计理念。该寺布局中有两点应用得十分巧妙。山门前入口的大踏步不是贯通一致的轴线形式，而采用了错轴处理，两轴皆设有对景照壁，使游人有视线归依，起到很好的引导作用；两院之间有较大的高差，设计中加设了一座过殿，前视为二层楼，后视为一层楼，中间穿行楼内，踏步登上后院，使前后两院皆呈闭合的空间，保持了环境的完整性（图2－66）。

①李亚川．高原古刹－白居寺．地理知识，1981，11.

②西藏文管会．扎什伦布寺．文物，1981，11.

扎什伦布寺

位于西藏日喀则西尼玛督山南坡，是宗喀巴大弟子根敦珠巴（后被追认为第一世达赖喇嘛），于明正统十二年（公元1447年）创建。该寺自第四世班禅起，即为班禅的驻锡地，是后藏的政治和宗教的中心。其设置内容包括扎仓、佛殿、班禅灵塔殿及班禅拉章（宫殿）和堪布会议（地方政府）四部分，还有众多的僧房、佛塔等。其布局很有特色，将体量大、色彩鲜丽的主体建筑，如佛殿、拉章、扎仓、灵塔殿及瞻佛台等，建在寺院后部山腰台地上，基本沿等高线布置，自东向西一字排开。其他矮小的次

图2－66　山西五台圆照寺

图2－67　西藏日喀则扎什伦布寺

要建筑布置在其前部的平地上，衬托出主体建筑的雄伟气势。班禅的灵塔殿是一座独立的殿堂，不像各世达赖的灵塔是建在红宫之内。现仅存五世班禅的灵塔殿。该寺的强巴佛殿（弥勒佛殿）为6层，高达30米。殿内坐佛高22.4米，用黄金珠宝装饰，是国内最大的坐式铜佛，远近驰名。另外寺内在措钦大殿前的辩经广场由两层的回廊围合，底层廊墙上绘满佛像。这样的辩经场与其他寺院的开放式广场不同，具有廊院式的封闭的建筑气氛。此外，该寺的瞻佛台是由人工砌成的石墙，高30余米，气势雄伟，成为该寺的特色之一[②]（图2－67）。

席力图召

位于内蒙古呼和浩特市内。初建于明万历十三年（公元1585年），后经清康熙、雍正、咸丰等朝扩建，至成今日规模。因为寺主希迪图噶卜楚曾代四世达赖喇嘛坐床传教，法座名席力图，故以称寺。该寺布局分为三条轴线。中央主轴有牌坊、山门、菩提过殿、大经堂。各殿之间有长长的甬道相联，两侧为连檐通脊的厢房。大经堂规模甚大，呈方形，九九八十一间，可容千人在此诵经，经堂后联建佛殿。经堂为平顶藏式建筑，后部设汉式黄绿琉璃瓦的歇山顶，中央置以镏金宝顶。经堂墙体镶以蓝白琉璃砖。席力图召是一座以汉族建筑为主，汉藏结合的蒙族喇嘛寺庙，呈现出不同于其他喇嘛庙的外貌特征。东侧轴线有佛塔、佛殿及僧舍；西侧轴线有佛殿两座及活佛公署。其中佛塔最具特色，该塔全为汉白玉石建造，下为方坛，坛上为须弥塔座，束腰间雕刻有火焰、金刚杵、狮子等图

图2－68　内蒙古呼和浩特席力图召大经堂

案；再上为逐层内收的五级塔座，塔钵正面有佛龛，塔刹的十三天相轮比较瘦长，并在塔刹两侧各垂一条镏金的耳状饰物。这种设计处理在内蒙古地区曾有多例，但西藏地区未有此式（图2－68）。

①青海文管会．塔尔寺．文物，1981，2.

②陈耀东．中国藏族建筑．中国建筑工业出版社，2007：314.

塔尔寺

位于青海湟中县鲁沙尔镇，是黄教创始人宗喀巴的诞生地，黄教六大寺院之一（其他为拉萨三大寺，扎什伦布寺、拉卜楞寺）。该寺建筑为汉藏混合形式。佛殿中多运用当地汉回建筑的传统形式，而其扎仓、大经堂多采用平顶的藏式建筑。在建筑装饰及绘画艺术方面，吸取了青海黄南“五屯”彩绘艺术，砖雕装饰吸取了甘肃临夏“河州砖雕”的技艺。该寺自明嘉靖九年（公元1530年）开始建寺，历明清两代陆续增建至今日规模。塔尔寺受地形的限制，建在一条东北至西南的弯曲的山沟里，无法正面展开，不像藏族大寺院那样宏伟、壮观。另外，该寺分阶段建成，只能分为若干景点来处理。因此在塔尔寺的总体布局中，加强串连、引导的手法运用得十分成功。从鲁沙尔镇东南行，经门塔（下为塔台、有券洞可通过，上为喇嘛塔）入寺院；前为三角形广场，整齐排列着八座白塔，作为引导；再前为小金瓦殿（护法神殿），形成第一高潮；经过一段绿化，可至长寿佛殿及太平塔（体形巨大），而至第二高潮；沿溪前进，经过较平淡的活佛公署和僧舍等，而后行至大经堂、大金瓦殿及九间殿等寺庙的重点建筑前，突然见到全寺建筑的最高潮，作为全寺的结束。塔尔寺的建筑多使用砖墙，并多为白灰饰面，用坡屋顶较多，木装修细腻，使用木雕较多，还有琉璃面砖，这些特色构成了华丽、细腻的风格，与西藏寺庙的观感不同①（图2－69）。

拉卜楞寺

位于甘肃夏河大夏河北岸。创建于清康熙四十八年（公元1709年），是黄教六大寺院之一。全寺共有6大扎仓（学院）、16处佛殿、18处活佛公署及众多的僧舍，占地80多公顷，是一处规模庞大的寺院。其布局特点是将重要建筑，如扎仓与佛殿皆安排在北面山脚下的台地上，而将公署等院落布置在其前面，面向大夏河，众多的僧房集中在寺院的东部，靠近入口处。布局分明、错落有致。最大的扎仓经堂为闻思学院，由前殿楼、围廊庭院及大经堂组成。经堂内有140根柱子，可容3000僧人诵经。前殿楼采用汉式坡屋顶，脊上有镏金宝瓶及法轮饰物。大庭院是众学僧辩经、考取学位的场所。经堂后面布置了小型佛殿，其中有一间供奉历代寺主活佛的灵塔，与藏区其他大经堂不同。佛殿以寿禧寺为代表。主殿高四层，内部一、二层相通，供奉高大的佛像。主殿顶部是歇山式的镏金屋顶，是典型的藏式佛殿。坐落在寺院西南部的贡唐宝塔是一座镏金的喇嘛塔，有3层台座，并可登临塔顶，一览全寺的雄姿。拉卜楞寺地处甘青交界，与当地汉、回等民族的交往密切，其建筑营造亦选用了大批汉、回工匠。寺内的生活建筑如活佛公署、僧舍等，均采用当地的做法，由院落式布局组成，并有大量的砖刻及木雕装饰，故该寺是藏汉建筑结合的寺院②（图2－70）。

图2－69　青海湟中塔尔寺大经堂

图2－70　甘肃夏河拉卜楞寺

西黄寺

位于北京安定门外。建于清雍正元年（公元1723年），是班禅额尔德尼来京驻锡之所。该寺前部为山门、正殿二进院落，正殿前有两座碑亭，左右有钟鼓楼。后部为一三合院，院中央有白石建造的清净化城塔。班禅在乾隆四十五年（公元1780年）七十大寿时来京祝寿，后圆寂于西黄寺，敕命建塔以为纪念。该塔为仿印度“佛陀伽耶”的金刚宝座规式建造，但又有许多改进。座上五塔的主塔为喇嘛塔式样，但比例瘦长。塔刹上饰以镏金莲瓣式宝盖，十三天左右有下垂如耳形的垂饰。四角辅塔为八角石幢式塔，造型也较瘦长。主塔的八角形须弥座上遍布雕饰，十分精美。金刚宝座塔四周围以矮墙，前后各建一座白色石牌坊。总之，其造型完全是汉化的设计，为金刚宝座塔的变体[①]（图2－71）。

图2－71　北京西黄寺清净化城塔

五塔召

位于内蒙古呼和浩特旧城内，原名慈灯寺，清雍正时建立，赐名慈灯。今寺已毁，仅存金刚宝座式舍利塔一座，俗称五塔召。塔为砖砌，通高15米，金刚座平面呈凸字形，座下须弥座上雕刻有法轮、飞马、狮子、孔雀等图案；上部有7层短挑檐，第一层檐下刻有蒙、藏、梵文字的金刚经，2～7层檐下共塑有1100多尊各种姿态的佛像，俗称“千佛龛”。金刚座南面有高大的拱门，门旁刻四大天王像。入门登上金刚座顶部，座上为五座方形五檐密檐式小塔，象征须弥山的五峰并峙形象。五塔召舍利塔是国内现存的金刚宝座式塔的实例之一，与北京五塔寺塔略同，可称为姐妹塔（图2－72）。

①殷汉初．西黄寺清净化城塔．古建园林技术，46.

②邓云乡．北京最大的喇嘛寺院雍和宫．旅游，1982，2.

雍和宫

位于北京东城区，原为清世宗允禛的雍亲王府，允禛继承王位后，于雍正三年（公元1725年）改称雍和宫。清乾隆九年（公元1744年）改建为藏传佛教寺院，并成为清政府管理喇嘛教事务的中心。雍和宫沿轴线布置有五进大殿：天王殿、雍和宫、永佑殿、法轮殿、万福阁，最后是绥成楼。其中以法轮殿最为雄伟，平面呈十字形，黄琉璃瓦顶上设有五个小阁，阁上各有小型喇嘛塔一座，标志着须弥山上的五座山峰。殿内亦有五处2层楼高的升起空间。大殿内供奉了一尊3丈多高的宗喀巴铜像。

图2－72　内蒙古呼和浩特五塔召

建筑完全采用传统的木结构技术，体现了藏传佛教的形制特点。万福阁为黄琉璃瓦歇山顶的3层楼阁，内立高达26米的弥勒佛立像，是由一根直径3米的白檀木雕成，十分珍贵。佛像比例匀称，威严肃敬，是巨型木雕的杰作。同时为容纳这座巨像，3层建筑完全中空，表现出清代木制楼阁技术的进步。大阁与两侧的永康阁、延绥阁之间，以飞阁复道相联，飞架凌空，三阁并举，气象恢宏。这类三阁飞悬的建筑形象多见于唐代的佛教壁画中②（图2－73）。

普宁寺

位于河北承德市武烈河畔。清代康熙、乾隆年间在避暑山庄外的东部及北部建造了十一座寺庙，分属八座寺庙管辖，故简称为外八庙。普宁寺是乾隆时期建的第一座寺庙，建于乾隆二十年（公元1755年），为了纪念平定新疆准噶尔部及辉特部的叛乱活动而建造。该寺布局分为前后两部分。前部为汉式标准寺庙布局，由山门、碑亭、天王殿、大雄宝殿组成的两进院落为中心，左右配以钟鼓楼、

图2－73　北京雍和宫法轮殿内景 引自《中国藏族建筑》

配殿等。而后部分改为藏汉结合方式，布局有殿、阁、台、塔等诸多建筑，表现佛教宇宙观的佛国天界的构思。以大乘阁为中心（内供养四十二臂观音站像），象征须弥山；四正向布置四座不同形式的佛殿，象征须弥山周围的四大部洲；每座佛殿两侧建两座白台，象征八小部洲；大乘阁的四个斜向布置四座喇嘛塔；大乘阁两侧布置日光殿、月光殿以为辅佑；后部有波浪状围墙，象征铁围山。构成了一幅完整的宇宙佛国图景，是象征主义在建筑上的纯熟的应用。这种布局称为藏传佛教的“曼荼罗”，即“坛城”。是仿造西藏扎囊地区的桑耶寺形制建造的。大乘阁高达39.16米，是用框架结构方式建造的，避免了斗栱的构造细节，是清代在高层建筑上的创举。阁内木制观音像高达24.14米，是用木骨架为体，外面包镶苫板雕成，构造精确、造型匀称、衣纹流畅、雕饰精丽、全身贴金，是已知国内乃至世界最高的木制观音站像[①]（图2－74）。

①孙大章. 承德普宁寺——清代佛教建筑之杰作. 中国建筑工业出版社，2008.

②天津大学建筑系，承德市文物局. 承德古建筑. 中国建筑工业出版社，1982.

安远庙

位于河北承德武烈河东台地上。建于清乾隆二十九年（公元1764年），因居住在伊犁的达什达瓦部众内迁至承德附近，乃仿造伊犁的固尔扎庙形

图2－74　河北承德普宁寺

图2－75　河北承德安远庙

式建立此寺，以符“绥靖荒服，柔怀远人”之意，作该部落信仰礼拜之处所。全寺布局方整，分为前后两院。前院广植松柏，十分肃穆，为节日举行跳“步踏”的地方。仅在后边设两配殿，并无其他建筑。后院呈正方形，四面各设门殿，并由64间群房围成一广阔的院落；中央为高达3层的普渡殿。黑色琉璃瓦屋面，黄色瓦剪边，重檐歇山顶，色彩十分强烈。安远庙在承德外八庙中是较具特色的。据碑文记载，该寺是按西藏的“都纲”法式建造的。“都纲”即是经堂，藏语称为“杜康”，其平面广阔，内部柱网林立，是依靠天窗采光的平顶建筑。但安远庙普渡殿维持了平面广阔之外，却建成了3层建筑，汉式屋面及装修的高大雄伟，独具一格的经堂建筑，显示出凝重的艺术分量②（图2－75）。

普乐寺

位于河北承德武烈河东。建于乾隆三十一年（公元1766年）。该寺背对磬锤峰，面朝避暑山庄永佑寺，具有很好的视野。其布局呈规则的长方形，分为两部分。前部设山门、天王殿、大雄宝殿（宗印殿）三重主体建筑，配以钟鼓楼及配殿，是典型的汉式寺院布局。而后部却建成一座藏传佛教的“阇城”，或称“坛城”、“经坛”，实为一座巨大的立体“曼荼罗”，这种布局方式在佛教寺院中是孤例。“曼荼罗”是诸佛按一定的方位聚集在一起的意思。其形式构图多采用方圆套叠的九宫格式来布置。普乐寺坛城平面为3层正方形坛台，上面建造了一座圆形殿堂（旭光阁），第一层高台之四正面建四座门殿，接连门殿的是172间单层廊房（嘛呢噶拉廊，即转经廊）。第二层高台四角及四正面建8

座各色琉璃的喇嘛塔。中心再造第三层高台，台中央为圆形重檐黄琉璃瓦顶的“旭光阁”，阁中央再置一座木制“曼荼罗”模型。这种一连串的绝对方正的构图形式，强调出垂直向上的轴线趋势，把信众的视觉和感觉与上天联系在一起，这正是其所追求的艺术魅力的重点①（图2－76）。

图2－76 河北承德普乐寺旭光阁

普陀宗乘之庙

位于河北承德避暑山庄之北。建于清乾隆三十二年（公元1767年）。它是乾隆六旬大寿及皇太后八旬万寿，为了接待国内各少数民族贵族入贺，并以此团结西藏宗教上层人士而兴建的。该庙建在北高南低的山坡上，由前、中、后三部分建筑组成。前部有石桥、山门、五塔门、琉璃牌坊，基本按中轴线排列。中部为缓坡地带，纵深有200余米，迂回上山，沿途布置多座白台，散落交错布置。有的是僧房院，有的是塔台。后部在较高处建大红台，共有三座建筑，中间一组最大，为高25米、宽近60米的7层大楼。下部4层为实心台座，上部3层是平顶的四方群楼。群楼中间天井中建五开间重檐方形大殿堂，称“万法归一殿”。该殿屋面为铜瓦镏金，金光闪烁。东面红台为戏台；西面红台为千佛阁。普陀宗乘庙是一座以藏式建筑风格为主的寺庙，同时又采用了琉璃壁龛、琉璃牌坊、汉式大殿等传统建筑细部，风格谐调一致。特点是色彩运用上，以红色为主调、白色为副调，间杂琉璃，金顶等亮色，显得十分丰富多彩。该寺的多处布置有意仿造拉萨的布达拉宫，故有“小布达拉”之称②（图2－77）。

①、②天津大学建筑系，承德市文物局．承德古建筑．中国建筑工业出版社，1982.

③林江．承德须弥福寿之庙．文物天地，1984，2.

图2－77 河北承德普陀宗乘庙

须弥福寿之庙

位于河北承德避暑山庄之北。建于清乾隆四十五年（公元1780年），是为前来祝贺乾隆七十大寿的六世班禅建造的行宫，仿班禅驻锡的扎什伦布寺规式。该寺建在山前的缓坡地带，有一条明显的中轴线，布置了山门、碑亭、月台、琉璃牌坊、大红台、贺金堂、万法宗缘殿、八角七级琉璃塔等一系列建筑，层层递上。主体建筑大红台边长50米，高3层，体量很大，墙面刷成红色，为藏式平顶群楼围成的一处庭院。院中建造一座方形三重檐的“妙高庄严”殿，为班禅讲经之所，即是汉式的大经堂。大红台东面有生欢喜心殿；大红台西北角吉祥法喜殿，是班禅的寝宫。须弥福寿之庙的建筑采用大红台、平顶建筑、大经堂等藏族建筑模式，但布局轴线严整，采用琉璃塔、琉璃牌坊、碑亭等汉族寺庙的元素，该寺与扎什伦布寺亦有很大的差别，所以说须弥福寿之庙的设计是融合创新的[3]（图2－78）。

图2－78　河北承德须弥福寿庙

五当召

位于内蒙古包头市东北的大青山柳树沟，蒙语称柳树为“五当”，故以此为寺名。建于清乾隆十四年（公元1749年），由寺内第一世活佛罗布桑嘉措按从西藏带回的图样建造，所以是内蒙古地区纯为藏式的佛寺。全寺有六座殿堂（僧人学经的经堂），三座活佛公署，一座陵墓及僧舍、仓库等。主要殿堂集中在中间的山冈上，可俯视群房。两侧山谷中布置体量较小的僧舍等。所有的建筑均为二层以下，外部墙面刷白色，檐部有深棕色横带；内部陈设及细部做法都和藏族建筑一样，唯一区别是群体建筑皆为白色，没有镏金屋顶及边玛草女儿墙。可以说该寺是藏式建筑的另一种风格（图2－79）。

图2－79　内蒙古包头五当召

三、南传佛教寺院

①徐伯安．我国南传佛教建筑概说．华中建筑，1993，3.

②郭湖生．西双版纳傣族的佛寺建筑．文物，1962，2.

南传佛教传布在云南省南部傣族聚居的德宏及西双版纳地区，属小乘佛教教义。南传佛教属全民信仰的宗教，一般儿童到了七八岁时便要入寺作和尚，学习宗教知识及文化，二十岁左右还俗。若升到大佛爷的地位，便成了终生的僧人。每个村庄皆有一座寺庙，或两三个村庄共有一座寺庙。建造寺庙的经费由各村寨的村民赕佛捐助而来，各村经济状况不同，故寺庙的大小也不同。该地区气候炎热，寺庙皆为干阑式的竹木结构，草顶或小灰瓦顶，构造简单。佛寺选址常在高岗或林间空地等明显之处，形势最佳。周围有茂密的风景树陪衬，成为村寨的标识建筑物。佛寺内的布局为自由式的，寺内的几座主要建筑之间并没有固定的格式，亦无轴线关系。佛寺中以佛殿及佛塔为主体，配以僧房，个别寺院尚有经堂。佛殿前或者设一段走廊，与寺门相联。佛寺平面布局较为自由，但佛殿皆为东西方向的纵长形，入口朝向东方。佛像置于佛殿的西面，其造型类似泰国、缅甸佛殿的外貌，即以坡屋顶、举架陡峭、大出檐、有密集的脊饰为其特色。有的较大型佛殿的屋顶可分为高低二三段来建造。佛塔造型为喇叭形的尖锥体，但造型各异，比例权衡成熟，具有一定的艺术水平。佛塔一般分为塔基、塔身、塔刹三部分。塔基为一层或两层，平面正方形，或做成须弥座式样；塔身为八角形、折角亚字形、圆形平面，为数层逐渐收缩的须弥座式；塔刹为喇叭状圆锥，设有多层圆环，表示相轮。有的佛塔刹顶尚有小型金属幡盖。傣族佛塔大部分为砖筑实心，外部抹灰，刷以白色或黄色，细部绘制各种彩色图案，极少贴金，有一种原始质朴的艺术感。佛塔在寺院中的位置不定，以能获得较好的观赏角度为则。傣族佛寺皆是近一二百年间建造的，历史遗存很少，而且经常改造。

宣慰街大佛寺

该寺是西双版纳地区的总佛寺，又称“洼龙”。位于云南景洪宣慰街中一片树木葱郁的山冈上。寺门是一座三间双坡屋顶的房屋，与大殿东面入口之间有八间高低错开的爬山廊。大殿山面六间，长面九间，雄踞在高耸的夯土台上。殿内有四排柱子和一圈回廊。殿内木构件上有金水装饰图案。大殿西侧供奉释迦牟尼佛像。该寺佛殿是傣族地区最高大的佛教建筑。僧

图2－80　云南景洪宣慰街大佛寺

舍位于大殿的东北；经堂位于大殿南侧；西墙外有一座佛塔。各建筑间虽无明确的关系，但高低搭配，总体感觉十分和谐。这种布局方式是西双版纳各村寨佛寺的常例[①]。但该建筑现已不存（图2－80）。

勐海佛寺

位于云南西双版纳地区的勐海县。用地呈方形，入口在院南偏东，从佛殿的南面入殿，寺门内有行廊直通佛殿。佛殿为跌落式的重檐歇山形，东西纵深八间，面阔四间，佛像位于第七间正中。大殿周围有一圈檐廊，主体空间的屋顶分为五段，自中心向两端分段递降一个博风板的高度，形成梯级式的悬山屋顶，此式在傣族佛寺中常有应用。殿后西面及北面有僧舍两处，内分大小间，供各级僧人居住。佛事所用物件的储存，以及僧人餐饮、诵经、休息皆在此处。殿东北方有经堂，为大佛爷的诵经处。佛殿东部有两座佛塔。此寺还有一个特色，就是寺门与佛殿之间、佛殿与僧舍之间皆有行廊联属，雨季亦可穿行各建筑[②]（图2－81）。

景真佛寺

位于云南西双版纳勐海县的勐遮镇。寺内有佛殿、藏经室、僧舍等，但最著名的是在菩提树东侧的八角亭。八角亭实为一座议事堂，每逢傣历朔望日，周围各寺院僧人集会于此议事、唪经、忏悔、受戒。八角亭始建于清康熙四十年（公元1701年），在傣族建筑中可谓是较早的建筑。傣语称其为“波苏”，意为莲花顶冠。景真佛寺坐落在一个圆形山丘之巅，八角亭就建在山丘中心。该亭平面为八角形，属木结构建筑，高约20余米。亭子基座为折角亚字形须弥座，各层线角饰以绿、白、黄、红、蓝各色粉刷。亭身为八角形，各设门龛。最具特色的是其屋顶，共有10层，每层八面向外突出的悬山顶，四正向屋顶尺度较大，四隅向屋顶较小，层层递上，渐上渐小，每层屋脊及屋檐皆有饰物，屋顶上有铜质华盖及风铃长杆，整体造型宛如一朵盛开的莲花，充分显示了傣族民间工匠的妙思巧艺。八

图2－81　云南勐海景龙曼档佛寺佛殿

图2－82　云南勐遮景真佛寺八角亭

角亭已被列为全国重点文物保护单位（图2－82）。

潞西风平佛寺

该寺位于城西6公里，建于雍正六年（公元1728年）。原有佛塔两座及佛殿、山门、僧房等建筑，后毁于“文革”。近年按原样重建了佛塔。主塔高23米，坐落在4层须弥座台基之上，各台基逐层收缩，上建覆钟形金色宝塔，直指蓝天。各层台基四角均建有小塔，塔四周又建16座小塔，共计28座。主塔及小塔塔刹顶部皆有金色伞盖，伞沿系挂风铃，随风摇曳，响彻全寺。夕阳西下时，光照金塔，熠熠成辉，极为壮观。风平大佛塔与缅甸佛塔的风格十分相似，是民族文化交流的例证（图2－83）。

图2－83　云南芒市风平佛塔

四、石窟寺

佛教石窟的开凿始于印度，最早的佛教石窟始建于公元前2世纪，如巴雅石窟、阿旃陀石窟等。当时佛教僧人为了躲避市廛纷扰，选择寂静山林深处，静心修习佛法，故选择山崖陡壁，开凿石窟以居处。早期的洞窟有两类，一类为僧房窟，音译为毗诃罗窟（Vihara）。其形制是先开凿一方形广庭，广庭的后方及侧面开凿一丈见方的僧房若干间，作为僧人禅修生活之处，极少雕饰。其原型亦是仿造陆地寺院僧房院的形制。另一类为塔庙窟，音译为支提窟（Chaitya）。其形制是一间长马蹄形的广间，拱券顶，并雕出拱肋，沿纵深有两排石柱，后部的半圆形空间中心安设一座覆钵塔，音译为窣堵坡（Stupa）。该塔是埋藏佛舍利的纪念建筑，也是后来流行于中土的喇嘛塔的原型。支提窟是僧人聚会、礼拜之处，相当于佛殿的地位。早期印度佛教寺院没有佛像，信仰物是佛舍利及佛的遗物，包括钵、杖、佛足迹、菩提树等，窣堵坡即为掩埋佛舍利的墓地。后来从犍陀罗地区传入了佛像雕刻，产生了佛殿建筑。开凿石窟之风传入中国以后，中国石窟的供养内容以佛像为主，与印度的支提窟有所不同。

①国家文物局教育处编．佛教石窟考古概要．文物出版社，1993.

中国石窟是从中亚传入新疆的，古代龟兹地区（今库车、拜城一带）开始信奉佛教，如拜城的克孜尔石窟即开凿于公元2世纪，相当于东汉时期。以后石窟建造又东传至河西地区凉州（今武威）一带，进而至甘肃天水、山西大同、河南洛阳及河北、山东等地，形成北方的石窟系列。产生了许多著名的石窟，如甘肃敦煌石窟、安西的榆林窟、武威天梯山石窟、永靖炳灵寺石窟、天水麦积山石窟，陕西的彬县大佛寺石窟，山西大同云冈石窟、太原天龙山石窟，河南洛阳龙门石窟、巩县石窟，河北邯郸响堂山石窟，辽宁义县万佛堂石窟等[①]。按中国石窟类型分类，可分为塔庙窟、佛殿窟（包括佛坛窟）、大像窟、禅窟等。从历代石窟的内容来统计，其中佛殿窟占大多数。由于各地区山体石质不同，有的砂岩地区石窟石壁不易雕刻。故新疆、河西的石窟多壁画与泥塑，而晋豫地区的石窟多为石雕佛像。故石雕、泥塑及壁画是中国石窟艺术的三个重要载体，达到了非常高的艺术水准，是中国艺术史的重要内容。因属艺术领域，在本文中不拟深入讨论，仅就石窟形制及在雕塑、壁画中有关建筑历史形制内容予以简略介绍，以补充历史实例的缺失。有关这方面的资料主要反映在如下的几座石窟中。

图2－84　甘肃敦煌石窟85窟北壁思益梵天问经变壁画 晚唐

敦煌石窟

又称莫高窟，俗称千佛洞，位于甘肃敦煌鸣沙山东麓断崖上，总长1600余米，分布着公元4世纪至14世纪的洞窟492座，历经十个朝代。莫高窟艺术中反映出的有关古代建筑资料主要表现在窟形构造、建筑遗存及各代壁画中。莫高窟窟形大致有六种，塔柱式、覆斗式、背屏式、大佛窟、涅槃窟、毗诃罗窟，以前三种居多。塔柱式窟中央有一方柱直顶在天花上，柱上有佛龛。此式表现出中心塔院的寺院规划，这是北魏时期洞窟常用的模式，如第254窟。覆斗式窟的窟内宽阔，顶部为四方覆斗式，四壁有佛龛，表现出佛殿建筑的面貌。是隋唐时期常用的窟形，如第172窟。背屏式窟后壁的塑像凸出，像后石壁满画彩绘，有如佛背之屏，更具有陆地佛殿之面貌。是五代十国、北宋时期常用窟形，如第61、55窟。此外的大佛窟、涅槃窟等，皆反映了当时寺院崇尚的雕造佛像的取向。

莫高窟各窟入口处皆有木制窟檐保护，但经千百年风沙侵袭，多已不存，现存的大佛阁是清代复建的。但幸运的是尚有五座唐宋时代的窟檐保存下来，并且尚有宋代初年的建筑彩画，弥足珍贵。

敦煌壁画的总面积达5万平方米，内容包括释迦佛、菩萨、力士、天王、观音、弥勒、佛传故事、本生故事、西方净土变、弥勒净土变等不同内容的大小画幅。在故事画及经变画中不仅描绘了大量人物，还有各种建筑。如佛寺、宫殿、住宅、城阙、塔、舞台、坟墓、亭、桥、台、帷帐等。对于各时代的建筑，特别是唐代以前的建筑案例缺失的情况下，具有十分重要的参考价值。例如，五代十国的第146窟的“药师经变图”所表现的佛国世界，就是现实世界宫室、庙宇的写照；又如晚唐第85窟的“莲花藏世界”，还表现出城市规划中的里坊制的画面。又如宋代第61窟的“五台山图”，描绘了唐代五台山的佛教盛况，廊院制的布局正是唐代寺庙的通行形制①。梁思成先生正是在该图的启发下，调查寻找出唐代五台山佛光寺大殿建筑。并且许多画面的细节表现十分逼真，一丝不苟。如斗栱变化、屋檐起翘、基台栏杆、建筑彩画皆有忠实的描写。壁画中所描绘的各式佛塔，更为了解中国佛塔的变迁提供了例证。敦煌壁画中还有几幅有关建筑施工的图画，亦十分稀有。总之，敦煌石窟除了宗教史、艺术史方面的价值以外，在建筑史上亦为重要宝库（图2－84）。

①萧默．敦煌建筑研究．文物出版社，1989.

②天水麦积山石窟艺术研究所．中国石窟天水麦积山．文物出版社，1998.

③云冈石窟文物保管所．中国石窟云冈石窟．文物出版社，1991.

麦积山石窟

位于甘肃天水麦积山，因山体上凸下缩，外形浑圆，远看如一巨大的麦垛，故名。石窟始建于后秦（公元384～417年），历经北魏、北周至明代，共雕造了194座洞窟。各窟分层开凿于崖面上，最高石窟离地面达50米，各窟之间的交通全靠栈道联系，飞空架险，异常壮观。石窟中以泥塑与石雕佛像著称，达7800余尊，在美术史上占有重要地位。在建筑史上亦有不少参考价值，如许多石窟外檐雕成三间殿堂的外貌，如第1、30、43窟等洞窟。窟前树四根八角形石柱，柱上托大斗，斗间挑出梁头，随梁架设横楣，反映出纵架结构的特点。柱身上有石刻束莲装饰，柱头上有火焰珠雕刻，屋面正脊上有鸟翅状鸱尾，形象准确逼真，反映出南北朝的建筑装饰特色。又如第4窟，俗称七佛阁，是一座仿木构的七间八柱巨大的崖阁。该窟建于北周保定年间（公元566年）。东西面阔达32米，前面八根八角形石柱，后因崖面崩坍，仅余左右两根边柱。内壁面雕凿出七座佛龛，雕饰华丽，璎珞、流苏、珠串、帷幕等点缀龛面完全取材于供养佛尊的宝帐形象。七佛阁石窟的造型使我们很容易地联想出北周时期大型佛殿的状貌②（图2－85）。

图2－85　甘肃天水麦积山西崖全景

云冈石窟

位于山西大同城西16公里的武周川北岸。建于北魏王朝的中后期（公元460～524年），总计进行了六十余年，是北朝皇室独自完成的石窟，集中反映了北魏石窟艺术的特色及风格的变化。云冈石窟现有53座，按窟形

图2－86　山西大同云冈石窟第10窟前室西壁佛殿雕刻

分析可分为三类，即大像窟、佛殿窟、塔庙窟。大像窟主要开凿于早期，如第16～20窟等五窟，又称为“昙曜五窟”，是沙门昙曜按北魏王朝五代帝王圣容建造的。是三世佛的造像模式，规模宏大，气象庄严，取自然洞窟形式。佛殿窟是仿造三开间的前廊（或前庭）后室木构佛殿形式，外檐四柱，柱上托枋及斗栱出檐等，前廊空间之内有承重厚墙，进入后室为一方形空间，后壁设上下两层佛龛。窟顶为分格的吊顶天花。整体的建筑形象比较具体，可联想出当时佛殿的状貌。云冈的佛殿窟多为双窟并列如第7、8窟及第9、10窟，它反映了北魏当时太后与皇帝同掌朝政的历史现象。塔庙窟可以第1、2窟及第39窟为代表，是在石窟中央有一方形塔柱，直抵窟顶。方塔为3层或5层，有外廊或无外廊，塔身有佛龛，按各层体量大小设1～5个佛龛。窟室四壁有上下两层佛龛，或雕千佛图案。塔庙窟的构思是表现当时以佛塔为中心的寺院布局形式。随着时间推移，隋唐以后的石窟窟形很少出现塔庙窟。云冈石窟的各窟壁面雕饰中还出现了许多塔型，对解读早期佛塔的演变亦多有助益[3]。总之，从云冈石窟六十余年的变迁，可反映出佛教文化，包括佛教建筑，逐渐从异域风格转为中华风格的过程（图2－86）。

龙门石窟

位于河南洛阳南13公里的伊水两岸，夹水而立，称为龙门，又称“伊阙”。石窟始建于北魏太和年间（公元477年）孝文帝迁都洛阳之时，续建至晚唐时期，历经300余年。建成大小洞窟2000余座。龙门石窟以石雕造像为主，对窟形没有特殊的处理，基本为圆形平面，穹隆顶的自然形态。佛像雕刻与云冈的豪壮之风不同，趋向清秀之美。窟壁雕刻中有许多屋形龛，雕刻精美，细部清晰，表现出北魏时期木构建筑的形制。一般为三开间，庑殿顶或歇山顶，檐下一斗三升及人字栱承托，屋脊鸱尾上翘，基台栏杆俱全。这样的雕刻在古阳洞及路洞上皆有表现。又如宾阳洞的地面雕有四块莲花图案，莲花洞则在天花正中雕出莲花藻井，这些都是建筑细部的时代特色（图2－87）。

图2－87　河南洛阳龙门石窟路洞北壁上层外侧屋形龛 元象二年（公元539年）

图2－88 山西太原天龙山石窟第16窟前廊

天龙山石窟

位于山西太原南郊，共有21个洞窟。建于北齐（公元550～577年）至隋唐时期。历经破坏，残存石刻极不完整。但建于公元560年的第16窟，其前檐尚保留较完整的木构架形式。八方柱头上托大斗，上架阑额及一斗三升栱及人字栱，其上再托横枋，以承檐椽。其构件比例更接近真实木构建筑，是建筑技术上的忠实物证（图2－88）。

南北响堂山石窟

位于河北磁县鼓山，分为南北两处。鼓山南麓为南响堂山石窟；鼓山西麓为北响堂山石窟。北响堂山石窟有三个洞窟，约开凿于东魏、北齐时期（公元545～570年）。中洞与北洞皆为中心柱式窟，其外观呈单层塔的式样，顶部有覆钵及宝珠。窟内雕饰大量采用火焰珠、束莲柱、忍冬纹等有异域色彩的图案，与北魏前期不同。南响堂山石窟开凿于天统元年（公元565年），集中设在一处，分为两层，下层两座，上层五座。最精彩的当属下层第一窟和上层的第七窟。第一窟外檐为三间单层塔式，窟顶为覆钵顶，八角柱上有束莲及火焰珠的雕饰，明间的额枋上有火焰券式的装饰。这种覆钵顶的单层塔式在第二窟的内壁上，也多次出现，说明这种塔式在当时是流行的。第七窟的外檐除如第一窟的形制外，其柱头上托出两跳五铺作华栱，跳头上出令栱，以承撩檐枋，其模仿真实的木构形制更为精细。在石窟雕饰中出现石质立体出跳的斗栱，这是首例（图2－89，跨页：河北磁县南响堂山第5窟入口）。

第三章　中国佛教寺院布局

佛教传入中国以后，经近两千年的传布发展，佛寺形成了一种独特的建筑类型。其包括的内容十分广泛，建筑形制十分丰富，而且历代更替、衍生，益增繁复。佛教寺院所包容的建筑种类虽然只有两类，即信仰建筑与生活建筑，但又分化成不同的建筑形式。如佛殿与佛塔（祈拜之用）、墓塔与灵塔殿（往生之意）、经堂（法会念佛）、法堂（开讲经义）、禅房（坐禅之所）、戒坛（受戒之处）、经幢（功德之表）、经楼（学习之处）、钟鼓楼（计时建筑）、廊庑（联络建筑）、僧房（起居之所）、方丈（高僧居室）、窟居、茅蓬（禅定潜修）、五福堂（餐厨之所）、客房（待客之处），其他还有放生池、水井、净室，以及寺庙园林等项目 。当然寺庙中最主要的建筑是佛殿和佛塔，其变化的异体最多，艺术性要求最高，将在下列章节中详述。这些建筑在寺庙布局中是如何安排的，各个时期有所不同，表现出佛教在中国逐渐本土化的过程。其中有中国传统文化的影响，中国生活习惯的延续，佛教信仰中心的转移等诸多因素。各代寺院布局形式大致可归纳为五种：即四方式、塔殿式、廊院式、合院式、自由式。

一、初期中国佛寺

佛教初传中国的时期有许多记载，有孔子时代、秦始皇时代、汉武帝时代、汉哀帝时代、东汉明帝时代等。根据印度佛教发展时间及东传的可能性分析，不会早于汉明帝时期，即汉明帝感梦、遣使、求经、建寺的故事。据《历代三宝记》记载此事发生在永平七年（公元67年）。有关记载出现在许多文献中，如《牟子理惑论》《明佛论》《出三藏记集》《高僧传》、《后汉书》、《魏书·释老志》、《佛祖统记》等[①]。据《理惑论》记载"昔孝明皇帝梦见神人，身有日光，飞在殿前，欣然悦之。明日，博问群臣，此为何神？有通人傅毅曰，臣闻天竺有得道者，号之曰佛，飞行虚空，身有日光，殆将其神也。于是上悟，遣郎中蔡愔、羽林郎中秦景、博士弟子王遵等十八人，于大月氏写佛经四十二章，藏于兰台石室第十四间。时于洛阳城西雍门外起佛寺，于其壁画千乘万骑，绕塔三匝。又于南宫清凉台及开阳城门上作佛像。明帝有时，预修选寿陵，陵曰显节，亦于其上作佛像，时国丰民宁，远夷慕义，学者由此而滋。"以后北齐史学家魏收撰《魏书·释老志》，文中又增加了部分内容，记载称，"帝遣郎中蔡愔、博士弟子秦景等使于天竺，写浮图遗范。愔仍与沙门摄摩腾、竺法兰东还洛阳……愔之还也，以白马负经而至，汉因立白马寺于洛城雍门西。摩腾、法兰咸卒于此寺……自洛中构白马寺，盛饰佛图，画迹甚妙，为四方式。凡宫塔制度，犹依天竺旧状，而重构之，从一级至三、五、七、九。世人相承，谓之浮图，或云佛图。"

各书所述佛教初传中土的内容虽有出入，有些类似传说与杜撰，不足为信，但也表现出部分当时佛寺建筑的状况。如佛塔为单层，以后才发展成多层；寺内有壁画，画迹甚妙，壁画是画在塔上，还是画在廊庑上，没有确指；有旋右的绕塔制度；宫塔制度为四方式，即塔是方形平面，或寺院亦为方形，这是模仿印度佛教寺院的状貌。

其后，《三国志·吴书·刘繇传》中记载的笮融奉佛事，亦有部分建筑内容。"笮融者，丹阳人……乃大起浮图祠，以铜为人，黄金涂身，衣以锦采，垂铜盘九重，下为重楼阁道，可容三千余人，悉课读佛经……每浴佛，多设酒饭，布席于路，经数十里。"此时的"浮图"（塔）可能为方形，是否为两层不能确指。上面有9层铜露盘，周围有两层的阁道围护，围成的院落很大，可容3000人。塔内有铜铸佛像，佛像可能不太高大，以便行像时抬出游行于街衢。这些都是与寺院布局相关的信息。

佛教初传时期平民不准为僧，仅是域外僧人来华建寺传教，僧侣人数不多，故寺院规模不会很大。而且经书不多，僧人多以佛祖舍利灵异为宣传重点[②]。文献记载两晋及北魏的许多寺院，皆是因为发现佛舍利或求得佛舍利而建塔供养，而佛像崇拜尚不普遍。故以四方院落围成的舍利塔为

①《高僧传·佛图澄传》中书著作郎王度奏曰"往汉明感梦，初传其道，唯听西域人得立寺都邑，以奉其神，其汉人皆不得出家。魏承汉制，亦修前轨。"

②《魏书·释老志》魏明帝曾欲坏宫西浮图。外国沙门乃金盘盛水，置于殿前，以佛舍利投入于水，乃有五色光起，于是帝叹曰"自非灵异，安得尔乎？"遂徙于道东，为作周阁百间。

③《高僧传·卷五　释道安》凉州刺史杨弘忠送铜万斤，拟为承露盘，安曰："露盘已讫汰公营造，欲回此铜铸像，事可然乎。"忠欣而敬诺。于是众共抽舍，助成佛像，光相丈六，神好明著，每夕放光，彻照堂殿。又《洛阳伽蓝记》卷一永宁寺，"浮图北有佛殿一所，形如太极殿，中有丈八金像一躯，中长金像十躯，绣珠像三躯。"

寺院的主体建筑，建立舍利塔就是一座寺院。这些异域僧人所建寺院虽称依天竺旧状，但早期印度佛寺已无实例可循，故无法对比。印度早期石窟寺的四方形禅修僧房窟和礼拜用的支提窟是分别设置的，并不在一起。从鹿野苑和那烂陀佛教建筑遗址来考察，亦是四方形僧房与佛塔分别设置的。若从佛教自西域传入的途径考察，今新疆地区早期佛寺遗址状貌亦可作为参考。英人斯坦因在新疆鄯善考古时，发现约为公元3、4世纪的米兰废寺遗址，其平面布局就是中央为窣堵坡式塔，周围有呈方形的回廊，廊壁上有壁画，这种布局可能是从印度佛寺变化而来的规式。一直到唐代，在吐鲁番交河城的佛寺遗址，仍是佛塔为中心的四方式院落规制（图3－1）。故中国早期佛寺可能受西域佛寺的影响，更为直接。此外，山西大同云冈石窟的第1、2窟及39窟均为塔柱式窟，石窟平面为方形，饰以佛龛，中央为方形楼阁式塔。这些窟室虽开凿于5世纪末，但仍保持有中心佛塔，四周廊庑的四方式布局，说明此式曾流行过一段时期（图3－2、图3－3）。

图3－1 新疆吐鲁番交河故城佛寺遗址

二、塔殿并列式寺院布局

两晋南北朝时期佛教信徒增多，译出的佛经数量增加，为了聚众宣讲佛经教义，寺院内出现了讲经的讲堂。另外这时期的佛像规模也逐渐增多增大，铜铸佛像可达4米以上。在当时佛塔的龛壁上是无法容纳的[③]，所以产生专门供养佛像的佛殿建筑。佛像的种类也在扩充，除了释迦单像以外，还出现了一佛二菩萨、过去七佛，以及众多的胁侍等，造就了不同开间进深的建筑。同时僧人也改变

图3－2 山西大同云冈石窟第1窟中心塔柱

图3－3　山西大同云冈石窟第39窟中心塔柱

①《洛阳伽蓝记》记载；“建中寺……本是阉官司空刘腾宅”

“愿会寺，中书侍郎王翊舍宅所立也”

“苞信县令段晖宅……晖遂舍宅为光明寺”；

“崇义里内有京兆人杜子休宅……子休遂舍宅为灵应寺”；

“平等寺，广平武穆王元怀舍宅所立也”；

“景宁寺，太保司徒公杨椿所立也……遂分宅为寺，因以名之”；

“高阳王寺，高阳王雍之宅也。……舍宅以为寺”；

“冲觉寺，大傅清河王怿舍宅所立也”；

“阜财里内有开善寺，京兆人韦英宅也……舍宅为寺”；

“追先寺，在寿丘里，触尚书令王略之宅也。……嗣王景式舍宅为此寺”；

“大觉寺，广平王怀舍宅立也”；

“寿丘里，皇宗所居也。……经河阴之役，诸元歼尽，王侯第宅，多题为寺。寿丘里闾，列刹相望，祇垣郁起，宝塔高凌。”

②《洛阳伽蓝记》卷一“建中寺，……本是阉官司空刘腾宅，……建义元年尚书令乐平王尔朱世隆为（尔朱）荣追福，题以为寺，朱门黄阁，所谓仙居也。以前厅为佛殿，后堂为讲室。金花宝盖，遍满其中。”

了原来游行乞食，居无定所的状况。寺院有私产，有居室，有仓储，寺院内建造了僧舍及日常生活用房，如厨房、餐室、仓房等。当时大的寺院僧众达千人，佛寺由单纯祭祀礼拜的场所，变为一种社会经济实体。当然寺院内容的扩充也会影响到其布局形式。

自两晋时期开始，有两项普遍的社会风气更推动了佛教寺院的变化，即为“舍宅为寺”及“参禅之风”。随着佛教在民间中的发展，许多高官大户亦崇奉佛教，将自己的豪宅奉捐给寺院，以求福祉。晋代已经出现了舍宅为寺的先例，至北魏时期更为普遍。据《洛阳伽蓝记》中记载的55座寺院中有12座是高官大吏的宅第舍给寺院的[①]。其他皆为帝后及王公所建，至于僧人自筹经费而建的寺院极少。至北魏后期的舍宅之风更盛。这些宅第有的经过改造，或不经改造直接用为寺院，因此对寺院的布局产生了积极的影响。

据文献记载汉代住宅是将一幢房屋分为前后两部分，前部开敞，作为主人起居待客之处，称为堂。后半部封闭起来，可开门窗，供主人寝卧，称为室，即“前堂后室”的制度。而大的宅邸则将前堂后室制度扩大，房屋数量增加，一般分为两区。前区主要建筑称为厅，为起居待客之处；后区为私宅，为主人及眷属居室，主体建筑称为堂。前厅后堂皆有廊庑围合，形成院落，也可将厅堂皆围合在一个院内。此外还有众多的辅助房屋。两晋南北朝时期的府邸仍循“前厅后堂”之制。豪强之家还在府邸周围增加坞壁角楼等防御建筑及园林。

这些府邸改为寺院以后，多将主体建筑的“前厅”改为佛殿；将“后堂”改为法堂或讲堂。僧人居住另选别院。北魏洛阳的建中寺就是这样改建的[②]。再一项改造就是在主体院落中建佛塔，继承了佛教传入以后对舍利崇拜的传统。佛塔的位置一般选在佛殿之前，成为前塔后殿的模式，也就是佛迹崇拜与佛像崇拜并存局面。而且北朝时期的佛塔达到高潮，功德主竞相比高，一般为3～5层，大同永宁寺塔达到7层，洛阳永宁寺塔达到9层，百米之高。“前塔后殿”模式在北魏永宁寺平面布局得到证实。《洛阳伽蓝记》记载，“永宁寺，熙平元年灵太后胡氏所立也，在宫前阊阖（chāng hé）门南一里御道西……中有九层浮图一所，架木为之，举高九十丈……浮图北有佛殿一所，形如太极殿……僧房楼观，一千余间”（图3－4）。东晋僧人昙翼在江陵所造的东西两寺，亦明确指出殿前为佛塔。这种前塔后殿的形制一直持续到隋代，在唐长安青龙寺遗址中表现的隋代灵感寺遗址，就是前塔后殿的布置。建于公元593年飞鸟时期的大阪四天王寺就

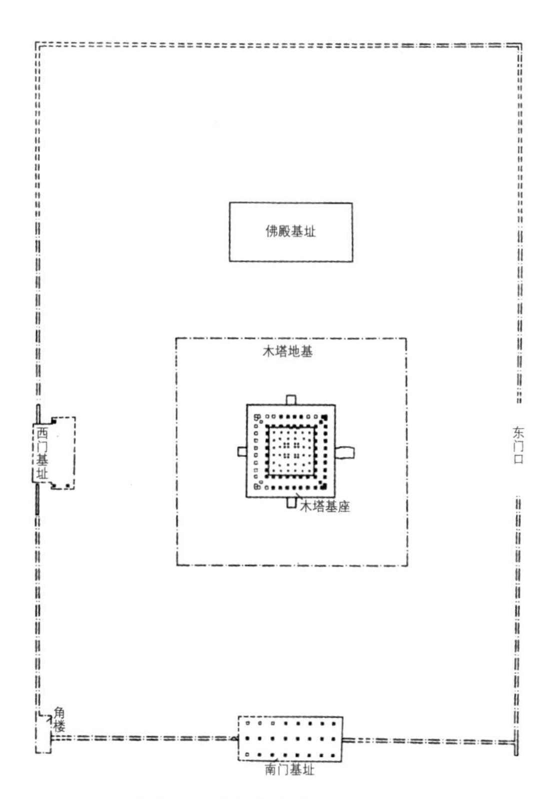

图3－4　河南洛阳北魏永宁寺遗址平面图

是按中门、五重塔、金堂（佛殿）、讲堂的次序呈一条直轴排列的。前塔后殿式，日本人称之为“四天王寺式”，明显是受中国佛寺的影响（图3－5）。而同为飞鸟时期建筑的日本奈良法隆寺，其西院的院中金堂与五重塔东西并列，不分前后（图3－6）。这种布置方法目前在中国寺院中尚无例证，仅在敦煌壁画五台山图中的南台寺中，在主殿之前绘有塔与楼并置画样，也可能当时有这样的实例。但是在殿前建立双塔已有文献记载，如南朝宋明帝在湘宫寺内建两座5层佛塔；梁武帝在长干寺建两座舍利塔以储舍利及爪发[①]。后世虽有多处寺院建立双塔，但不一定在殿前，也不是同期建造的相同形式式样的佛塔。在历史上前塔后殿的寺院模式存在了很长一段时期，尤其在偏于保守的北方地区，仍按此式建造。如辽代山西应县佛宫寺释迦塔（木塔）、内蒙古庆州释迦佛舍利塔（白塔），即为塔殿并存的寺院平面形式。

魏晋南北朝时期的南方寺院亦有所不同，因南方地区多山多水，地形复杂，除塔殿主体布置在中心轴线以外，其他佛殿院落可以因地制宜地分散布置。《法苑珠林》书中记载江陵东西寺的大殿很大，开间达十三间；并有其他五座殿屋；另外还有大小别院10座，最华丽的为般若、方等两院；各院廊庑达1万间；主殿前有佛塔；最前为七开间两层的山门，歇山屋顶；各殿宇可横向摆设，不一定是前后重叠，主要根据地形，因地制宜而建[②]。

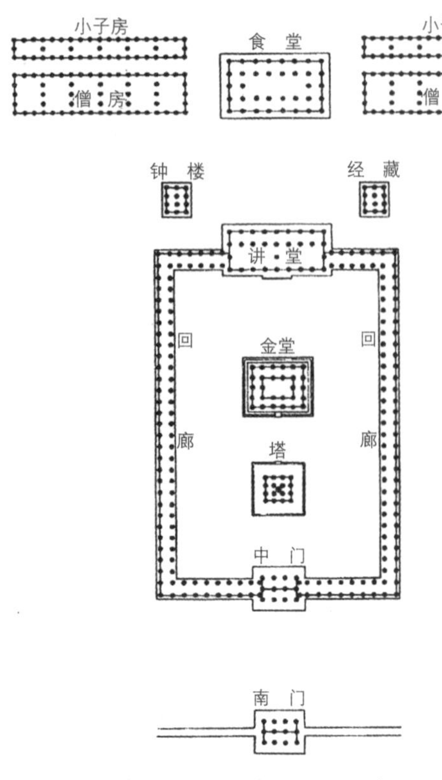

图3－5　日本大阪四天王寺平面 引自《中日古代建筑大木技术的流与变迁》

图3－6　日本奈良法隆寺堂塔并列式布局

①《南史》卷七十·虞愿传：“帝（宋明帝）以故宅起湘宫寺，…帝欲起十层（宝刹），不可立，分为两刹，各五层。”

《古今图书集成》神异典·卷五十九：“大同四年（公元538年）九月十五日，帝（梁武帝）至长干寺设无碍大会，树两刹。各以金罂，次玉罂，盛舍利及爪发，纳七宝塔内。又以石函盛宝塔分入两刹。”

②《法苑珠林》卷三十九·伽蓝篇·感应缘：江陵西东二寺因旧广立，……陈末隋初有名者三千五百人，净人数千。大殿一十三间，惟两行柱，通梁长五十五尺，栾栌重叠，国中京冠。……殿前四铁镬，各受十余斛，以种莲花。殿前塔，宋谯王義季所造。塔内塑像忉利天工所造。……寺房五重，并皆七架。别院大小今有十所，般若、方等二院庄严最胜。夏别常有千人。四周廊庑咸一万间。寺开三门，两重，七间两厦。殿宇横设，并不重安，约准地数，取其久故。

说明当时寺院山门、佛塔、佛殿、法堂是主体建筑，还有不少别院，表现出府邸宅院布局对佛寺的影响。

两晋以来士大夫追求玄学，寄情山水，醉心自然。同时士人与佛门弟子多有交往唱和，有的甚至遁入佛门为僧，运离市廛，潜心禅修，以求超脱。这种参禅之风对佛教建筑也产生一定的影响，摆脱了轴线布局的固定模式。其中最著名的是东晋僧人慧远创立的庐山东林寺。寺址风景清幽，建筑设计皆出自慧远的创意。《高僧传》卷六慧远传称，“远创造精舍，洞尽山美，却负香炉之峰，傍带瀑布之壑，仍石垒基，即松栽构，清泉环阶，白云满室。复于寺内别置禅林，森树烟凝，石筵苔合。凡在瞻履，皆神清而气肃焉。”后来慧远弟子昙冼在庐山牯岭之西建大林寺，亦本慧远之意，四周广植花木，寺在林中，故名大林寺。慧远笃信报应轮回，生死之苦，故与刘遗民等123人，于般若云台精舍阿弥陀佛像前，誓发宏愿，期生净土。慧远所创的这种自由布局的园林化净土寺院，没有提到轴线式布局，也没有提到佛塔的建造，完全依山就势，结合自然。对南方山林地区的佛寺及后世的寺庙园林有积极的影响。

三、廊院制寺院布局

唐代的寺院布局有了新变化，也可以说是中国佛寺逐渐本土化的开始。最初的创意是一些僧人，如北齐高僧灵裕等，欲效仿印度早期佛寺祇洹精舍的规制建造佛寺。当时印度佛寺内的建筑众多，有多座佛塔、佛精舍、僧房等，所以在中国佛寺内亦应包括更多的内容，由单组建筑群向多组建筑群发展。但采用的布局形式却是中国传统宫室府第的廊院制形式。而早期的印度寺庙是以僧房院及窣堵坡佛塔为主要内容，并且僧院与佛塔皆在南北大道的两侧，各占一边，并无轴线关系，其他各种用房自由布置（图3－7）。所以虽托名仿效印度祇洹精舍，实无相似之处。据文献记载，此时佛寺布局有以下几项特色：

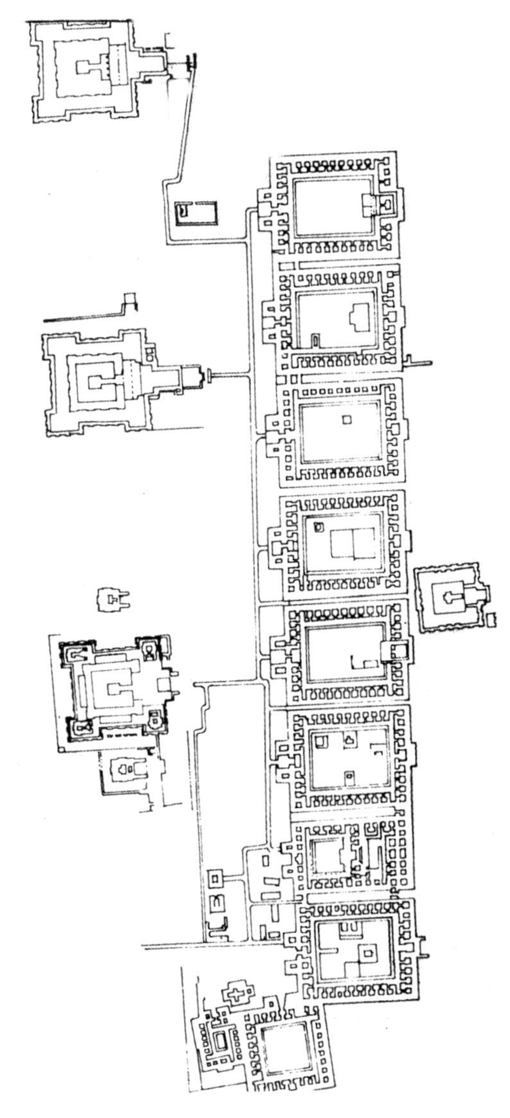

图3－7　印度那烂陀佛寺遗址平面图

首先，就是院落增多，每院皆有廊庑围绕，独立成院，廊庑占了很大的建筑面积。寺院居中的是中院，院内布置有佛殿、讲堂、佛塔、楼阁、经楼等，是寺院的主体，一般设在中央部位。中院周围布置了许多别院，别院的建筑有各种内容，如供佛的佛殿（观音院、文殊院、弥勒院、药师院等）、供养帝王影像的圣容院、供养高僧影像的影堂院、居住用的僧房院（包括各宗派僧人的活动生活院落，或挂单游僧的院落）还有其他寺院生活院落（僧库院、浴室院、医方院等）。故院落的多少和房屋的数量，表示了寺院的规模。如长安大慈恩寺“凡十余院，总一千八百九十七间”，西明寺“凡有十院，屋四千余间”[①]。另外，陕西扶风法门寺在唐朝时期亦曾有二十四院[②]。这些都是较大的寺院。目前并未有唐代寺院的实例遗存，但是在文献中对廊院制寺院有所描述，唐代律宗大师撰写的《关中创立戒坛图经》及《中天竺舍卫国祇洹寺图经》有较详尽的记载。两书描写的寺院布局基本类似，按图经的文字记载，寺院布局规整有序，有南北向中轴线，核心是中院，院内布置佛殿、佛塔、佛阁、戒坛、经堂等主体建筑，周围以行廊所环绕，其他各院皆按中轴关系布置在两旁。中院之南有贯穿东西的大道。大道以南为对外接待及接受供养的各类殿堂建筑。此外尚有供僧院，位于寺院主体之一侧，作为寺庙的生活区。总体布局与城市的里坊规划完全相似，是当时僧人的理想寺院模式[③]。《戒坛图经》中还有附图可兹参考（图3-8、图3-9）。据图文描述的寺院规模宏大，别院达四十余所，还不算果园、莲池、饭食库、净厨、用具库等。这种规模可能有理想成分，但其布局充分反映出在里坊制的城市规划下，寺院严整对称的特点，是由多个院落组成的建筑群体。有佛殿、佛阁、戒坛、经楼等建筑，佛塔建在

①参见《大慈恩寺三藏法师传》。

②赵婧．法门寺历史上的四个阶段．中国文物报，2008-5-21.（引明弘治《重修法门寺大乘殿记》碑刻。）

③钟晓青．初唐佛教图经中的佛寺布局构想．建筑师，83.

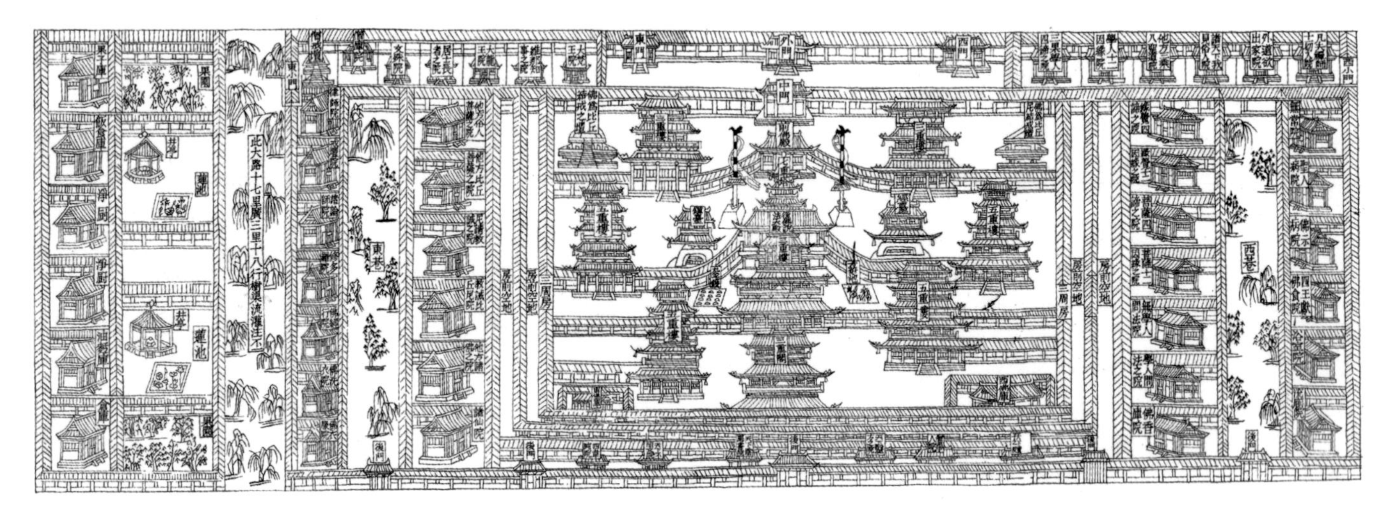

图3-8 《戒坛图经》所示律宗寺院图

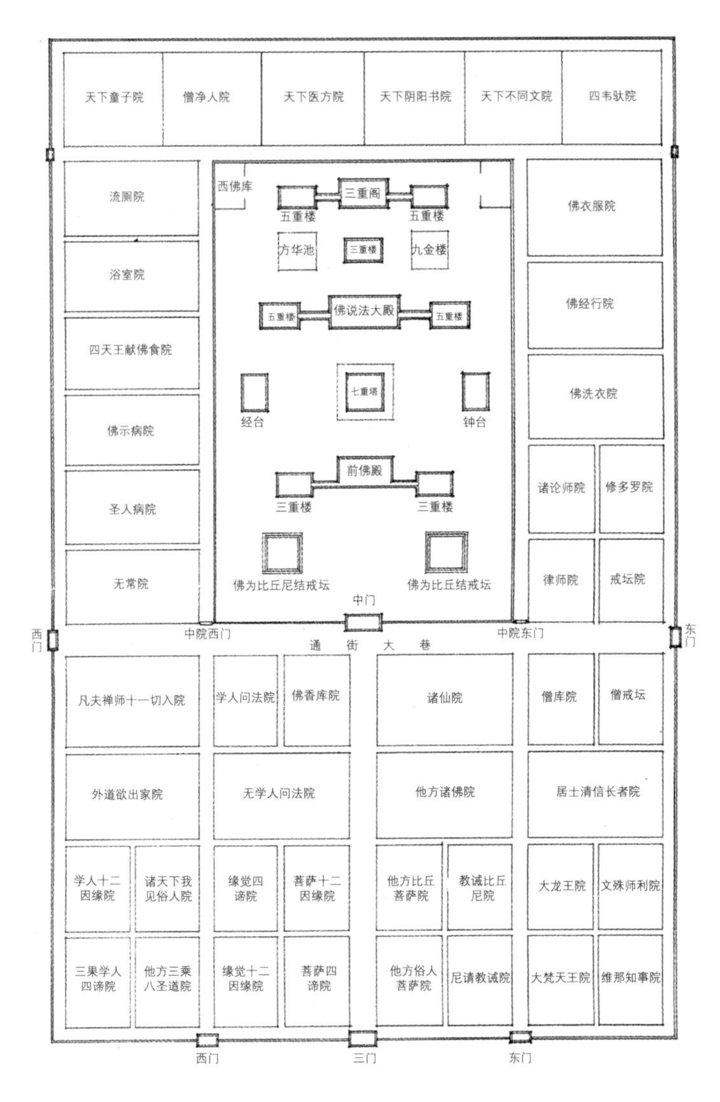

图3-9 《戒坛图经》所述佛院平面示意图 引自《建筑师》83期

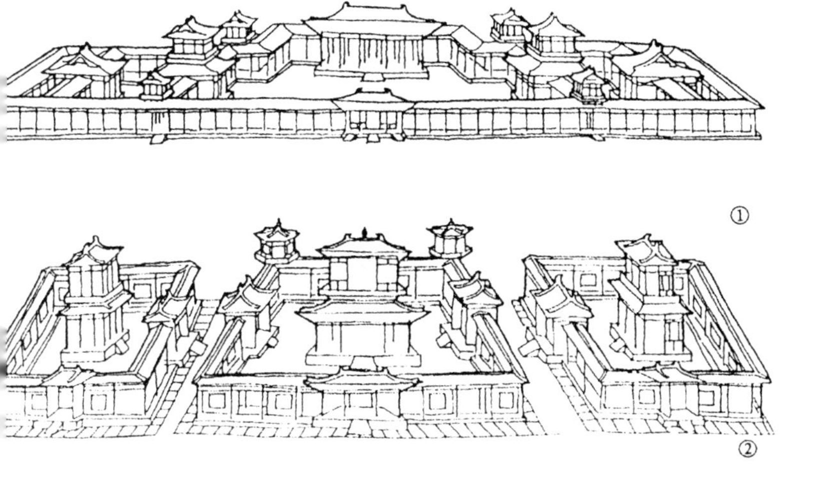

图3-10 敦煌壁画所示廊院式佛寺

佛殿的后方，仅占一席之地。自北魏开始佛塔在寺院中的重要性减弱，根据《洛阳伽蓝记》的记载，洛阳城内五十余座佛寺，只有十五座寺有塔，说明佛塔不是必备的信仰建筑。有的寺院将佛塔移出中院，另建塔院安置，在文献中常有东塔院、西塔院、木塔院等称号，说明佛塔已不在中院布置，表现出舍利崇拜让位给佛像崇拜的趋势。

再者，随着佛像体量逐渐增大，佛殿建筑的体量及层数亦随着增高。唐代铸造佛像可达3丈余，即达8米高度，这样庞大的佛像在单层建筑中很难安置，以唐代木构工程技术，建造多层佛阁，是完全可以实现的。武则天时期建造的明堂大建筑高可达80余米，以此推论建造3层佛阁是没有技术难度的。当时起造大像主要为弥勒像及观音像，而观音像多为站像，更促进了佛阁向高层发展。

此外，隋代即开始设立佛经译馆，唐代继续扩大译经事业，自玄奘法师携来经论六百余部，诏令在慈恩寺设译经院，选大德及译师协助翻译佛经。加之当时国内高僧有关佛经的论著、注疏、纂集等著作大量出现，所以在寺院内出现了经楼或藏经阁等新设的建筑。在大殿左右设置钟楼及经楼是唐代佛寺标准制式，以后推演出左钟右鼓的钟鼓楼并峙于天王殿两侧的布置。

另外廊院制寺院的围廊众多，几乎每个别院皆有行廊作为围护及穿行之用（图3-10）。围廊可将前面的山门及两侧的佛阁、佛堂联系在一起，形成完整的空间。大面积的廊壁是绘制壁画的绝好场地。佛祖的佛传故事及本生故事以及当时盛行的净土信仰所引发的描写净土变相的图画，皆需要有足够的画壁面积，除了佛殿内外壁面以外，廊壁是最适合的地方。在纸绢卷轴画尚未普遍化以前，佛院壁画培植了大批著名画家，如隋代的展子虔、郑法士，唐代的吴道子、阎立本、尉迟乙僧等人，皆为寺院绘制了大量的壁画。在廊壁上绘制宗教壁画的这种做法，自汉代以来盛行不衰，后来行廊改为围屋，壁画则改为在佛殿内部墙壁上绘制。廊壁绘画在印度寺院中亦为通行的方式，如印度教很多寺院亦为廊院制式，其廊壁上亦绘有壁画，估计当时印度佛寺亦为此式。明清以降，寺院围墙改为隔墙，壁画的应用范围大减。

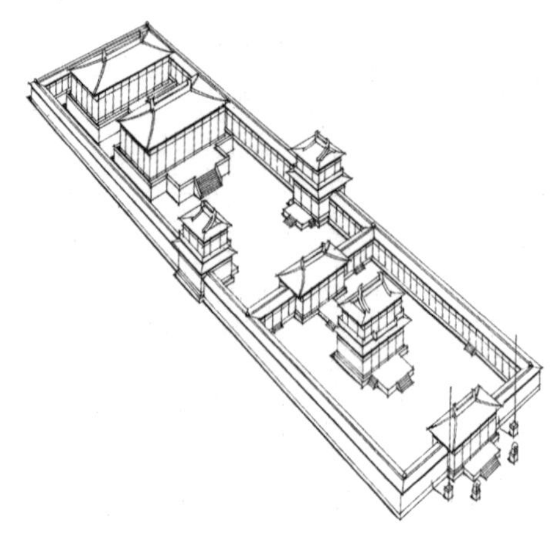
图3－11　辽宁义县奉国寺复原图 引自《建筑师》21期

建于北方的辽代寺院仍沿用唐代廊院制的布局方式，但有所改进。即是将中轴线上主体院落加强，将众多内容的建筑聚于一院，周围以廊屋围绕，加强了寺院整体气势。据曹汛先生考证，大同华严寺、善化寺，蓟县独乐寺、义县奉国寺等几座辽代大寺院，其主院轴线布局皆由山门、大阁（观音阁）、大雄宝殿、法堂组成，并配以左右高阁，周围以行廊环绕[①]。在这样的大空间院落中，行廊的规模很大，义县奉国寺行廊达两百间，每间并塑有龛洞佛像。像这种大院落、长廊屋的寺院布局，在明清时期南方寺院中亦十分常见（图3－11）。

廊院制寺院有其优点，就是每座院落的空间比较完整，主题明确，穿行便利，可以防雨防晒。但是缺乏建筑群的整体感。同时占地过大，大的寺院可占一坊之地，平均约0.5平方公里左右。在唐代寺院基本为官修敕建的情况下，问题不算突出，但宋代以后寺庙多为民间募修，则占地成为关键，使得廊院制必须改变。

四、纵轴式寺院布局

纵轴式寺院布局的形成应该说源于佛教禅宗教派的兴起。唐中期禅宗与真言宗（密宗）成为国内影响最大的两个教派。禅宗是印度佛教传入中国以后，在中国独立发展出的三个本土宗派之一（天台宗、华严宗、禅宗），以禅宗最具有东方特有的因素。禅宗的兴起使中国佛教及佛教寺院彻底中国化，并形成后来汉地佛教寺院的基本面貌。禅宗的核心宗教思想

①曹汛. 独乐寺认宗寻亲——兼论辽代伽蓝布置的典型格局. 建筑师，21.

②《佛教大辞典》七堂伽蓝为禅宗所谓具备七种主要建筑的寺院。沿中轴线为山门、佛殿、法堂，左侧为浴室、库院，右侧为西净、僧堂。七者，完整之义。象征于佛面，分为顶、鼻、口、两眼、两耳等七部分；象征于人体，则为头、心、阴和上下四肢等七部分。

③禅宗寺院五山十刹之制，起于南宋时期，由朝廷品定天下诸寺寺格等级而敕定的。五山十刹是指当时禅寺规模最大和最具名望的五座大寺和较次一级的十座大寺。五山为临安径山万寿寺、临安北山灵隐寺、临安南山净慈寺、明州太白山天童寺、明州阿育王山广利寺；十刹为临安永祚寺、吴兴万寿寺、南京兴国寺、平江光孝寺、奉化雪窦寺、永嘉江心寺、闽侯崇圣寺、义乌宝林寺、平江云岩寺、天台国清寺。

是，“不立文字，教外别传，直指人心，见性成佛”。认为众生皆有佛性，通过禅修，由定发慧，直探心源，即可顿悟人生。禅宗以“空无”为最高境界，认为一切有相之物皆是虚妄，只有脱离有相，才能成佛。所以一切有形之物，包括文字、言谈、戒律、经书、佛像等皆可抛弃。禅宗传至六祖慧能发展成为国内显耀的宗派，其后三传弟子的百丈山怀海禅师，又创一套禅宗独行的寺院规式，称“禅门规式”。在其所著的《百丈清规》中规定：“阖院大众，朝参夕聚。长老上堂升座，主事、僧众，雁立侧聆。”强调“不立佛殿，唯树法堂”，一反以前佛寺以佛殿为中心的布局，仅留法堂作为长老升堂弘法的场所；寺内僧人“不分高下，尽入僧堂”，同室安置。堂内设长连床，施椸（yí）架，挂搭道具。卧必斜枕床唇，谓之带刀睡。禅修期间，坐卧均在僧堂内。律令森严，有过必罚。“禅门规式”对禅宗寺院的整顿起了一定作用，禅寺成为一种新型的寺院模式，即寺院中心仅有山门、法堂、方丈三座建筑纵向排列，东序为厨库，西序为僧堂。所有僧人均在僧堂内坐卧修禅，在厨库中统一就餐，过着以修习为主的寺院生活。

但是这种不立佛像，不分等级的做法，与传统信徒礼拜佛像的需求不相符合，所以当时禅寺中仍建有佛殿，只不过规模稍小一些。如建于五代十国时期的福州华林禅寺、洛阳福胜禅院等皆建有佛殿。入宋以来，禅宗寺院与净土寺院相结合，成为“禅净双修”的寺院，又增加了阿弥陀佛、观音、罗汉、千佛、韦驮等殿堂，以及创宗始祖的祖师殿等，使佛殿部分更加扩大。

但这种新型的禅宗寺院仍有自己的特色。在法堂之外增加了僧堂，又称无思堂，即后来的禅堂。僧堂内设长连床，众僧一起在此坐卧禅修，纪律森严，因僧人众多，僧堂的面积很大，需留出小天井以备采光，开创了日字和田字平面的殿堂形式。禅寺中安排了众僧有序的生活环境，中轴上建山门、佛殿、法堂；东侧建有库院（包括香积厨）、浴室；西侧建有僧堂、西净（厕所）等禅修生活建筑。即后世所总结的七堂伽蓝之制[②]。禅院中出于对首座僧人的尊重，一般将方丈院安排在中轴线的后部，实际是中国宫室衙署布局中“前殿后宫”或“前衙后宅”的传统安排，在寺院中的反映。

禅宗寺院的布局强调中轴系列，将山门、佛殿、法堂、方丈按次序排在中轴线上。有的寺院有两座山门，或多座佛殿，这样更加强了轴线的纵深感。佛殿之东安排库院及浴室，佛殿之西安排僧堂及净室，正面皆朝向佛殿。其他服务用房随宜安排，不一定围成院落。中轴建筑两侧有廊庑联络前后建筑。佛塔可有可无，建塔一般安排在别院，排除在中轴线上。中唐以后，由于密宗信仰转盛，寺院中建立陀罗尼经幢，可免罪祈福，禅宗寺院也出现了经幢。禅宗寺院布局比较紧凑，可随地形变化，建成台地设置，更适合南方丘陵山地建造寺院。而适合北方平原地区的宽敞的廊院制寺院布局，逐渐退出历史舞台。

自宋代开始，虽然汉地佛教寺院为“十佛九禅”，禅寺占绝大多数，但完整保持宋代禅院布局的实例尚未发现。有幸的是在南宋禅寺十分兴盛时期，日本僧人于淳祐八年（公元1248年）来华求法，遍历当时著名的五山十刹等十余座禅寺[③]，图写出当时禅寺的规矩形制，并绘成《五山十刹图》。该图虽然在绘制技术方面不能与今日水平相较，但它仍是了解南宋禅寺形制的唯一的实物资料。《五山十刹图》中绘出的寺院平面图有三幅，为天童寺、灵隐寺及天台万年寺[1]。其布局规制基本相似，中轴线上布置山门、佛殿、法堂、方丈序列。而天童寺在法堂后面又增加了穿光堂及大光明殿；灵隐寺在佛殿后面增加了卢遮那佛殿；而万年寺在佛殿后面增加了罗汉殿，法堂后面增加了大舍堂（法堂的后堂），还增加了前三门，称平田门（图3－12、图3－13）。总之，纵深系列堂殿层层递进，空间更加丰富。佛殿两侧为库院及僧堂，几乎为定式。而净室、浴室、厨院、僧寮等建筑并无一定之规，随宜分列东西。灵隐寺在佛殿前尚分列有钟楼及轮藏，保留有唐代寺院的模式，但其他寺院则将轮藏设在偏院。

①《五山十刹图与南宋江南禅寺》，张十庆著。

纵轴式布局一直是我国南方寺院布局形式。南宋盛时的五山十刹经历代火灾战乱之摧残，屡毁屡建，早已不是当年的规模与建筑组成，但是这些寺庙明清时期的布局仍是纵轴形制。例如据清代编修的《灵隐寺志》所载的寺图所示，中轴线上除天王殿、大雄宝殿、法堂之外，后边又添建了直指堂、大树堂；禅堂分为东西两座，设在法堂两侧；轴线西侧增加了目字形的罗汉堂；轴线东侧增加了梵香阁、华严阁、联灯阁、大悲堂等一系列佛阁，以及浴室、厨堂、司库等建筑。虽然规模及建筑项目皆有变动，但整体格局仍为禅寺的模式。传至明清时期，其他诸多南方山林寺院仍沿用纵轴式的布局。例如浙江普陀山的普济寺，即是在几层台地上按中轴线布置了一系列佛殿。最前端以御碑亭为先导，过放生池上的八角亭，再过山门殿，之后依次安排天王殿、圆通宝殿、藏经殿等主要殿堂。再上过垂花门有景命殿、烟霞馆，共计六层殿宇。两侧有联庑，设置祖师殿、伽蓝殿、罗汉堂、白衣殿等。僧寮、法堂亦随宜布置，已经不遵东库西堂的规式。中轴一气呵成，层层递进，布局紧凑，规矩严整，是江南禅寺的通用规式（图3－14～图3－16）。在一般小型寺院中，虽无众多殿堂，但亦按中轴布局，两侧联庑的式样规划全寺。

形成这种情况的原因，除了适应山地地形，可以紧凑布置寺院建筑以外，也有传承中国传统民居平面布置方式的因素。古代民居是前堂后寝制度，后来大型民居发展为三堂制，即中轴为门堂、客堂、祖堂等三堂，居住服务建筑设在两侧。随着晋室南迁，客家移民进入南方，这种民居形式亦传入东南地区。如苏州民居即是此式，大型民居有门厅、轿厅、大厅、内客厅、上房等一系列建筑，皆按轴线前后一字排列。又如福建民居亦是三堂制，在中轴线上安排三堂，作为全家活动中心，居住建筑安排在两侧的护厝中。这种社会生活习惯对宗教建筑的影响是潜移默化的，不需要外界规定的。

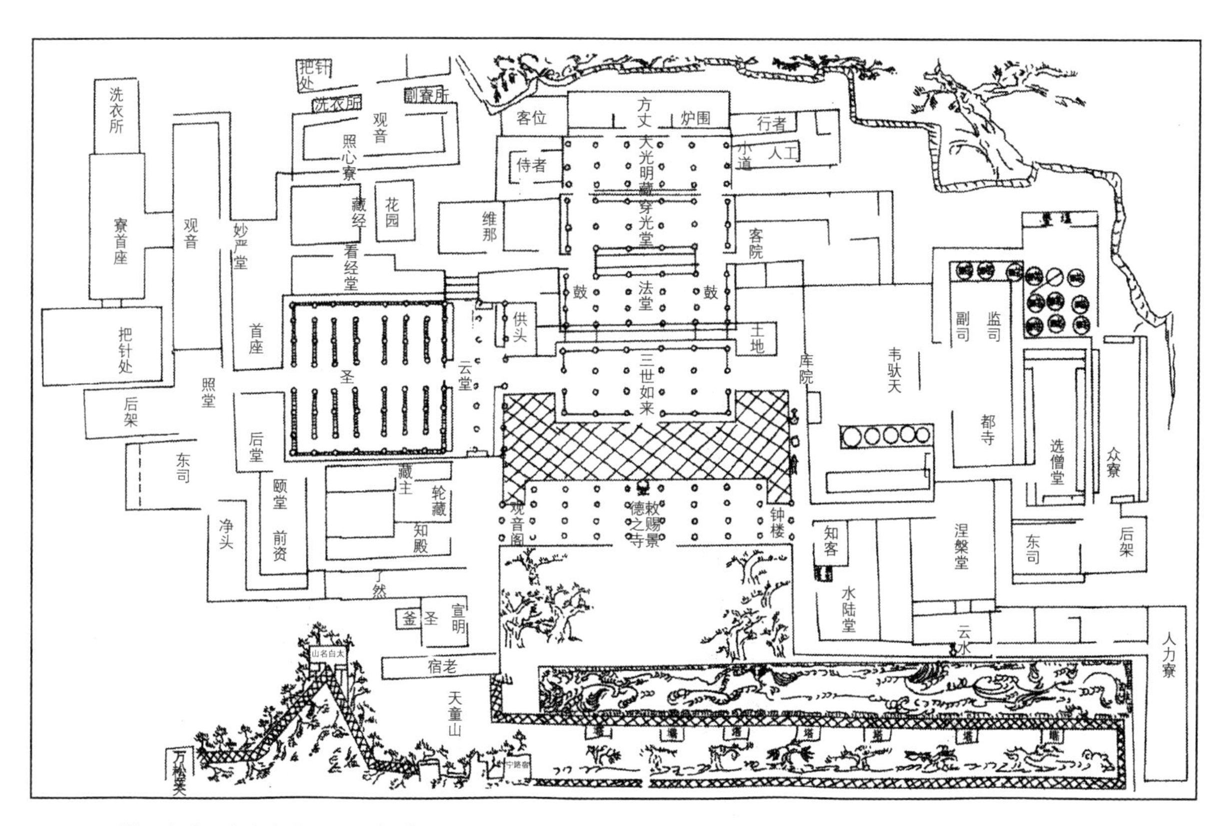

图3－12　浙江宁波天童寺宋代平面图 据《五山十刹图与南宋江南禅寺》

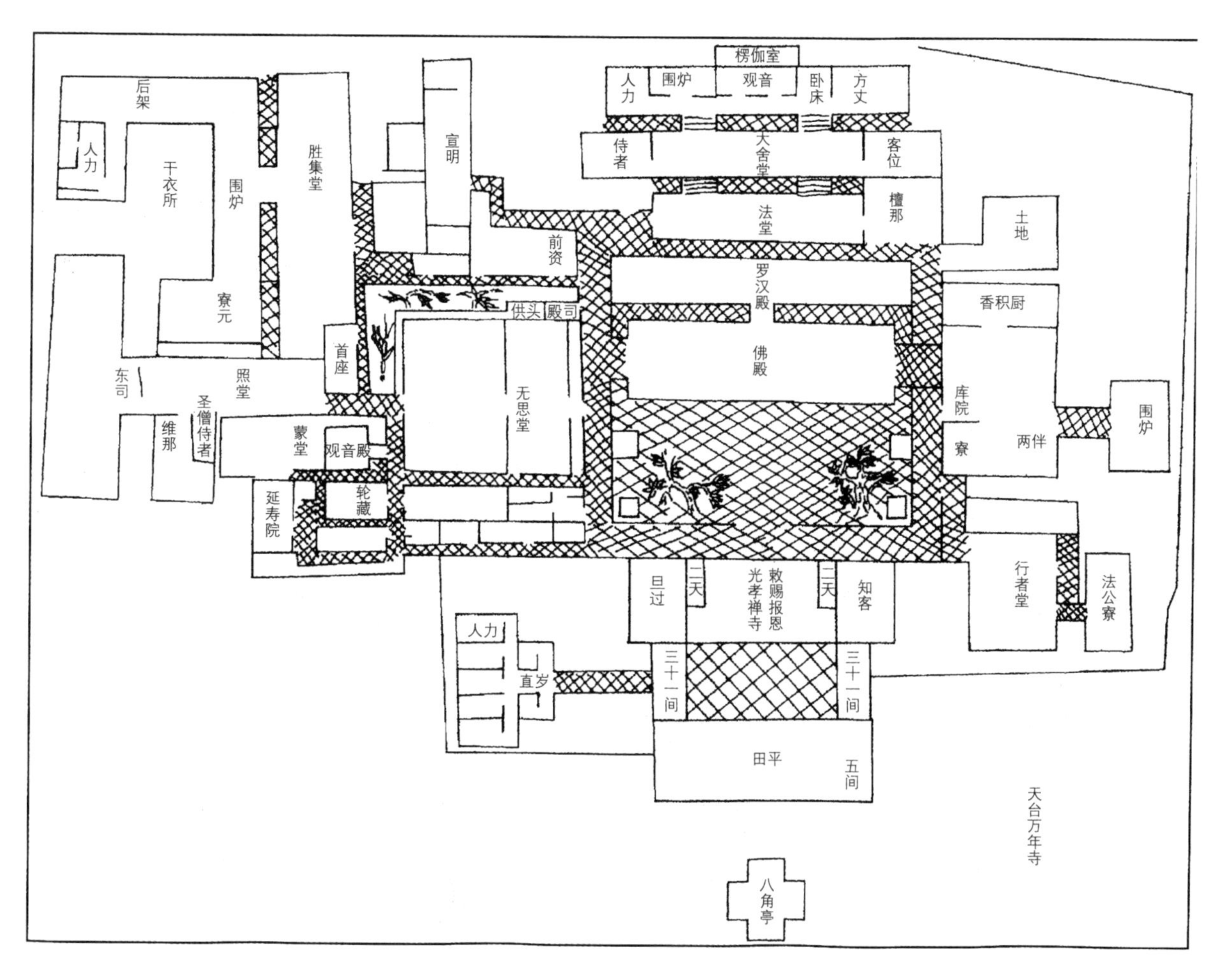

图3－13　浙江天台万年寺宋代平面图 据《五山十刹图与南宋江南禅寺》

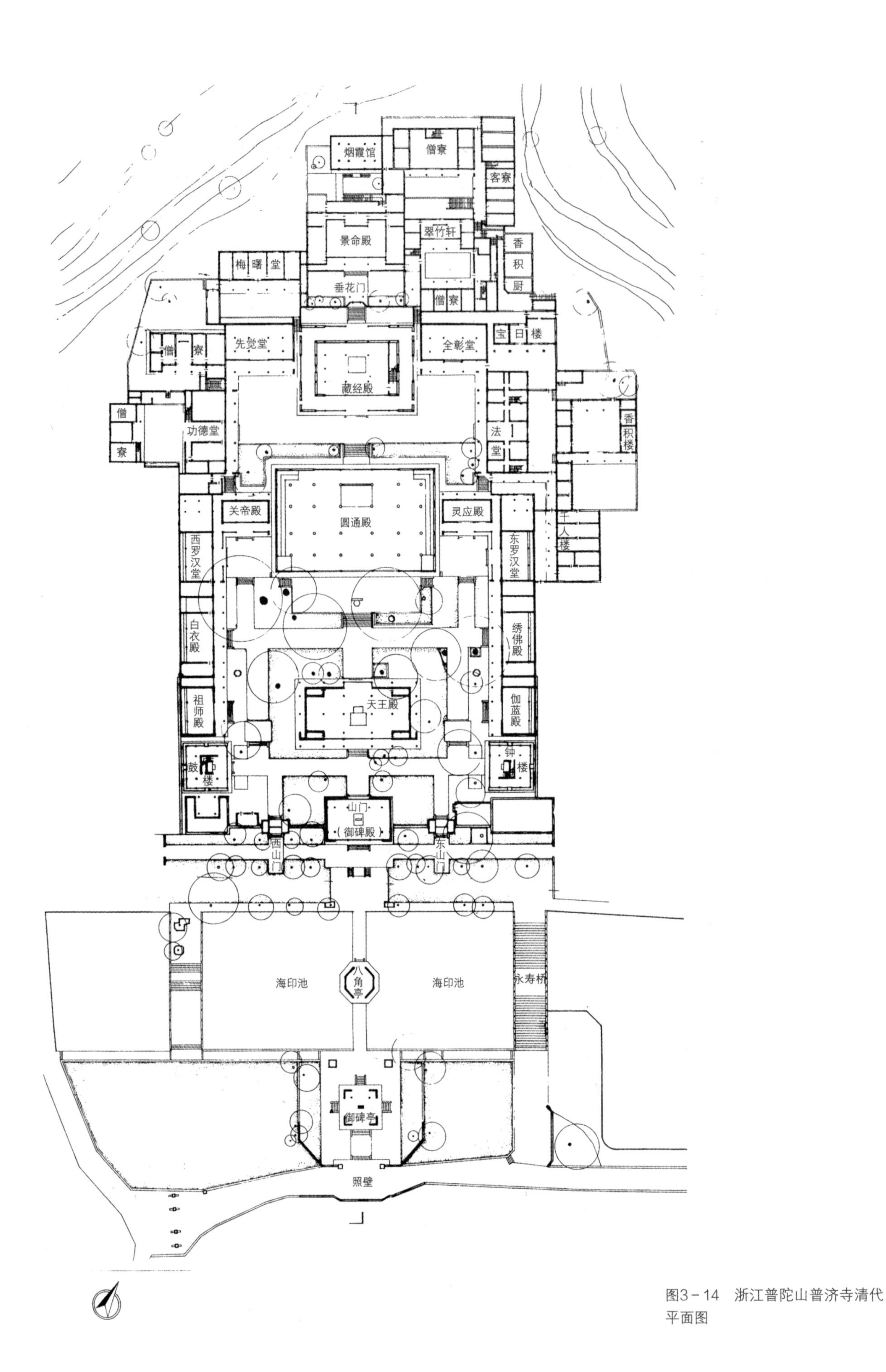

图3-14 浙江普陀山普济寺清代平面图

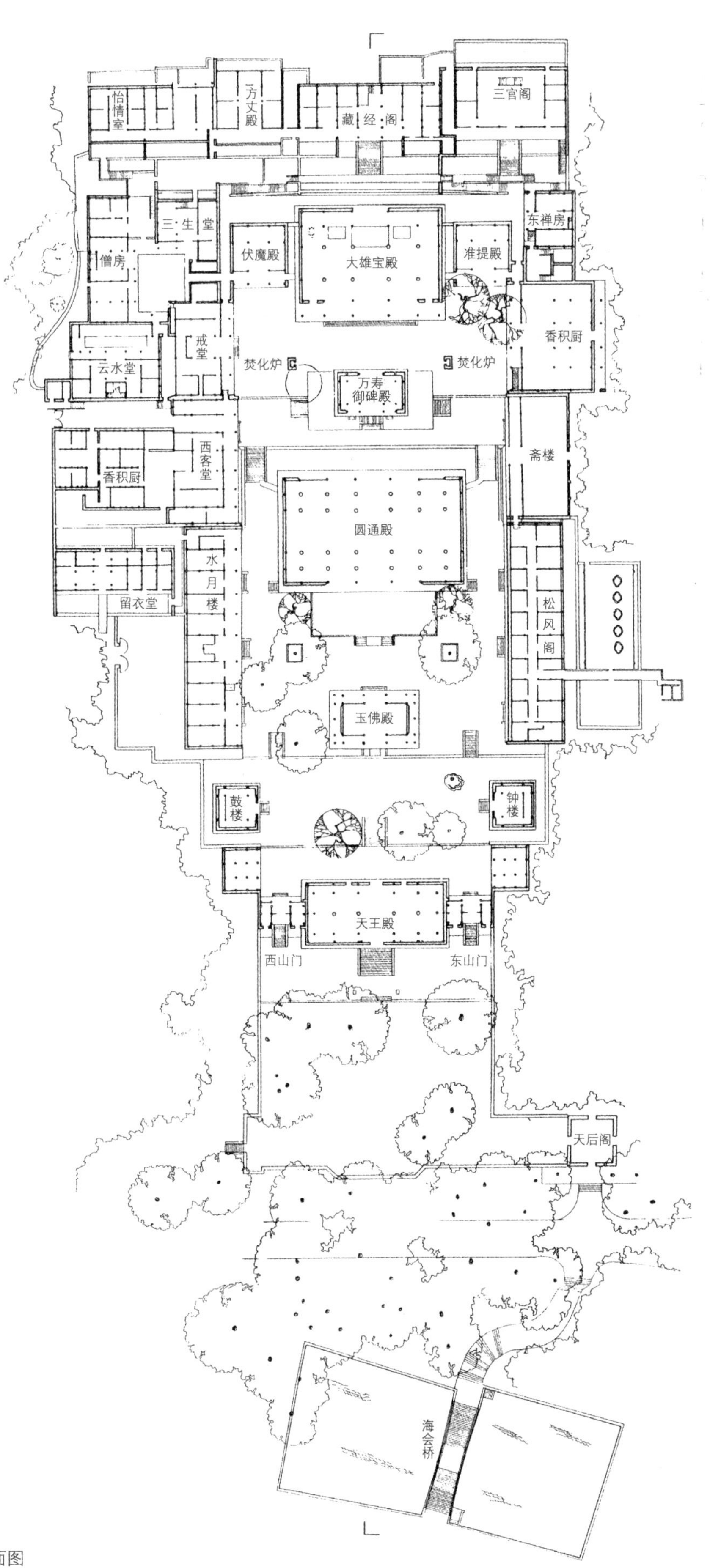

图3－15　浙江普陀山法雨寺清代平面图

五、合院式寺院布局

以四面房屋围成院落的合院方式，在唐代已经出现了，有出土的明器为证。宋代开始废除里坊制，拆除坊墙，街坊面积缩小，影响到城市寺院的布置方式。元代城市建立了街巷制，巷间距离压缩，也不利于廊院式布局的展开。更重要的原因是自宋代以来，中国汉地佛教虽然以禅宗为主流，但为了更好地吸引信众，有各宗派合流的趋势。各宗信仰的对象，皆可纳入佛寺中。如横三世佛的西方阿弥陀佛、东方药师佛、中土释迦牟尼佛；纵三世佛的现世释迦佛、过去迦叶佛、未来弥勒佛；胁侍的文殊菩萨、普贤菩萨、观音菩萨；四大天王、护法金刚力士、韦驮天等；小乘教义的阿罗汉；此外律宗的戒坛殿，各宗派的开宗祖师，护法的土地神等皆入供养对象。寺院中派生出众多的佛殿，再加上法堂、禅堂、转轮藏、藏经阁、佛塔、经幢等及僧舍、厨浴建筑。将众多的建筑各个围成廊院，势不可能，采用建筑围合的合院式布局是合理的方式。一座主殿两座配殿的三合院更能增强信仰的凝聚力，按教义将配殿组合在一个院内，如祖师殿对伽蓝殿、文殊阁及普贤阁、钟鼓楼相对等。实际上这种合院式建筑，元代以后在北方的民间居住建筑中已经普遍化了，合院式佛寺布局实际也是从地区民间吸收过来的。

典型的合院式寺院皆在北方地区，例如元代始建的北京护国寺，是由中轴前后排列的七进院组成。除第一进金刚殿院内设一对幡杆以外，其他各院皆为三合院。如天王殿配钟鼓楼；延寿殿配文殊殿、秘密殿；崇寿殿配伽蓝殿、无量殿；千佛阁配大悲殿、地藏殿；护法殿配左右配殿及舍利塔；功课殿前左右配房已毁；最后的后楼前亦有左右配房。前后各院以廊庑相联结，层层递进，有序展开，宗教寺院的神圣感得到有力的表现（图3－17）。又如建于明代正统八年（公元1443年）的北京智化寺，亦是合院式布局。进了山门为智化门，前院有钟鼓楼相配；其后智化殿配以大智殿及转轮藏殿；如来殿的左右配殿已毁；大悲堂设左右配房；最后一进万法堂（讲堂）配有左右配房。中轴两侧的方丈院及后庙也都是合院式建筑。智化寺中轴两侧没有联廊，也反映出北方地区气候干旱少雨的特点（图3－18）。

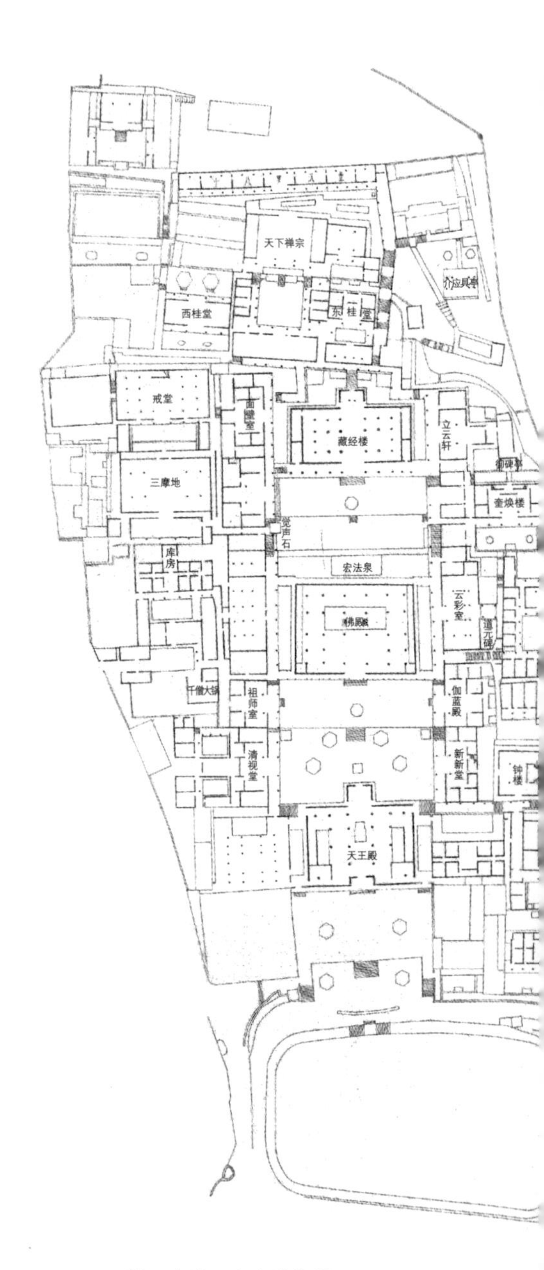

图3－16　浙江宁波天童寺清代平面图

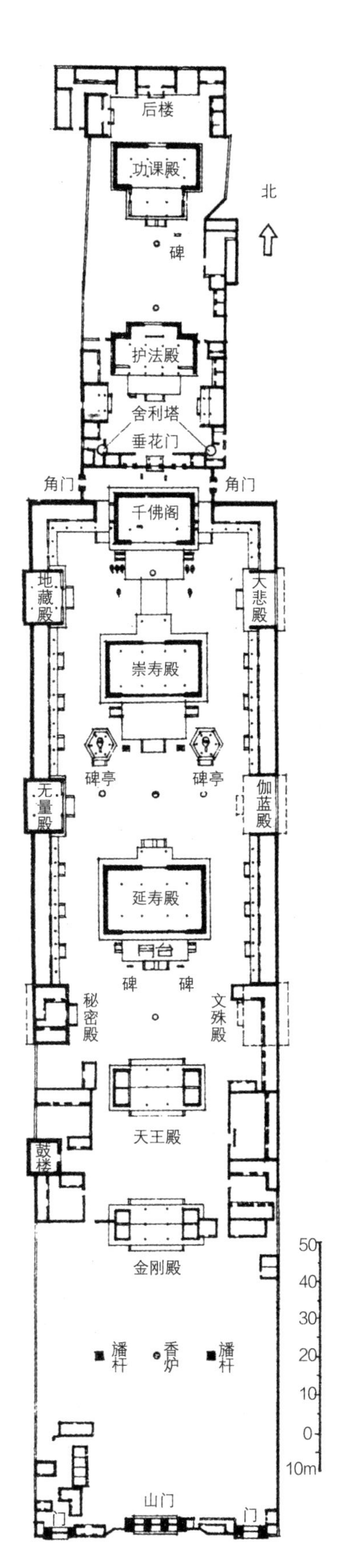

图3－17　北京护国寺平面图

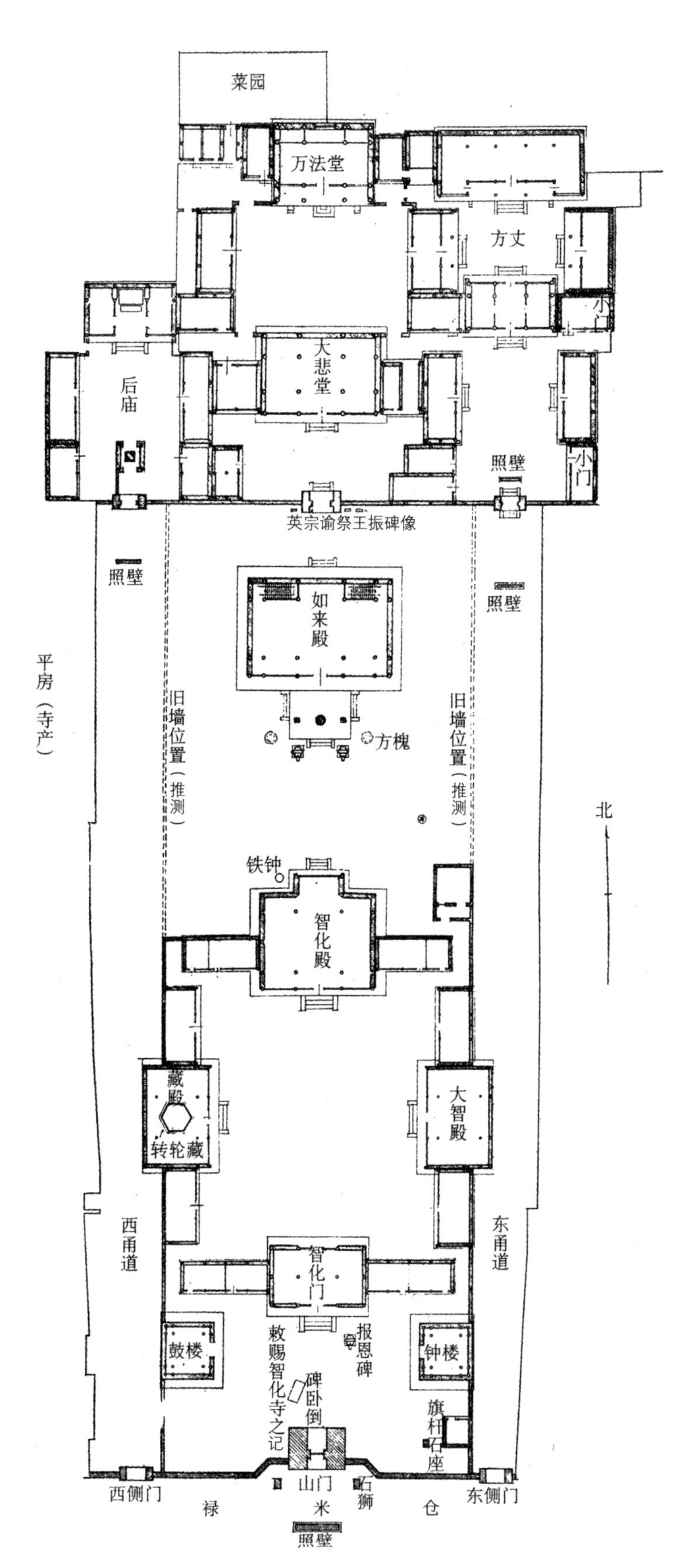

图3－18　北京智化寺平面图

明清以降，北方汉传寺院形成一种标准式格局，即山门以内左右为钟鼓楼，中间为天王殿，其后为大雄宝殿配祖师殿及伽蓝殿，至少要保证有两进院落，如承德普宁寺前半部的布局方式（图3－19）。殿内像设也统一规定，山门内左右配护法金刚像（哼哈二将），天王殿内左右配四大天王像，即南方增长天王，青色甲胄，手执宝剑；东方持国天王，白色甲胄，手执琵琶；北方多闻天王，黑色甲胄，手执雨伞；西方广目天王，红色甲胄，手执长蛇。民间赋予四大天王的功德，分别代表风、调、雨、顺，预示农业丰收。当心间设照壁板，板前设大肚弥勒佛，为接引佛，表示接引信众入佛门；板后设韦驮站像，以示护法。大雄宝殿内设释迦像或三世佛像，左右山墙壁前设十八罗汉像，当心间扇面墙后设倒座观音像（在殿后开设后门通往后部殿堂的情况下）。这种简单的标准布局共有七座建筑，有的信徒称之为“伽蓝七堂”，这是不合适的。伽蓝七堂是指始于宋代禅宗寺院所必须具备的七种建筑类型，即山门、佛殿、法堂、僧堂、厨房（一说为库院）、浴室、西净（便所）。合院制寺院大小不同，其建筑数量也不是仅七座，故此式称为标准合院式为宜。

六、自由式寺院布局

自由式布局主要应用在藏传佛寺及南传佛寺，各有其形成的原因及特点。藏传佛教寺院一般不强调轴线对称式布局，从建筑于10世纪的阿里地区扎达的托林寺来看，当时建造了许多佛殿、佛塔，除萨迦殿是规模较大的仿坛城规式建筑以外，其地各殿皆散置各处，并无完整的次序安排，僧房皆安排在他处，据说是按印度佛寺规式建造的。真正的藏传佛寺大规模建设，是从公元11世纪藏传佛教各宗派的形成，至15世纪格鲁派成为全藏占统治地位的大教派这段时期。格鲁派博采各教派之长，对教义及修习方法上进行系统化与规范化的改革，同时大规模地进行寺庙建造，形成了西藏拉萨甘丹寺、哲蚌寺、色拉寺、日喀则扎什伦布寺、甘肃夏河拉卜楞寺、青海湟中塔尔寺等黄教六大寺。但是这些寺庙的布局仍然是自由排列的，没有儒家思想渗透的汉地寺庙布局中的秩序感，它是在自由排布中达到平衡与重点突出的艺术效果。

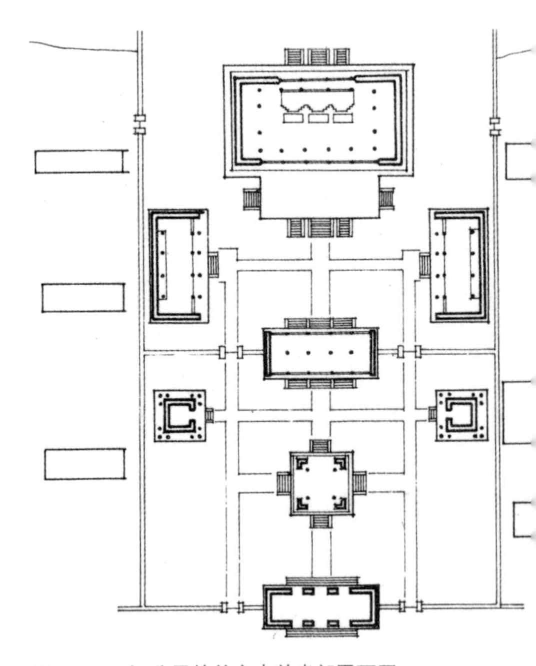

图3－19　河北承德普宁寺前半部平面图

形成自由式布局有多方面原因。首先就是藏传寺庙多是逐步发展增建，陆续形成的大寺院。其布局顺应地势，因地制宜，不拘一格。与汉地寺庙，尤其是历代帝王敕建寺庙是有规划地一次完成不同。其次藏传寺庙的建筑内容较多，有供养不同佛像的各种佛殿及佛塔、经堂、管理机构、转经廊、纪念高僧活佛的灵塔殿、赛佛台等，并无一定的排比规矩。更重要的原因是寺庙管理中的三级制度，即措钦（寺院总部）、扎仓（下属各学院）、康村（寺院内地域性的僧团）三级。每一级皆有不同规模的佛殿、经堂、管理机构及生活用房，各管其事，各司其职，独成一个体系。扎仓是按修习的宗教内容及各种知识来设立的，扎仓修习内容分类，按印度的“五明”学说，分为内明（研习佛教哲学）、因明（逻辑学）、医明（医药知识）、工巧明（制作技艺）、声明（音乐），除声明以外，均可设立扎仓，实行学院教育。在佛教哲理上还可以分修显宗和密宗。大的寺院可设置几个扎仓。这种多个独立体系的规模不同的建筑群，只能分散地自由式布置，无法强求规划统一。

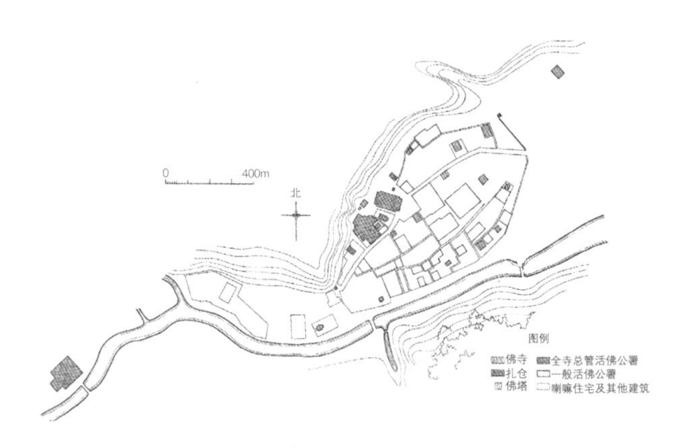

图3－20　甘肃夏河拉卜楞寺平面图

藏区大的寺院选址皆选在山前的缓坡地带。如拉萨的色拉寺、哲蚌寺、日喀则扎什伦布寺、甘肃夏河拉卜楞寺（图3－20、图3－21）；也有仿效西藏宗山（地方政府管理机构）的模式建在山顶上，

图3－21　甘肃夏河拉卜楞寺全景（贡唐宝塔下望）

如拉萨的甘丹寺。其中只有青海湟中塔尔寺例外，它选址在一个较为狭窄而弯曲的山沟内，两侧有高坡，没有平坦开阔的地面，整体景观并不理想。这是因为此地是黄教创始人宗喀巴的诞生地，因地而建寺，别无选择。山前缓坡地形为藏族寺院提供了很好的景观条件，使得建筑群有层次感。例如日喀则的扎什伦布寺建在尼玛督山的南坡山麓，建筑内容有佛殿、措钦大殿（经堂）、灵塔殿、赛佛台、班禅拉章（班禅的办事处）等。还有四个扎仓。措钦大殿是全寺的总聚会殿，位于寺后地势较高的山麓台地上。此外，四世及五世班禅的灵塔殿、班禅拉章及20世纪初建的强巴佛殿皆布置在这一层台地上，成为控制全寺的标志建筑。高大的赛佛台则安置在更高的山崖上，位置更为突显。四个扎仓位置稍低，一般僧房及服务用房皆设在更低的平地上。远望全寺层次感十分鲜明，主题建筑十分突出，再加上建筑用色统一，虽为自由布局，但无杂乱无序的效果（图3－22、图3－23）。

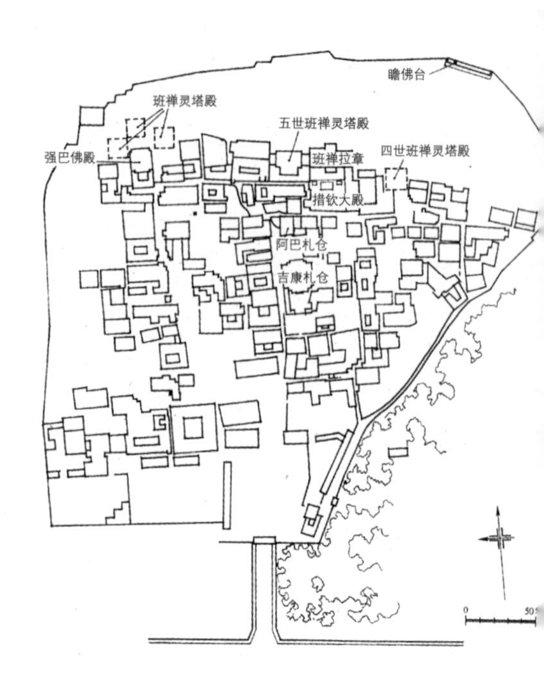

图3－22　西藏日喀则扎什伦布寺总平面图

藏传佛教寺院传至内地及蒙古地区，受汉族文化、地形地貌及木构建筑技术的影响，其布局多采用轴线对称式，只不过其主体以大经堂为中心，再配以其他殿堂。内地佛寺可以北京雍和宫为例，该寺原为雍亲王府，完全是王府规制，别有一种气派。从牌楼广场经漫长的甬道，至昭泰门，进而有一系列的佛殿。包括天王殿、雍和宫、永佑殿、法轮殿，最后以三楼联建的万福阁为结束。其布局完全是合院式，由数个四合院组成，正厢搭配，中轴对称，严谨规整。其中作为大经堂使用的法轮殿，亦是黄琉璃瓦顶，四面出厦，屋面上建五座小屋顶，以示须弥山之意。全寺的建筑布局完全是内地寺院的模式（图3－24、图3－25）。类似的庙宇尚有内蒙古多伦的善因寺（图3－26）、达尔罕茂明安旗的百灵庙（图3－27）、呼和浩特的大召等实例。内蒙古的召庙（即蒙区的藏传佛寺）虽然仍以大经堂为主体建筑，但布局在可能条件下仍以轴线对称为规式，可能与蒙区地处草原，平坦广漠有关。以呼和浩特的席力图召为例（图3－28），中轴线上仅有山门、佛殿与大经堂三座建筑，建筑之间为修长的广院，两侧为联檐的群房。其他建筑如各扎仓的佛殿、活佛住宅、喇嘛住宅、佛塔等，皆安置在轴线的东西用地上。这种既规整又无序的布置方式兼有藏、汉两种寺庙特点。

图3－23　西藏日喀则扎什伦布寺全景

位于云南景洪及瑞丽地区的傣族佛教寺庙，亦是采用自由式布局。傣族佛教属于小乘佛教，具有全民信仰的性质，每个村寨皆建有寺庙，村民皆须在一段时间内，在寺庙中当和尚，接受宗教及文化的教育。寺庙皆位

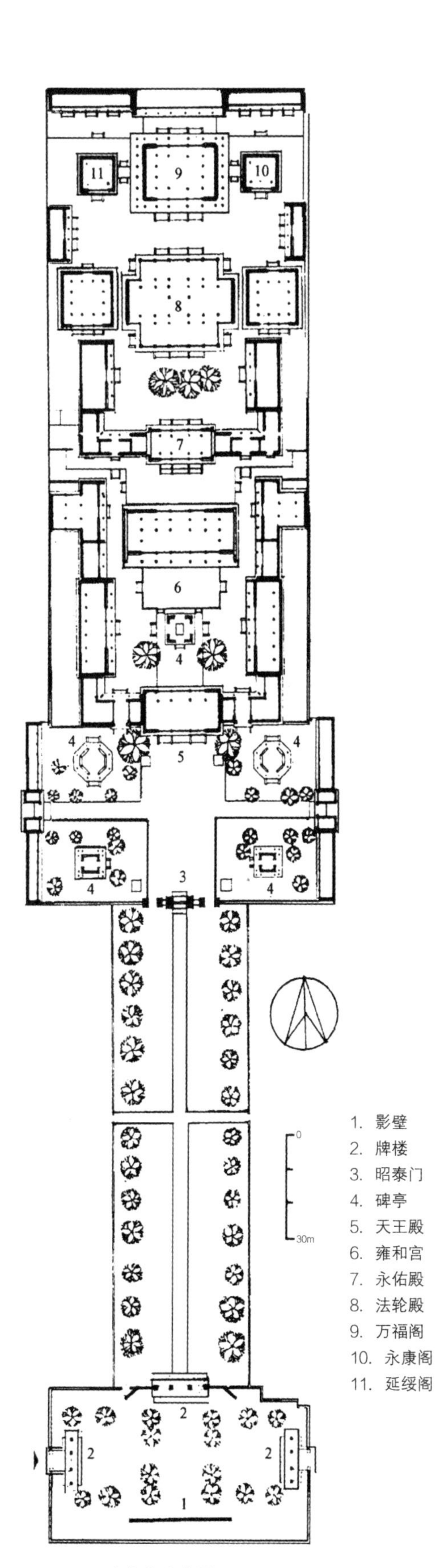

图3-24 北京雍和宫平面图

图3-25 北京雍和宫法轮殿

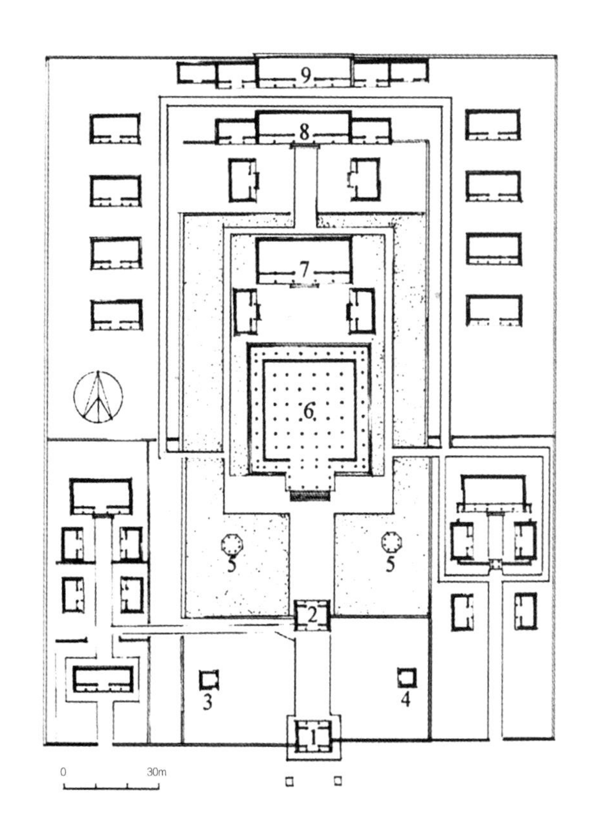

图3-26 内蒙古多伦诺尔善因寺平面图

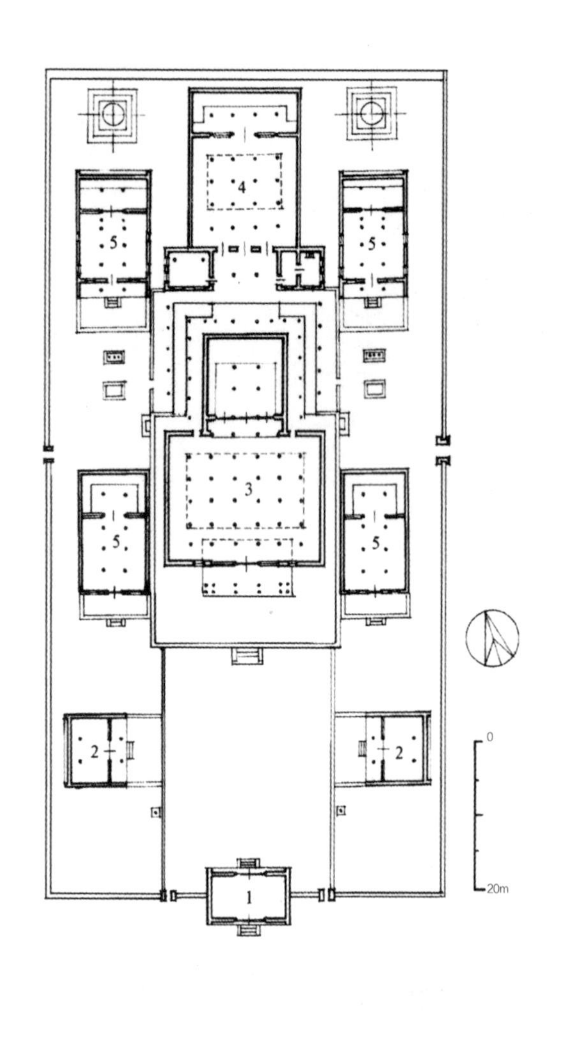

1. 山门　2. 配殿　3. 大经堂　4. 后经堂　5. 小经堂

图3－27　内蒙古达尔罕茂明安联合旗百灵庙（广福寺）大经堂平面图

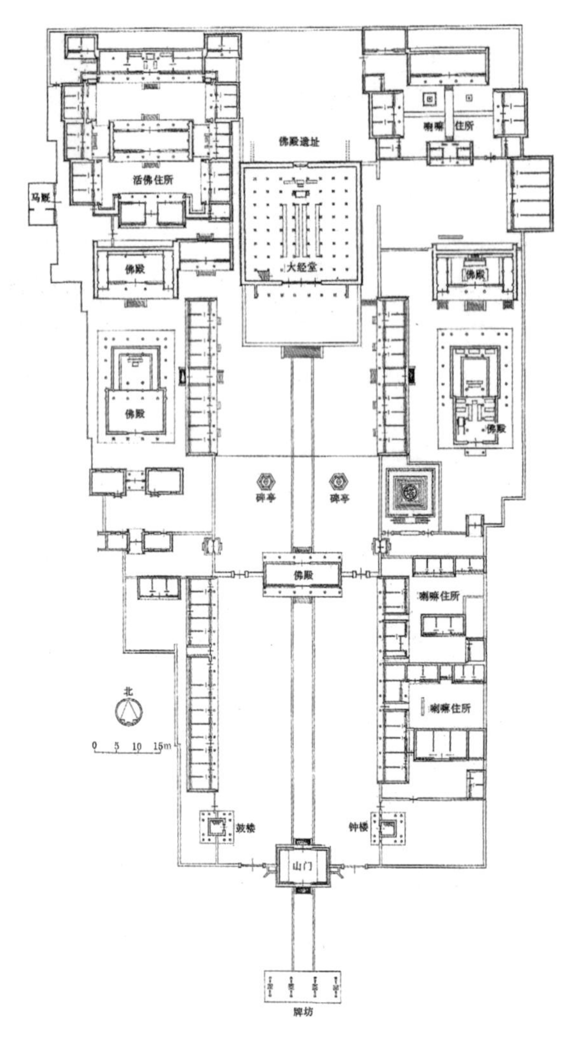

图3－28　内蒙古呼和浩特席力图召总平面图

于村寨显要之地，如高岗、村头、路口等处（图3－29）。寺庙内的建筑包括佛殿、佛塔、经堂、经楼、僧舍及寺门。这些建筑的布置比较自由，佛殿一般为坐西朝东，保证殿内拜佛空间是面西的，佛塔一般设在佛殿之后或两侧，僧房与经堂随意安排。寺庙不设围墙或仅有矮的扶手墙（图3－30、图3－31）。傣族寺庙的自由布局形成原因，可能与寺庙建造是由村民集资施“赕”（即供佛之资）建造，陆续分批建成，缺少规划有关；另一方面寺庙用地并不宽裕，需紧凑地布置有关建筑；再则是礼佛的场所在佛殿内，不需要寺内设置广场或院落，亦影响了布局形式。傣族寺庙的佛殿造型高大，屋顶层叠而华丽，佛塔形式多样而高耸，再加上自由式的寺庙布局，造就了各村寨寺庙千姿百态，各不相同，这是傣族佛寺艺术面貌的重要特色。

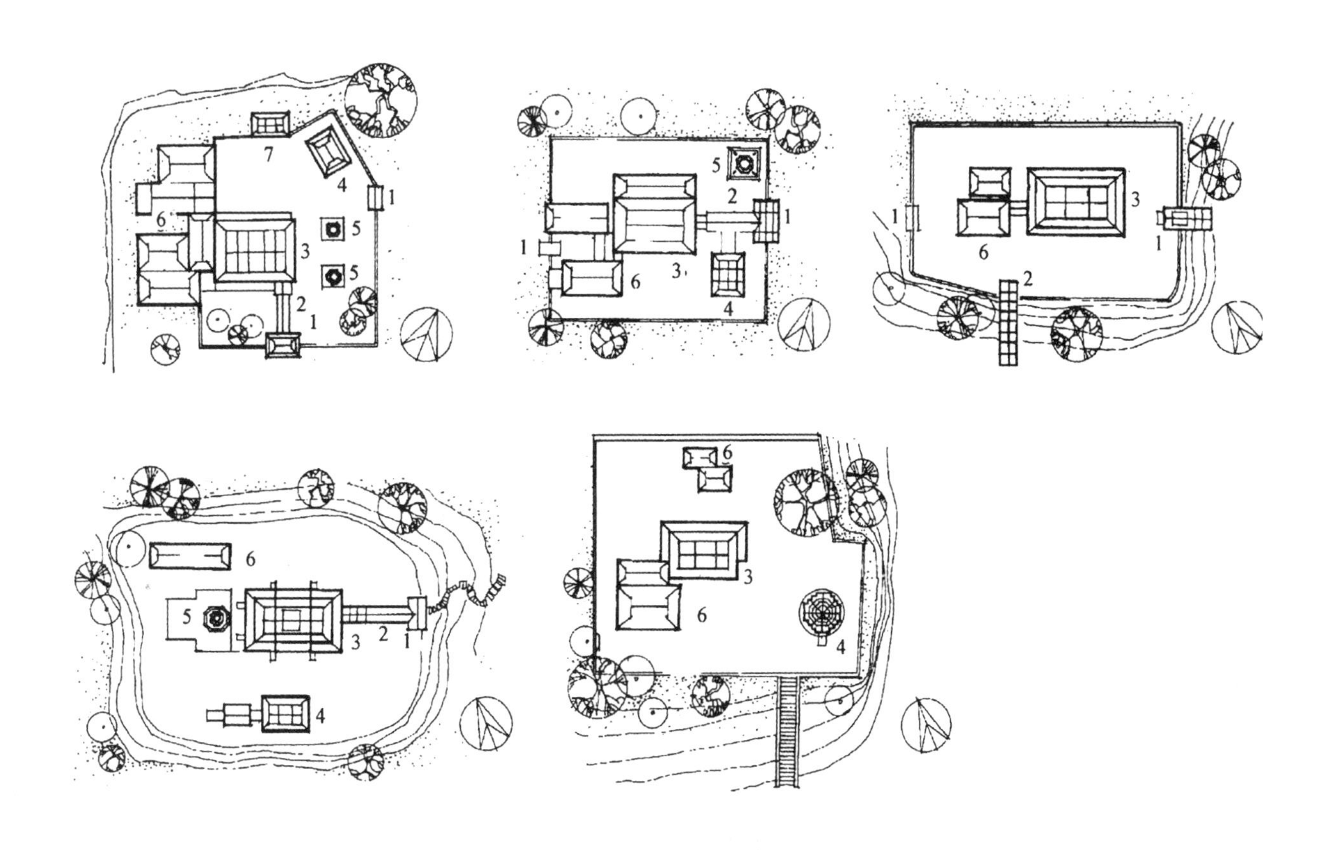

1. 寺门　2. 引廊　3. 佛殿　4. 经堂　5. 佛塔　6. 僧舍　7. 藏经室

图3-29　云南西双版纳傣族佛寺平面示意图

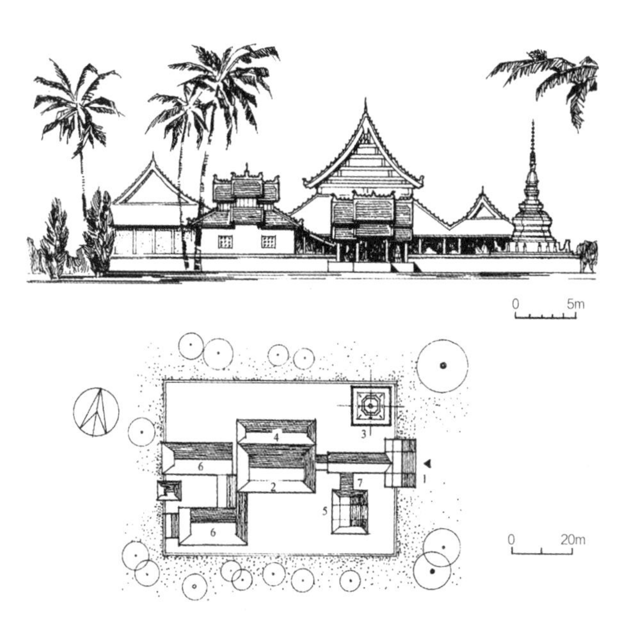

1. 寺门　2. 佛殿　3. 塔　4. 鼓廊　5. 经堂　6. 僧房　7. 前廊

图3-30　云南景洪曼苏曼佛寺平面立面图

图3-31　云南勐罕曼春满佛寺

七、坛城式寺院布局

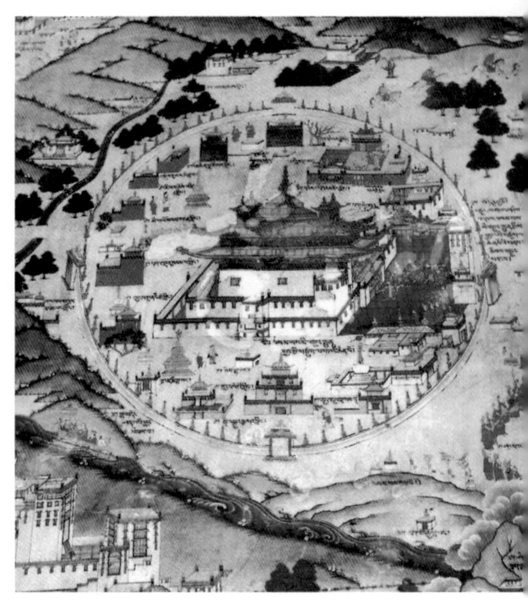

图3－32　西藏拉萨大昭寺达赖卧室壁画（桑耶寺全图）

这是藏传寺庙特有的一种布局方式。坛城在梵语称之为“曼荼罗”（Mandala），汉译多为“坛”或“坛城”。早期僧人修习佛法时设一土坛，坛周挂佛像，是为坛城的初始形态。随着佛教宗派增多，佛像数量亦增加，形成各种佛像的布局方式。在唐朝时期的密宗寺院中，就绘有金刚界曼荼罗及胎藏界曼荼罗两种形式。后期西藏佛教的密宗又引入佛教对宇宙的世界观，即认为世界的中心是须弥山，山上有善见城，居住着佛祖。须弥山形有五座山峰并峙，山周围有四大部洲，八小部洲等陆地，洲外是大海①。禀承这种概念，在藏传佛寺中将其画成中心四向，方圆相套的图案，中间表示为善见城，有四个城门及牌坊。并将其绘成彩色唐卡或壁画，装饰墙壁。进而将这种模式制成小模型，供养在寺内，称为坛城。

首先将坛城模式用于建筑布局的是建于西藏扎囊的桑耶寺。桑耶寺始建于吐蕃时期，为迎接莲花生大师入藏传授密教而建。后经明清时期多次重建，但基本规模布局仍在。该寺规划是以印度摩羯陀的飞行寺为蓝本。其中心主殿称乌策大殿，是一座正方形3层楼的大建筑，顶部有五座亭阁象征须弥山；四方有四大部洲及八中洲等12座殿宇；大殿两侧有日殿及月殿；大殿四角有4座喇嘛塔；这些建筑完全按照中心四向四岔角的绝对角度布置的，就是希望将佛国世界以建筑布局形式表现出来（图3－32、图3－33）。

内地仿建的坛城布局寺院是清代乾隆二十三年（公元1758年），在河北承德建的普宁寺。普宁寺分为前后两部分，前部是按汉地合院式布局安排佛殿等建筑；后部则规划出一座坛城式布局。中心建筑为供养千手观音的3层高的大乘阁，大阁两侧为日殿及月殿，四正向为四大部洲，各配以两座白台建筑，象征八中洲，另外四岔角各建一座喇嘛塔。普宁寺的坛城规划较桑耶寺更为紧凑，整体意识更为明确，同时所有建筑采用汉式与藏式混合布置，表现出设计手法的新意（图3－34、图3－35）。继普宁寺之后，乾隆皇帝又于北京清漪园万寿山北坡，同样按坛城规划手法建须弥灵境庙，是第二次试用坛城布局。

①有关描述佛教宇宙世界的文献甚多，如《法苑珠林·三界篇》《西藏王统记》《大唐西域记》《长阿含起世经》《阿毗达磨俱舍论》等。各书描述的繁简虽有不同，但大致类似。

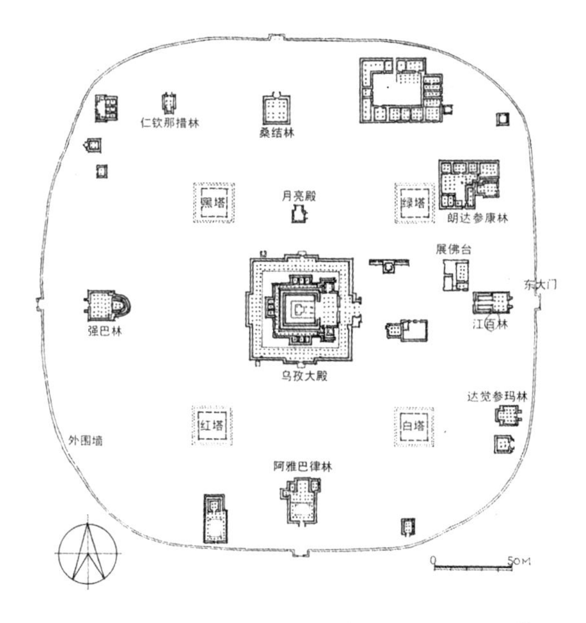

图3－33　西藏扎囊桑耶寺现状 引自《西藏传统建筑导则》

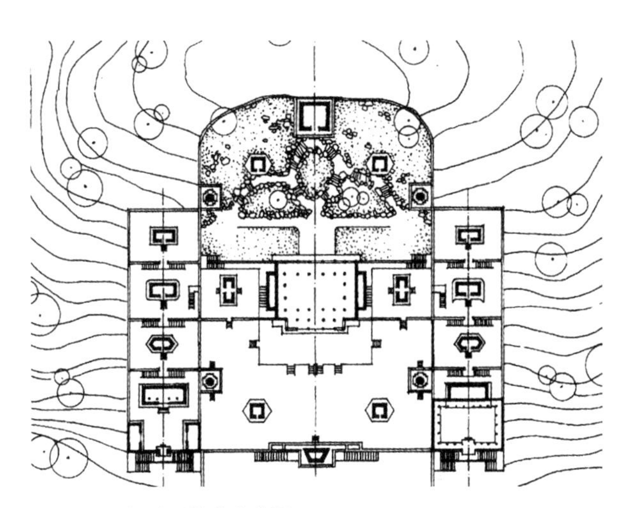

图3－34　河北承德普宁寺平面图

图3－35　河北承德普宁寺全景

佛寺中应用中心建筑配以四正向建筑，及四角佛塔，这种简单的坛城布局实例尚有多项。如西藏扎达的托林寺、河北承德普乐寺后半部的阇（dū）城、北京北海极乐世界等。推而广之，佛塔类型中的金刚宝座塔，亦是按坛城构思建造的。有的专家认为五塔象征须弥山的造型，高高的台座上，五峰并峙，就是一座圣山。

八、附崖式寺院布局

中国佛教自禅宗兴盛以后，许多僧人喜欢遁迹山林，远离市廛，结茅庐于丘壑，潜心静修。所以产生了一部分寺院建筑在山洞、断崖、绝壁等交通不便，人迹罕至之处。这种现象在国外一些宗教建筑中也曾出现过，特别是修道院建筑。又如不丹王国的帕罗地区的虎穴寺，就是建在孤峰之上（图3－36）。

中国佛寺的附崖建筑实例有数种。福建泰宁的甘露庵可为代表，它建于南宋绍兴十六年（公元1146年）。该寺建于山腰的一个天然岩洞中，洞深仅27米，在其中建造了蜃阁（相当一般佛寺的大雄宝殿），其后的上殿（三圣殿），及左右的3层檐的南安阁、观音阁，还有库房、僧舍等建筑。这些建筑呈中轴对称式布局，它利用洞内地势高差，稍加平整，选用木柱搭造各级平台，联系左右及上下建筑，并构成殿前朝拜空间，蜃阁、上殿及南安阁皆将高差台级包入殿内，形成佛台，外观不露痕迹，十分巧妙。在不到2亩用地的洞窟中，容纳多数建筑，而且极大地减少挖填土方的工程量。形成台阁重叠，屋檐舒展，错落有致的建筑群，表现了古代匠师的熟练技术。该建筑又是历史较悠久的建筑实例，它反映了宋代南方佛教建筑的结构方法，这种方法曾影响了日本中世纪的佛寺建筑，日本僧人称之为“天竺样”式[①]。可惜，该建筑于1960年被焚毁（图3－37、图3－38）。

①张步骞．甘露庵．建筑历史研究第二辑．

另一座附崖佛寺是山西浑源的悬空寺，该寺位于北岳恒山金龙口西崖峭壁上，始建于北魏时期，现存多为清代建筑（图3－39）。全寺共有三组

图3－36　不丹帕罗虎穴寺

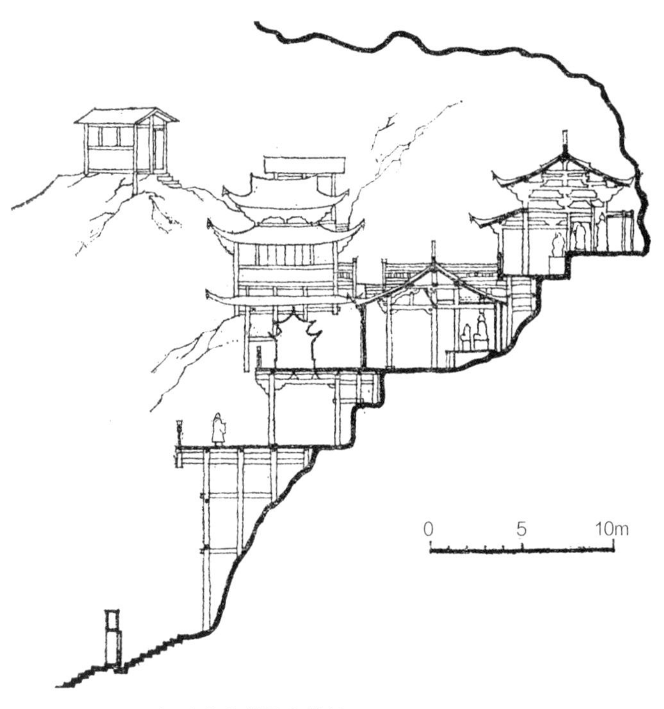

图3-37　福建泰宁甘露庵纵剖面图

图3-38　福建泰宁甘露庵全景

建筑：西组以大雄殿、佛堂殿为主体，还有钟鼓楼、关帝殿、伽蓝殿、观音殿等。皆是依岩架阁向立体发展的建筑；中组为雷音殿、三官殿、纯阳殿等的3层建筑；东组为三教殿、三圣殿、四佛殿等的3层建筑。全部寺庙是在陡崖上开凿洞孔，横插悬梁，上建楼屋。有的建筑还用高峻的细柱支承在崖壁上。殿堂之间以悬空栈道相通。该寺下临深壑，悬于半山，占天不占地，惊险异常，故称悬空寺。大旅行家徐霞客曾赞称："依岩结构，而不为岩石累者，仅此一处建筑"。

河北井陉县福庆寺是另一座附崖建筑，它位于城南的苍岩山中，因寺中一座佛殿是建在跨崖的桥上，故又名桥楼殿。苍岩山为太行山余脉，山形陡峭，山高谷深，寺庙建在半山两崖间。两崖以三座单孔石拱桥联系。一座桥上建山门（兼天王殿）；一座桥上建桥楼殿；一座为左右崖间的联系桥。游人自沟底拾级而上，倒折而入第一桥的山门，面对桥楼殿，有如天宫楼阁浮现眼前。过桥楼殿的东崖上建有福缘善庆殿、东天门、老虎洞等。西崖有说法台、梳妆楼、南阳公主祠等。该寺以桥楼殿为中心，运用台级、转折、跨崖、附崖等手法，解决了山沟中用地不足的困难，并创造出奇特险峻的艺术空间。

类似的附崖寺院尚有山西广灵县的大士庵，建于城南壶山的半山腰，俗称小悬空寺。浙江建德的大慈寺，主体建筑为地藏王菩萨殿，建在垂直200米高的大慈岩绝崖石壁上，一半嵌入岩腹，一半凌空悬架，有"江南悬空寺"的美称。此外，四川忠县的石宝寨虽为一道观，亦为一附崖建筑（图3-40）。道观建于玉印山顶，玉印山形四壁如削。倚山而建的12层高的附崖木构，作为登山通道，状如宝塔，雄伟异常。附崖寺院受地形限制，布局与建筑形式及体量皆受影响，不拘一格，较为自由，反而能形成某些奇特的景观。

图3－39　山西浑源悬空寺（中艺全宗）

附崖建筑是在有限的空间内争取建筑用地，其建筑规模、形制及布局只能别出蹊径，不拘一格，不同于常态。有的架于桥上，有的以吊柱支承，有的附崖叠置。其布局亦在空间局限之下，左右错位，上下叠建，各有巧妙之处，充分发挥木构建筑轻巧灵活的特长，使人惊叹。

图3－40　四川忠县石宝寨

第四章　中国佛教建筑的佛殿

中国佛教各宗派、各地区的佛教寺院是完全属于东方风格的宗教建筑，受中国传统宫殿及住宅的影响，即使藏传佛教建筑亦是在宫室及民间的碉房式建筑基础上发展而来。中国佛教建筑是由各类单体建筑组合而成的建筑群体，而不像西方宗教建筑做成单幢的庞大的综合体。在众多的佛寺单体建筑中有着不同的使用功能与名称：如佛塔、佛殿、法堂或经堂、禅堂、经藏、钟鼓楼、僧舍、客房、香积厨、库舍等，但作为群体布局的主导，建筑艺术的精华，建筑体量的重点，可以说佛殿与佛塔是其中最主要的建筑物，从某种程度上代表了中国佛教寺院建筑艺术的精粹与成就。佛殿在不同历史时期呈现出各种变化，形成各种类型，现仅就有关的若干问题进行初步探讨。

一、佛殿的形成与发展

（一）圣物崇拜与偶像崇拜

建筑总是为使用功能服务的，建筑的发展离不开需求的变化。回顾佛教在印度初创时期，与现今佛教信仰状况确有许多不同之处，因此各时期的佛教建筑也不相同。佛教创始者为北天竺迦毗罗卫国人释迦牟尼（公元前565~前486年），创教宣讲达40余年，主要活动在北印度一带。他宣扬慈悲忍辱，排斥阶级制度，提倡平等主义，潜心修行，超脱生死轮回之苦界，入无为之妙境。这时期的佛教建筑主要是供信徒潜修的僧舍，当时称之为精舍。著名的有王舍城的竹林精舍和舍卫城的祇园精舍等。这些精舍都是社会名流捐赠给佛祖的，如竹林精舍是迦兰陀长者所捐，祇园精舍是该国大臣善施（又名给孤独长者）所捐，故又名给孤独园，释迦在此居住了较长时间，可以说精舍是佛教寺院的嚆矢。释迦涅槃以后，佛学信仰一度陷于分裂状态，出现东西派系，后来经过三次整理佛典，宣扬教义的大会（佛教史上称为三次结集），初步形成了宗教体系。至公元前3世纪，孔雀王朝的阿育王（Asoka）统一了全印度，定佛教为印度的国教，佛教得到了广泛的传播。为了表示对佛教始祖释迦牟尼的尊崇，对有关释迦牟尼的遗迹、遗物十分重视，曾到处树立石柱，刻记释迦遗训；为旌表佛迹，在山岩上刻制诰文；还建造了不少供养释迦遗物或纪念释迦生平事迹的纪念物。如在佛陀伽耶释迦成道处的菩提树附近建造大窣堵坡（Stupa），绕以玉垣，将佛的舍利子（佛骨）埋于其中。以后又建多处窣堵坡及石窟以珍藏佛的遗骨遗物，包括佛骨舍利、发爪、僧衣、食钵，以及佛祖布道所经过的地方，皆建窣堵坡以纪念之，佛教进入了圣物崇拜的阶段。当时并没有佛像出现，当时的佛教建筑仅为僧舍及窣堵坡。阿育王去世后，佛教逐渐传布到西北印度、阿富汗、锡兰等地。公元1世纪末大月氏贵霜王朝的迦腻色迦王，定都印度河上游犍陀罗的布路沙布逻城（今巴基斯坦白沙瓦一带），大力弘扬佛教文化。并且受东传的希腊、波斯文化的教响，创造了闻名于世的佛教艺术，史称为犍陀罗艺术。因受希腊造像艺术的影响，其艺术的突出特点即是出现了具有丰富表现力的佛的造像，使信徒有了形象的崇拜对象，扩大了宗教的宣传力度（图4－1）。所以说，圣物崇拜进入偶像崇拜是佛教发展的重要转折时期，有了佛像才发展出供佛的建筑——佛殿，当时亦称之为精舍，即是佛的居住之处。

①《大唐西域求法高僧传·慧轮传》（大正藏）“于寺东，面西取房，或一或三，用安尊像，或可即于此面前出多少，别起台观为佛殿矣。”

②据法显著《佛国记》称，在竹林精舍中，与外道议论处建立一座精舍，“高六丈，里有坐佛”；又如玄奘著《大唐西域记》中描述佛成道处伽耶城菩提树垣内的建筑时说：“菩提树东有精舍，高百六七十尺，下基面广二十余步，垒以青砖，涂以石灰，层龛皆有金像，四壁镂作奇制，或连珠形，或天仙像，上置金铜阿摩落迦果。……菩提树西不远，大精舍中有鍮石佛像。”

（二）精舍

在印度最早供养佛像的地方是在信徒膜拜的窣堵坡的覆钵之前方。窣堵坡的初期造型是一圆形基座上建造的巨大的半球形覆钵，顶部有方形宝匣，匣上罩一伞盖，全部为实体构造，著名的实例为桑奇大窣堵坡（图4－2、图4－3）。在印度佛教石窟的支提式窟的后半部，亦以窣堵坡作为供养崇拜对象，只不过窟内窣堵坡的形体比例较为瘦高，以适应石窟的内部空间。偶像崇拜盛行以后，在某些石窟内窣堵坡的覆钵前方开设龛室，安置佛的站像或坐像，丰富了供养内容。如印度阿旃陀石窟（Ajanta）的早期窟室内即有实例。虽然佛像在石窟中有了表现的方式，但终非最合宜的处所，这样另一种以供养佛像为主的建筑——精舍，被创造出来。

图4－1　犍陀罗佛像

图4－2　印度桑契大窣堵坡

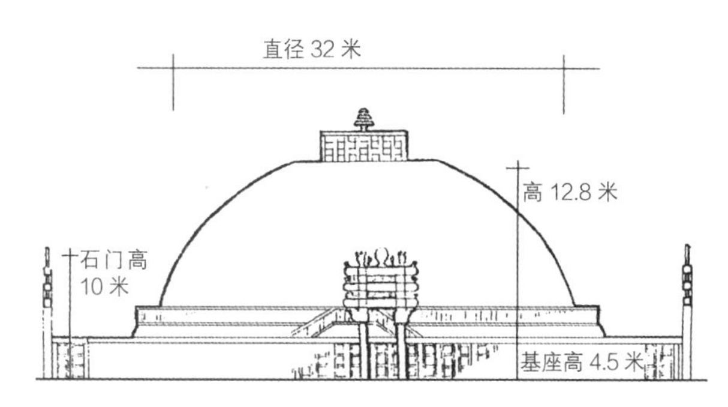

图4－3　印度桑契大窣堵坡立面图

据学者研究，早期的精舍是一种四合院式建筑，每面皆为僧人静修的小室，其形制是来源于印度古代住宅形式。后期增加佛像崇拜以后，多在东面增加1～3间小室，室内供养佛的造像。在印度的许多石窟寺的毗诃罗窟（Vihara）的平面布局中仍保留这种形制①（图4－4、图4－5）。以后逐渐发展为在庭院中心单独建造佛精舍。这种庭院中央有佛精舍，四周围以群房的布局，就成为早期佛寺的主要规式。传入中国的早期佛寺布局亦受其影响。据晋、唐时游历印度的高僧法显、玄奘的描述，在当时印度佛教寺院中有窣堵坡、精舍、僧伽蓝等名词。从印度现存的几座佛寺遗址的建筑遗存来看，亦反映出这三类建筑的布置情况（图4－6）。窣堵坡的含义已明，是墓地；僧伽蓝是指僧房。从书中描述可知精舍是供养佛的遗物或佛像的地方，即佛的精舍。功用接近今日之佛殿含意。据法显、玄奘称精舍为高达十丈的高层建筑，当然也有较低的佛精舍②。

（三）舍宅为寺

中国最初寺院是因借官府接待来宾的鸿胪寺客舍而建的，没有什么特殊的宗教建筑，故起名为寺。中国古代宫室、衙署、宅第实际都是以廊院方式组成的布局，一进进的院落，形制近似。以中央轴线上的主要厅堂为主体建筑，宫室中称为殿堂。在寺院中，这座主要厅堂自然成为佛殿。汉晋时期寺院建筑多受帝王支持，捐资建造。自东晋开始，施主为自己及家族建立功德之风渐盛，除捐资、助工之外，往往将自己的住宅捐出来，改建为寺院。如东晋释道安在襄阳所主持的檀溪寺，即为张殷的住宅；道安弟子昙翼主持的江陵长沙寺为长沙太守滕含之的住宅①。传至北魏时，"舍宅为寺"之风更盛，在皇帝的带动下，大官、贵族、地主、富商竞相舍宅，使得这种中国式寺院布局，逐渐被社会接受。中国传统住宅的功能模式为前堂后室，前堂为家族聚会、接待空间；后室为居住空间。这种脱胎于大型豪宅的寺院，其供养佛像的主要建筑自然是住宅轴线上的前厅，也就是中国式的佛殿的缘起。在《洛阳伽蓝记》卷四的大觉寺条中称："大觉寺广平王（元）怀舍宅立也。怀所居之堂，上置七佛。"说明该寺的七佛殿是由"堂"改制的。卷一建中寺条中称，该寺"本是阉官司空刘腾宅……尔朱世隆为荣追福，题以为寺。朱门黄阁，所谓仙居也。以前厅为佛殿，后堂为讲堂，金花宝盖，遍满其中"。说明佛教寺院中国化的过程与舍宅为寺的关联至为密切，促进了中国式的供佛建筑——佛殿的发展，并成为中国佛寺建筑的主流，佛塔（浮屠）反而成为次要建筑。佛殿在佛寺中主导地位的确立，表明了异域宗教完成了中国化的过程。在《洛阳伽蓝记》中描绘的北魏时期舍宅为寺的寺院中，由于院落条件狭窄，许多是没有佛塔的，是仅以佛殿为中心的寺院。而国外传来的以浮屠（塔）为中心的寺院只占一部分。这就构成了北朝至隋唐之际佛寺中有以浮屠（塔）为中心；有塔、殿并列为中心；或者完全以佛殿为中心，佛塔改置在别院等不同寺院类型。如《洛阳伽蓝记》中的描述的永宁寺，就是前塔后殿同为中心的布局。在日本早期寺院中，上述各种类型也都有实例可寻。

①《高僧传·道安传》卷五

②参阅唐段成式《寺塔记》

（四）佛殿的演变

中国佛殿的造型基本类似宫殿，但随着佛教教义的进一步丰富，及宗派的确立，佛殿建筑逐步形成各有特色的建筑。显著影响其形制的因素有几方面。

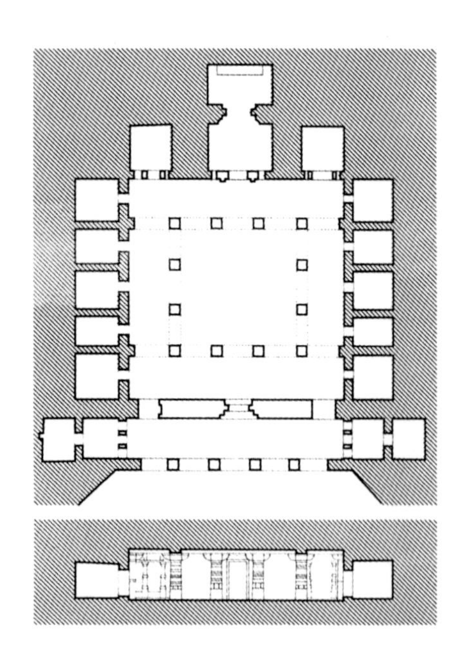
图4-4　印度阿旃陀石窟第2窟平面剖面图

由于教义变化，各宗派所奉养的本尊逐渐增多，除了供养释迦牟尼的大雄宝殿之外，尚有各种护法神殿，天王殿、伽蓝殿、罗汉殿、祖师殿等出现。同时，大雄宝殿中又有独尊释迦，或横三世佛、纵三世佛、过去七

图4-5　印度奥兰加巴德阿旃陀石窟

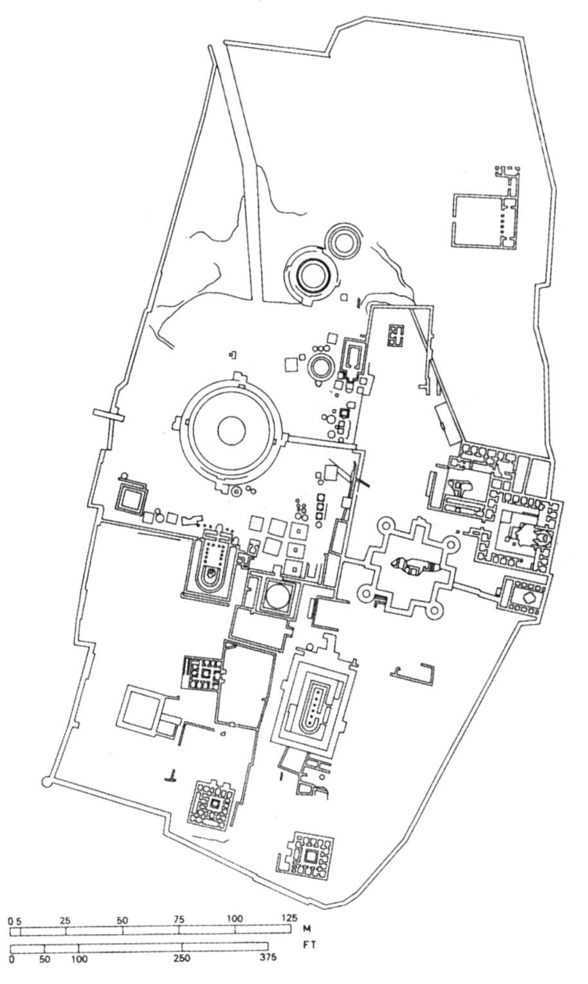

图4-6　印度桑契佛寺建筑遗址布置图

佛、西方三圣等布置方式。就是说一座寺庙内不仅有主殿，还可建多座佛殿，众多佛殿极大地丰富了寺院的布局形式。唐代以后对观音菩萨产生特殊的信仰热情，往往塑造高大的站像，推动了楼阁式建筑的发展。这些都直接影响到佛殿的内部空间及外观造型。隋唐以后，佛教完全中国化。高僧辈出，各立宗派，宗派特色也影响佛殿的建筑造型，其中较明显的有净土宗。该宗所描写的西方净土世界，往往利用壁画来表现，这样就促进了殿内彩绘壁画的创制②。另外还出现了带有净土特色的建筑，如弥陀阁、十二观堂、接引佛殿、极乐世界等。律宗以坚持戒律为特色，故律寺中多建有戒坛，这是一座方形的建筑，内部建造一个数层叠砌戒坛。禅宗以"明心""见性"为宗旨，后转向聚众参禅说法的活动，所以在禅宗寺院内除佛殿以外，还出现了法堂、禅堂建筑。元代以降，藏传佛教大盛，除了所崇拜的佛殿以外，为众多喇嘛念经学仪使用的经堂建筑成为藏传佛寺的新类型。寺院中每个扎仓（学院）皆有单独的经堂，整座寺院尚有统一的大经堂。经堂是一座空间很大的建筑，大者可以容纳3000～4000名喇嘛同时集会之用，经堂的后部及两侧也常配有佛殿。藏传佛教建筑另一特色，即是十分重视布局及象征艺术，将宗教的世界观念以复杂的群体布局及独特的建筑形体表现出来，其中心佛殿屋顶做成五峰并峙的须弥山形状。如西藏扎囊的桑耶寺及承德的普宁寺，皆是优秀的实例。

总之，佛殿建筑经过千余年的变化，不仅完全脱离了早期印度宗教建筑的影响，形成中国民族传统式的建筑之外，且进一步丰富变化，成为极富艺术魅力的艺术作品，在中国乃至世界范围内获得重要地位与评价。

二、佛殿的形式分类

①梁思成. 记五台山佛光寺建筑. 中国营造学社汇刊七卷一期，1941.

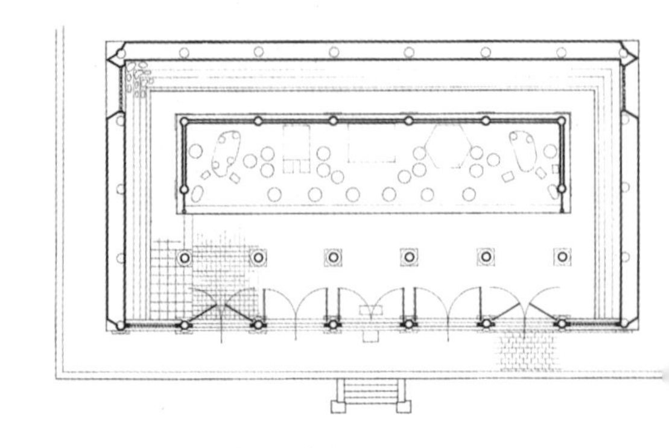

图4-8 山西五台佛光寺东大殿平面图

随着佛教在中国的发展及宗派、经义的分立，佛殿的建筑造型亦产生许多变化，若从其外观的主要特点来判析，大致可分为三大类，即宫室式佛殿、楼阁式佛殿、都纲式佛殿。当然还有若干派生的其他类型的佛殿。

(一)宫室式佛殿

这是中国最古老的，但也是流布最广的，应用时间最长的一种佛殿形式。基本采用木结构建造，平面多为横长方形（只有南传佛寺的大殿是纵长方形），单层，面阔为三、五、七、九间的单数间数，以保证正中轴线开门，与帝王宫殿或府第大宅的主体建筑没有区别。由于中国佛像是多佛并列供养，或主尊与菩萨、胁侍、弟子等同在一殿内，如三世佛、五方佛、过去七佛、一佛二菩萨、一佛两弟子等诸佛并列，因此横长方形的平面很适用。这类佛殿多在前檐作装修（隔扇门、板门、直棂窗、槛窗），而两面山墙及后檐墙则为实墙。有些佛殿在后檐墙中间开设一具后门，以通殿后院落。殿中央设佛坛供养佛像，坛后有扇面墙作为佛像的屏蔽。扇面墙后壁多作壁塑，通常的题材为渡海观音，作为殿堂后门的对景。佛坛四

图4-7 山西五台佛光寺东大殿外景

图4－9　山西五台佛光寺东大殿翼角

周留出通道，为信徒瞻拜、行香及转经之用。如佛坛占三间之阔，则佛殿为五间面阔，以留出转经之道。各种规模的佛殿可以类推，从面阔三间的小型佛殿，至面阔十一间的卧佛殿，皆循此规律。殿内两山墙多画有壁画，这是自唐代以来常用的装饰手法，当时宫殿、陵墓中也在壁上画各种图形。后期佛殿在两山墙前设有二十四诸天神或罗汉像。一般在佛殿内没有宽广的集会空间，仅在佛坛供案前设礼拜空间。殿内设有天花顶棚及藻井。小型殿堂多不设天花，露出屋架结构，这种做法称“彻上露明造”。殿前附设宽大的月台，为僧众做法事的地方。

由于这类佛殿的外形变化简单，所以它的艺术美学表现多集中在殿内壁画、塑像、装饰及建筑装修上，外观的屋顶的形式及脊饰亦很重要。中国现存的早期宫室住宅实例极为稀少，而佛教建筑的宫室式佛殿却可反映出当时建筑结构、装修、构造等方面的历史状况，成为建筑史中有价值的证物。例如山西五台佛光寺东大殿即为重要实例（图4－7）。

佛光寺位于山西五台山豆村，其东大殿建于唐大中十一年（公元857年），是仅次于五台南禅寺大殿的最古老的木构殿堂。该殿面阔七间，进深四间，长34米，宽17.66米，单檐庑殿板瓦屋面。明间、次间、梢间俱装板门，尽间及山墙后部装直棂窗，其余部分俱为厚墙包砌。除外檐柱外，殿内有前后内柱两列（图4－8）。大殿构架的特点是由上、中、下3层叠加而成。下层是柱网系统，檐柱与内柱标高相同，用阑额连络成内外两层框架；中层是铺作层，即斗栱层，是由四五层相叠的柱头枋，与横向的斗栱纵横交搭，形成井干式的枋框，置于柱头上。因这样的框体类似生活中的水槽，故建筑术语称之为“槽”。横向的斗栱向内承托梁栿，外部承挑巨大的出檐（图4－9）。铺作层能加强构架整体的联系，均匀地传递屋面荷载，是柱与梁之间的中介构造；最上层是屋顶骨架。这种骨架实际为两层，下层梁只作为槽间的联系梁，并承托天花顶棚的荷载，在殿内可以见到，称为“明栿”。上层用抬梁构造做出荷重的骨架。因其被顶棚遮住，构件加工可以简单粗糙，称之为“草栿”。类似这种建筑构架方式，在宋代《营造法式》一书中称之为殿堂式构架，佛光寺大殿构架可称是最古老，最典型，最宏大的该类构架实物遗存。它表现出唐宋之际，佛殿建筑宏伟的结构体系，精密的艺术加工，以及建筑艺术上的美学价值。此外，大殿佛坛上还保存有唐代三世佛及菩萨、胁侍、天王塑像（图4－10）。佛座背面束腰上画有唐代天王、力士像，栱眼壁内侧画有阿弥陀佛及菩萨、飞天等唐代的壁画。梁栿下及门板背后皆有唐人题字等。说明该殿内荟萃了唐代建筑、雕塑、绘画、书法于一堂，是极为难得的历史遗物。①

类似这种具有历史价值的宫室式佛殿尚有唐建中三年（公元782年）的五台南禅寺大殿（图4－11）、北汉天会七年（公元962年）的平遥镇国寺大殿（图4－12）、宋乾德二年（公元964年）的福州华林寺大殿、辽应历十六年（公元966年）涞

图4－10　山西五台佛光寺大殿内景

图4－11　山西五台南禅寺大殿

图4－12　山西平遥镇国寺大殿

图4－13　甘肃张掖大佛寺大卧佛

源阁院寺大殿、辽开泰二年（公元1013年）义县奉国寺大殿、宋大中祥符六年（公元1013年）宁波保国寺大殿、辽重熙七年（公元1038年）大同下华严寺薄伽教藏殿、金皇统三年（公元1143年）朔县崇福寺弥陀殿、元大德二年（公元1298年）峨眉飞来殿、元延祐七年（公元1320年）上海真如寺正殿、明洪武十四年（公元1381年）太原崇善寺大悲殿、清代宁波天童寺大佛殿等一系列实例。若从殿身大小来统计，则已毁的建于南宋时期的福建泰宁甘露庵上殿为最小，面阔仅为7.60米（包括一间殿身及两侧副阶），进深为7.70米。最大的宫室式佛殿为甘肃张掖宏仁寺大佛殿，面阔为十一间（包括副阶）达53米，进深九间28米，三檐歇山顶，总面积达1500平方米，可谓巨构（图4－13）。

各种供养不同主尊的宫室式佛殿皆为横长方形，其体量虽有大小之别，但外观造型变化不大，主要区别在屋顶的式样有庑殿、歇山、悬山，及单檐、重檐的变化。前檐装修棂格图案及挂落，亦对外观有直接影响（图4－14）。但有些特殊需求的佛殿亦有不少变体的形态。如有的佛殿在殿前增设朝拜用的卷棚；或东西增设朵殿，呈三殿并列状态；山区寺院受地形限制，往往随高就势将佛殿做成两层，前后不同，并将踏步包容在建筑物内，称为“纳陛”。正定隆兴寺摩尼殿在重檐歇山的殿体四面，各加筑了一间龟头屋，形成很有特色的十字形平面的佛殿，成为佛殿的特例（图4－15）。有的佛殿的屋面增加变化，以突显其重要性，如北京雍和宫法轮殿的屋顶设计成五个小屋顶，象征须弥山（图4－16）；北京大钟寺的大殿，不仅是方形重檐建筑，而且上檐改为圆形，与大钟相协调，成为下方上圆造型，更凸显出钟楼的本色（图4－17）。

有的佛殿因供养需要而采用了方形平面，例如各寺庙中所建的戒坛殿，多采用正方形的平面，殿内中央设置多层四方的戒坛，四面设门，十字对称，突出戒坛的严肃性。如北京戒台寺戒坛殿最为华丽（图4－18、图4－19）。大殿为五开向的正方形，周围有一圈外廊成为下檐。上檐亦有一圈擎檐柱。殿内中央设汉白玉石制3层品字形戒坛，每层坛座为须弥座形式，坛座束腰皆有佛龛，龛内设护法戒神像，共计113座。坛上靠西侧设释迦牟尼铜像，像前设十把檀木椅，为受戒时“三师七证”法师的座位。受戒仪式非常隆重，受戒僧人沐浴更衣，净手焚香，跪于坛上。由主持和尚传诵戒条，逐条问答“汝能持否？”。礼成后发给度牒，并由三师七证签名后，礼成。戒律分为五戒、八戒、十戒、具足戒、菩萨戒等不同级的戒条。以菩萨戒为最高等级，而北京戒台寺是国内唯一的可授菩萨戒的戒坛，地位非常高。泉州开元寺戒坛殿的建筑设计亦十分华丽（图4－20、图4－21）。其

图4－14　山西五台菩萨顶真容院

图4－15　河北正定隆兴寺摩尼殿

图4－16　北京雍和宫法轮殿

图4－17　北京大钟寺大殿

图4－18　北京戒台寺戒坛殿

图4－20　福建泉州开元寺戒坛殿

图4－19　北京戒台寺戒坛殿内戒坛 引自《万寿戒台禅寺》

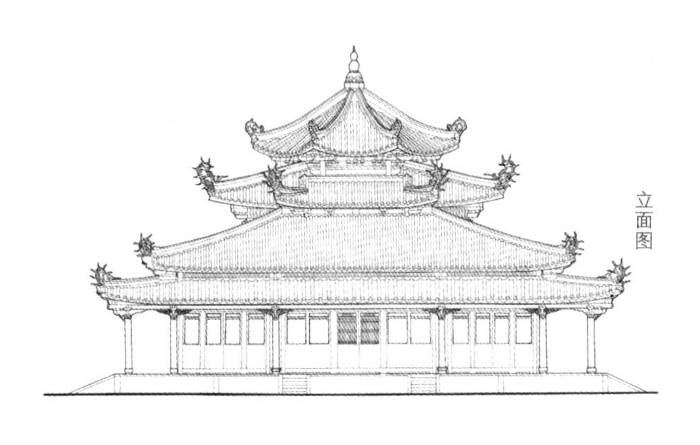

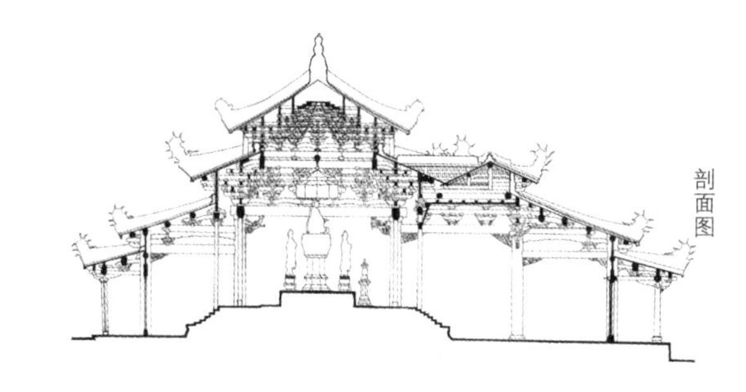

图4－21　福建泉州开元寺戒坛立面剖面图

主体为正方形平面的重檐屋顶建筑，中央设置戒坛，但其上檐改为八角顶。主体周围加设三椽进深的方形缠腰，再外为一圈外廊。此外，在正面的主体与缠腰之间又延伸出一个空间，作为受戒仪式的场地，并形成一个小屋顶。所以该建筑虽为单层空间，而其立面却形成了套叠的四层屋檐，充分反映出南方楼阁建筑的特色，在诸多戒坛建筑中独树一帜，具有新的创意。有些殿堂亦采用方形平面，如北京北海极乐世界的大殿是正方形，四面设门，进入殿内可以环视殿中央巨大的立体塑制的须弥山，

图4－22　北京北海极乐世界

而横长的平面是无法表现这种创意的（图4－22）。

佛寺内设养罗汉大约始于南朝。罗汉是佛教中悟道最深的圣人，永入涅槃，不受生死果报的轮回，当受天人供养。最初罗汉有十六位，佛经《法住记》中有详细的记载，皆有梵文的原名，五代十国时的贯休和尚曾画过十六罗汉的画像。独乐寺观音阁的两壁在修缮时，曾发现绘于宋代的十六罗汉像。明清之际又增加两位罗汉，成为十八罗汉，列于佛殿东西山墙前，成为佛殿像设的胁侍。宋代出现了五百罗汉之说，罗汉名号列于《江阴军乾明院罗汉尊号石刻》中。为此，清代民间佛寺多建有专设的罗汉堂。五百罗汉在藏经中并无来源与解释，可能是与初期印度佛教在第一次集结中，有五百高僧参加有关联，并联想为形态相貌各有特色的汉式罗汉。五百罗汉堂多做成田字形平面的组合建筑，可以增加陈列面积，并可保证殿内的采光效果，殿内各道中间分隔，分为四列排布，这样可以安排众多的罗汉塑像，同时还可造成一种不分主次的平等陈列格式。如北京碧云寺罗汉堂（图4－23、图4－24）、四川新都宝光寺罗汉堂、杭州灵隐寺罗汉堂、苏州戒幢律寺罗汉堂（图4－25）、乐山乌尤寺罗汉堂等皆是这样处理的。这种布局虽然可以保证每位罗汉皆为等身坐像，但相貌雷同，差异甚小，艺术感观并不突出，与云南昆明筇竹寺三座佛殿两壁所塑的形态各异的五百罗汉比较，则艺术水准立见高下（图4－26）。

宫室式佛殿皆为木构建筑，为了加强防火的要求，自明代开始应用砖券结构营造佛殿。这类佛殿的材料及结构虽然改变，但为保持信徒对

图4－23　北京香山碧云寺罗汉堂外景

图4－24　北京香山碧云寺罗汉堂内景

图4－27　山西五台显通寺无梁殿

图4－25　江苏苏州戒幢律寺罗汉堂

图4－26　昆明玉华山筇竹寺天王殿罗汉

佛寺感观上的连续性，其外观仍保持木构殿堂的造型，是一种仿宫室式佛殿。因其没有木构梁枋，故又称之为“无梁殿”。实例有南京灵谷寺无梁殿、太原永祚寺无梁殿、五台显通寺无梁殿（图4－27）、苏州开元寺无梁殿等。这些殿宇在内部结构上利用各种形式的拱券及巧妙的设置，不但解决了殿内大跨度空间及采光问题，而且仍保持着横长形的宫室式佛殿外观。

（二）楼阁式佛殿

楼阁式佛殿可以分为两类，一类是多层建筑，每层设置佛像；另一类是中空的楼阁，内部设置高大的立佛站像。当然中空的楼阁建筑在技术上更为复杂，水平更高。历史上自唐代以后，由于冶铸、泥塑，以及制漆工艺的发展，可以不依靠石材，在佛殿内部用金属、胶泥、生漆为材料，制作形体十分高大的佛像。公元8世纪以后，佛教密宗、净土宗皆十分推崇观音菩萨，寺院中往往单独建造观音阁，内部供奉观音立像。这种高大的站像要求建造高大而中空的建筑物，因此直接推动了多层木构建筑的发展。

图4－28　天津蓟县独乐寺观音阁塑像

①《资治通鉴》卷二百五，证圣元年。

图4－29　河北正定隆兴寺大悲阁千手观音铜像

图4－30　北京雍和宫万福阁弥勒佛像

历史上记载的最高大的楼阁式佛殿当首推武周证圣元年（公元695年），唐代女帝武则天在洛阳建造的天堂建筑。史称建筑高达“一千尺”，堂内佛像高“九百尺”[①]。史书记载可能有夸大之处，但估计其高度亦是惊人的。

现存中空楼阁式佛殿仍有多座，较著名的有天津蓟县独乐寺观音阁（图4－28），阁内十一面观音像高16米；河北正定隆兴寺大悲阁，阁内千手观音像高21.3米（图4－29）；北京雍和宫万福阁，阁内木制弥勒佛像高18米（图4－30）；河北承德普宁寺大乘阁最为宏伟，阁内木制千手观音像高24.14米，二十四支手臂扩展距离为15米，是国内最高最大的木制观音像（图4－31），屋顶呈五顶并举之状，楼高3层，外观六檐，建筑总高为36.16米，是一座庞然大建筑（图4－32）。这种中空式的楼阁佛殿与西方宗教建筑不同。欧洲教堂内部有宽广的信徒礼拜空间，而这里完全是佛的空间。巨大的佛像躯体充满建筑内部，就像佛的威力要冲破空间的束缚似的。以这种高而狭的建筑空间来衬托佛的伟大、无涯与不可限量。中空式楼阁的结构方法有两种，早期为逐层垒叠式结构，限于木材的长度，只能每层构成框架，叠压上去，有的楼阁尚需土墙的扶持。独乐寺观音阁即是这种结构方式，估计正定隆兴寺大悲阁在毁前亦是这种结构。明清时期进一步发展成为通柱整体框架式，即是承重柱与楼阁建筑同高，分层组合在一起，成为整体框架。承德普宁寺大乘阁即为此种结构（图4－33），具体情况将在第六章论述。若与西方石结构的教堂相比较，中国楼阁建筑受材料的限制，纯木构的建筑不可能达到百米高度，以应县木塔为例，高度达到60余米已是极限了。但在古代城市的大量平房相映衬下，佛寺的楼阁建筑仍为鹤立鸡群，成为十分突出的标志性建筑。

这类中空式的佛殿在藏传佛教寺院的佛殿中应用也很普遍。如日喀则扎什伦布寺中的强巴殿（弥勒佛殿），殿内坐佛高达26.2米，由高五层的殿堂所包容（图4－34）。甘肃夏河拉卜楞寺的寿禧寺亦是一座高为四层的佛堂，大佛充斥其内部（图4－35）。藏式中空楼阁的结构方式仍为藏居习用的梁柱平檩相互叠加方式，虽然抵抗倾侧有些薄弱，但建筑四面皆为厚实的石墙，可以补充受力，增强构架的稳定性。此外，在藏传中心佛寺中的灵塔殿，由于塔身高大，故其围护的建筑亦为中空的楼阁式样，如甘肃塔尔寺内的宗喀巴纪念塔殿，即为实例之一（图4－36）。

中空式楼阁佛殿尚有一种特异形态，就是转轮藏殿。即在殿中央设一可转动的藏经书用的匣橱，一般为八面，中心有心柱，上下固定之，推之可转动。每推转一周，则与读经一遍的功德相同。转轮藏前多供奉观音像[①]。此设置据说为晋代信士所创，但在宋代大为盛行。著名的实例有河北正定隆兴寺转轮藏殿，高达3层，由于要保证大经橱的运转，整座建筑的柱网分布，结构设置，皆作出相应的更动。

多层楼阁式佛殿是分层设置佛像，可以将不同名号的佛像置于同一楼内。如北京颐和园的佛香阁（图4－37）、甘肃合作扎木喀尔寺的喀达赫佛殿（俗称九层楼）等（图4－38）。这些建筑同样表现出佛阁建筑的优秀造型特征。特别是藏传佛教中信仰的神像众多，更适用于楼阁建筑。封建社会晚期儒释道三家合流，有的佛寺将三家信仰对象安排在一座楼阁建筑中，如悬空寺就是如此设置的。

这里还应提到一类附崖建筑，即外观虽为多层楼阁，但实际为背部依靠山崖而建的半构架式的多层建筑。这类建筑多起源于为保护摩崖石刻大佛或石窟免受风雨侵蚀而建的。如四川乐山凌云寺大佛、河南洛阳龙门石窟的奉先寺大佛，在历史上皆有这类护崖建筑，可惜现在已经毁坏不存。现存的附崖楼阁有山西大同云冈石窟第5窟第6窟的窟檐建筑、甘肃敦煌莫高窟的九层楼（图4－39）、四川潼南大佛寺7层大佛殿（图4－40、图4－41）、四川江津大佛寺7层护檐建筑、浙江新昌大佛寺5层佛

① 《佛教大辞典》1322页（转轮条），丁福保编，“或有男女生来不识字者，或识字而为他缘逼迫不暇披阅者，大士为是之故，特设方便，创成转轮之藏，令信心者推之一匝，则与看读同功……”

图4－31　河北承德普宁寺大乘阁内大佛站像

图4－32　河北承德普宁寺大乘阁外观

图4－33　河北承德普宁寺大乘阁剖面图

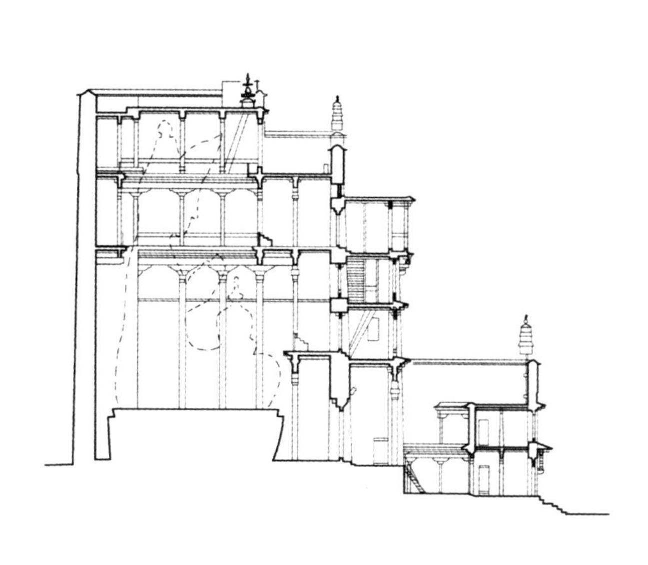

图4－34　西藏日喀则扎什伦布寺强巴佛殿横剖面图 引自《中国藏族建筑》

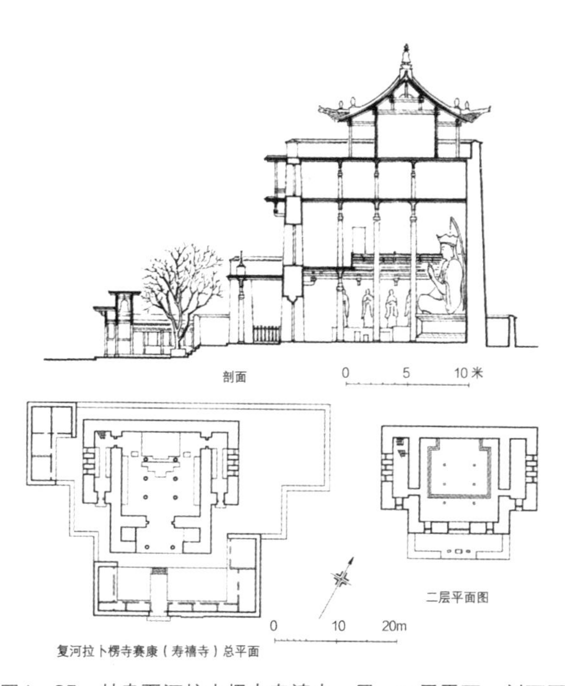

图4－35　甘肃夏河拉卜楞寺寿禧寺一层、二层平面、剖面图 引自《中国藏族建筑》

殿，以及四川荣县大佛寺的4层佛殿等。这类附崖楼阁随山崖进退凹凸，同时梁枋插接在崖体上，较为稳固，因此与结构谨严、对称工整的单独建造的楼阁不同，往往表现出极为灵活的外观面貌，雄伟宏大的建筑气派。虽然大部分为明清时期的建筑，年代皆不太久远，但其艺术成就不应轻视。附崖楼阁的结构设计除了依靠梁枋穿插在崖壁上以巩固构架外，另外其前檐构架逐层内

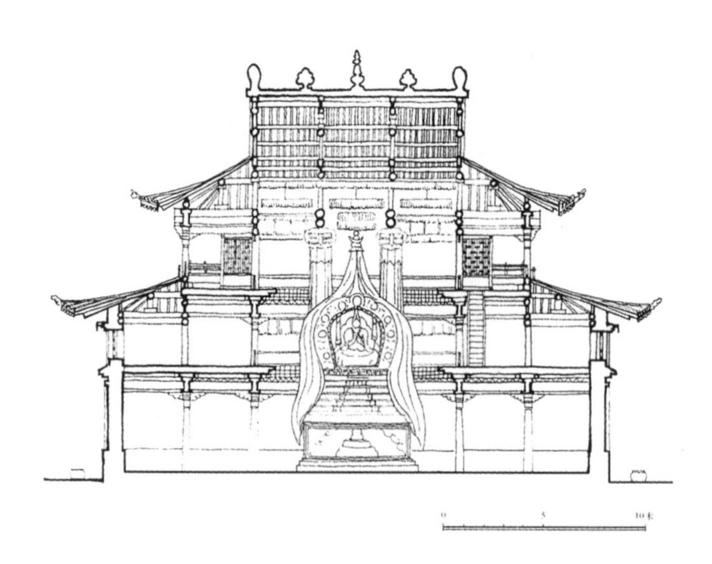

图4-36　青海湟中塔尔寺宗喀巴纪念塔殿剖面图 引自《中国藏族建筑》

图4-37　北京颐和园万寿山佛香阁

图4-38　甘肃合作扎木喀尔寺九层楼

图4-39　甘肃敦煌莫高窟九层楼

图4－40　四川潼南大佛寺大佛殿

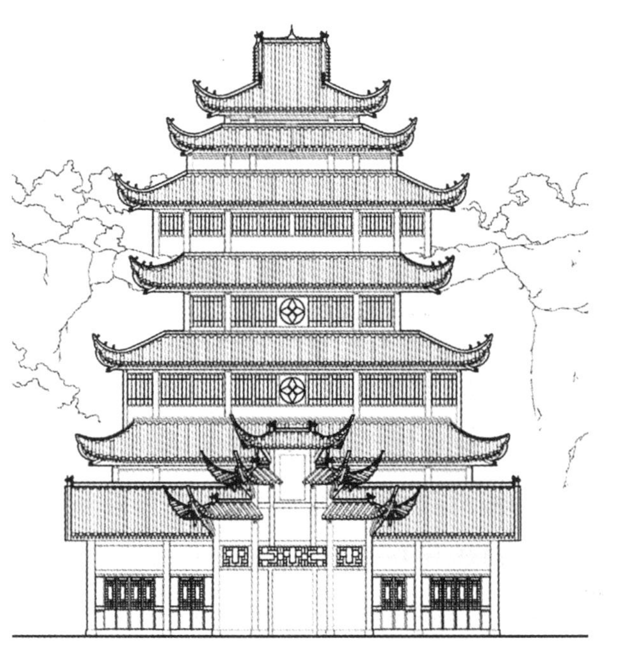

图4－41　四川潼南大佛寺大佛殿立面图 引自《重庆古建筑》

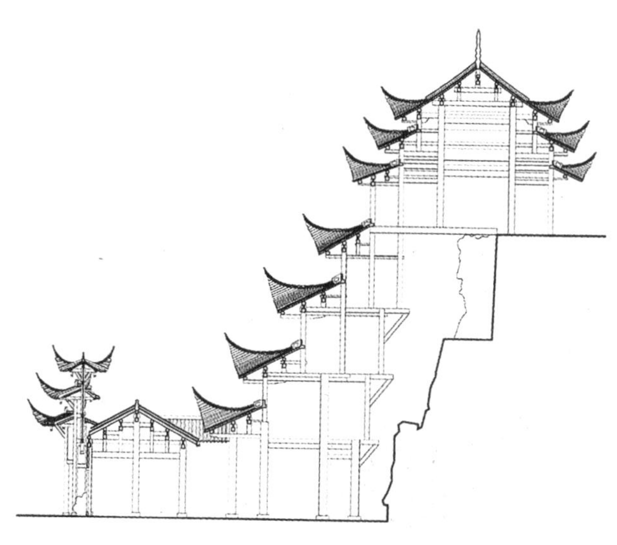

图4－42　四川潼南大佛寺大佛殿剖面图 引自《重庆古建筑》

图4－43 四川忠县石宝寨

图4－44　山西浑源悬空寺

收，内檐逐层内挑，以保证顶部跨度不致过大，并且不妨碍对大佛的观瞻效果，潼南大佛阁即为很优秀的案例（图4－42）。四川忠县石宝寨是建在长江边的玉印山之上，上山的交通梯道亦是采用附崖式建筑。全部建筑为12层，高达50余米，自山脚直达山顶，重檐复阁，犹如巨塔一般，其构思应是借鉴于附崖建筑（图4－43）。

山西浑源县的悬空寺是一个特殊的楼阁建筑实例。它建在恒山西麓金龙口西崖峭壁上。主要的两座三层殿宇完全利用挑木或吊柱悬挑在崖壁上。中间以栈道相联，危楼若堕，阁道凌空，将东方建筑特有的轻柔飘逸之风表现得十分突出。这类建筑的构思是来源于传统的栈道桥阁建筑，将梯空架险的技术用于宗教建筑构造之中（图4－44）。

（三）都纲式佛殿

藏语称经堂为“都纲”。这是一种藏传佛寺所特有的建筑类型，虽然殿内也供养佛尊，但主要的用途是在殿内要举行诵经、法事等宗教活动。由于参加活动的喇嘛人数众多，有的寺庙可达数千人，故面积十分巨大，空间广阔，为汉族传统建筑中所少见。这种都纲式佛殿的形制是，前有柱廊或门廊，入门为经堂集会空间，按西藏的规式是由纵横成列的均匀柱网组成，多以柱数之多少来表示集会殿的面积。如塔尔寺大经堂内部用柱达168根（图4－45）。西藏拉萨哲蚌寺大经堂（措钦大殿）用柱，面阔方向为16根，进深方向为12根，总计为192根，可容数千僧人在内习经聚会，是藏传寺庙中最大的经堂。集会殿为单层，少数实例有两层，上为走马廊围绕。集会殿后部为佛殿，也有的大经堂在四周皆设置佛殿的。集会殿的采光方式是在中部升高部分屋顶，形成侧窗采光。屋顶多为平屋顶。大型的寺庙除了全寺的大经堂之外，下属各个扎仓（学院）皆设有自己的经堂建筑，所以在藏寺中经堂与佛殿是并重的标志性建筑。

在国内各地藏传佛教寺院的都纲式佛殿建筑，多结合本地区建筑技术，分化出不同的面貌，基本可分为藏式、汉藏混合式、汉式三类。藏式都纲殿即如上述描绘的形制。其内外檐有特殊的藏式装饰。墙壁粉刷成白色或红色；墙顶有由边玛草及短椽组成的装饰带；呈亚字形断面的方柱；巨大的云形替木；绚丽的彩画及装饰图案；再配以壁画及佛幡，构成神秘而奇特的宗教气氛。藏式都纲殿不仅通行于西藏地区，四川、青海、甘肃等地也多采用这种形式。实例有西藏拉萨的大昭寺（图4－46）、日喀则的扎什伦布寺措钦大殿（图4－47）、甘肃夏河拉卜楞寺的闻思学院（图4－48）、包头的五当召

图4－45　青海湟中塔尔寺大经堂内景

图4－46　西藏拉萨大昭寺大经堂

图4－47　西藏日喀则扎什伦布寺大经堂

①内蒙古自治区建筑历史编辑委员会．内蒙古古建筑．文物出版社，1959.

图4－48　甘肃夏河拉卜楞寺大经堂

图4－49　内蒙古包头五当召大经堂

图4－50　内蒙古呼和浩特席力图召大经堂

等处（图4－49）。

内蒙古地区的藏传寺庙称召庙，经堂建筑称“独宫”，是“都纲”的蒙语转音，其形制与藏式有所不同。其主要特点是将汉式坡屋顶与平屋顶结合起来，在藏式殿宇平面柱网的基础上，加建高起于屋面的楼阁式天窗，上面覆盖着歇山大屋顶，有的还覆以琉璃。在经堂后部的佛殿上也另加坡屋顶。除此之外，有的独宫在前端还增建大型柱廊，采用汉式隔扇门窗。这类汉藏混合式都纲殿在内蒙古地区占大多数。其中较著名的有呼和浩特市的席力图召（图4－50、图4－51）、乌苏图召、包头美岱召（图4－52）、阿拉善旗的福因寺、达尔罕茂明安联合旗百灵庙、乌审旗的乌审召等①（图4－53）。

内地藏传佛教寺院也吸收了不少西藏寺院的建筑手法，但其中的都纲殿大都仍利用传统木构技术做成楼阁式的大空间建筑，并没有采用藏式柱网密布，纵横成列的布局。建筑四周内柱分布均齐，周围有数层走马廊，中间为一大空间，顶部有华丽的藻井。实例有河北承德安远庙普度殿、须弥福寿之

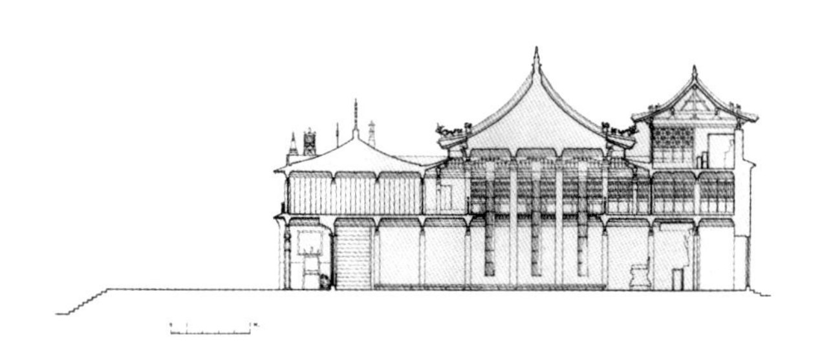
图4－51　内蒙古呼和浩特席力图召大经堂剖面图

图4－52　内蒙古包头美岱召

图4－53　内蒙古乌审旗乌审召大经堂

庙的妙高庄严殿（图4－54）、普陀宗乘之庙的万法归一殿等（图4－55）。在内蒙古一带也存在着这类汉式都纲殿，因其建筑技术是受山西佛教圣地五台山建筑的影响，故又称为“五台式”。经堂的主体部分覆以2～3个勾连的高耸坡屋顶，四周围以环庑，入口处另做门廊及屋顶，形成高低错落、重檐复霤的外观。如呼和浩特的大召（图4－56）、锡林浩特贝子庙崇善寺大经堂（图4－57）等。北京雍和宫的法轮殿亦是采用屋顶错落办法，解决大经堂内部采光问题的（图4－58）。

上述宫室、楼阁、都纲三类佛殿，并非中国佛殿的所有形式，如汉传佛教寺院的千佛阁、戒坛殿、卧佛殿、罗汉堂；藏传佛教寺院的坛城殿、灵塔殿，皆各有特色。流行于云南地区的南传佛教寺院的佛殿更为特殊。它们采取纵长形的平面，佛像供养在尽端，类似西方教堂的布置（图4－59）。由于南方建筑屋面荷载较轻，处理灵活自由，采用缅甸式的分级错落的屋顶及挂瓦手法，所以大面积佛殿的采光问题较易解决。

图4－54　河北承德须弥福寿庙妙高庄严殿内景
引自《承德古建筑》

图4－55　河北承德普陀宗乘庙万法归一殿内景 引自《承德古建筑》

图4－57　内蒙古锡林浩特贝子庙崇善寺大经堂

图4－56　内蒙古呼和浩特大召

图4－58　北京雍和宫法轮殿内景

图4－59　云南景洪曼洒佛寺

三、佛殿的艺术造型

佛殿的初级形态较重视佛像本身的艺术性，而对建筑形体注意较少，因此信徒只能从其规模、气魄及装饰陈设上得到心灵的感染与慰藉。但佛殿经数百年的发展，其艺术造型亦得到充分发挥，创造出不少佳例。

①天津大学建筑系，承德市文物局. 承德古建筑. 中国建筑工业出版社，1982.

（一）佛殿空间与像设

对佛殿造型影响最直接的是供养对象的数量及体量要求。依如唐代佛光寺东大殿面阔七间，殿内有通道一间，回绕周匝，为信徒的转经道。殿中部为高74厘米，横占五间面阔的佛坛。坛上安置释迦、弥勒、阿弥陀佛等三世佛及文殊菩萨、普贤菩萨等五尊佛像，与外檐中部五间板门相对。每间的构架、斗栱及平闇式天花，正好构成各尊佛像的龛室空间。建筑结构与供养内容结合得细密妥帖（图4－60）。又如义县奉国寺大殿面阔九间，除周围布置一间宽的通道以外，中部供养过去七佛，七尊大佛充满殿内空间（图4－61）。另如承德溥仁寺后殿宝相长新殿，面阔九间，殿内沿后檐墙一字排开九尊无量寿佛像。正因为这种原因，所以传统佛寺的开间，一般单独供养释迦的多为三间殿，供养三世佛的多为五间殿。

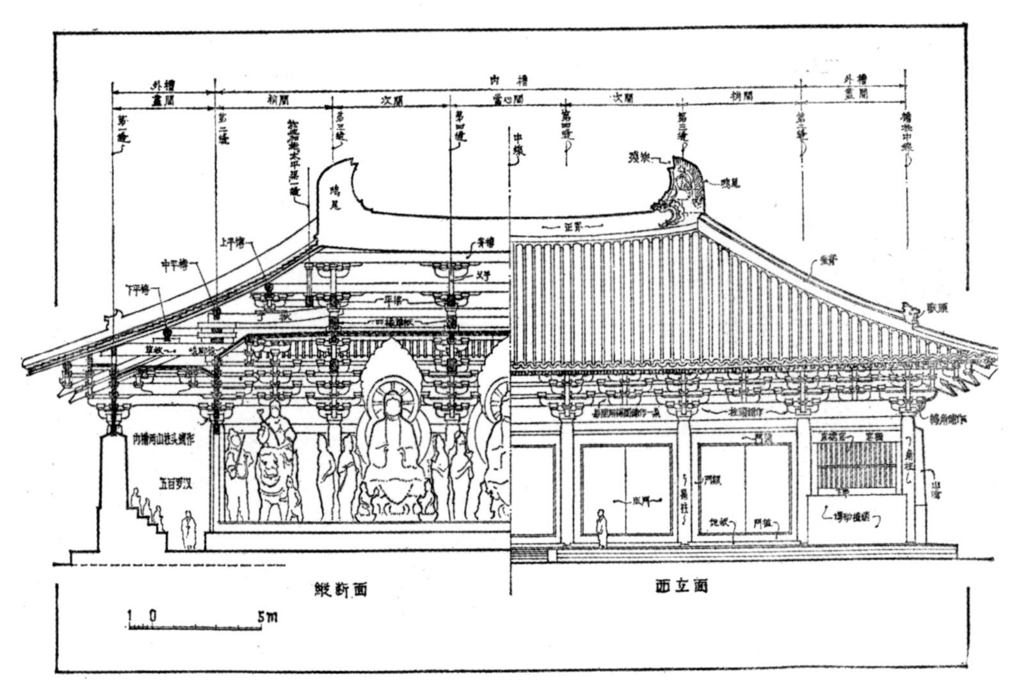

图4－60　山西五台佛光寺东大殿立面纵剖面图

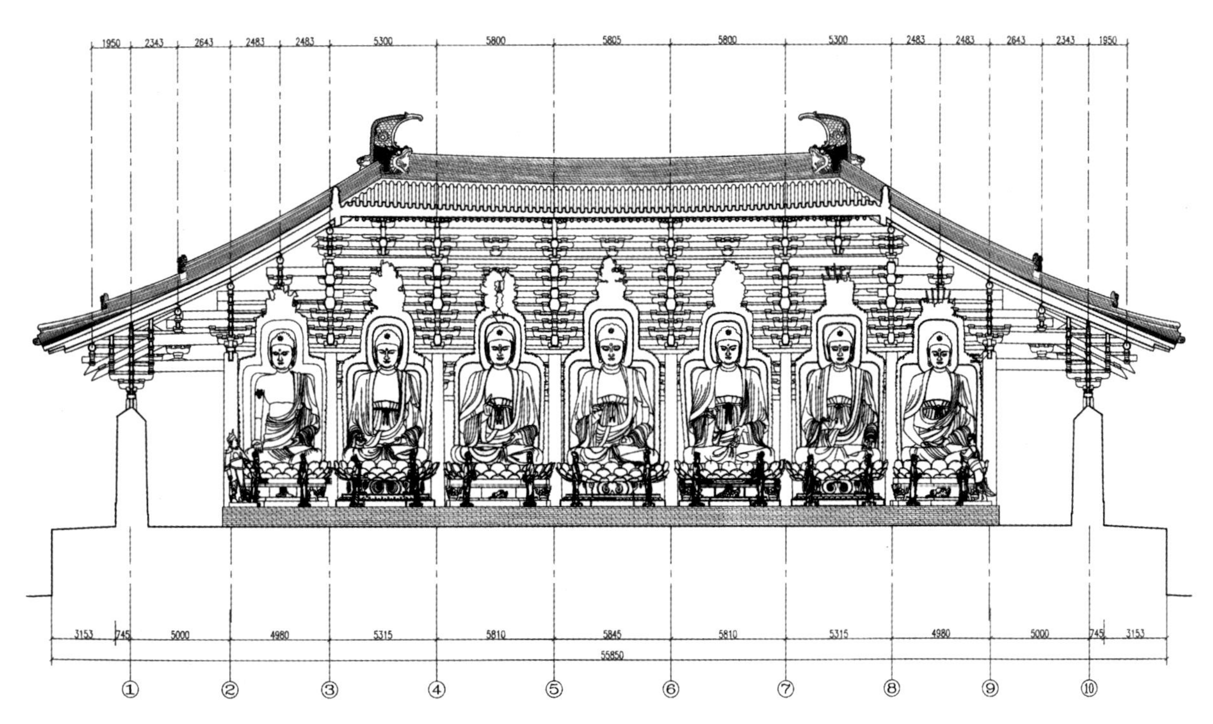

图4－61　辽宁义县奉国寺大殿纵剖面图

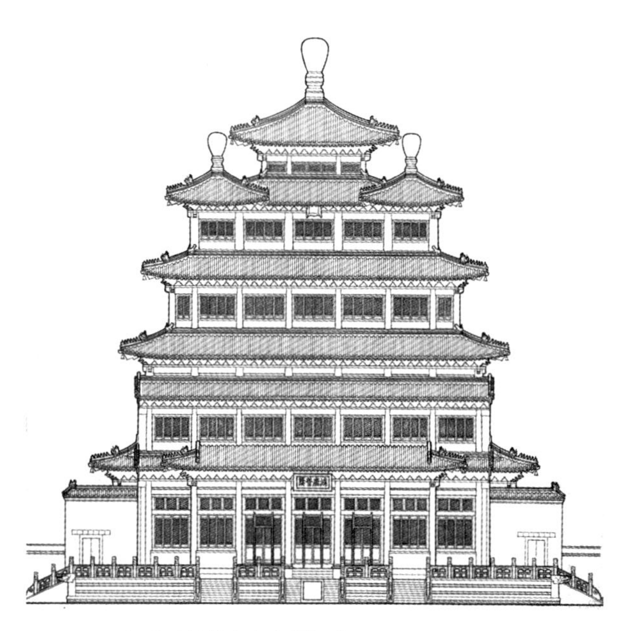

图4－62　河北承德普宁寺大乘阁南立面图

至于供养站像或高大的坐像的楼阁式建筑，为丰富其外观造型，往往加用抱厦、平坐、挑楼、挑檐等，以形成灵活的形体。内部楼层与外观檐柱不一定对应，前后檐也可不同，与均齐规整的佛塔艺术面貌完全异趣。最有代表性的是河北承德普宁寺大乘阁。大乘阁是该寺后部表现佛国世界构图的建筑群中的主体建筑，通高37.4米，外观南面六层檐，五层楼阁，北面因附崖建造减为4层，东西山墙附有抱厦三间，大阁的屋顶分化成五座方形攒尖顶，黄色琉璃瓦。重檐飞甍，复阁悬楼，精巧与雄伟兼备于一体。大乘阁内部为3层，周围有一间宽的走马廊围绕。中间留出面阔五间、进深三间的空井，井中安置高达22.28米的木雕千手千眼观音像，大像两侧有善才、龙女塑像各一尊。观音像的24支手臂像扇面一样展开在全部空间内，充盈饱满，建筑空间与像设紧密结合[①]（图4－62、图4－63）。其他如天津蓟县独乐寺观音阁、河北正定隆兴寺大悲阁、西藏日喀则扎什伦布寺强巴殿等都有类似的特点。供养佛涅槃卧式像需要殿堂向横向展开，对于一般体量的佛像，传统横长的殿堂内是可以容纳的，如北京卧佛寺的卧佛殿。但有一特例，就是甘肃张掖宏仁寺的大佛殿。在这里供养着全国最大的卧佛，大佛身长34.5米，肩高7.5米，木胎泥塑，彩绘金装。为了容纳这尊大佛，佛殿面阔达49米，共分九间，进深24米，分为七间。像这样超长的佛殿立面则需特殊处理，除了屋顶做成重檐歇山顶以外，在下部殿身加了一圈柱廊，二层开设了七间凹廊，这样增加了殿体的水平分割及进退变化，减弱立面过长的单调感。

遇有特殊要求的佛像，建筑亦随之变化。如河南开封相国寺内的八角琉璃殿内供养着一尊密宗的千手千眼观音立像。像体是由四尊观音像互相背依合成的，所以殿堂做成八角形重檐攒尖式，四正面各面向一尊观音像。同时在亭子周围附建一圈八角游廊，既烘托了殿体的重要，又保证了其采光效果（图4－64，后页：河南开封大相国寺观音殿四面千手观音）。河北承德殊像寺后部宝相阁，为突出高达11.6米的文殊菩萨骑狮塑像，此阁亦设计成八角重檐黄琉璃瓦亭阁式样。

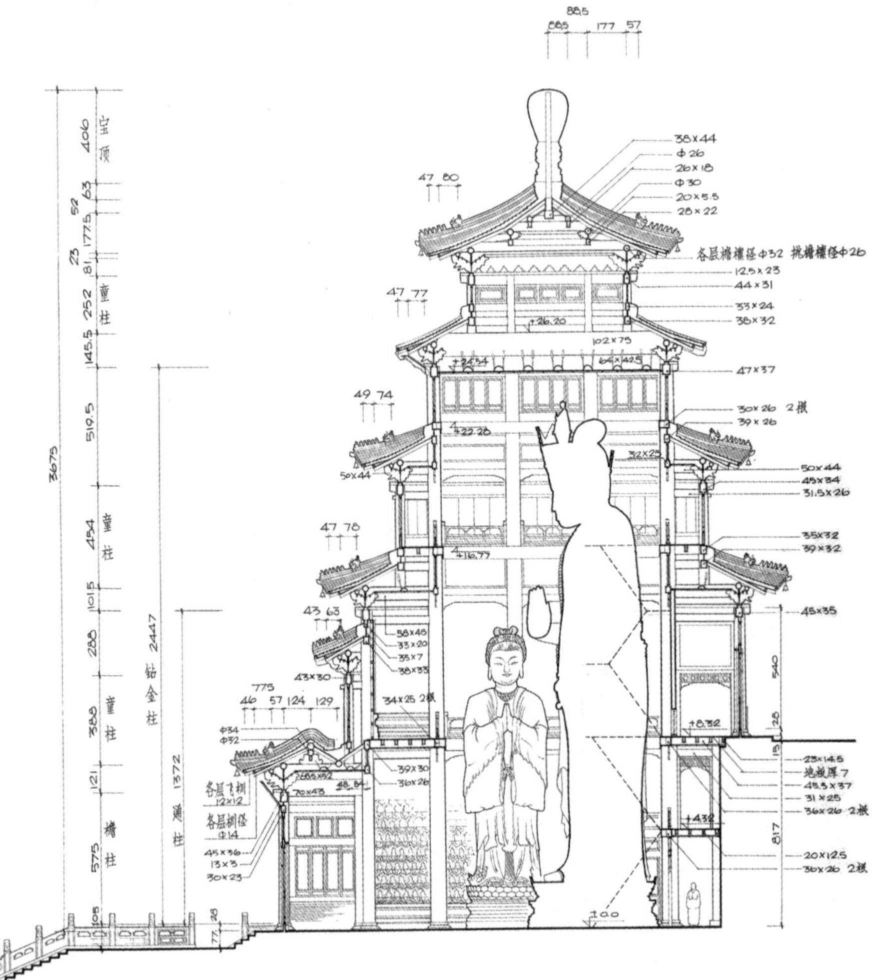

图4－63　河北承德普宁寺大乘阁横剖面图

（二）佛殿的屋顶组合与金顶

图4－65　河北承德安远庙

对于一般传统佛殿艺术造型来讲，除了建筑空间的宏伟性及结构形式的独创性的美学价值以外，屋顶的观赏价值是很重要的一方面。屋顶艺术性表现在三处：即屋顶典型形制、屋面材料及脊饰、屋顶组合形式。佛殿屋顶和传统古建筑屋顶一样，具有硬山、悬山、歇山、庑殿、攒尖之分，同时又有单檐、重檐之别，以此来确定佛殿的等级和在佛寺中的地位。屋顶材料有青瓦、琉璃瓦及个别铜瓦之区分。有的琉璃瓦顶采用剪边或屋面组成彩色图案的手法以增强其观赏性。如山西浑源永安寺传法正宗殿的拼合图案黄琉璃瓦顶、北京智化寺大智殿的黑琉璃瓦顶、万佛阁的黑琉璃瓦顶、承德安远庙的黑琉璃瓦黄剪边，都是很有特色的屋面（图4－65）。至于脊饰方面，如山西朔县崇福寺弥陀殿的金代琉璃吻（图4－66）、五台佛光寺东大殿明代琉璃吻、河北承德普乐寺宗印殿清代云纹琉璃吻及花脊，北京颐和园智慧海的黄绿图案屋面琉璃脊及琉璃壁龛，都是具有较高艺术价值的装饰件（图4－67）。至于南方闽南一带寺庙佛殿的正脊的装饰性更强，砖雕、灰塑的人物、动物纹样布满全脊，华丽异常，如台北龙山寺等处。

屋顶组合对佛殿建筑外形特征的形成作用更大。如河北正定隆兴寺摩尼殿（宋皇祐四年，公元1052年）的造型很有创见，它是一座重檐歇山屋顶的殿堂，在主体的四正面，各加建一座龟头殿式（即歇山面朝前的屋顶形式）的门屋，形成亚字形平面。这种组合构成了丰富多变的屋顶，层檐叠压，翼角繁多，突出了该建筑的个性风格。在藏传佛寺中往往利用屋顶层来表现佛国圣地须弥山。传说须弥山为五峰并峙之状，所以殿堂屋顶也做成五顶攒聚式。如承德普宁寺大乘阁（图4－68）、北京雍和宫法轮殿。屋顶组合艺术在云南傣族的小乘佛寺中表现得更为突出。统一的屋面可做成数层叠压的悬山或歇山，也可在长面接建屋顶插入体，几乎每座佛殿皆不相同。最复杂的屋顶是西双版纳勐遮景真八角亭。这是一座小型的佛殿建筑，殿身为亚字形，上承圆形屋檐，檐上按八个方向建成8组10层叠压式的悬山屋面，八面相斗，逐层收小，最后集中在中央圆盘上，整个建筑像一朵千瓣莲花，玲珑纤丽，充分发挥中国建筑屋顶的艺术魅力（图4－69、图4－70）。

图4－66　山西朔县崇福寺弥陀殿金代琉璃吻兽

在内地的藏传佛寺中常用镏金铜瓦来装饰屋面，金碧辉煌，光灿耀目。如承德须弥福寿之庙的妙高庄严殿、吉祥法喜殿，皆是用鳞片式镏金铜瓦

图4－67　北京颐和园众香界智慧海

图4－68　河北承德普宁寺大乘阁五峰攒聚屋顶

屋面，四根垂脊改用水浪纹及行龙雕饰。承德普陀宗乘之庙的万法归一殿、权衡三界亭、慈航普度亭亦用鳞片式镏金铜瓦，但脊饰改为夔龙纹样（图4－71）。金瓦屋面可以强调出佛殿在寺院中的主体作用，营造神圣庄严的气氛。西藏拉萨布达拉宫的灵塔殿、大昭寺主殿上部、甘肃夏河拉卜楞寺寿禧殿、青海湟中塔尔寺大金瓦殿等佛殿中，也是利用金顶来突出其重要地位的（图4－72、图4－73）。西藏寺庙的金顶做法不同于内地，它们是采用大面积的镏金铜板及压条构成屋面，檐口处另加具有镏金花饰的封檐铜板，在阳光照射下，反射面规整，而且反射力度强烈，比内地金顶屋面更加璀璨辉煌。

（三）佛殿群体组合

由于受到木构架技术的限制，佛殿单体造型的高度及进深均有制约，因此一些艺术成就较高的佛寺则对群体组合付出更大的关注，形成有特色的造型。

三殿并列形制是很成功的例子，即在主殿左右两侧分别建造朵殿或副阁，形成主从关系的群体布局。在中国古代宫室建筑中，自魏晋以迄南北朝多在主殿太极殿的两侧建东西堂，以为听政、宴会、接见、举哀之用，三殿并列，气势轩昂。自隋以后，宫殿布局改为纵向排列三殿，并列之制

图4－69　云南勐遮景真佛寺八角亭

图4－70　云南景洪曼洒佛寺八角殿

图4－71　河北承德普陀宗乘之庙镏金屋顶

图4－72　西藏拉萨大昭寺金顶

图4－73　西藏日喀则扎什伦布寺措钦大殿金顶

遂不复见[①]。但在佛寺中却袭用了这个制度。例如河北正定隆兴寺最后一进的大悲阁，两侧建有御书楼及集庆阁，三阁并列；又如北京雍和宫万福阁，左右各建两层的永康阁、延绥阁。而且三阁之间在二楼处以飞悬的阁道相连接，形成一体，更强调出三殿并列的统一性（图4－74、图4－75）。

①刘敦桢．东西堂史料．中国营造学社汇刊五卷二期，1934.

主体建筑周围复建附属建筑亦是丰富布局特征的艺术手法之一。例如北京颐和园万寿山佛香阁为一八角形3层大阁，仅此一座建筑仍觉孤立，故在其高大的台座上围建四面游廊，四正面增建四座门殿，形成一组完整的群体；又如北京北海小西天，主体为方形重檐大阁“极乐世界”，它的四正面各配建一座三券洞的琉璃牌坊，四角各建小方阁一座，亦形成主次高低相互搭配的群体组合。

形体象征含义亦是建筑艺术表现的因素之一。在传统建筑中应用象征主义手法的实例很多，如天坛、地坛中“九”与“六”的数字应用，天圆地方的平面构图，故宫社稷坛的方位颜色的安排等。佛寺建筑中同样利用这种构思，如河北保定大慈阁、正定隆兴寺大悲阁都是供养观世音菩萨的道场，为了表现观音菩萨的“慈航普渡”功德，平面把整座寺庙布置成一船形，主殿即是船中的舱楼。上述两例皆是这种构思。

藏传佛教建筑应用形象表达宗教艺术构思的例子更多，其中突出的就是“曼荼罗”（Mandala）。曼荼罗又称“坛城”或“道场”，就是筑一方圆形土坛，按一定方位布置诸佛，以供祭拜。这种构思也用于佛寺的布局中，实例就是承德普乐寺的“阇城”（图4－76）。普乐寺的布局分为两部分，前部的山门、天王殿、宗印殿是依照汉传佛寺的规制构建的，后部随地形的升高，用条石砌筑一座3.36米方形的基台，台上建正方形群房，四正面各建三间门殿。群房中央即为阇城，即坛城。阇城是由两层石台组成，第一层方台的四角回正后共有八座琉璃喇嘛塔，四角塔为白色，四正面塔按西紫、东黑、南黄、北蓝布色。第二层方台周围有汉白玉石栏杆，正中为旭光阁。该阁为两层檐攒尖顶圆形建筑，高24米，黄琉璃瓦，类似天坛的造型。阁内正中置一佛坛，供木制“曼荼罗”模型一具，内部陈列双身上乐王塑像。阇城的建筑造型正是利用方圆相接，九宫八面的构图原则，融汇了石基、木构建筑、佛塔、门殿等诸项建筑要素组成的中心对称式的宏大建筑群体。这种形体在国内佛寺中是首创，其特点是在佛寺建筑形体中融进纪念性特征。

图4－74　河北正定隆兴寺大悲阁三阁并列

图4－75　北京雍和宫万福阁三阁并列

图4－76　河北承德普乐寺旭光阁

①《法苑珠林》·卷四·三界篇，第二之一，四部洲："长河含经等，四洲地心即是须弥山，山外别有八山，围如须弥……其外咸海，广于天际，海外有山，即是大铁围山，四周围轮，并一日月，昼夜回转，照四天下，名为一国土，即以此为量，数至满千，铁围绕迄，名一小千，复至一千，铁围绕迄，名为中千世界，即数中千复满一千，铁围绕迄，名为大千世界……"

②《西藏王统记》第八章："中央效须弥山五形，仅奠定大首顶（即乌策大殿）地基置之……此后于兔年始建大首顶下殿，其中主尊为自黑宝山迎来，自现牟尼宝泥所包之石像……主眷共十三尊，依西藏法建造之。又建中殿，其中主尊为大日如来，……依支那法建造之……上殿，其中主尊为大日如来……依印度法建造之。"

在藏传佛寺中有一种按佛教世界观念安排布局的寺院，其布局要反映出"九山八海"、"四大部洲""八小部洲"，中心为佛国圣山"须弥山"的世界构图[①]。这种布局的实例有西藏札达县的托林寺，扎囊县的桑耶寺、承德普宁寺，北京颐和园须弥灵境庙。这类寺院的主体佛殿都是很有特色的。如桑耶寺主殿乌策大殿为反映出须弥山是五峰涌聚的造型，其顶部做成五个攒尖顶的亭阁，按中心四角之制布列。按《西藏王统记》记载，

图4－77　修复后的西藏扎囊桑耶寺乌策大殿

桑耶寺乌策大殿是按藏、汉、梵三式混合的式样建筑的，故又称之为“三样楼”[②]（图4－77）。根据现存建筑分析，其下部约占两层高度，是按西藏建筑风格建造的，收分明显的实墙，梯形窗，墙上有边玛草装饰的女墙及镏金圆徽，皆是西藏建筑常用的手法；再上一层为仿汉式建筑，有周围廊环绕，廊柱间有木栏杆，瓦屋面；最上一层为五座攒尖亭阁，四角为单檐，中央为重檐，构造方式虽为汉式手法，但五顶造型应该说是取材于印度佛陀伽耶的金刚宝座塔式。这样三种建筑形式，在材料、色彩及层层屋檐的统一协调之下，有机地融合为一座建筑，表现出传统工匠在建筑造型上卓越的吸收融合才能。

第五章

中国佛教建筑的佛塔

一、佛塔诸名释义

塔是佛教传入我国之后，新兴的一种宗教建筑类型，在中国发展达2000年，长盛不衰，而且蔓延若干各具特色的形制。在中国古代社会，佛塔是一种非常特殊的建筑类型。塔之名称来源比较复杂，中国历史上曾出现过多种名词来标志它，如佛屠、浮屠、浮图、浮屠祠、窣堵坡、兜婆、偷婆、精舍、大精舍、塔庙、塔、塔婆，等等，后期常用的普遍性名词为“塔”。而且不仅佛教建筑用“塔”字，在儒、道、伊斯兰教中将高耸的宗教性建筑也称之为塔，如招引塔、风水塔、文峰塔等。各种名称皆有一定的历史来源及应用时期，辨明“塔”字的种种异名，了解其原委，可有助于理解古代中国的文献记载，也有助于了解中国佛塔的源流、演变及含义。

（一）浮屠

浮屠，又称浮图、佛屠，是梵语（Buddha）一词音译而成，亦可书成佛陀，即是“佛祖”的意思。中国最早出现的崇佛建筑的记载是汉献帝初平四年（公元193年）笮融在徐州所建造的“浮图祠”，已经出现浮字样，表示是一座供养佛陀的祠庙。史书描述该祠形象称，“以铜为人，黄金涂身，衣以锦采，垂铜盘九重，下为重楼阁道，可容三千余人。”这种供佛建筑是什么样式没有提及，仅知其顶部有铜盘九重。依据南北朝时期的单层塔的样式，可能是四方式的单层建筑，里边供养佛像。周围有两层的廊道周回，形成院落。

浮屠称谓多盛行于南北朝及以前的时期，后

来浮屠的词意有所转化，即不仅指佛或佛像，而扩展为供养佛像的建筑物（即佛精舍）而言。汉代佛教初传入中国，佛教宗教建筑物尚未建立起专用名词，泛以浮屠指供佛建筑是可能的。在北魏时期成书的《洛阳伽蓝记》中曾多次提用，如洛阳城内各寺庙中建有九层浮屠、五层浮屠、三层浮屠等。早期供佛的浮屠，从《魏书·释老志》中描述的早期佛教建筑洛阳白马寺的状貌来分析[①]，其形态为正方形多层建筑，实际是塔形的佛殿。《洛阳伽蓝记》中描述的北魏永宁寺九层浮屠，更详尽地说明该建筑的高度、平面、开间、户牖、宝瓶、承露金盘等细节，呈现出具体的形貌，就是一座楼阁式塔。因为佛教传入中国是从北印度转入大月氏、中亚，越葱岭至西域，而入中原，故早期佛教建筑更多地是受到大月氏的影响，这些地区的供佛建筑具有独立的特色，多尊佛像并列，每佛一龛，单层或多层，其造型与北印度的窣堵坡完全异趣，中国佛寺更多的信息是从西域传过来的。浮屠一词在后期不再使用，仅在民间俗语中提及，如“救人一命，胜造七级浮屠”，表示功德无量之意。

①《魏书·释老志》：“自洛中构白马寺，盛饰佛图，画迹甚妙，为四方式。凡宫塔制度，犹依天竺旧状，而重构之，从一级至三、五、七、九。世人相承，谓之浮图，或云佛图。”

②参见刘敦桢教授所著的《中国古代建筑史》第八稿第四章：“印度三世纪还出现了和婆罗门教的天祠建筑相类似的密檐塔，平面为方形或亚字形，玄奘在《大唐西域记》中称之为大精舍。”

（二）窣堵坡

窣堵坡是梵文Stupa一词音译而来，亦有译为塔婆（兜婆、偷婆）者，是从巴利文的Thupo一词音译而来。这种窣堵坡或塔婆建筑是指印度早期佛教的墓葬，其形制为高积土石，形成半球状的建筑，称为覆钵，下有圆形基座，上有宝匣与伞盖。窣堵坡中埋瘗佛的遗骨（舍利子），继而推广为掩埋佛的遗物（发、甲、钵、衣）等，以后亦在佛祖传教事迹中有纪念意义的地方，建立窣堵坡为念。印度著名的桑契大塔（Sanchi）即为典型的窣堵坡形制。该塔建于公元前250年阿育王时期，公元前2世纪中叶的巽伽王朝又加以扩建，形成高约16.5米，直径36.6米的覆钵形窣堵坡。覆钵用砖石砌筑，涂以白色灰泥。底部构了圆形砂石台基，双重扶梯及右绕甬道，上下两道仿木的石栏杆，即现在遗存的规模。公元前1世纪左右，又在大塔的四正面修建了四座牌坊式的塔门，满刻深浮雕，题材大多为佛祖本生故事。以后所建的窣堵坡多以此塔为蓝本（图5－1）。这种半球状的墓葬，实际为印度的传统墓葬方式，佛教出现以前的印度吠陀时期，诸王死后，即建有半球状的坟墓，即称之为窣堵坡。

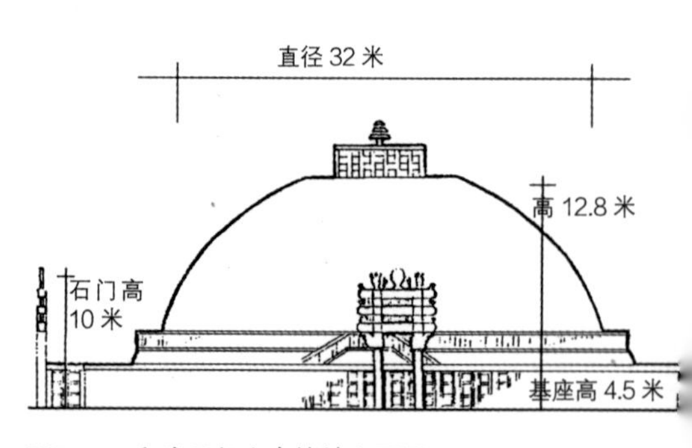

图5－1　印度桑契大窣堵坡立面图

严格讲，窣堵坡这类建筑物在中国是没有的。因为对窣堵坡的崇拜，是印度早期佛教尚未盛行佛雕像时的习尚，信徒首先是对佛的遗迹、遗物的崇拜，如出生处、成道处、说法处、涅槃处，及佛发、佛衣钵等。在建筑装饰题材上没有表示释迦的佛像，而以隐喻形象代表之，如白象表示诞生，铁钵表示巡锡，菩提树、金刚座表示成道，法轮表示说法，窣堵坡表示涅槃等。在这里佛骨、佛涅槃皆与窣堵坡形象有关。这是在公元前3世纪阿育王时期的状况。后来公元前后大月氏王迦腻色伽王占领克什米尔及西北印度，大兴佛教，为了争取佛教重心的转移，并雕造具有希腊风格的佛像，提倡佛像崇拜，形成名噪一时的犍陀罗艺术，繁盛的佛寺建筑压过了中北印度早期的佛教遗迹建筑。窣堵坡形式亦经改造，覆钵中部开龛造佛（图5－2）。以后又发展成为专门供养佛像而建造的佛殿建筑。

图5－2　印度奥兰加巴德阿旃陀石窟第29窟

而佛教传入我国是在佛祖涅槃五百余年以后，佛的遗骨、遗物，早已成为过去处理过的事，即便用虚妄的故事情节也很难说有大量的佛骨会带到中国、埋在中国。虽然后来传说印度阿育王弘扬佛法，将佛祖舍利子传布在世界各地，建立了48000座佛塔，中国也有阿育王塔19处，埋有佛舍利子，但具体的塔的处理及形制，皆无法确指，仅成为中国佛教徒向往的美丽传说。即是说窣堵坡式的原型佛塔，在中国并不存在。但是窣堵坡的形式在中国佛塔中仍有一定的影响，主要表现在屋顶及塔刹上。这种形式变化的原委，将在以后章节中表述。

（三）精舍

塔还有另一名称，即“精舍”。精舍的梵文称为毗诃罗（Vihara），为隐遁之意，也就是僧人的住处，释迦早期传法的住处，如祇洹精舍、竹园精舍等皆称为精舍。释迦涅槃以后，供养佛像的建筑也称之为精舍。唐玄奘所著的《大唐西域记》中记载其游历五天竺时，所见的当时佛教类似佛塔的纪念物，采用了三个名词以示区别，即窣堵坡、精舍、大精舍，从印度桑契遗址中也可看出这三种佛寺建筑（图5－3）。窣堵坡在前已解释，实为坟墓。而精舍按其描述为小型的供养佛像的建筑物，而大精舍为一种高耸的建筑，似中国意义的佛塔。在印度婆罗门教建筑中亦应用此式，称之为天祠。据专家推测，这种建筑可能是密檐式塔的滥觞[②]。所以说精舍就是供养佛像的建筑，与中国的佛殿的性质雷同。而后期中国佛寺中，以宫室式的佛殿为供养佛像的主体，而佛塔则异化为一种特有的佛教纪念建筑，形制已完全中国化。“塔”的称谓已成为约定俗成的民间概念，故印度的“佛精舍”概念无法在中国立根，中国的佛教典籍中很少使用精舍一词表示佛塔。

这种印度式的佛精舍的建筑艺术形象，因实例缺乏，无法具体描述。但按照早期印度佛教建筑大量吸收婆罗门教建筑形制来推测，估计中北印度与南印度会有不同，而且存在多种形式。中北印度流行的雅利安式可能是一种形式（即俗称天祠式建筑，呈梭形的高塔造型）。其他还有较矮小的多层檐的方形殿堂。公元7世纪玄奘游历印度时所见的鹿野苑精舍、佛陀伽耶精舍都是高塔形建筑，而且佛陀伽耶精舍前面还接建了一座重阁，其造型与印度婆罗门教的天祠建筑更为接近了。佛精舍形制对中国的影响，从佛教传播途径来看，应该说大月氏、西域诸国的佛教建筑对中国的影响更大。可惜这个地区完整的佛教寺院建筑实例全无遗存，仅有一些遗址，对研究探讨造成一定困难。但《洛阳伽蓝记》中所提到的"雀离浮图"是一个重要例证①。"雀离浮图"位于犍陀罗地区，是迦腻色伽王建立的伟大的崇佛建筑，历史上屡建屡毁。玄奘游学此处时，此"浮图"已毁，仅据传说追记之。根据最初记载，它是一座木构造的（是否为全木构造存有疑问），方形平面，高13层的楼阁式建筑（也可理解为有13层檐的佛殿建筑），内部供养佛像。顶部有刹柱及13层金盘。规模巨大，像设庄严，华丽非凡。北魏时期的僧人道岳及惠生都到过此地，并做了详细的记录，因此会对中国的佛精舍设计产生重要影响。

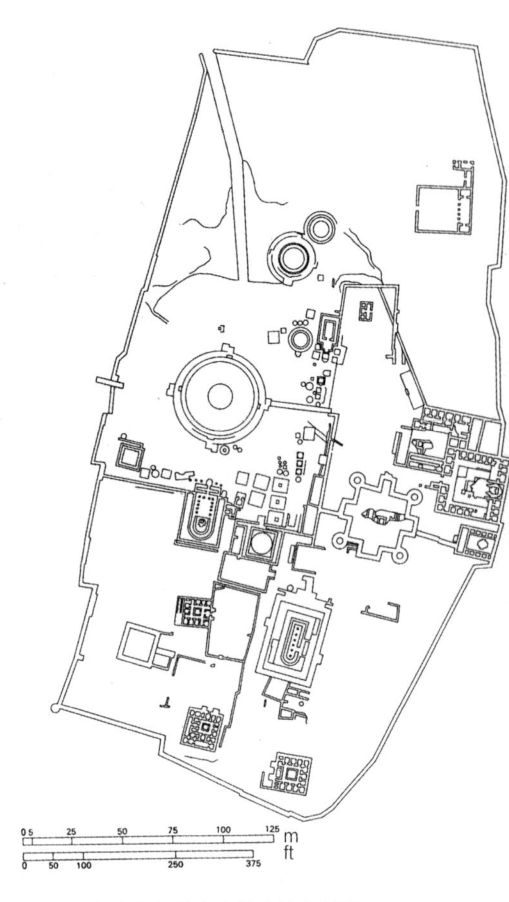

图5－3　印度桑契佛寺建筑遗址布置图

（四）塔

汉代《说文解字》中无"塔"字，说明此字是后来创造的②。约在晋代开始出现"塔"字，以明确标示这类高层的佛殿，尤其在南方更为盛行。"塔"字的出现约在晋代，可能是出于译经的需要。魏晋之际，佛教高僧翻译经书除了集中在长安、洛阳以外，大部在建业（今南京）及江陵等南方寺院。在过去研究者中皆公认"塔"字是从窣堵坡，梵文称stupa一词音译而来，亦有译为塔婆者，是从巴利文的Thupo一词音译而来，可能更接近塔的读音。南北朝时"塔"字已在很多场合使用，已有代替"浮图"一词的趋势。

东晋僧人法显西行求法，路过于阗国（今于田县），见"彼国人民星居，家家门前皆起小塔，最小者可高二丈许"。法显著述中首先使用了"塔"字。根据书中对其他寺院建塔的描述，这种塔可能是窣堵坡式塔。隋

①《洛阳伽蓝记》卷五・城北："乾陀罗城东南七里，有雀离浮图……去地四百尺……塔基三百余步……从地构木……悉用文石为阶砌，栌栱上构众木，凡十三级。上有铁柱，高三百尺，金盘十三重，合去地七百尺。"

②《一切经音义》，"塔字诸书所无，唯葛洪《字苑》云'塔'，佛堂也，音他合反"。

③《僧祇律》，"真金百千担，持用行布施，不如一团泥，敬心造佛塔"。

④《中国建筑史》，1989年高等学校教学参考书，P100。

⑤关于汉末笮融所建的浮屠祠的文献记载略有出入。晋陈寿所撰写的《三国志》刘繇传称："……垂铜盘九重，下为重楼阁道，可容三千余人。"而晚于陈寿时代的南朝宋范晔所撰的《后汉书》陶谦传称："……上累金盘，下为重楼，又堂阁周围，可容三千许人。"二书中所述的"重楼"，是指祠庙，还是阁道，并未确指。

唐以降，“塔”逐渐成为这类高层或单层建筑化的供佛建筑的通用名词，而不是指覆钵式的窣堵坡。从云冈石窟第2窟、第6窟、第51窟及《洛阳伽蓝记》中所描述的北魏佛塔内部皆供养佛像，说明中国佛塔开始阶段是为供佛而设的，是佛寺的主体建筑。中国建筑史学术论著中称中国早期佛寺布局是以塔为中心的廊院制布局，正是反映出当时的状况。当然在南方确实也出现了一批以埋藏舍利子而建置的舍利塔，也是体现了对佛祖遗物遗体的崇敬。在以后中国式样的宫室式佛殿出现以后，佛塔按自己特殊的方式发展，扩展了不少其他内容。如埋藏舍利（舍利塔）、墓葬（墓塔）、登高（瞭敌塔）、海运标志（镇海塔）、文运（文风塔）等，成为一种特殊的建筑类型。在漫长的佛塔发展历史中可以证实，各种形制之塔是受佛教及世俗的各类建筑物形式的影响而形成的。虽皆名为塔，实则含有多元的含义。

在佛经上阐明，佛塔为信徒祈福的大功德[3]，它已经跳出早期作为供养纪念物的范围，因此极大刺激了这一类型建筑的发展。而且佛塔的实用性要求限制少，纯以宗教感情祈求福报，不惜重资，以示华美。同时砖、石、木、铁、泥并用，选材广泛，造型上力求标新立异，面貌多样化，同时在佛塔选址上，多结合自然环境，山间、水际、高阜、平川成为整体环境不可分割的部分，可以说佛塔是中国古代建筑史上独具风格的一枝奇葩。

有关佛塔的分类可以从不同角度去划分。从使用材料上进行分类，计有木、砖、石、铁、铜、金、泥、陶、琉璃等不同材质的塔。也有从用途角度进行分类的，计有佛塔、墓塔、舍利塔（又分生身舍利塔、法身舍利塔）、风水塔、文峰塔。较普通的是按形制的分类，最早鲍鼎先生将佛塔分为三类：即楼阁型、砖塔型（密檐式）、石塔型（单层塔）。研究中国古代建筑史的专家经常按其艺术形式将中国古代佛塔划分为五类，即楼阁式塔、密檐式塔、单层塔（又称龛庐式塔或亭阁式塔）、喇嘛塔（又称覆钵式塔或瓶式塔）及金刚宝座式塔[4]，其中以楼阁式塔为大宗。在五类佛塔的基础上又派生出许多其他类别。这五类佛塔的形成在我国经历了较长的历史时期，除后两类形成较晚以外，其余类型在宋代之前技术上就已经很成熟，并有遗留至今的较多的实例，其现状形貌已为人所熟知。至于这五类中国佛塔是如何将印度佛塔经中亚西域传入中国，并形成中国式的佛塔，是个很有研究价值的问题。但因为历史久远，史料缺乏，这个过程至今有许多问题尚未梳理清楚。

二、楼阁式塔

（一）塔形探原

楼阁式塔是一种多层的建筑，逐层叠垒，状如多层楼阁。每层塔身都可分为若干龛室，龛内有佛像，并有瓦檐保护。早期为土木结构或砖木结构，以后多为砖石结构，使之更为坚固耐久。据文献记载，东汉献帝初平四年（公元193年）笮融在徐州建造浮屠祠，此祠是否为两层木构楼阁式佛塔，不能确认，根据周围为重楼阁道围护，有可能是两层建筑[5]。两晋南北朝时期楼阁式塔有了较大发展，公元467年北魏献文帝在平城（今大同市）建造了7层的永宁寺塔，公元471年南朝宋明帝在建康（今南京市）湘宫寺建起两座5层的木塔，公元489年南朝齐武帝又建禅灵寺七层木塔，公元516年北魏孝明帝在洛阳建造了举世闻名的九层木浮屠——永宁寺塔，其高度“自露盘下至地四十九丈”，可称达到楼阁式塔的高峰。隋唐之际继续建造了不少木构楼阁式木塔，如长安城内的大庄严寺木塔及大总持寺木塔。同时期也有用砖石建造的楼阁式塔，以迄宋辽时代大部分楼阁式塔多为砖石建造。

早期木制楼阁式塔都已不存，探讨其具体形象，只能借鉴于石窟雕刻及壁画中的佛塔状貌。其外观形象可归纳为如下几个特点：平面正方形；每层间数及开间相等；虽然逐层面阔收进，但每层间数不变；每间设一佛龛，龛内设佛像；每层有外廊或无外廊，但无平坐，这种形制特征是很标准的，应该说这类浮雕石刻塔形，肯定会有早期建筑原型作为模仿对象（图5－4、图5－5）。

关于这类楼阁式塔的起源有几种推测。（1）20世纪30年代国内建筑史学者认为它是由“中国多层楼阁顶上加一个印度式窣堵坡的塔刹”而形成的[①]。主体建筑是我国自汉代以来盛行的传统的重楼，受印度影响部分仅为顶上的刹，即窣堵坡。这种观点一直持续到20世纪60年代后，历次编辑古代建筑史的稿本中沿用这个观点。（2）1964年刘敦桢先生编写的《中国古代建筑史》曾提到“公元前后，犍陀罗地区的窣堵坡台座部分增高

图5－4　山西大同云冈石窟第39窟中心塔柱

图5－5　山西大同云冈石窟第6窟五重塔雕刻

①参见《中国营造学社汇刊》六卷四期《唐宋塔之初步分析》鲍鼎著文：“佛塔的第一类型，亦可称为楼阁形，……此种塔实为中国固有楼阁之变形。”
《中国营造学社汇刊》四卷第三、四期《云冈石窟中所表现的北魏建筑》，梁思成，林徽因，刘敦桢著文：“而汉刻中，重楼之外，陶质冥器中，且有极类似塔形的三层小阁，每上一层，面阔且递减。故我们可以相信云冈塔柱，或浮雕上的层塔，必定是本着当时的木塔而镌刻的，决非臆造的形式。”“中国楼阁向上递减，顶上加一个窣堵波，便为中国式的木塔。”
《中国营造学社汇刊》四卷一期《复艾克教授论六朝之塔》刘敦桢著文：“故笮融所建之楼，与其谓为受西方影响，勿宁谓为中国式楼阁之上，饰铜盘九重，乃浮图华化之绝好资料，较为适当。”

②刘敦桢．中国古代建筑史．中国建筑工业出版社，1980:84.

③《中国建筑技术史》未完稿，第四章第二节，砖塔的发展及其技术。

④《云冈石窟中所表现的北魏建筑》，《中国营造学社汇刊》四卷第三、四期：“因佛教的传布，中国艺术固有的血脉中，忽然渗杂旺而有力的外来影响，为可重视。且西域所传入的影响，其根源可远推至希腊古典的渊源，中间经过复杂的途径，迤逦波斯，蔓延印度，更推迁至西域诸族，又由南北两路犍驮罗及西藏以达中国。”

至二三层，覆钵、宝匣和相轮等相对的缩小。这时印度出现小型窣堵坡，覆钵部分也增高，平面改为前方后圆，单层，内供佛像，即玄奘称的精舍……塔的功能、结构和形式，结合中国建筑的传统，创造了中国楼阁式木塔……原来的窣堵坡缩小了，安置于塔顶之上，称为刹”[②]。刘先生虽然提到了窣堵坡的演变，但仍认为楼阁式塔为传统楼阁与窣堵坡的结合产物。虽然提出精舍的概念，但认为是单层塔，没有明确其与楼阁式塔的关系。（3）近年来有的同志认为“中国的塔实际一开始就比较接近精舍的概念”“精舍……与作为坟墓起源的窣堵坡用意不同”[③]，而且认为新疆一带的方形基坛上加穹隆顶的塔庙形式为中国砖塔的较早的模型。但对于早期楼阁式木塔的渊源未有明确解释。（4）也有的同志认为楼阁式塔和密檐式塔，不是塔，而是仿印度供奉的楼阁式殿堂，所以在早期人们叫这种楼阁式殿堂为浮图、浮屠、佛屠等，而不叫塔。这就提出了一个新概念，摆脱了窣堵坡的演变说，可惜没有提供印度楼阁式殿堂是什么样子以及进一步的阐述。

认为楼阁式塔是从中国固有的木质楼阁演变而来，从发展角度看，没有发现过渡性的实例。而且从北朝石窟中所表现的这种塔形是实心的，不可登临的，所以初期的佛塔不是木制楼阁的概念。因此其塔形源流尚有推测研究的必要。按照早期佛教传入中土之路径，因受喜马拉雅山的阻隔，是经犍陀罗地区（今巴基斯坦北部及阿富汗地区），经中亚及新疆、河西走廊，而入中原。因此上述地区有关的佛教崇拜物的实例应当得到关注。对佛教建筑东传的途径，梁思成、刘敦桢先生在研究大同云冈石窟时即有如此估计[④]。

公元1世纪的后半期，大月氏贵霜王朝的迦腻色迦王大兴佛教，并受希腊文化的影响，创制释迦造像，开始了佛像的崇拜。佛像的出现直接影响了圣物崇拜的窣堵坡的形制，以及专门供养佛像的佛殿。早期印度窣堵坡的覆钵体呈半球形，状如倒扣的食钵，上有宝匣及伞盖，伞盖为单盖，并未形成多层相轮。覆钵下有圆形基座，塔周有栏楯围护，四正面有入口及石牌坊（图5－6）。而犍陀罗时期的窣堵坡，台基大都为四方形，台基四周侧墙上有雕像。台基上为圆柱形塔身，圆柱面上下有几圈浅龛，龛中有佛像，龛楣为尖拱、圆拱、梯形等数种。塔身向上为覆钵丘，较印度的覆钵更瘦高，再

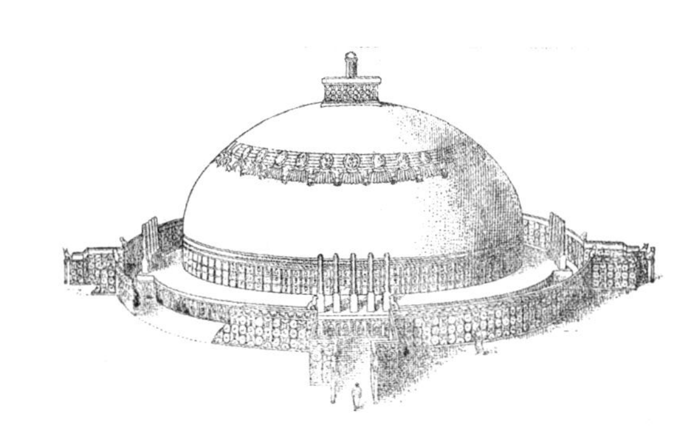

图5－6　印度阿玛拉瓦提大塔复原图

图5－7　犍陀罗地区佛塔 哈达覆钵塔线图 引自《中国石窟考古概要》

上有相轮数重。塔周没有栏楯和塔门，故浮雕多放在台基四周侧面及柱状塔身上。浮雕题材有佛传故事或是佛像。有关犍陀罗的佛塔有数例可参考。如哈达地区残存的覆钵塔（图5－7），下两层为方形基座，再上为两层圆形塔身，再上为已残毁的覆钵丘，整体形象呈高瘦之状。又如在罗里延唐盖出土的供养石雕塔（图5－8），下为方形基座，上为3层圆形塔身，再上为刻有莲瓣的覆钵，其上的宝匣变为倒梯形，再上为6层相轮，逐层收缩，呈圆锥状。基座及塔身上皆刻满了佛像及佛传故事雕刻。在公元2～4世纪在犍陀罗地区，还出土了类似上述形状的佛塔（图5－9、图5－10）。最值得注意的是，现藏于巴基斯坦白沙瓦博物馆，在公元2～3世纪出土的一座石制的小佛塔（图5－11）。它的方形基座有3层，逐层缩小，每层四角有石柱顶托，基座壁上刻满佛像雕刻，基座上的覆钵丘缩小很多，顶上的平头及相轮已失。该佛塔与印度原状的窣堵坡的形象完全异趣，这座小塔的造型最有可能是楼阁式佛塔的先声。犍陀罗佛塔的变化，首先表现在对方形台基的重视，不仅增高，甚至达数层，四周壁面布满佛像雕刻，更有艺术表现力。而覆钵变得瘦长，体量缩小，减弱了它在全塔构图中的比重，其上并出现倒梯形座及数层相轮。即矮宽的窣堵坡向高瘦方向发展，呈现出新的面貌。

图5－8　犍陀罗地区石雕供养塔 罗里延唐盖出土

图5－9　公元2～4世纪犍陀罗地区出土的窣堵坡

图5－10　犍陀罗地区穆赫拉穆拉杜寺中出土的窣堵坡

图5－11　公元2～3世纪石制小窣堵坡 巴基斯坦白沙瓦博物馆藏

图5－12　新疆疏附莫尔佛寺遗址

图5－13　新疆库车苏巴什佛寺东寺遗址

图5－14　新疆洛甫县热瓦克佛寺佛塔 约南北期时期

这种演进的犍陀罗式的窣堵坡塔型，也影响到了新疆地区。如新疆喀什疏附县的莫尔佛塔即为一例（图5－12）。该塔建于公元5～6世纪，全为土坯砖砌筑，残高11.58米。塔基为方形，共分3层，逐层收缩。上为卵圆形的瘦长的覆钵丘，顶部相轮已残毁。总观全貌与犍陀罗式佛塔完全类似。又如库车地区的苏巴什佛寺西寺的佛塔亦为类似形制（图5－13）。在唐代，库车曾为安西都护府的所在地，十分繁盛，公元9世纪时城毁。该塔估计建于唐代，全为夯土建造，基座似为3层，因日久冲刷已成斜坡状，基座上为卵圆形覆钵，仅余半体，塔刹全失。最有特色的是在南部设一坡道，可以直接登上塔基座的顶部，这种做法在犍陀罗的实例中亦曾出现过。此外，新疆的民丰县的安迪尔古城遗址、洛甫县的热瓦克佛寺遗址等，亦有类似的佛塔遗存，说明其影响范围是比较广泛的（图5－14）。

高耸的窣堵坡的塔形也影响到河西地区，新中国成立前后在敦煌、武威、酒泉、吐鲁番一带，发现一批北凉时期（公元396～439年）的石制小供养塔，是最直接的实证物。这批石塔造型类似，皆呈圆桶锥状，像一颗炮弹。基座两层，为八角形转圆形，侧壁刻佛像及佛经经文。上为高瘦的覆钵丘，丘体八面刻佛像，丘顶部浅刻莲瓣，再上为数层相轮。虽然塔型为炮弹形，以适应殿内供奉条件，但塔体各层的安排与犍陀罗的塔式完全一致。最典型的为建于承玄元年（公元428年）的高善穆供养塔（图5－15）。北凉虽然存在时间不长，但佛事兴盛，名僧辈出，其佛教建筑亦应有相当规模，可惜俱已不存，仅余20余座小石塔可为参考。此外，在武威地区出土的小供养塔，亦有方形3层的塔型，与新疆的实例相似，故多层楼阁式塔雏型的传播路线是有线索的。

新疆地区气候干旱少雨，佛塔皆为夯土或土坯砖砌筑的，佛像亦为泥塑抹灰制作，与犍陀罗的佛塔为砖石制作不同。现存的吐鲁番的台藏塔，及高昌故城的佛塔残留遗迹，皆为方形多层列龛的土坯叠置的塔身，塔顶已毁，层间有木椽洞，是否有木檐不详（图5－16、图5－17）。但佛塔传入河西及晋陕地区，该地雨量增多，为保护土制的各层基台，需要在各层基台顶部加设防水瓦檐，使外观形成带檐的各层塔身，顶部覆钵体量缩小，上为金属相轮，构成初期以土砖塔身为主体的楼阁式塔。这类土构之佛塔，在中原地区很难保存，故尚无实例遗存。在敦煌石窟第254窟南壁绘有一座北魏时期的土构佛塔，塔高3层，塔身每面开设龛室，内置泥塑佛像一尊，塔体似以白灰抹面，每层皆有瓦檐，顶上有覆钵及相轮，并有佛幡飘扬在刹顶（图5－18）。敦煌石窟壁画中亦有单层土构佛塔的画面（图5－19）。也有的土身塔不设瓦檐，而以木板挑出，板沿加设叠角状垂幔，亦有遮阳避雨之效，在云冈石窟中亦有类似的佛塔雕刻（图5－20、图5－21）。

图5－17　新疆吐鲁番高昌故城佛塔

为了加固土质塔身，开始在每层四角设立木柱，木柱间肯定有枋木联结，塔身中心应有塔心柱，以承托塔顶的相轮。至于木柱与塔心柱是否联结，尚无法断定。柱枋的设置确实可以增强土质塔身的稳定性。具有角柱加固的佛塔中以曹天度造像塔为最鲜明的事例。该塔建造于北魏天安元年（公元466年），为一石造供养塔，为献文帝的小臣曹天度为全家祈福

图5－15　北凉高善穆石塔（承玄元年，公元428年）酒泉出土

图5－16　新疆吐鲁番台藏塔 公元6～7世纪麹（qū）氏高昌时期

图5－18　甘肃敦煌莫高窟第254窟南壁萨捶太子本生故事画中的佛塔 北魏

图5－19　甘肃敦煌莫高窟第257窟南壁绘单层塔，塔顶上有三宝珠象征佛教三宝，覆钵上的平头变为两端高起北魏时期

图5－20　山西大同云冈石窟垂幔木檐佛塔 北魏时期

图5－21　山西大同云冈石窟第1窟中心塔柱的垂幡挑檐 北魏时期

出资建造。原供在山西朔县崇福寺弥陀殿内，塔身现存台北历史博物馆，塔刹存在大陆。该塔又称千佛石塔，因在9层佛塔的各层塔壁上雕刻有佛像1400余尊。该塔每层角部有一方形石柱，柱身上刻有纵列佛像，檐下有凸出的挑梁头，以承出檐，表现出以角柱加固塔身的设计意匠，并以千佛装点全塔表面，成为一件雕刻艺术品（图5－22、图5－23）。

较大的土坯塔的塔身开始采用分间的壁柱，以巩固土坯塔身，也可能与塔体内的构造柱枋相联系，成为土木结构的初级阶段（图5－24）。为了塔身的防雨，而将角柱外移若干，柱间并有额枋、檐槫、斗栱、人字栱组成的纵架相联，增加了木构架的成分，进而加深了出檐的距离，增进了防雨效果（图5－25、图5－26）。上述几种楼阁式塔的模式，是次第出现，还是同时异地出现，皆有可能。但只适用于小型的，三五层的，层高矮，占地面积小的土质塔身佛塔。当建造更高大的，占地面更广的佛塔时，上述形制则不能满足设计要求。新的成熟做法就是在土质塔身外增加一间廊步，环绕周匝，并有分间列柱，纵架梁枋。廊步上铺设楼板，有楼梯可攀登上楼，柱间开设门窗装修，初步显露出木制楼阁建筑式样，故老百姓一般称之为“木塔”，实际为土身木廊塔，最明显的例证为北魏时期建造的洛阳永宁寺塔。

图5－22　曹天度九层供养石塔（北魏天安元年，公元466年）；现藏台北历史博物馆

总而言之，楼阁式塔是印度的窣堵坡，经犍陀罗地区的瘦化，并加高塔基层数，缩小覆钵，增加相轮等的发展变化，成为高峻的塔形。传入西域改为土质佛塔，将数层塔基融入塔身，将覆钵顶托在上。传入中土以后，增加了瓦檐、廊步、纵架、装修等木构架，形成中国式的楼阁塔。雕饰有诸多佛像的多层塔基，演变为塔身，而作为印度窣堵坡表征的覆钵、相轮等进一步缩小，置于塔顶，成为佛塔的标示性的饰件。同时也可理解，为什么早期楼阁式塔平面皆为方形，因其是从基座变化而产生的。中国楼阁式塔虽源于窣堵坡，但形式却别于窣堵坡，这是形式异化的一般规律。对楼阁式塔的源流作如此之推测，是否合理，尚须进一步考证。

图5－23　曹天度九层供养石塔塔刹 现藏山西朔县崇福寺

（二）北魏时期的永宁寺塔

北魏时期在首都洛阳所建的九层永宁寺塔是一座伟大的建筑，表现了公元6世纪时中国建筑技术高度水平。北魏永宁寺塔是当时最大最高的佛塔，也是历代中国最高的佛塔，文献记载，“去京师百里，已遥见之”，形容其高伟之貌。该塔为北魏熙平元年（公元516年）灵太后胡氏所立，神龟二年（公元519年）建成，历时三年。可惜在永熙三年（公元534年）被雷击起火而焚毁，仅存在了十八年。在历史文献中对该塔多有较详细的著录。《洛阳伽蓝记》卷一记载，“永宁寺，熙平元年灵太后胡氏所立也，……

①中国社会科学院考古研究所 北魏洛阳永宁寺1979～1994年考古发掘报告. 中国大百科全书出版社，1996.

图5－24　山西大同云冈石窟第39窟分间排列塔柱

图5－25　山西大同云冈石窟第2窟中心塔柱角柱外移

图5－26　山西大同云冈石窟第6窟塔柱角柱外移

中有九层浮图一所，架木为之，举高九十丈。上有金刹，复高十丈，合去地一千尺。……刹上有金宝瓶，容二十五斛。宝瓶下（疑为上之误）有承露盘一十一重，周匝皆垂金铎。复有铁鏁四道，引刹向浮图四角，鏁上亦有金铎。铎大小如一石瓮子。浮图有九级，角角皆悬金铎，合上下有一百三十铎。浮图有四面，面有三户六牕，户皆朱漆。扉上各有五行金铃（钉），合有五千四百枚。复有金环铺首。殚土木之功，穷造形之巧"。《水经注·谷水》称"水西有永宁寺，熙平中始创也，作九层浮图，浮图下基方一十四丈，自金露柈（盘）下至地四十九丈。取法代都七级，又高广之"。《魏书·释老志》称，"肃宗熙平中，于城内太社西，起永宁寺。灵太后亲率百僚，素（表）基立刹。佛图九层，高四十余丈，其诸费用，不可胜计。"在诸多记载中，对该塔高度陈述有异，应以水经注作者郦道元的记载较为可靠。塔高49丈已达120余米以上，可称木构建筑的极限。另外作者为北魏时期的士人，可以亲见该塔，所记应该属实。该塔设计者为殿中将军郭安兴，他的生平事迹在文献中并无记载，十分可惜。

自1962～1979年期间，中国社会科学院考古研究所对该塔遗址进行了科学发掘，进一步确认了佛塔第一层的有关数据。该塔的地下基础深2.5米，约100米见方。地上塔基台高2.2米，长宽皆为38.2米见方，基台四正面设有斜坡慢道。基台上有124个方形柱石柱础。柱础按内外五圈正方形布置。最内一圈为16个，4个一组，布置在四角；第二圈12个，每面4个，为三开间；第三圈20个，每面6个，为五开间；第四圈28个，每面8个，为七开间；第五圈为最外边的檐柱，共48个，每边12个，角部为双柱，为九开间。第四圈以内为土坯砖垒砌的方形实体，残高3.7米。实体的东、西、南侧壁的当中五间，残存佛龛遗迹，两侧尽间无佛龛。北侧壁无佛龛，但存有壁柱遗迹。第五圈柱间有残墙，厚1.1米，可能为窗下槛墙，内壁涂粉，外壁涂朱。遗址区域内出土了陶质石质建筑材料，如砖瓦、石础、阶石、铺地石、石螭首等，以及诸多大小佛像残块[①]（图5－27、图5－28）。发掘的数据使我们掌握了佛寺位置、平面规模、开间柱距、门窗设置等的真实情况。这些虽然仅限于首层的平面数据，但根据基台长宽为38.2米，按魏

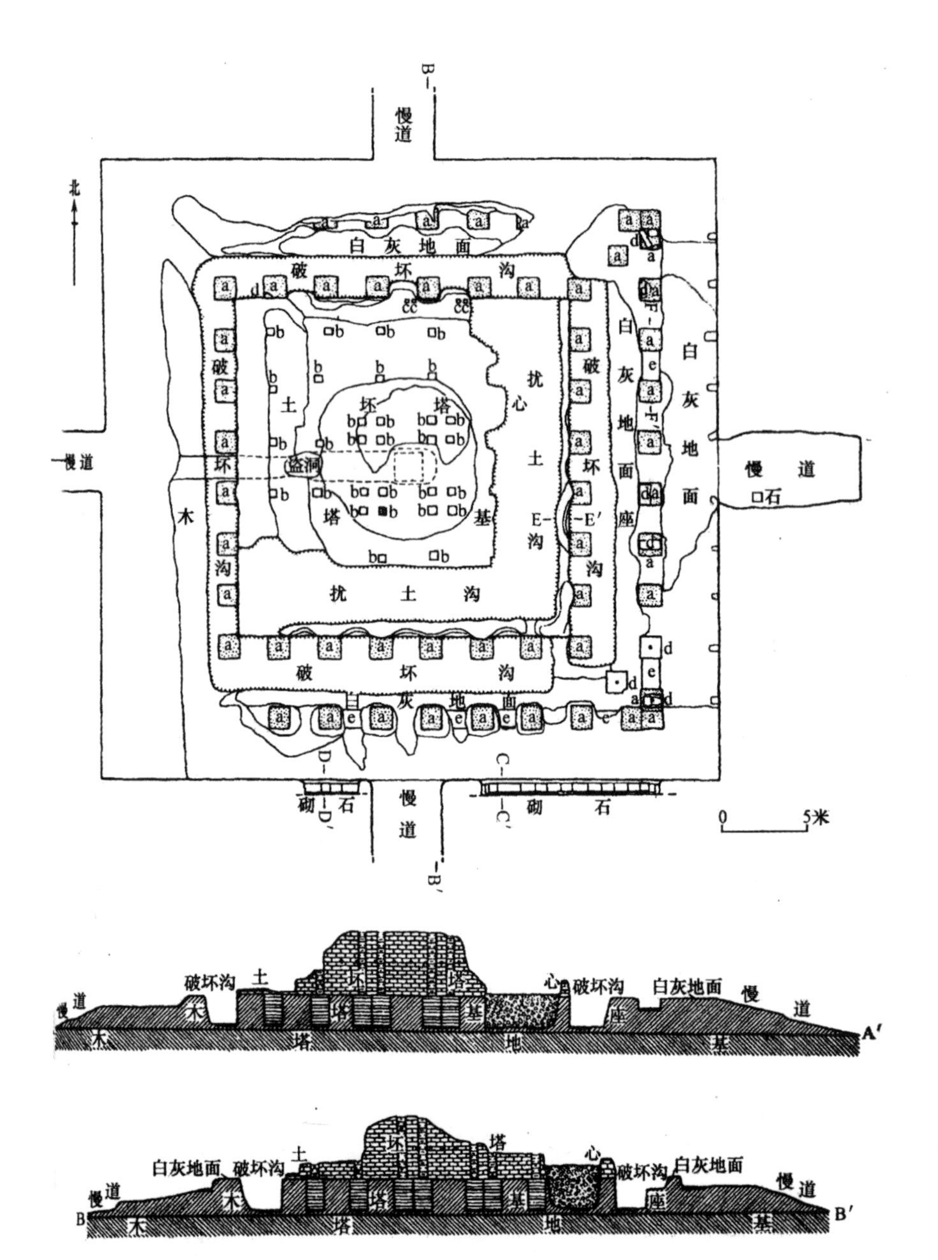

图5－27　永宁寺塔平面图与剖面图 引自《文物》1998年5期

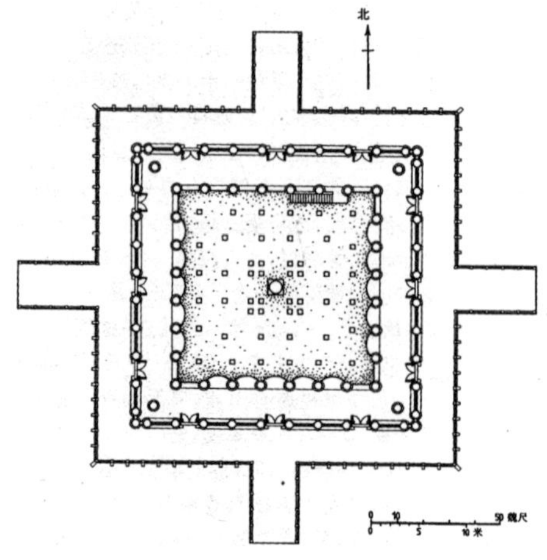

图5－28　北魏洛阳永宁寺平面复原图 引自《文物》1998年5期

尺为27.27厘米折算为14丈，与《水经注》的尺寸相合。因此，《水经注》所述的高度也是可信的，即49丈高，约为133.62米，等于40多层的高楼，实在惊人。

对这样一座伟大的建筑，大家皆希望能有更形象的资料，以加深对它的理解，这也是中国建筑史研究中对南北朝时期建筑的一项空白。因此多位专家依据文献记载及考古发掘的成果，对永宁寺塔进行了复原研究。杨鸿勋先生曾于1992年著文论述此塔[①]（图5－29）。著者认为塔高采用《水

①杨鸿勋．关于北魏洛阳永宁寺塔复原草图的说明．文物，1992，7.

②钟晓青．北魏洛阳永宁寺塔复原探讨．文物，1998，5.

③王贵祥．关于北魏洛阳永宁寺塔复原的再研究．中国古代佛教建筑研究论集．清华大学出版社，2015.

图5－29　永宁寺塔复原图 引自《文物》1992年9期

经注》中所论述的49丈为合宜。结构为土木混合结构，中间土坯砖砌体以周圈木柱梁枋加固，形成巨大的中心刹柱体作为结构的主体。外檐四角并有依柱而立的楼阁式小塔。每层九间，各面皆有三门六窗。其造型类似崇福寺所藏的曹天度造像塔，有“西域砖石塔原型那种浑厚的风韵；艺术风格上也带着外来文化的明显特征”。有关全塔各层高度、收分比例、结构构造等细节没有论及。

钟晓青先生于1998年亦著文论述此题[②]。在文献及发掘报告的基础上，着重谈了该塔的高度、各层开间、收分比例、构架及局部构造等（图5－30、图5－31）。佛塔高度仍取《水经注》的四十九丈的数据。在确定开间及柱高的数据时，引进了材分概念，以及用整数魏尺（一魏尺为27.27厘米）来验算。各层开间以0.5魏尺递减，各层层高大约以1.5魏尺递减，以形成各层微小的收分。另据该塔各层有门，因此必有平坐在外，故每层结构分为三段：即柱高、铺作高、平坐高，并作出檐部的构造图，出檐外挑为偷心双抄华栱，上托令栱及檐枋，是仿北齐时代石窟的窟檐斗栱。因各层面阔、开间收缩，故各层柱脚并无对位关系，需设地脚圈梁（地栿）承托（图5－32）。细部设置为各层三门六窗，扉列金钉，五行五列。刹顶之上依次为须弥座、受花、覆钵、平头、露盘、刹柱及宝珠。并依此作出立面及剖面的复原图。并认为洛阳的永宁寺塔较平城（大同）的永宁寺塔更为纤细、繁密，可能是受南朝建筑的影响。同时也指出所据的原始资料有限，复原设想存在不确定性，但通过复原研究，对历史建筑的技术及风格的演变，会有补益。

近期清华大学王贵祥教授亦对该塔复原进行了研究[③]（图5－33、图5－34）。其研究的重点在于全塔造型比例的推测，设定首层柱高为3.5丈（按1魏尺为27.29厘米计算），按唐宋塔全高为首层柱高的倍数规律，推算塔刹以下至首层地面为14个

图5－30　永宁寺塔立面复原图 引自《文物》1998年5期

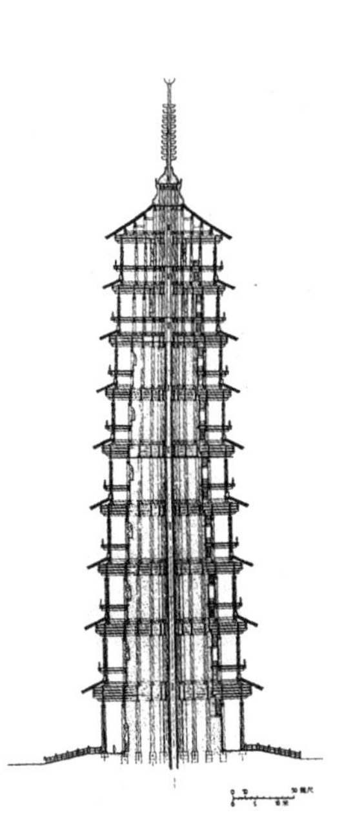

图5－31　永宁寺塔剖面复原图 引自《文物》1998年5期

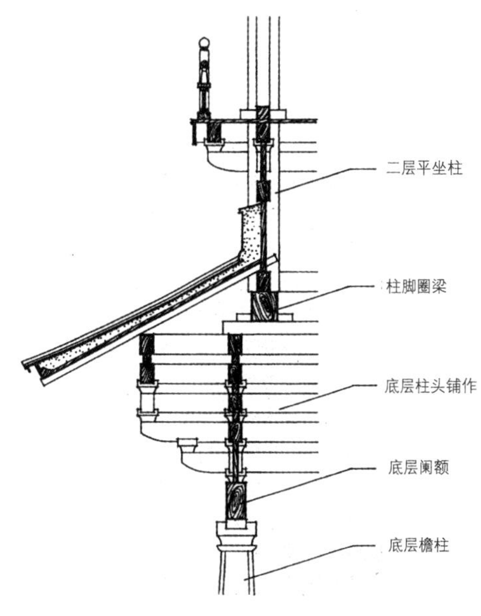

图5－32　永宁寺塔构造图 引自《文物》1998年5期

图5－33　北魏洛阳永宁寺立面复原图 引自《关于北魏洛阳永宁寺塔复原的再研究》

柱高，计为49丈，与《水经注》的记载相符合。每层柱高逐步递减2魏尺。并按唐宋的规制确定了斗栱铺作及平坐柱的高度。至于各层的开间仍按1.1魏尺计算，各层不变，以保持各层柱位基本对位。为了形成全塔立面的收分，至第三层减去附加角柱小间的尺寸，仍保持九开间的面阔，至第八层逐渐缩小两侧尽间开间的尺寸，至第九层收缩为七开间，完成全塔的收分比例。至于檐下构造细部，仍用出三跳斗栱承托撩檐枋的办法承挑出檐，柱间以三条间枋形成铺作的“槽”，具有唐风特点。至于塔心土坯砖砌体内的木架构造，及土坯砌体各层的平面尺度，尚未提及。

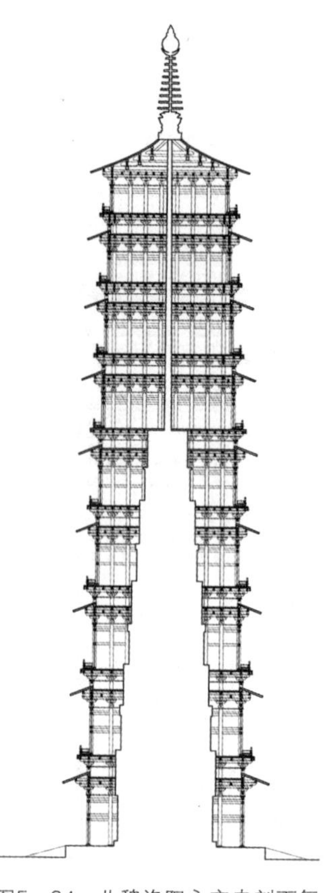

图5－34　北魏洛阳永宁寺剖面复原图 引自《关于北魏洛阳永宁寺塔复原的再研究》

对于永宁寺塔的复原研究，经专家多方探索以后，其概貌已基本显现出来。但仍有一些问题需进一步研讨。最重要的是该塔的构架形制应如何估计。南北朝是汉代至唐代之间的过渡时期，是建筑由土木混合结构向纯木构转化的时期，应该说此时的木构技术虽然有所发展，但尚未完全脱离对土墙土墩的依赖，木构技术是不完善的。因此不能够用比它晚500余年宋代的概念去推测。傅熹年先生在《中国古代建筑史》第二卷的论述中，即提出此概念[①]。“唐代以前，甚至一些大型宫殿也属于土木混合结构，而非全木架房屋。……大约在盛唐以后至宋代，宫室、官署、大宅第、寺院才基本采用了全木构架建房屋。用木构架代替土木混合结构建造宫室、官署、大宅第、寺院等，是一个漫长的过程”。并提出此时构架的五种渐进的形制，其中的第三型构架应是建造永宁寺塔时期流行的构架[②]。这种架式虽然横向稳定性差，但两山有厚墙夹持，依然坚牢。用在佛塔上，因为四方形平面可增加每面构架的稳定。南北朝的建筑构架在学术著作中称为“纵架”，以有别于以后按间前后设置的“横架”。为保持檐部各柱间的稳定，设置纵架的特点是在柱头大斗之上设横楣（额枋），横楣之上设一斗三升斗栱，栱间设人字叉手，再上又为一道横楣，上承屋檐（图5－35）。在许多石刻中，没有表现出与内檐相联系的梁头位置，估计是在纵架的横楣之上。因此在推测该塔构架时应重视纵架的表现。再有，关于塔心土砖砌体的构造，内部应按分间要求布满柱枋，特别要加强对塔心柱的夹持固定，塔心砌体与外檐柱之间只有一间进深，随各层升高而渐小。塔心砌体可直达第九层，这样就符合楼阁式塔是由土塔加设廊檐的发展规律，同时对中心刹柱也是最有力的加固措施。假如上四层终止砌体，则塔心柱高六七十米，裸露在外，对其接长、稳固的技术措施将十分复杂，这也是土坯砌体接续到顶的原因。文献记载，神龟元年永宁寺塔建到九层时，灵太后“寻幸永宁寺，亲建刹于九级之基，僧尼士女赴者数万人”[③]。亦说明土坯塔

①傅熹年. 中国古代建筑史第二卷. 中国建筑工业出版社，2001：277.

②傅熹年. 中国古代建筑史第二卷. 中国建筑工业出版社，2001：887.

③《魏书》卷十三·宣武灵皇后胡氏传

图5－35　太原天龙山第16窟窟廊

心已接筑至塔的最高层。此外，有些细节亦值得推敲，如《洛阳伽蓝记》中称该塔“有四面，面有三户六窗，户皆朱漆。扉上各有五行金钉，合有五千四百枚”。按此，则各层门扉上皆有五行五列金钉，但若按全塔收分比例，至第九层的开间约为2米，每扇门扉宽不足1米，如何容下五列金钉。显然是杨衒之是按首层金钉计算出的数字，并非实际观测得出。这又使我们对各层的开间数目及尺寸产生疑问，是否各层皆为九开间。总之我们希望对永宁寺塔复原问题，有更多的探索，逐渐接近真实。

南北朝时期是佛教在中国大发展的时期，但此时期重要佛教建筑的佛塔实例已无遗存，是建筑史中的一段空白。通过对永宁寺塔的探讨，及对同时期的石窟雕刻分析研究，使我们对这个时期佛塔有了初步的印象。重要的参考资料就是山西大同云冈石窟中的佛塔雕刻。其反映的佛塔大部分是楼阁式塔，说明当时信徒竞相以高大宏伟建筑来表示对佛祖虔诚崇拜之意。石窟中的石雕塔包括两种形式：其一，为塔柱窟的中心塔柱。例如北魏早期开凿的（公元453年以后）云冈石窟第1窟、第2窟的3层中心塔柱，第39窟的5层中心塔柱，第6窟内洞中央四方形龛柱的四角，是四个9层的小塔柱等（图5－36、图5－37）。此外，虽非塔柱，但仍为独立的雕刻，如第11窟上层小窟入口的一对5层双塔，第41窟上层小窟入口的一对7层双塔，亦十分逼真（图5－38；图5－39，后页：山西大同云冈石窟第6窟中心塔柱上层角柱）。这些雕刻都是立体的，高度上有收分，应该是较忠实的实物仿品，当然在细部上不可能完全仿真。其二，为在窟室壁面上雕刻的浮雕塔，亦是楼阁形制的。重要的有第1窟、第2窟、第5窟、第6窟的5层塔，第11窟、第21窟的3层塔，及第11窟内壁的7层塔等（图5－40～图5－43）。除了石窟雕刻以外，原存在山西朔县崇福寺内的建于北魏天安元年（公元466年）曹天度供养石塔，亦为多层楼阁式。近年在五台山南禅寺所发现的楼阁式小石塔，据分析亦为北魏时期的遗物（图5－44、图5－45）。综合上列资料，可以看

图5－36　山西大同云冈石窟第2窟中心塔柱

图5－37　山西大同云冈石窟第39窟中心塔柱

图5－38　山西大同云冈石窟第11窟入口塔形柱

图5－40　山西大同云冈石窟第2窟东壁中层中部浮雕楼阁式塔

图5－41　山西大同云冈石窟第5窟南壁明窗西侧浮雕楼阁式塔

图5－42　山西大同云冈石窟第11窟西壁第3层南侧浮雕楼阁式塔

出此时楼阁式塔，平面皆为方形，层数皆为奇数，面阔和高度向上递减，塔下的基座简单，仅为数条线道，与当时的佛座类似，尚未形成宋代以后华丽的须弥座形式。塔的外壁雕有佛龛和坐佛，龛楣为火焰券形式或折曲线楣梁式，每面一龛或多龛。每层之间设有木制瓦檐，单椽直檐。塔身没有发现平坐，说明当时一般佛塔是不可以登临的，至于永宁寺大塔是一个特例。塔身的构造有两种，一种具有明显的柱、枋、斗栱、人字栱补间，甚至每面以柱分割成若干间，但另一种则壁面素平无柱枋痕迹。这就启发我们，在当时以木结构加固佛塔的构造方式下，某些小型的佛塔亦可能采用土坯（或砖）塔身，木瓦檐的构造，为以后木塔向砖塔过渡积累了经验。

这时的楼阁式塔所保留下的天竺影响，除平面四方形以外，突出表现在塔身佛龛面向外部，以及塔刹的处理。从现存的巴基斯坦、阿富汗一带保留的大月氏时代的佛精舍形貌来考察，其佛龛是向外

图5－43　山西大同云冈石窟第11窟南壁第4层东侧浮雕楼阁式塔

的，虽为多层，但内部是实心或仅有小的塔心室，重要的敬佛活动是在室外进行的，围绕佛塔缓步游行礼拜，中国早期仍遵此式。但由于中国北方气候较印度为低，同时采用木构架的方式，则有条件开辟一定的塔内空间将礼佛活动移至内部。佛像亦随着移入室内，这样木塔的外檐形貌，则更显示出传统楼阁的特点。但这种佛龛外向形式仍然保留下来，而且演变成一种千佛的形态，在很多塔身上表现出来，北魏曹天度石塔即为此式（图5－46）。云冈石窟楼阁式塔的刹顶处理显示出异国情调，其基本形制为自下而上的叠涩须弥座、山花蕉叶、覆钵、相轮、刹杆、宝珠，成为定式（图5－47）。这种安排与犍陀罗式塔刹已有不同，犍陀罗式刹是在覆钵上有一倒梯锥形的座，再上为相轮，覆钵下部没有山花蕉叶（图5－48）。云冈塔刹的山花蕉叶（有的仅有蕉叶）是中国佛塔上新增的构件，并一直延续到唐代的塔刹外观上。山花蕉叶在印度的佛教建筑中经常使用，包括塔、殿等建筑。故我个人认为，中国应用此式塔刹，是在某些印度佛教建筑的装饰手法中间接引用过来。这种蕉叶塔式在以后的阿育王塔（又称金涂塔）中仍然应用。应该说云冈刹式并非定式，如以后建成的洛阳永宁寺塔即未曾提到有覆钵，刹上建圆形的露盘达十三层，上面又托一只可容25石（石，古代容量单位，1石＝10斗）容积的金宝瓶，可见是一种新形制。南朝木塔之刹形不详，但从文献上可知塔顶有承露盘、宝珠、垂凤、飞幡等顶，现存宋代诸塔的塔刹多凸出相轮的设置，有的并没有覆钵，似与印度窣堵坡形式相差甚远，总之，刹形在不断创作之中。

图5－44　曹天度九层石塔 北魏天安元年（公元466年）

图5－45　山西五台南禅寺藏小石塔 北魏

图5－46　曹天度塔壁面千佛雕刻

图5－47　云冈石窟佛塔雕刻表现的塔刹

图5－48　犍陀罗地区佛塔的塔刹

（三）纯木结构楼阁式塔

整体为木结构的佛塔，除了建于辽代的山西应县佛宫寺释迦塔（应县木塔）以外，国内尚无遗存实例。民间所称的河北正定天宁寺木塔（建于宋代）、甘肃张掖木塔（清塔，民国重建）等，皆为砖心木檐或木廊的砖木混合结构之塔，并非完全木构之塔。依此，是否可以断定国内历史上没有纯木构的佛塔，也不尽然。据文献估计，木构之塔应首先出现在南北朝时期的南朝。虽然两晋、南北朝时期的木塔实例已无可寻，形制无法探知，但据文献记载东晋京师（金陵）瓦官寺的浮屠，在太元二十一年（公元396年）为天火所烧，夜间起火，早晨该塔已成灰烬，可证此塔为纯木结构之塔[①]。关于此时木构佛塔的结构问题，没有实物可供论证，仅从文献记载分析，此时为了保证木构的稳定，采用了中心刹柱式，即以一根贯穿全塔高度的木刹柱为中心，用以承托屋顶上的覆钵、多层相轮及宝瓶等沉重的铜构件。各层结构木件全部交结在刹柱上。因构件相交，纵横交错，故不可登临。从文献中，也未发现有南朝帝王、达官登塔之诗文，多为观望、欣赏之词句[②]。在南朝建塔之先，首要之举为筹措一根刹柱及足够数量的铜（作露盘用）[③]，才能开工建塔，而且起刹（即竖立刹柱）也是重要的建塔仪式，要有重要人员甚至皇帝参加[④]，刹柱是立在地下，直达苍天，高出云表[⑤]，竖刹以后才开始建塔。南朝宋明帝时，以故宅起湘宫寺，为超过宋孝武帝所立的庄严寺七层浮屠“欲起十层浮图而不能，乃分为两刹，各立五层[⑥]”，也说明刹柱在古塔结构中的重要性，甚至塔高的控制因素，首要的是，是否能拼接出有足够长度的刹柱，并能用结构方法稳定它，否则建不成高层塔。故南方的塔型皆为塔高较矮的小巧的形状，包括日本的佛塔亦然。西安西南郊的木塔寨为隋代首都大兴城东西禅定寺的遗址，入唐改称大庄严寺及大总持寺，其中各有一座高7层的木塔“崇三百三十尺，周回一百二十步”[⑦]。可惜近年其遗址已被破坏，失去了一个了解该类木塔内部结构的实物资料。但从其约为98米的高度来分析，此塔可能仍为土砖塔心的土木混合结构之塔，即按北魏洛阳永宁寺塔的模式建造。

有关完全木构的佛塔尚有间接的实例，即日本奈良法隆寺的五重塔（图5－49、图5－50）。该塔建于日本飞鸟天平时代，公元607年，相当我国的隋代时期。据说其形制是从中国南方经朝鲜的百济国传入日本的。该塔即为刹柱式木塔，中心刹柱全高（首层地面至铜制塔刹的顶部）约38米，其中经墩接处理才达到这样的高度。另外一座建于公元706年（相当盛唐时期）的奈良法起寺三重塔，虽然中心刹柱全高才24米，却也经过三段墩接（图5－51、图5－52）。所以南朝宋明帝“欲起十层浮图，而不能，乃分为两刹，各立五层”。说明中心刹柱式木塔的构造决定了塔的高度不可能太高。此外后期的奈良法起寺三重塔（公元706年）、奈良药师寺三重塔（公元718年）、奈良室生寺三重塔（公元824年）、京都法轮寺三重塔（公元868年）等皆是这种刹柱结构（图5－53）。从现存日本几座木塔的细部构造，亦可看出与我国南方宗教建筑的渊源关系。如梭柱、偷心斗栱、长的斜枋（日本称尾垂木）等，皆是后期中国南方木构建筑的特点，长的斜枋可能是斗栱中“昂”的原始形态。所以从日本木塔中可以推测中国早期木塔的构造原型。

木刹柱式塔与印度佛教建筑之间是否有关联，还是中国自己创制的，是个未解的问题。早期印度宗教建筑是砖石建筑，与木建筑无关。但在尼泊尔却有类似木刹柱式塔的建筑，在加德满都的杜巴广

图5－49　日本奈良法隆寺五重塔

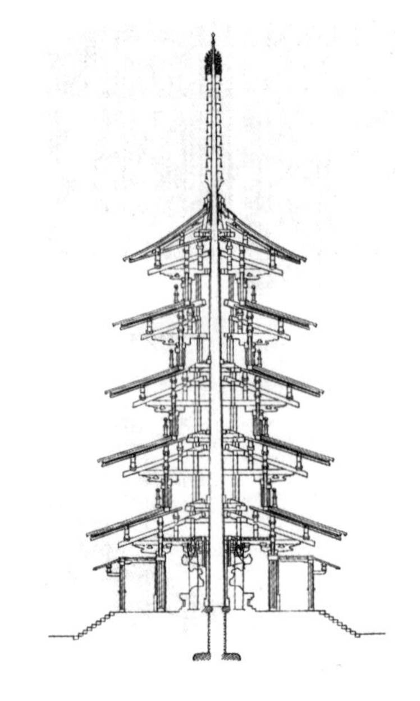
图5－50　日本奈良法隆寺五重塔剖面图

图5－51　日本奈良法起寺三重塔

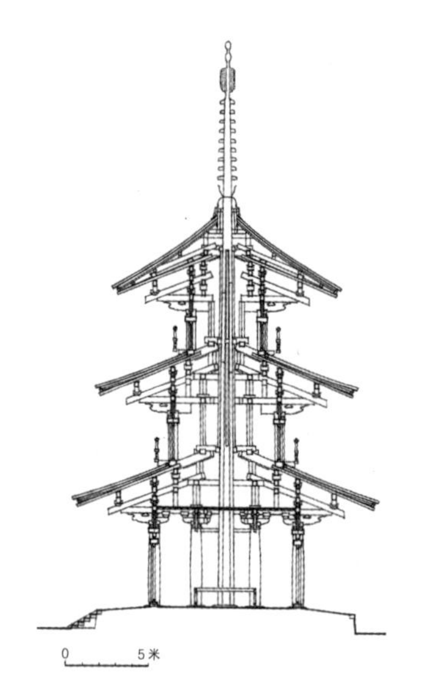

图5－52　日本奈良法起寺三重塔剖面图

场，曾有多座3层的印度教的塔，方形平面，木构瓦檐，中间为砖构的窄小的塔身，不可登临，底层供有神像。该塔出檐深远，是由塔身斜出的撑木支持挑檐檩。其结构原理与木刹柱式塔相似（图5－54）。在印度，佛教、婆罗门教、耆那教的建筑是互通的，是否印度佛教也有类似的建筑，经由海路传入中国南方。这种想法仅为臆测，不足为凭。

严格讲木刹柱式佛塔不能算是楼阁式塔，因其不可登临，塔体上部没

①《高僧传》卷十三·晋京师瓦官寺释慧力："释慧力……晋永和中，来游京师，常乞食蔬苦行……启乞陶处以为瓦官寺……仍于其处起塔…至晋孝武太元二十一年（公元396年）七月夜，自燃火起，寺僧数十，都无知者，明旦见塔已成灰聚。"

②《广弘明集》卷三十·梁简文帝，《望同泰寺浮图诗》："露落盘恒满，桐生凤不雏，飞幡杂晚虹，昼鸟狎晨凫。"

③《广弘明集》卷十六·谢敕赉柏刹柱，并铜万斤启："臣译启传诏，吕文强奉宣敕旨赉臣柏刹柱一口，铜一万斤，供起大中天寺，九牧贡金，千寻挺树，永曜梵轮……"

④《广弘明集》卷十六·谢敕使监善觉寺起刹启："敕旨使监作舍人王昙明，材官将军沈徵，御仗吴景等监看善觉寺起刹事……修兹长表，宝塔云构……"

谢御幸善觉寺看刹启："即日舆驾（指梁武帝）幸善觉寺，威神所被，金表建立，概泰清而特起，接库楼而上徵……"

⑤《广弘明集》卷十六·光宅寺刹下铭："乃树刹玄壤，表峻苍云，下洞渊泉，仰迫星汉……"

⑥《南史》卷七十·虞愿传："帝（宋明帝）以故宅起湘宫寺，费极奢侈，以孝武庄严刹七层，帝欲起十层，不可立，分为两刹，各五层。"

⑦《两京新记》唐，韦述："仁寿三年，为献后立为禅定寺。宇文恺以京城西有昆明池，地势微下，乃奏于此建木浮图，高三百三十仞（尺），周匝百二 十步。寺内复殿重廊，天下伽蓝之盛，莫为与比。"

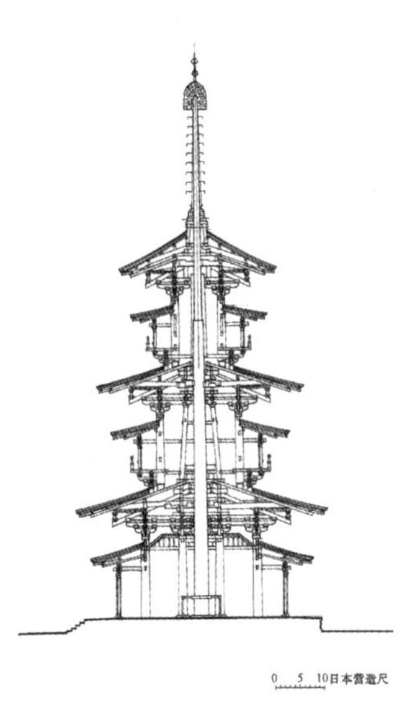

图5－53　日本奈良药师寺东塔剖面图

图5－54　尼泊尔加德满都巴德岗杜巴广场佛塔

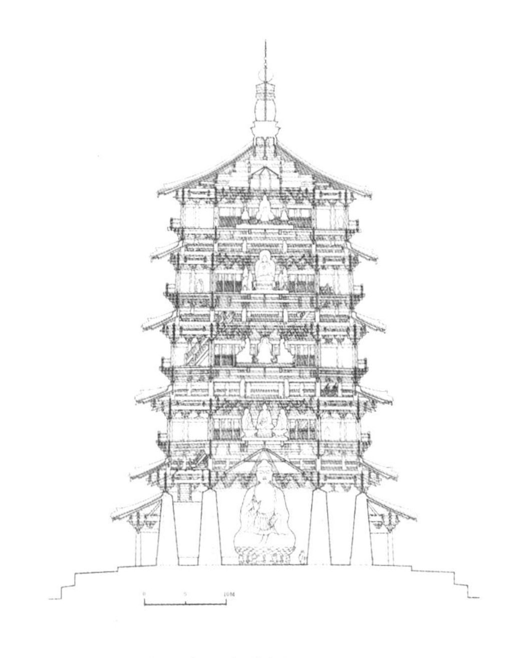

图5－55　山西应县木塔剖面图

有使用空间及平坐，没有门窗，不能算作一层建筑空间。且首层空间狭小，只能围绕中心柱四周设置小型佛像。为了改进以上的缺点，南方诸塔构造引进了北方通行的土坯塔心木檐形式，采用砖构塔身，外包木檐或木廊的混合结构，将登塔楼梯隐含在砖构塔身之内，外观更显出楼阁的形态。此式佛塔成为宋代以降南方佛塔的主要形制，与北方的砖石结构的楼阁式塔相互辉映。

国内硕果仅存的木塔，为建于辽代清宁二年（公元1056年）的应县佛宫寺释迦塔，俗称应县木塔（图5－55）。八角5层，若加上平坐暗层为9层结构，全部木结构。高67.31米，底层直径30.27米，木结构部分净高51.14米，可以说是世界上最高大的木构高层建筑。该木塔改变了北朝至唐代一直奉行的方形平面，规划为八角形，使木构架各方面受力更加均匀，有利于抵抗风力。其次是利用唐代木结构殿堂式构架形式的成果用于木塔上，彻底摆脱塔心柱的限制，增扩了塔内空间面积，真正成为供养佛像的完整的殿堂。它的结构法是将斗栱、梁、枋组成一个整体构造，按水平方向分为10个重叠的结构层。除了五个柱身层以外，四个平坐结构层即是塔内暗层，最上一层为屋面层，每层结构都是一个独立的整体，逐层重叠而上，类似一个个套接的屉圈，十分稳定。从形式分类方面看，应县木塔应是属于佛阁建筑，因其高达9层，故称之为塔。自应县木塔以后，再无纯木构的佛塔实例。虽然从敦煌壁画上发现有木构塔的画例，如榆林窟五代十国的第33窟及莫高窟宋代第61窟中皆有表现，但总的说是日趋稀少。宋代初年汴梁城（今开封）开宝寺曾建木塔一座，计八角13层，是引进的浙东著名匠人喻浩来京建造的，宋代江南地区已经广泛应用砖身木檐的楼阁式塔，估计此塔也不会是纯木构之塔。

总之，木构高层建筑由于其结构复杂，用材量大，高度受限（因底层受荷载过大而变形），特别是易于失火焚毁，故较早地退出历史舞台，这也是技术发展的必然性。

（四）砖身木檐楼阁式塔

自唐代开始，为求得坚固耐久，防雨防风，并可登临望远，佛塔结构逐步砖石化。佛塔造型也日渐丰富。从用材角度楼阁式塔可概略分为两大类。一为砖身木檐式塔，另一为全砖构塔。前者多通行于南方地区；后者全国皆有，北方居多，南方尚有用石材代替砖构的佛塔。砖身木檐塔的出檐斗栱及平坐斗栱皆为木制，比较叠涩檐可以出檐更远，显得更为轻巧，并可走到塔外，在平坐上眺望市景，所以受到信徒的崇爱。

而江南一带的宋塔则多采用砖身木檐结构，塔身细长，用材细小，出檐起翘高，轮廓线变化大，金属制的塔刹也十分华美，外观表现较为纤巧、通透、秀美的艺术风貌。自此以后，大量的江南宋塔皆用此式。平面上以八方式为主，兼有六方或四方者，现有实例较为丰富。

图5－56　浙江临安功臣塔 五代后梁乾化五年（公元915年）

国内最早的砖身木檐楼阁式塔的实例，当属浙江杭州临安的功臣塔（图5－56）。该塔为后梁帝王表彰吴越国王钱镠的功绩而建。建于五代后梁乾化五年（公元915年）。功臣塔平面为方形，5层，通高25.3米，为单筒砖结构，砖壁厚1.26米。每层四面设门洞，门洞两侧设龛，顶部有叠涩状的斗八藻井。外檐塔壁隐出倚柱、阑额、榑柱。塔内原有楼板已毁，可直接望到顶部。顶部刹柱是由四五层的交叉梁承托。外檐及平坐的斗栱及塔顶的塔刹皆已缺失。该塔的方形平面及斗栱藻井尚存唐代遗风，底层墙壁上的壁孔分析，可能还建有副阶一周。另外，壁体内有木筋加固，以防塔壁纵裂，这种措施也可以说明为什么后期单筒塔多改为八角形平面，每层四门交错布置，以增强塔体刚性构造的原因。

图5－57　浙江杭州六和塔 宋乾道元年（公元1165年）

宋代砖身木檐塔的实例较多，有浙江杭州的六和塔、雷峰塔，江苏苏州的瑞光塔、报恩寺塔，上海松江的兴圣教寺塔等。六和塔位于杭州钱塘江畔月轮山上（图5－57）。始建于北宋，南宋绍兴二十六年（公元1156年）重建，原为7层，砖身木檐，为八角平面的双套筒形制，塔高近60米。清代改造外部木檐，成为13层。该塔外壁开设四门，门洞两侧有佛龛及须弥座。最有价值的是须弥座束腰上的砖雕，约有200余幅，题材丰富，有石榴花、荷花、绣球花、山茶花、玉兰花，还有狮子、麒麟、仙鹤、孔雀等动物图案，皆是南宋时期的原作，历史价值很高（图5－58）。六和塔修建原意为镇压江潮，但夜间塔上悬灯，有如一座灯塔，指导夜航的行船，

图5－58　浙江杭州六和塔内须弥座束腰的宋代砖雕

图5－59　浙江杭州雷峰塔残破的塔体

图5－60　浙江杭州复建的雷峰塔

故有“灯通海客船”的咏叹诗句。

雷峰塔建在杭州西湖南岸的夕照山上，建于北宋开宝八年（公元975年），塔身八角7层，亦为双套筒形制。明代倭寇入侵，纵火焚塔，仅余20余米的塔身孤悬山上，每当夕阳西照，湖光塔影，交相辉映，故“雷峰夕照”成为西湖十景之一（图5－59）。同时《白蛇传》传奇中白娘子被法海镇压在雷峰塔下，更增加了此塔的传奇色彩。1924年雷峰塔遗构实然倒坍，在塔砖中发现宋代木版印制的“宝箧印经”，这些10世纪的遗物立刻轰动全国，成为古董收藏界的宝物。近年在该塔遗址上重建了铜制的雷峰塔，形成了西湖的新景观（图5－60）。

苏州报恩寺塔亦是一座双套筒结构的楼阁式塔，建于南宋绍兴年间（公元1131～1162年）。八角9层，高达76米，是江南第一高塔（图5－61）。各层塔檐及平坐皆为木构，翼角高翘，栏楯环绕，尤其是每面的栏杆柱直托挑檐檩，形成三开间之面貌，有如一圈回廊，更增加了楼阁之态势。塔身分

图5－61　江苏苏州报恩寺塔

为外壁、回廊、内壁、塔心室四部分。木楼板，有木梯登楼。回廊、塔心室均砌出砖壁柱、斗栱、藻井等。塔身外壁以砖柱分为三间，当心间设门。底层外檐在光绪年间重修时改为宽大的副阶。该塔外檐木构虽经后期改造，但比例尺度仍为宋制。塔刹高达15米，金盘层叠，耸然秀出，具有江南佛塔的特色。

上海龙华塔建于宋太平兴国二年（公元977年）（图5－62）。为单筒砖构塔身，八角7层，木檐木平坐的楼阁式塔。四向开门，但为了保证塔身均匀受力，室内改为方形，并且每层轮转45度，错层开门，是结构力学上的改进。

砖身木檐塔的木构件易损朽，故年代久远的塔多仅剩塔身，成为残塔，误认为是砖塔。后代修整时不注意历史痕迹，使得原状面貌全非。新中国成立后加强了文物修缮不得改变原状的要求，使得一些历史建筑得到正确的时代风格，提高了建筑的历史价值。在这方面有两项很好的例子，就是苏州瑞光塔及松江的兴圣教寺塔。瑞光塔位于苏州盘门内，是盘门三景之一（图5－63），建于宋天圣八年（公元1030年），八角7层，塔高53米，为砖身木檐，每层有木构腰檐及平坐木栏杆。塔身为外壁、回廊及塔心砖柱式样，最上两层改为塔心木刹柱，这是一般中等高度佛塔的常用的结构式样。门洞四开，交错开设。外檐斗栱用五铺作计心造，回廊内亦按宋式刻出砖造斗栱、月梁及壶门。修缮前已残破不堪，修缮后恢复了宋代建筑面貌。上海松江区兴圣教寺建于宋熙宁至元祐年间（公元1068～1094年）（图5－64）。砖身木檐单筒式结构，方形9层，高42米，底层面阔6米，逐层收缩。

图5－62　上海龙华塔

图5－63　江苏苏州瑞光塔 宋宣和七年（公元1125年）

图5－64　上海松江兴圣教寺塔

图5－65　上海嘉定方塔

内为方室，木楼板，有木梯交通上下。第八层设横木交叉，承托13米高的塔心刹柱。外檐腰檐、平坐斗栱皆为木制，保留的宋代原物占60%以上。经修缮已恢复原貌。该塔具有一定的唐代风格，是江南地区造型较轻柔的佛塔之一。此外，浙江湖州飞英塔的修缮亦十分成功，基本恢复了宋代面貌。也有修缮得不如人意的例子。如上海嘉定方塔，原为宋塔，但经多次修缮，原有风格大变，只能说是清代之塔（图5－65）。

江苏常熟崇教兴福寺方塔，建于南宋咸淳年间（公元1265～1274年），平面方形，木檐木平坐。但在平坐四角增加了擎檐角柱，巩固了角梁的出挑力度，同时使全塔外观更为玲珑纤细，充分显出江南佛塔的艺术特色（图5－66）。

砖身木檐楼阁式塔以八角形平面居多，塔身砖体受力更为均称，但在宋代亦有不少佛塔采用六角形平面。可能是在方形唐塔变化过程中的产物。宋代在江西、浙江一带建造的六角平面的楼阁塔较多，如浦江龙德塔、天台国清寺塔、遂昌延庆寺塔、信丰大圣寺塔、安远大兴善寺塔，但在全国其他各地实例不多。六角平面佛塔以浙江天台国清寺塔比较典型，该塔位于寺前祥云峰西麓，传说建于隋仁寿十八年（公元598年），俗称隋塔

图5－66　江苏常熟虞山方塔 南宋咸淳年间（公元1265～1274年）

图5－67　浙江天台国清寺塔 宋塔

图5－68　浙江临海千佛塔 元大德三年（公元1299年）

图5－69　浙江宁波阿育王寺下塔 元至正二十五年（公元1365年）

图5－70　浙江宁波天封塔 元天历三年（公元1330年）

（图5－67）。但观其形制显然不是隋塔，据《天台山全志》记载，该塔建于南宋建炎三年（公元1129年）。六角9层，内部中空的单筒砖身木檐楼阁式塔。外檐斗栱、平坐等木构件已毁，空余黄褐色塔身，残高59米，各层六面皆开设壶门。此塔外观瘦高挺拔，入寺前即可望见，成为国清寺的标志。该塔顶层外壁曾嵌有砖刻佛像，每砖刻有三尊佛像，说明在佛塔外壁尚保持有壁嵌千佛之古老传统。六角形平面的佛塔在元代仍然盛行。如浙江临海千佛塔、宁波阿育王寺下塔、宁波天封寺塔等皆为六角形（图5－68～图5－70）。

砖身木檐楼阁式塔有几个特殊的变体实例，首举为浙江湖州飞英塔（图5－71）。飞英塔建于南宋绍兴二十四年（公元1154年）。塔平面为八角，共7层，通高55米，为砖壁木檐木平坐的楼阁式塔，塔壁为单筒式，中空，无楼板。五层以上才置楼板，并树立塔刹柱直达屋顶。塔内安置一座13米高的小石塔，并在塔内壁的各层设平坐栏杆，以观赏小石塔，形成了“塔中塔”的奇妙构思，在国内佛塔中可称孤例（图5－72）。底层外檐设副阶环绕。各层腰檐及平坐斗栱为五铺作计心造。尤其是底层的内檐斗栱，使用了双杪双上昂偷心造做法，增长了出挑的尺寸，这种形制在古代建筑中十分少见。另外小石塔也建在南宋时期，其瓜楞柱、偷心造斗栱、宋式须弥座上的缠枝花卉及狮子图案、塔檐的各项构件以及壁面上千佛装饰图案等细部，亦有历史参考价值。

图5－71　浙江湖州飞英塔（塔中塔）

河北正定天宁寺木塔亦是一座特殊的楼阁式塔（图5－73）。该塔八角9层，总高41米。下3层为拱券式砖砌体，有塔心室，砖砌外檐及平坐；上六层为砖壁木檐木楼板的构造，中立塔心刹柱。刹柱为九根木柱合成的束柱，各层的八条木梁分别搭在围护的八根木柱上，这种做法是否为古制，已不可考。传统的砖身木檐塔的材料构成是内外关系，而此塔是上下关系。但其外观构图表现出下重上轻，稳重柔和的特色，是其创新之处。甘肃张掖木塔原是一座历史上的古塔，清末毁于大风，1926年重建，是一座近代的塔（图5－74）。砖木结构，八角9层，结构简略，用材甚为单薄，塔身虽有两圈木柱，但内圈柱完全被厚墙包裹，实际为砖身木廊塔，不能称为木塔。

图5－72　浙江湖州飞英塔内塔中塔

明清以来，藏传佛教兴起，各地纷建喇嘛塔，木檐楼阁塔渐少。江浙一带虽有兴建，多属小型，塔高不过40米左右，不能称为巨构。如江苏

图5－73　河北正定天宁寺塔

图5－74　甘肃张掖木塔

①《洛阳伽蓝记》卷二・城东："绥民里东，有崇义里。里内有京兆人杜子休宅。……此宅中朝时太康寺也。……本有三层浮图，用砖为之。……子休掘而验之，果得砖数万。并有石铭云：晋太康六年岁次乙巳九月甲申朔八日辛巳，仪同三司襄阳侯王濬敬造。……子休遂舍宅为灵应寺，所得之砖，还为三层浮图。"

②《洛阳伽蓝记》卷四・城西："大觉寺，广平王怀舍宅立也，……永熙年中，平阳王即位，造砖浮图一所。是土石之工，穷精极丽，诏中书舍人温子昇以为文也。"

南通的支云塔、光孝寺塔、无锡妙光塔、镇江金山寺塔、吴江震泽慈云寺塔、浙江绍兴应天塔、海宁镇海塔、江西南昌绳金塔、波阳永福寺塔等。而且细部装饰日渐简略，仅存其意而已，木构工艺有被淘汰的趋势（图5－75）。广州六榕塔虽然认为建于北宋绍圣四年（公元1097年），但经多次修缮，原貌已变，只能说是近代之塔。但顶层的千佛铜柱铸于元代，柱上密布1023尊浮雕小佛，是具有历史艺术价值的作品（图5－76）。

（五）砖构楼阁式塔

用砖材建造佛塔的历史比较早，在汉魏时期砖材仅用在铺地和墓穴中，甚至帝王宫殿中仍为土墙承重，但此时却已开始用砖材建塔，说明信仰的力量是巨大的。最早的砖塔记载为《洛阳伽蓝记》中崇义里杜子休宅中所发现的砖塔基，据石铭称建于晋太康六年（公元285年），但形制不详[①]。在《洛阳伽蓝记》中所举北魏洛阳的16座佛塔中，仅有一座为砖塔，即建于永熙年间（公元532～533年）的大觉寺塔[②]，估计为楼阁式塔。

砖塔盛行期应在盛唐以后，实例渐多，成为佛塔的主流形式，不仅是楼阁式塔为砖塔，其他类别的佛塔亦如此。现存的唐代楼阁式塔有建于总章二年（公元669年）的陕西西安兴教寺玄奘塔。该塔为唐代高僧玄奘的墓塔，方形5层，高约21米。底层塔身素平，二层以上隐出壁柱分隔为三间。柱斗上托一斗三升斗栱，不出跳，转角斗栱为半朵。叠涩出檐较大。屋顶为砖制反叠涩屋面。玄奘塔旁有其弟子圆测及窥基的墓塔，形制完全仿玄奘塔，合称“兴教寺三塔”（图5－77）。

图5－75　江苏镇江金山寺塔 清光绪二十六年（公元1900年）

图5－76　广东广州六榕寺塔

图5－77　陕西西安兴教寺玄奘塔

图5－78　陕西西安慈恩寺大雁塔

图5－79　陕西西安慈恩寺大雁塔门楣石刻佛殿图

西安慈恩寺大雁塔建于唐永徽三年（公元652年）（图5－78）。为方形7层楼阁式，塔高60米，全部为青砖建成，叠涩出檐，各层收缩较多，故呈角锥状。内部中空，有梯可登上层。外壁隐出壁柱，下两层分隔为九间，三、四两层为七间，上3层为五间。各层四面当心间开门洞，可远眺市区。底层门洞设石门，门楣及门框皆有唐代的石刻纹饰。尤以西门楣上的“阿弥陀佛说法图”最为珍贵，图中线刻的佛殿比例详细，构件清楚，是唐代宫殿建筑的最好模本，在建筑史、文化史上有极高的价值（图5－79）。

最近在陕西周至县发现一隋代楼阁式砖塔，为仙游寺法王塔（图5－80），建于隋仁寿元年（公元601年）。方形平面，塔高7层35米，是楼阁式砖塔的最早实例。其造型与密檐塔的叠涩檐完全相同，仅在上部层檐之间的塔身拉高，南北添设券门洞二个而已。建于永隆二年（公元681年）的陕西西安香积寺善导塔（图5－81），虽然二层以上塔身皆砌有壁柱、额枋、栌斗、门窗等楼阁式塔的特征。但该塔底层特别高，以上诸层均低矮，亦为中空的塔体。根据首层塔外壁上的空洞分析，首层可能有副阶围护，更近于密檐塔，是密檐塔向楼阁塔过渡的中间形态。此外，陕西澄城县澄城塔，周至八云寺塔，蒲城崇寿寺塔，甘肃宁县政平塔，亦建于唐代（图5－82～图5－84）。根据现在保存的几座唐塔推论，此时砖塔仍为四方多层出檐式，以叠涩砖作挑檐，外壁面有砖砌仿木构，立柱、横枋、窗格、斗栱。塔内中空，为单筒空腔式，有木楼板分层，可登高瞭望，此类塔多建于公元7世纪后半及8世纪初。这类砖塔造型明显受当时流行的另一种塔型——密檐式塔的影响，即檐部仍采用砖叠涩檐，内部方室中空到顶，木楼板可随宜架设，一般不做平坐层。即使仿木构的雕饰也是十分浅细的隐出方式，柱枋斗栱用材的比例，不十分精确。唐代的楼阁式砖塔与密檐砖塔之间，有着相互影响借鉴的关系。南方地区唐代楼阁式砖塔没有实例遗存。

宋、辽、金时期的楼阁式砖塔形制有了巨大的发展，并形成了某些地区特色。大致可分为宋塔、江南宋塔、辽塔。

宋塔流行的地区包括河北、河南、山西、山东等地，即原为北宋王朝统治区域。因其地处中原地区，融会了南北佛塔的风格。著名的实例有河北定县开元寺料敌塔（公元1001～1055年）、河南开封祐国寺塔（又名铁塔，公元1041年）、河南开封繁塔（公元990年）、河北景县舍利塔（公元1079年）、山东长清灵岩寺辟支塔（公元1057年）、安徽蒙城万佛古塔（公元1102～1106年）等（图

图5－80　陕西周至仙游寺法王塔 隋仁寿元年（公元601年）

图5－81　陕西长安香积寺善导大师塔 唐永隆元年（公元681年）

图5－82　河北正定开元寺砖塔 唐乾宁五年（公元898年）

图5－83　陕西周至八云寺唐塔

图5－84　甘肃宁县政平唐塔

图5－85　河北景县舍利塔 宋元丰二年（公元1079年）

5－85、图5－86）。

定县开元寺料敌塔是八角11层的大塔，总高84米，是全国现存最高的佛塔，因其位于宋国边界，登塔可望敌，故名（图5－87）。塔身分为外壁、回廊及塔心柱三部分，通过穿行塔心柱的阶梯登塔。塔身素平，没有壁柱、额枋的划分。叠涩出檐，塔檐与平坐合为一体。四面开门，其他四面为假窗。回廊内有十分精美的天花砖刻及彩画，是难得的宋代建筑装饰实例（图5－88）。因年久残蚀，塔身纵裂，四分之一的塔身坍塌，使得内部结构外露，新中国成立后进行了复原加固，得复旧貌。同样为八角平面，叠涩或砖栱出檐，素平塔身，与料敌塔类似形制的佛塔，尚有多座。如江苏连云港海清寺塔（公元1026年）、山西芮城寿圣寺塔（公元1032年）、山西安邑兴国寺塔（公元1063年）、山西曲沃传教寺塔（公元1063年）、山东兖州兴隆寺塔（公元1063年）、山西临猗妙道寺塔（公元1069年）、山西太谷无边寺白塔（公元1090年）、山西平遥慈相寺塔（公元1138年）、山西稷山广教寺塔（公元1191年）、山西文水上贤村砖塔（宋代）等（图5－89～图5－97）。这些塔也存在微小的差别，有的各层叠涩出檐深度不同，长短相间。有的下部底层或二层改为砖斗栱挑檐。有的佛塔虽然设计有平坐，但无栏杆，不可踏出。有的砖塔在形体上有变化，如兖州兴隆寺塔下4层平面宽大，而上5层突然缩小很多，形体十分奇怪。但总体造型是类似的。

图5－86　安徽蒙城万佛塔 宋崇宁年间（公元1102～1106年）

图5－87　河北定县开元寺料敌塔 宋至和三年（公元1055年）

图5－88　河北定县开元寺料敌塔塔内廊天花雕砖

图5－89　江苏连云港 北宋大圣四年（公元1026年）

图5－90　山西芮城寿圣寺塔 宋天圣年间（公元1023～1032年）

图5－91　山西安邑兴国寺塔 宋

图5－92　山西曲沃侯马传教寺塔 宋嘉祐八年（公元1063年）

其主要特点为：各层有收分，但整体仍觉宽厚，外轮廓像玉米形。平面为八角形，但也有方形塔。塔身柱枋被省略或简化，而壁面往往装饰以盲窗。塔檐多用叠涩檐，平坐可有可无，如料敌塔即以下层的挑檐成为上层的平坐，有的则取消平坐，如景县舍利塔。宋塔的窗洞棂格已经不再是直棂格

图5－93　山东兖州兴隆寺塔 宋嘉祐八年（公元1063年）

图5－94　山西临猗妙道寺双塔 宋代重修

图5－95　山西太谷无边寺白塔 宋元祐五年（公元1090年）

图5－96　山西平遥慈相寺塔 金天会年间（公元1123～1138年）

图5－97　山西稷山广教寺塔金

窗，而变成各式的图案的棂花格窗，如料敌塔即有棂花图案十余种。为防止塔身纵裂，改变唐塔将各层门洞置于一个方向的弊端，而是每层错置变向。总之中原地区宋塔是结合南北楼阁式塔的特点，来创制新意。

另有一种宋代砖塔不是叠涩檐，而以砖斗栱来制作挑檐，典型实例有山东长清灵岩寺辟支塔（图5－98）。该塔建于宋淳化五年（公元994年），

①刘敦桢．苏州云岩寺塔．文物参考资料．1954，7.

八角9层，高54米。一至三层有砖砌的出檐及平坐，四至九层仅有出檐无平坐。塔檐斗栱往往简化成为出两跳偷心造的华栱，补间铺作较多，外观有如一排出挑的牛腿饰件。正四面设门洞，其余四面设假窗。其结构亦有特色，一至四层塔身内有回廊及塔心柱，有阶梯可至各层，五层以上则无塔心柱，须沿外檐平坐（无栏杆）盘旋而上，十分危险。这种方式在北方的许多佛塔中皆有应用。类似辟支塔形制的砖塔，亦有多例。如山西潞城原起寺塔（公元1087年）、河北武安常乐寺塔（公元1054年）、河北邯郸妙觉寺塔（公元1091年）、山西交城离相寺塔（公元1107年）、山西平定天宁寺双塔（公元1077年）、山西万荣八龙寺方塔（公元1012年）等（图5－99～图5－104）。

开封繁（pó）塔（公元990年）是宋塔中很奇特的实例（图5－105）。该塔六角3层，亦属素平塔身，砖斗栱檐的形制。宋朝原建为9层，明朝时去其上部数层，仅余下部3层，以“铲除王气”，清代在塔顶上又修建了七层实心小塔，遂成这种类似覆钟之状。塔身外壁全部以一尺见方的面砖砌制，每块砖皆有浮雕的佛龛，龛中佛像有数十种，姿态各异，总计全塔有万余方，可称“万佛塔”（图5－106）。这种装饰手法是继承了自西域传入中国的千佛图案的主题，在后期的中国佛教建筑中多有应用。又如蒙城的万佛塔，在塔内外嵌砌了近万尊彩釉佛像，亦属类似手法。

与中原相比较，江南宋塔另有浓厚的地方特色，江苏苏州云岩寺塔可为代表[①]（图5－107）。该塔亦为宋塔中较早的实例，因建于虎丘山上，俗称虎丘塔。始建于五代后周显德六年（公元959年），建成于北宋建隆二年（公元961年）。该塔为平面八方的楼阁式，共7层，高47.5米，为砖身木

图5－98　山东长清灵岩寺辟支塔

图5－99　山西潞城原起寺大圣塔 宋元祐二年（公元1087年）

图5-100 河北武安常乐寺塔 宋皇祐六年（公元1054年）

图5-101 河北邯郸妙觉寺舍利塔 宋代

图5-102 山西交城离相寺塔 宋长观元年（公元1107年）

图5-103 山西平定天宁寺双塔西塔 宋代

檐结构，塔顶及塔刹已毁。外檐每层皆有木瓦檐及平坐，底层有木制副阶周匝，可惜木质部分皆已损毁，仅余砖塔身。塔身外壁有圆倚柱，壸门状拱门，直棂假窗。木檐斗栱为五铺作双杪偷心造。砖塔身内有一圈内走道，中间有塔心室，故形成了内外两层砖壁的双套筒结构。塔身外壁八面皆开门洞，内壁四面开门洞通塔心室。走道内设木梯可登塔。塔身内壁有隐刻

图5-104 山西万荣八龙寺塔 宋代

图5－105　河南开封繁塔 宋淳化元年（公元990年）

图5－107　江苏苏州云岩寺虎丘塔 宋建隆二年（公元961年）

图5－106　河南开封繁塔细部

的彩画痕迹，皆用白灰及红黑两色颜料涂染。门额上刻七朱八白及如意头，具有唐代建筑彩画的遗风（图5－108）。柱身中部亦有如意花饰。每层内壁上还有八幅花卉、湖石等小品砖刻画。这些遗迹对了解古代建筑装饰有重要参考价值。该塔建于虎丘山顶的斜坡上，地基处理简略，故产生不均匀沉降，导致塔体向东北方向倾斜，达2.34米，历经千年而不倒，成为中国著名的斜塔。云岩寺塔为双套筒结构，摆脱了中心刹柱的构思，不但形成了中心室，并且也解决了登塔的交通。这种平面构图成为后期大型佛塔的基本模式。类似虎丘塔型的宋塔亦有不少。如江苏苏州罗汉院双塔（公元987年）、江苏苏州上方山楞伽塔（公元978年）、江西赣州慈云寺塔（公元1023年）、浙江昌化南塔（公元1077年）、江苏江阴兴国寺塔（公元983年）、浙江仙居南峰宋塔等（图5－109～图5－114）。总结江南宋塔的特点，可归纳为比例瘦高，有如笔杆；仿木构成分多，如八角柱、额枋、斗栱、壶门、直棂窗等构造细节；大部分斗栱为砖制；塔体平面为八方、六方、四方皆有，以八方居多；外部粉刷有区分，塔体为白色，构件刷赭红色，象征木构；檐口角部微有起翘等，都代表了江南建筑特征，其造型多取自砖身木檐塔的外观成分甚为明显。

图5－108　江苏苏州云岩寺虎丘塔内彩画

辽塔是外观最为华丽的砖塔了，著名的有呼和浩特万部华严经塔（公元983～1031年）（图5－115、图5－116），巴林右旗庆州白塔（公元1032～1055年）（图5－117、图5－118），河北涿州云居寺北塔（公元1090年）（图5－119）、智度寺塔（公元1092年）（图5－120），以及北京良乡昊天塔（辽代）等（图5－121）。辽塔造型具有明显的特点。可以归纳如下数项：平面多为八角形，内部有塔内空间，可登高瞭望，由于塔身尺度不同，内部回廊、塔心室及楼梯的设置状况不同。每层皆有平坐层、有明确的柱枋、斗栱、栏杆、榑、椽的木构形式表现，斗栱皆成攒成组，层檐皆为真实的瓦面，而不是叠涩檐，门口为圆形发券，直棂窗，有的在外壁面有佛像、神王及经幢。全塔有较高的基座，由须弥座及莲花座组成，须弥座的束腰上有丰富的砖雕，包括狮子、力士等，须弥座上还有砖栏杆。上部莲花座为重瓣莲花，围塔一圈。也有不设莲花座的。华丽的基座是辽

图5－109　江苏苏州罗汉院双塔 宋雍熙年间（公元984～987年）

图5－110　江苏苏州上方山楞伽塔 宋太平兴国三年（公元978年）

图5－111　江西赣州慈云塔 北宋天圣元年（公元1023年）

图5－112　浙江昌化南塔 宋熙宁年间（公元1068～1077年）

图5－113　江苏江阴兴国寺塔 宗太平兴国年间（公元976～983年）

图5－114　浙江仙居南峰塔 宋代

图5－115　内蒙古呼和浩特万部华严经塔 辽圣宗时期（公元983~1031年）

塔的共同特征，在密檐辽塔上也有表现。总之辽塔外观对木构形制的模仿十分忠实。但因为砖结构，故一般出檐短、起翘少、体积肥大宽厚、轮廓粗壮有力，给观者以浑厚、朴实之感。辽代楼阁砖塔是继承了唐代楼阁砖塔的基本形制，用砖砌体代替了木楼板，成为通体砖构，并忠实地模仿木构建筑的外观细节，是唐塔的进一步砖石化及装饰化的成果。

某些地方的宋塔尚保持有地方性特色，如甘肃、宁夏及四川一带的宋塔，因位置处于偏僻地带，受各方面影响，形成多元的风格。如建于西夏时期的宁夏贺兰县拜寺口双塔（图5－122）。八角13层，高30余米。外观类似密檐塔，但每层皆有挑檐和平坐，有些层还有洞口，又似为楼阁式塔，吸收了各类佛塔的造型因素。又如四川南充白塔及荣县镇南塔（图5－123、图5－124），皆为多层的方形塔身，每面有壁柱分隔为三间，每间皆有门洞或盲窗，并砌有额枋、斗栱与瓦檐。外墙并做成

图5－116　内蒙古呼和浩特万部华严经塔细部

图5－118　内蒙古昭乌达盟巴林右旗庆州白塔细部

图5－117　内蒙古巴林右旗庆州白塔 辽重熙十八年（公元1049年）

图5－119　河北涿州市云居寺北塔 辽大安八年（公元1092年）

图5－120　河北涿州市智度寺塔 辽代

后页：

图5－121　北京房山良乡多宝塔昊天塔 辽（公元916～1125年）

图5－122　宁夏银川拜寺口双塔西夏时期（跨页）

图5－123　四川南充白塔 宋初

图5－124　四川荣县镇南塔 宋末

图5－125　四川大足北山多宝塔 南宋绍兴年间（公元1131～1162年）

内凹的弧身状。这些特点多带有江南宋塔的特色。又如四川大足北山多宝塔（公元1131～1162年）（图5－125）。八角13层楼阁式塔，四面开门，每层的叠涩檐与瓦檐互换，体形肥大，与北宋料敌塔十分相近。甘肃庆阳东华池塔（公元1099年）为八角7层楼阁式塔，四面错层开门洞，隐刻柱枋、斗栱、瓦檐、平坐。这些特点与江南宋塔十分相似。建于宋代的甘肃宁县凝寿寺塔，外观极似唐代方塔。

元代的藏传佛教兴起，开始建造大量的喇嘛塔，传统佛塔相对进入了低潮。此时期建造的楼阁式砖塔多为对历史塔型的模仿。绝大部分是按宋塔造型建造的。明清的楼阁式砖塔面貌有一大变，外形进一步简化。仿木构的装饰艺术几乎完全消失；塔檐出挑多用叠涩砖及菱角牙子，使用砖斗栱亦十分细小，或者只用单栱出跳，故出檐变短；塔身的柱枋线刻亦可有可无；门洞口一律为圆券洞；有门无窗，窗洞取消；外壁的佛像、神王、飞天等雕刻亦消失，外壁简素；塔身逐层收分很小，亦无圆和曲线，外观简约，轮廓僵直，塔本身的艺术水准在下降。此时期遗存的砖塔实例较多，但有艺术创建的不多。可举数例作为此时期的代表，如浙江绍兴塔山寺塔（公元1524年）、山西永济普救寺莺莺塔（公元1555年）、安徽安庆迎江寺振风塔（公元1570年）、山西太原永祚寺双塔（明万历年间，公元

图5－126　浙江绍兴塔山寺塔 明嘉靖三年（公元1524年）

1573～1619年）、陕西扶风法门寺塔（公元1579年）、山西永济万固寺多宝佛塔（公元1586年）、江西赣州宁都永宁寺塔（明万历）、山西汾阳小相村鼓师塔（明代）、宁夏银川承天寺塔（公元1820年）、江西九江能仁寺大胜塔（公元1872年）等（图5－126～图5－135）。有些佛塔虽然在建筑上没有显著亮点，但因具有某些特殊的社会效能，而广为百姓熟知。如莺莺塔因《西厢记》普救寺的记

图5－127　山西永济普救寺莺莺塔 明嘉靖三十四年（公元1555年）

图5－128　安徽安庆迎江寺振风塔 明隆庆四年（公元1570年）

图5－129　山西太原永祚寺双塔 明代

图5－130　陕西寺扶风法门寺塔 明代

图5－131　山西永济万固寺多宝佛塔 明万历十四年（公元1586年）

图5－132　江西赣州宁都永宁寺塔 明万历

图5－133　山西汾阳小相村鼓师塔 明

图5－134　宁夏银川承天寺塔 清嘉庆二十五年（公元1820年）

图5－135　江西九江能仁寺大胜塔 清同治十一年（公元1872年）

图5－136　陕西扶风法门寺塔地宫出土唐代保存佛骨舍利的八宝重函

述，及其塔内的特殊回声效果而出名。法门寺塔因该塔地宫中出土了唐代佛舍利及七宝套箧，而轰动一时（图5－136）。安庆振风塔濒临长江，登塔可一览江天胜景，占有地利的优势。总之明清的佛塔已产生诸多的社会功能，超出了建筑本身的含义。

在众多的佛塔中亦有许多特例，不同于一般佛塔。如宁夏银川的海宝塔，原塔已毁，清康熙五十一年（公元1712年）重建，方形9层，高53.9米

图5－137　宁夏银川海宝塔 清代重修

图5-138　山西临汾铁佛寺砖塔 清康熙五十四年（公元1715年）

图5-139　山西新绛龙兴寺塔1941年重修

图5-140　江西吉安古南塔 元代（公元1271~1368年）

（图5-137）。平面为十字折角形，每面三间，各开门窗洞口，中央一间凸出一些，这种处理为历史首见。塔身素平，微有收分。分层的菱角牙子细小，几乎没有出檐。塔顶以方桃形结刹，明显带有伊斯兰建筑风味，可算是文化交融的产物。山西临汾大云寺塔建于清康熙五十四年（公元1715年）（图5-138），方形平面，只有6层，每层收分明显，有瓦檐，无平坐。但第六层改为八角平面，十分特殊。每层壁面皆有琉璃花砖镶嵌，不开门窗洞口。第一层内厅放置了一尊巨大的铁佛头，故该寺又称铁佛寺。山西新绛龙兴寺塔八角13层（图5-139），高42米。收分明显，外轮廓如八角锥体，最上的塔刹亦为高峻的八角锥体，与传统佛塔外轮廓缓和的曲线完全不同，具有异样的观感。此外，如江西吉安古南塔、浙江杭州保俶塔等皆是造型简单，体型消瘦如笔，以纤细瘦长取胜（图5-140、图5-141）。

图5-141　浙江杭州保叔塔 宋塔清代重修

但明清佛塔的选址更注意观赏性，佛塔从寺院中走出来，安置在峰巅、水际，成为各地重要的点景建筑，丰富了城乡环境景观，另一方面，运用琉璃面砖装饰佛塔使得灰暗的高层建筑，变为华美的五彩建筑。明清时期佛塔建筑艺术已经越过了宗教建筑的范围，走向更大范围的市民生活中，当时建造的大量文峰塔、风水塔中，有相当多的实例是采用楼阁式塔的形制。甚至晚期伊斯兰教的邦克楼亦采用了佛教楼阁楼的形制，此外在道教建筑，以及佛教经幢、装饰小品中，往往也采用楼阁塔的造型特点。总之，佛塔已由早期的崇拜物演化成为装饰物或造景素材。

图5－142　福建福州坚牢塔 五代永隆三年（公元941年）

（六）石构楼阁式塔

据文献记载早在北朝皇兴中（公元467～470年）在大同即建造了一座三层的石塔，"榱栋楣楹，上下重级，大小皆石，高十丈，镇固巧密，为京华壮观"①，同时，水经注中亦介绍在平城（大同）东亦有一座3层石浮图，北朝时期的石造佛塔已开始初试风华，但高度皆不太高。当然在石窟建造方面亦有石塔的表现，以及作供养用的小石塔等，基本上属雕刻品，而非建造物。唐代仅有少量单层石塔出现，如北京房山云居寺的单层石塔，未见有楼阁式塔。而五代十国以后，以及宋代，由于南方石工技术的发展开始大量以石构塔，著名实例有福州崇妙保圣寺坚牢塔（公元941年）、杭州闸口白塔（公元932～947年）、杭州灵隐寺双石塔（公元960年）、瑞安观

①《魏书》卷一百一十四·释老志："皇兴中，又构三级石佛图。榱栋楣楹，上下重结，大小皆石，高十丈。镇固巧密，为京华之大观。"

图5－143　浙江杭州闸口白塔 五代吴越末期（公元932～947年）

图5－144　浙江杭州灵隐寻双石塔西塔 宋建隆元年（公元960年）

图5－145　浙江杭州灵隐寺双石塔东塔　宋建隆元年（公元960年）

图5－146 福建莆田广化寺石塔 宋乾道元年（公元1165年）

图5－147 福建泉州姑嫂塔（关锁塔）南宋绍兴年间（公元1131～1162年）

图5－148 福建泉州开元寺双石塔 南宋（公元1228～1237年）

图5－149 福建泉州开元寺双石塔东塔底层

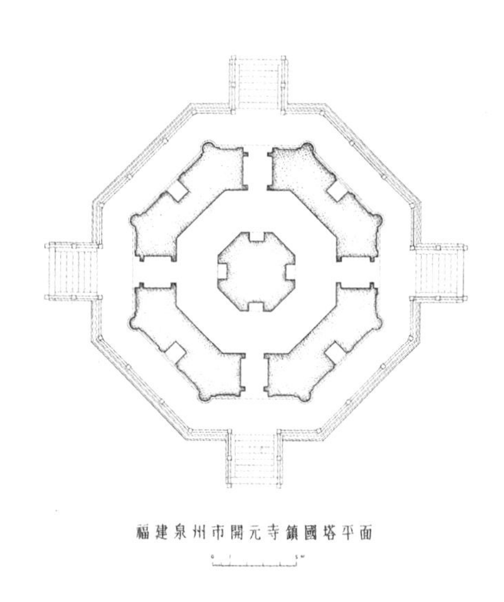

图5－150 福建泉州开元寺东塔镇国塔平面图

图5－151 福建泉州开元寺西塔仁寿塔立面图

音寺塔（公元1068年）等。特别是在石工之乡的福建，所建石塔最多，如莆田广化寺石塔（公元1165年）、晋江姑嫂塔（公元1132～1162年）、仙游龙华寺双塔（公元1107～1110年）、长乐三峰塔（公元1096年）、古田吉祥寺塔等（图5－142～图5－147）。而且福建的石塔多数是中空的，可以登临的楼阁式石塔，雕工精致，仿木构的细部描写十分翔实。通过福建的石塔，可以回忆联想六朝以来江南地区木构佛塔的基本特征。最有代表性的实例是泉州开元寺双石塔。西塔名仁寿塔，建于南宋绍定元年至嘉熙元年（公元1228～1237年），高44.06米；东塔名镇国塔，建于南宋嘉熙二年至淳祐十年（公元1238～1250年），高48.24米。两塔形制基本相同，皆为八角5层，楼阁式塔，各层出平坐栏杆，檐部斗栱为五铺作偷心两跳华栱，翼角高翘。塔刹高耸，相轮层叠，有明显的南方建筑特色。平面结构为单套筒中心柱式结构，内有走道一圈，有木梯可登塔，凭栏远眺。难能可贵之处为其斗栱、梁枋、立面、雕饰全为石材雕成，忠实地描写木构状况，如带皿板的栌斗、上缘做曲线状的昂头、月梁、下端呈鹰嘴状的侏儒柱（蜀柱）等，可帮助我们印证明清江南地区木构构造技法的历史渊源关系。两塔至今已历经700余年，仍完好无损（图5－148～图5－152）。福建地区建造石塔之风，一直持续到明清时代。如福清水南塔（公元1368年）、瑞云塔（公元1606年）、福州罗星塔（公元1621～1627年）、莆田东吴塔（公元1618年）、漳州龙文风水塔、杭州西泠印社华严经塔等，皆是著名的石塔（图5－153～图5－157）。直到近代，全国各地寺院建造石塔工程，多由福建工匠承包，而且质量优秀，获得业主好评。

综观全国楼阁式佛塔，可发现南北两地的塔形有所区别的。北方塔厚重淳朴，出檐较短，外檐以砖刻、石刻等硬件装饰为主，后期更施以琉璃贴饰。这是因为北方塔是在实心塔的基础上发展起来的，以后才逐渐扩展塔内空间，所以有厚实的风格。南方塔是在木塔（或称刹柱塔）的基础发展起来的，所以保留的木构形制较多，后期砖石化以后，木刹柱才逐渐缩短，只保留数层高度，以支承屋顶上的金属刹。内外檐施以粉刷、彩绘等软件装饰手法较多。多用木制斗栱、飞椽，出檐较大。金属塔刹细长，饰件丰富。所以外观显露出轻巧纤柔的风格。这是两地塔形不同的历史根源。

楼阁式佛塔的平面以采用八角形为主流，因八角形较方形来说，其迎风面小，可减少风压，地基承载力亦较均匀，也有利于抗震，同时在艺术造型上，玲珑华美，观赏层面增多，光影丰富，纵轴对称感觉更为强烈。八角形佛塔的确立，使中国塔与印度的佛精舍的差别更为明显。此时期的砖构楼阁塔的塔身结构有数种，除个别的为实心塔外，大致可按体形和规模的大小分为三种，一种为仅有一圈外塔壁的套筒结构，木楼板或砖券楼面，有木梯通达各层。一种为外塔壁内的中心部位砌有塔柱，它是木刹柱的转化，此式在上部尚保留一段木刹柱。外壁与塔柱之间形成一圈内走道，此式可称之为套筒塔柱式结构。另一种为内外两周塔壁的双套筒式结构，内外塔壁间为走道，内塔壁内为塔心室。进一步增强了塔身结构性能（图5－158）。塔柱式与双套筒结构是单筒结构的扩大，它增加塔内活动的面积，同时塔心柱与塔心室又为设置佛龛与佛座提供了方便，人们可以随

图5－152　福建泉州开元寺西塔仁寿塔局部剖视图

图5－153　福建福清水南塔 明初（公元1368年）

图5－154　福建福清瑞云塔 明末

图5－155　福建福州罗星塔 明天启年间（公元1621～1627年）

图5－156　福建漳州龙文塔（风水塔）明

图5－157　浙江杭州西泠印社华严经塔 1924年

回廊绕行塔柱与塔心室进行顶礼膜拜，将原在室外进行的绕塔礼仪移入塔内。同时为了避免由于门窗洞口的开设而减弱塔身刚度，导致塔身纵裂，采用了几项改进措施，首先便是选用八角形平面，协调各面塔壁受力的均匀性。再者每层门窗洞口错位开设，不使剪应力集中，同时有些改用假窗（盲窗）。还有的砖塔内为四方空间，每层扭转45度也是为均匀塔身压力的措施。

砖构塔的梯级设置较灵活，一般采用纵穿塔心，或绕行嵌置在较厚的塔壁内。由于塔身结构的不同处理、楼梯位置的变化与塔内装饰雕刻的差异，构成每座塔的内部空间的不同特色，使登塔者回绕，攀援于狭小的忽明忽暗空间环境之中，造成特异的神秘的艺术感受，益增加佛塔宗教气氛。

楼阁式佛塔一直是中国佛塔的主要类型，这种状况延到清代末期。在建筑艺术上，最初由表现功能原则转入到形式模仿的追求，最后又转入到装饰主义的构思，不同时期具有不同的艺术特色。中国佛塔创作中一直坚持不断创新的原则，现存的数千座不同时代的佛塔，绝无雷同的设计，不论是平面、基座、塔身、平坐、檐口处理、塔刹、砖石雕饰及色彩皆力求变异创新，在尺度、比例、轮廓、分段等方面也有不同的艺术追求，因此这样一种由异域传入的建筑类型，经千余年的演化，已经完全中国化，成为中国佛教建筑空间环境中，协调一致的，必不可少的一个重要因素，甚至其意义远远超过了宗教意义，而走入了广大市民生活中去。

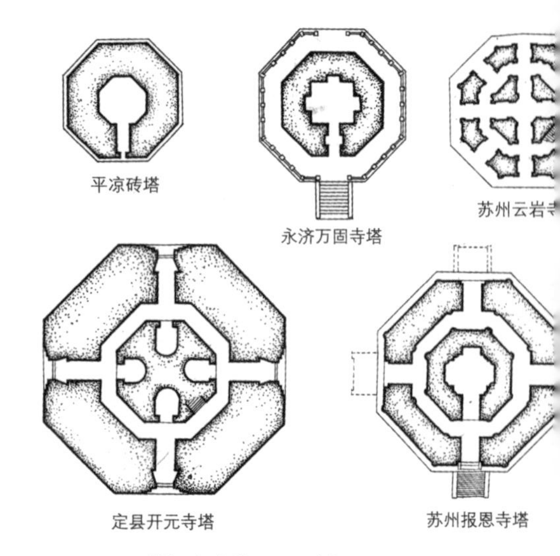

图5－158　楼阁式砖塔平面示例

三、密檐式塔

密檐式佛塔的来龙去脉，至今不明。据专家研究认为该式是受印度婆罗门教天祠建筑的影响，即玄奘在《大唐西域记》所称的大精舍①，从造型上看确有许多类似之处，如密檐、中空的塔身，塔外壁所砌筑的阿育王塔式的壁龛，塔刹上装饰的阿摩洛伽果等都有印度天祠建筑的影响。但是在此塔建造时期的前后，在中国尚未发现过渡形制的塔型，有待今后继续研究。

（一）嵩岳寺塔

密檐式塔是在中国出现最早的塔型，现存实例为河南登封嵩岳寺塔（图5－159、图5－160）。该塔建于北魏正兴元年（公元520年），也是现存历史最早的佛塔。该塔高40余米，平面为十二角形，分上下两部分，下部又分两节，下为素洁的墙面，上节的四正面开券门，其余八面各砌一座单层方塔的壁龛；上部塔身为紧密相接的15层砖叠涩檐，塔顶以绶花、仰莲、相轮、宝珠作为结顶塔刹。该塔的外轮廓具有轻快优美的呈抛物线状的曲

① 《大唐西域记》卷七·鹿野伽蓝“大垣中有精舍，高三百余尺，上以黄金隐起，作庵没罗果。石为基阶，砖作层龛，翕匝（zā）四周，阶级百数，皆有隐起黄金佛像。精舍之中，有鍮（tōu）石佛像，量等如来身，作转法轮势。”
又《大唐西域记》卷八·摩揭陁国上“菩提树东有精舍，高六七十尺，下基面广二十余步，垒以青砖，涂以石灰。层龛皆有金像，四壁镂作奇制，或连珠形，或天仙像，上置金铜阿摩落伽果。东面接为重阁，檐宇特起三层，榱柱栋梁，户扉寮牖，金银雕镂以饰之，珠玉厕错以填之。”

图5－159　河南登封嵩岳寺塔全景

线，有如一只线条圆和的竹笋。是一座造型艺术十分成功的佳作。塔身全部砖构，内部中空，估计原有木楼板，已坍毁。但亦有学者认为该塔为唐开元二十一年重建，并非北魏原建之塔。地宫中有唐代题记及彩绘，唐李邕的《嵩岳寺碑》文中亦称“重宝妙妆，就成伟丽”。故该塔年代尚有存疑。但在下层塔身壁柱柱头上，雕饰有覆莲及火焰珠，这种装饰在北朝石窟中是十分流行的图案（图5－161）。另外在底层塔身的八个侧面，雕饰有单层舍利塔的图像，简单朴素，饰纹较少，也正是北朝时期流行的塔式，在河南安阳灵泉寺塔林的墓塔中，石刻的北齐时代的舍利塔有大量实例。故嵩岳寺塔修建年代值得进一步探讨。

图5－160　河南登封嵩岳寺塔立面图

（二）唐代密檐塔

入唐以后密檐式塔有了飞速的发展，而至明代则完全衰落。密檐塔全为砖构，间有少量的小型石塔，没有木构实例，可能是多檐形式构造要求的结果。从形式特点来分析，国内密檐塔可分为两大类，即唐式与辽式。

唐代密檐塔具有独特的风格。可以陕西西安荐福寺小雁塔（公元707～709年）为典型实例（图5－162）。该塔平面为四方形，高43米，底层每边11.8米，比例修长。内部中空，有木楼板，筒内壁有登塔的砖砌阶梯。底层塔身较高，壁面素洁。上部垒叠13层密檐，各层檐均由叠涩砖构成，叠涩檐有内凹的反曲线。全塔轮廓有柔和的收刹曲线，塔形优美。类似的现存唐塔实例较多，如河南登封永泰寺塔（唐神龙以后）（图5－163）、河南登封法王寺塔（公元620年左右）（图5－164）、临汝风穴寺塔（公元738年）等。唐代密檐塔式样还影响到西南边陲，云南大理建于南诏时期（公元824～839年）的崇圣寺千寻塔，即是完全按照小雁塔式样建造的。所不同的是在每层中央安置了一座佛龛，同时密檐层数为16层，不是单数。五代十国时又在塔前建造了两座10层的楼阁式塔，构成洱海之滨，苍山之麓，著名的大理三塔景观（图5－165）。另外大理弘圣寺塔（唐代晚期）、大理下关佛国寺塔（唐代）等亦是按唐代密檐塔规式设计的（图5－166）。

图5－161　河南登封嵩岳寺塔细部

图5－162　陕西西安荐福寺小雁塔 唐景龙年间（公元707～709年）

图5－163　河南登封永泰寺塔 唐代

图5－164　河南登封法王寺塔 唐代

唐代密檐塔底层塔身光洁无饰，是否原型即如此，还是别有建筑处理，对这个问题尚无圆满的解释。一说是底层应有一圈缠腰，即围塔加一圈周廊，以供信徒绕塔膜拜之用，现存四川邛崃宋代高兴寺石塔，就是一座石制密檐塔底层一圈缠腰（图5－167）。但此说也有不解之处，为什么所有唐塔的缠腰全都毁掉了，无一存留，再者底层塔身上也无梁柱洞眼的痕迹。当然也有一种可能是木缠腰建筑是单独建造，与塔身脱离的。还有一说认为密檐塔前有一门殿，绕塔建一圈围廊，供信徒绕塔之用，廊塔之间有一定距离，但很窄小，故塔身无雕饰的必要。孰说合宜，迄今无确论。

唐代以后，这种唐式密檐塔的建造逐渐衰微，数量大减。如山西万荣旱泉塔（宋宣和二年，公元1120年）、四川新都宝光寺塔（宋塔明修）、河南洛阳白马寺齐云塔（金大定年间，公元1161～1189年）、山西陵川三圣瑞现塔（金天会十年，公元1132年）、河南陕县舍利塔（金代）、云南昆明大德寺双塔（明成化九年,公元1473年）、妙湛寺塔（明天顺二年，公元1458年）等，皆是按照唐塔的立面构图及方形平面设计的，即四方形平面，砖叠涩出檐，塔身简素无华，有时会误认为是唐代建筑（图5－168～图5－172）。唯有昆明的西寺塔（明弘治十七年，公元1504年）及东寺塔（清光绪十三年，公元1887年）两座塔，虽仍按唐式建造，但密檐的中部膨起，全塔形如枣核，臃肿肥厚，全无美感，是为败笔（图5－173、图5－174）。

图5－165　云南大理崇圣寺三塔 唐开成元年（公元836年）

唐代佛塔开始采用石材建造，大量实例为单檐的墓塔和佛塔，但也有多檐的密檐式的石塔。由于用石材建造，出檐可用石板直接挑出，无须叠涩，仅在板底刻出一两层退阶，以示叠涩。底层可用四块石板围合，形成较大的空间，内部可置佛像。正面开门洞，洞上饰以火焰券雕刻。刹顶由方座、受花、覆钵、相轮结顶。艺术形象比较雅洁朴实。代表实例有北京房山云居寺金仙公

图5－166　云南大理下关佛国寺佛图塔 唐代

图5－167　四周邛崃高兴乡释迦牟尼真如宝塔 南宋乾道五年（公元1169年）

图5－168　山西万荣孤山旱泉塔 宋宣和二年（公元1120年）

图5－169　四川新都宝光寺塔 宋代

图5－170　河南洛阳白马寺齐云塔 金大定十五年（公元1175年）

主墓塔（图5－175）、云居寺北塔四角的四座唐代密檐小石塔（分别建于唐景云、开元年间，公元711、712、722、727年）（图5－176、图5－177）、山西长子法兴寺唐石塔（图5－178）、赞皇嘉应寺东塔、河南内黄复兴庵双石塔（公元743）、林县阳台寺双石塔（公元750年）、浚县陇西尹公塔（公元755年）等，后期塔式加强了雕刻装饰，在正面塔门四周刻有力士、飞兽等题材，塔身下部增加了须弥座、仰莲座等，向更完整的塔形发展（图5－179）。在河南安阳灵泉寺塔及山西沁水玉溪石塔等唐塔中皆有表现。对底层塔身的装饰雕刻手法，在单层石塔中亦是普遍存在的（图5－180、图5－181）。

（三）辽代密檐塔

现存辽塔中绝大部分为砖构密檐塔，而且以忠实仿木结构建筑形貌及精细的砖雕和灰塑而著名。因塔体坚固，故保存较好，以至金、元、明时期亦多仿辽塔式样来建造密檐式塔，几乎成为定式。辽代密檐塔的形成受什么因素影响，这个问题很难确认。有人说受北凉石塔的启发，比较牵强，北凉石塔是一种室内的供养塔，是窣堵坡塔的变异，没有塔檐，只有相轮，与辽塔的形式距离较远。有认为是受五代十国时期，南京栖霞寺舍利塔的影响，二者所处的地域及文化相隔太远，很难有影响作用。

辽代时密檐塔成为一种十分入时的塔式，在形制上有了很大的改变。首先将空心塔改为实心塔，或仅在底层辟一小塔心室，不能登临，只能观赏供养。平面形式除少数仍采用唐代以来的盛行的四方式外，绝大部分改为八角形状。底层塔身改变唐塔素洁的壁面形式，而雕饰有仿木构建筑的枋柱、斗栱、门窗等构造性艺术处理，与现有辽代木构建筑对比，可见描写十分逼真。塔的密檐部分将叠涩改为瓦檐，瓦、脊、兽件一如木构建筑。早期的辽塔尚用木椽条，塔檐挑出较多，后因易腐，将飞椽改为砖制，后又将重椽改为砖制，出檐变短。塔的外轮廓仍具有一定收分，但较唐塔减少很多，仅微有变化，已无整体的曲线感。但因瓦制塔檐的构造繁多，比例厚重，收放明显，故整体塔身轮廓更为丰富变化。辽代密檐塔的装饰重点在塔基座，即底层塔基座由标准的三段式组成，即须弥座、平坐、莲台。须弥座可以是一层也可能是两层，当中的束腰部分，多以间柱分隔为小池子，当中设壶门，壶门内雕饰伎乐天女、神将、狮首图像等。平坐为仿木构形制，由蜀柱、阑额、普柏枋、斗栱、栏杆组成。平坐上方为莲台，四

图5－171　山西陵川昭庆院三圣瑞现塔 金代

图5－172　河南陕县三圣舍利塔 金代

图5－173　云南昆明东寺塔长乐寺塔 清光绪十三年（公元1887年）完工

图5－174　云南昆明西寺塔慧元寺塔 清光绪九年（公元1883年）

图5－175　北京房山石经山金仙公主塔 唐代（公元618～907年）

图5－176　北京房山云居寺北塔东北角唐塔 唐开元十年（公元722年）

图5－177　北京房山云居寺北塔东南角唐塔 唐太极元年（公元712年）

图5－178　山西长子法兴寺方石塔 唐代

图5－179　北京房山云居寺北塔西南角唐塔雕刻 唐开元十五年（公元727年）

图5－180　河南安阳灵泉寺塔 唐代

层莲瓣错置，上部还隐现莲实。总之，辽塔塔座的构思很多是从殿内佛座的装饰处理引发的，雕刻成分甚浓，具有小木作的艺术风采。底层塔身除柱枋斗栱之外，四正面设板门式门洞，四斜面设直棂窗。门洞两侧雕饰神将，上方有坐佛、宝盖、飞天等。这种装饰手法较多流行于东北地区的辽塔中。

图5－181　山西沁水玉溪石塔 唐代

辽代密檐塔的造型在北方各地尚有一定的区别。在晋冀一带的塔型比较挺拔，收分少。精确地仿木构形象，塔身皆设斗栱瓦檐，底层四面设门，另四面设直棂窗，没有佛像等雕饰。塔基由须弥座、平坐栏杆、莲台组成，层次分明，塔基座的雕刻丰富。此地区辽塔可以山西灵丘觉山寺塔为代表（图5－182），北京天宁寺塔虽然也是标准的辽式，但明代有较多的改动，产生不少差别。内蒙古地区的辽塔，塔型宽厚，收分僵直，底层特别高大。喜欢用一部分叠涩檐代替瓦檐。塔身有雕像。基座无莲台及平坐，须弥座一般为双层。此地区的辽塔可以内蒙古昭乌达盟宁城辽中京大明塔为例（图5－183、图5－184）。东北地区辽塔与华北类似，亦为3层塔座，层层瓦檐，但塔身不开门窗，满雕佛像、华盖、飞天、力士、小塔等，异常华丽，装饰性十分突出。可以辽宁北镇崇兴寺双塔为代表（图5－185，后页：辽宁北镇崇兴寺双塔 辽代）。又如建于西夏时代的银川拜寺口双塔，由于地处边陲，形式交流较缓，形成密檐与楼阁兼有的塔型。例如密檐部除第一层檐以外，多取消斗栱改用叠涩砖承瓦檐；各檐之间的距离拉开；塔身柱

图5－182　山西灵丘觉山寺塔 辽大安六年（公元1090年）

图5－183　内蒙古宁城辽中京白塔 引自《中国建筑艺术全集宗教建筑卷》

图5－184　内蒙古昭乌达盟宁城辽中京大塔细部

图5－186　辽宁朝阳凤凰山云接寺塔 辽代

图5－187　辽宁朝阳北塔 辽代

枋变得细长，仅为示意；门窗受当时木装修技术的发展改为棂格式门窗，与辽式密檐塔的差别较大。

辽代密檐塔实例中亦有特例。如辽宁朝阳北塔（公元1044年）（图5－186），为方形13层的密檐塔，为叠涩出檐，内部中空，类如唐塔。但底层塔身加宽，形成一个台座，与一般辽塔不同。有专家认为此塔原为唐代密檐塔，辽代时将底层加宽加厚，形成此状。底层四面外壁上雕饰有五方如来中的宝生、阿弥陀、不空成就、阿閦如来等四佛，每尊佛侧配有两菩萨、两灵塔及华盖、飞天等，具有密宗的色彩。在朝阳的另一座辽塔，即云接寺塔（图5－187）。该塔外壁上亦雕有同样内容的砖刻，这些砖刻题材在东北地区辽塔中多次出现，因朝阳北塔建造时期较早，可能是此塔影响的结果。辽塔底层塔身上的雕饰，采用四佛、八菩萨、八大灵塔，兼有华盖、飞天、朵云、佛幡等配属等组合图案，这种成组的宗教图案成为辽塔的突出特色。中国历代佛塔由实心的信仰崇拜物，逐渐成为高大的可登临的炫耀建筑，至辽代，进而成为纪念碑式的建筑，说明佛塔的理念也在不断演进。另一辽塔特例为河北昌黎的源影塔（图5－188、图5－189）。该塔为八角13层密檐塔，为典型的辽塔式样。但第一层塔身甚高，八面皆刻有城门一座，门上有平坐及城楼。另在转角处各刻有城台一座，上面亦

图5－188　河北昌黎源影寺塔 金代　引自《全国重点文物保护单位》

图5－189　河北昌黎源影寺塔细部（全国文保）金代

图5－190　辽宁义县嘉福寺塔 辽开泰年间（公元1020年）

有角楼。城门与城台之间有阁道相联。城台之前各有密檐小塔一座。这些砖刻使得该塔的外观十分华丽，别具一格。这种模仿城池的雕饰在唐代经幢中就有实例，其宗教含义尚无定论。一说认为是表现佛传故事中的太子游四门。亦有认为是表现天帝所居的须弥山上的善见城。又因该塔雕刻的城门门扇中出现了棂花窗格，所以有专家认为该塔为金代所建。总之，不论是辽塔还是金塔，这种装饰处理还是开辟了佛塔美化处理的另一途径。

辽代密檐塔除上诸例以外，现存较有代表性的实例还有：辽宁义县嘉福寺塔（公元1020年）、辽宁锦州广济寺塔（公元1057年）、辽宁兴城白塔峪塔（公元1092年）、天津蓟县盘山天成寺舍利塔（公元1111～1120年）、河北易县净觉寺塔（公元1115年，已圮）、内蒙古敖汉旗白塔（辽代）、北京戒台寺法均和尚墓塔、辽宁绥中双塔岭双塔（公元1101～1110年）、内蒙古喀喇沁左旗大城子塔（辽代）、北京天宁寺塔（辽代）、内蒙古昭乌达盟林东南塔（辽代）、河北涞水西岗塔（辽代）、辽宁沈阳塔湾塔（辽代）、河北涞源南安寺塔等（图5－190～图5－195）。

图5－191　内蒙古敖汉旗白塔 辽代

图5-192　北京天宁寺塔 辽代

图5-193　内蒙古昭乌达盟林东南塔 辽代

五代十国南唐时期（公元937～975年）在江南亦有一座密檐塔，即江苏南京栖霞寺舍利塔（图5-196）。该塔八角5层，全部石构。全塔座在八角台基上，台基周围有护栏。舍利塔下部为宋式须弥座及重瓣莲台，再上为八角的塔身及5层密檐，塔顶为莲苞及宝瓶结顶。须弥座上下枋刻有石榴、狮子、凤凰等图案，八面束腰内刻佛祖八相成道图。塔身各面刻四天王像及文殊、普贤像。密檐之间的塔身刻佛龛及坐佛，檐下斜面上还刻有飞天及供养人像。全塔比例匀称，收放合宜，雕刻细密，是一件艺术上十分成熟的作品。除此塔外，南方再无密檐塔的实例出现，实为不解。

金代密檐塔仍按辽塔式样建造，有十分精美的窗棂格图案；基座部分变矮，变简，或仅有须弥座与莲台，取消了平坐部分；最有特色的为在底层八个角柱外贴砌小型密檐塔或多檐经幢；阑额下方雕制一列如意头装饰，象征垂幔；个别的密檐塔的塔身向内凹，形成弧身状态，更加强调出八角形的多角性格。现存的实例有：北京昌平银山宝塔（公元1085年左右）、辽宁开原崇寿寺塔（公元1156年）、山西浑源圆觉寺塔（公元1158年）、辽宁辽阳白塔（公元1189年）、河北正定临济寺澄灵塔（金大定年间）、河北涞水李皇甫塔（金大定年间）、北京通县燃灯塔（公元1279～1307年）、河北赵县柏林寺塔（公元1330年）等（图5-197～图5-202）。金代密

图5-194　河北涞水西岗塔 辽代

图5-195　河北涞源南安寺塔　辽代

图5-196　江苏南京栖霞寺舍利塔

檐塔中以昌平银山法华寺中的五塔最为完整，并有组合之美，故称“银山塔林”。实际上这五座塔是高僧的墓塔，而非佛塔。分别纪念祐国、晦堂、懿行、虚静、圆通五位禅师。各塔原来是安置在寺院内对称的院落中。现在寺院建筑已经毁圮，凸显出“一中四岔”式布局的五塔，各塔皆为八角13层标准金代密檐塔，高度类似，整齐划一，气势雄伟壮观，故银山塔林成为京郊的著名景点。

元明清时代建造的密檐塔逐渐稀少，但仍遵辽式塔的遗规。元塔实例有河北涞水金山寺千佛舍利塔（石制，公元1307年）、河北赵县柏林寺塔（公元1330年）、河南安阳天宁寺塔（元末）等（图5-203~图5-205）。涞水千佛塔是一座石塔，八角13层密檐，比例瘦长，类似经幢。底层八面塔身上刻八座佛龛及坐佛，整体壁面皆以小圆形的阴刻佛首图案占满，作为背衬，手法比较新颖。安阳天宁寺塔为八角5层密檐式，但各层塔身向上递增宽肥，头重脚轻，造型并不成功。明清时代的密檐塔十分稀少，仅在北京建有慈寿寺塔（公元1576年）、玉泉山华藏海石塔。北京慈寿寺塔的造型是仿照北京天宁寺塔而建，但装修更加繁复，壁面装饰的佛像、力士、龙柱等多为木胎灰塑，年久易毁，工艺粗放，已无辽塔的雄伟之风（图5-206）。

密檐塔的衰微与其不能登高远眺具有很大关系，同时在其外观的艺术观赏方面亦不如楼阁式灵活，清代楼阁式塔不仅可应用多层檐出挑，应用变形的平面，改变塔形比例，还可在各层面凹凸进退，组成龛室等手法，来增添佛塔的艺术观赏性。现有的许多地方的明清楼阁式塔，是在原来唐代密檐塔塔身基础上，经过改造形成的，如太谷无边寺白塔。这种现象从侧面也说明明清时代人们对佛教艺术的观念上的变化。密檐式塔还有一个极重要的现象，即是仅流行于中国北方三北地区，虽然最早的一座仿木构的密檐塔是在南京建造的，即栖霞寺舍利塔（公元937～975年），但此后在江南再没有建造过密檐式塔。据此，我们可以有理由认为，密檐式塔的传入中国是从中亚、新疆随丝绸之路从陆路传递过来的，首先影响北方地区，很可惜，目前尚未发现过渡性实例，在敦煌壁画中，仅在隋代第302窟的壁画

图5－197　北京昌平银山塔林

图5－198　山西浑源圆觉寺塔 金正隆三年（公元1158年）

图5－199　辽宁辽阳白塔 金大定二十九年（公元1189年）

图5－200　河北正定临济寺青塔

图5－201　河北涞水李皇甫塔 金大定年间

图5－202　北京通州燃灯塔 金代

图5－203　河北涞水金山寺千佛舍利塔 元大德十一年（公元1307年）

图5－204　河北赵县柏林寺塔 元天历三年（公元1330年）

图5－205　河南安阳天宁寺塔 元代末年

图5－206　北京慈寿寺塔 明万历四年（公元1576年）

中发现一例砖石密檐塔的实例，且仅此一例。有关密檐塔的源流问题，尚需进一步研究。

实际建筑艺术的变化创新是受社会的技术水平及审美观念的影响，并不一定是模仿现成的造型。唐辽密檐塔的区别之处，唐塔是方形平面，砖叠涩檐，没有雕饰，中空可登临，所以在密檐之间有小窗洞可以采光换气。辽塔是八角形平面，塔身及瓦檐完全忠实仿木建筑的状貌，塔身有丰富的雕饰，塔内实心不可登临，这就是两者之间的时代差别。方形中空的唐塔的塔壁受力不均衡，若基础做得薄弱，容易在塔门及小窗洞一线形成纵裂。辽塔改为八角实心，整体性强，有利于抗风。下部增加满堂的基座（须弥座），更有利于塔体的稳定。自中唐以后，中国建筑的木结构技术有了巨大的发展，形成了标准的做法及稳定的造型。所以宋辽时期的砖构建筑以模仿木构为艺术精湛的表征，可以做出各式型砖满足设计需要，并进一步加以雕凿，形成宗教艺术形象。这就是时代的艺术风尚。所以辽塔的建筑特色是创新的结果，实际唐代末年在砖构楼阁式佛塔上已经出现仿木构的现象。

四、单层塔

“单层塔”是国内学者通用的名称，实际是一个含混的形制概念，其中包括了不同的塔型，有人曾用亭阁式、龛庐式或舍利塔、育王塔等称谓，但又都不足以概括这类塔的通性，也可能这些塔根本即有不同来源，不属一类的缘故吧。单层塔是指仅有一层塔身的塔，并不是人们习惯认为的高耸的建筑物，将其称为“塔”，不如称“亭”“阁”或“小殿”更合宜一些。据目前所知这类塔可分为三类，即亭阁式塔、舍利塔、多宝塔。

图5－207　敦煌莫高窟第23窟单层佛殿 盛唐

（一）亭阁式塔

顾名思义，亭阁式塔即类似寺庙内单层的亭或阁，周围无装修为“亭”；有外檐装修为“阁”。此种塔型源于供佛的方形或八角形的单层殿堂，后期佛殿向横长方形发展，这种攒尖形屋顶的佛殿就很少采用了。在盛唐的敦煌壁画中还有不少这类殿堂的图画展示。如第23窟、第148窟、第360窟皆有图示，前者为殿阁式建筑，后二者为亭式建筑（图5－207～图5－209）。诸例中以盛唐第23窟最为典型完备，该殿为方形平面，砖构须弥座，上有平坐木栏杆、柱枋、斗栱、瓦檐，刹顶为山花蕉叶、覆钵、相轮、宝珠。殿内画释迦、多宝二佛并坐。这类殿堂尚有廊屋围护，称为塔院，实际为佛堂院。另在唐代净土变壁画中，建在廊屋转角顶部的经楼、钟楼形象，亦为单层木构。此类殿堂除方形的以外，尚有八角、六角、圆形等平面形式。甘肃永靖炳灵寺石窟第3窟，建于唐代的中心塔柱，亦是模仿单层方形木构佛殿形式，基座、踏道、勾栏、柱枋等表

图5－208　敦煌莫高窟第148窟单层亭式佛殿 盛唐

①萧默．敦煌建筑研究．文物出版社，1989.

现十分完全（图5－210）。日本奈良法隆寺东院现存的一座木构八角形佛殿，名为梦殿，建于739年（图5－211）。荣山寺八角堂亦为八角形佛殿，建于757年。奈良兴福寺西丹堂也是八角形殿堂（建于1208年，相当于南宋）（图5－212）。这些日本建筑估计是受唐代佛教建筑的影响而建成的，因此，类似的佛殿肯定在中国也曾出现过。国内尚无唐代以前的亭阁式佛殿遗存实例。但有留存宋代实例，即甘肃敦煌老君堂的慈氏塔，建于北宋早期（公元980～1035年），这是一座土坯砌塔心室，外绕木柱廊子的八方式单层塔，柱廊有五铺作斗栱、偷心出双杪。塔心室壁有泥塑天王像，泥背八角形攒尖顶，顶上有带相轮的塔刹①。这样的土木结构的单层佛殿，在国内可以说是硕果仅存，绝后无继的一座实例（图5－213）。所以单层亭阁式塔实际是小型单层佛殿的转化，与楼阁式佛塔并非同源。又因其多以僧人墓塔形式出现，故归于佛塔之列。

现存亭阁式塔多为砖石构造，其外形可区分为两类。一类为四门塔型，即是按砖石承重的建筑理念处理塔形，木构形式不明显；一类为净藏禅师塔型，即按木构建筑的理念处理塔形。

四门塔位于山东历城神通寺东侧，寺院已毁，唯塔独存。该塔建于隋大业七年（公元611年），是年代最早的单层塔实例。单层石结构，方形平面，高15.4米。塔身光洁，四面开券门，故称四门塔。叠涩出檐，反叠涩结顶，上为露盘、蕉叶、相轮组成塔刹，塔刹很像一座小型的舍利塔。塔内有方形塔心石柱，四面各置佛像一尊。此塔造型简洁，比例匀称，朴素无华，有雄浑厚重之风，为建筑艺术的佳作（图5－214）。

这类砖石塔传承至唐代以后，形式上加以美化的趋向十分明显，主要有四点。①台基增饰为须弥座，甚至为两层座；②塔身正面门洞两侧增加雕饰，或为狮龙，或为天王、力士；③塔檐增为两层，形成重檐；④塔刹花式变化，做出多层蕉叶或莲瓣，最上为宝葫芦结顶。这方面最典型的例证为山东历城的龙虎塔。龙虎塔可能仍为僧人墓塔，但无明确记载，故按其塔身的龙虎雕饰而命名。该塔

图5－209　敦煌莫高窟第360窟单层亭式佛殿 中唐

图5－210　甘肃永靖炳灵寺石窟第3窟中心塔殿 初唐至盛唐

图5－211　日本奈良法隆寺梦殿

图5－212　日本奈良兴福寺西丹堂

图5－213　敦煌莫高窟慈氏塔

图5－214　山东历城神通寺四门塔

为砖石混构的塔，基座与塔身为石构，为唐代原建；塔檐以上为砖砌，可能为宋代补建。塔基为3层须弥座，上有覆莲、狮子等浮雕。塔身四面开设火焰券洞门，塔壁满雕龙、虎、狮、菩萨、胁侍、飞天等，并且为剔地起凸的高浮雕，动态活泼，华美富丽，其雕饰之美在唐塔中可称首席。塔内有塔心柱，每面设佛像一尊。塔檐为重檐。塔顶为蕉叶两重，上托莲台及相轮（图5－215、图5－216）。从龙虎塔的艺术形式中可以看出时代变迁的痕迹。其他实例亦有类似的装饰倾向。

图5－215　山东历城龙虎塔

属于此类型的亭阁式塔还有：山东长清灵岩寺慧崇法师塔（公元742～756年）、河南登封少林寺同光禅师墓塔（公元771年）、北京房山云居寺晒经台塔（唐代）、河北涿州市水北村塔（唐代）、山西交城万卦山天宁寺塔（唐代）、河南登封法王寺后山坡墓塔（唐代）、山西五台佛光寺墓塔（唐代）、山西高平开化寺大愚禅师塔（公元925年）、山西平顺海会院明惠大师塔（公元932年）、河南登封少林寺法玩禅师塔（公元971年）、山西太原蒙山开化寺双塔（公元990年）等（图5－217～图5－224）。

属于第二类的净藏禅师塔，位于河南登封会善寺山门西侧，建于唐天宝五年（公元746年）（图5－225）。全部砖砌，高10.35米。台基较高，已经残破，上为一层较矮的须弥座，承托八角形塔身。塔身南面为券洞门，通达内部八角形塔心室，东西面为仿木的实门，北面为素壁，其他四面为直棂破仔棂盲窗。塔身角部雕出八角倚柱，上托一斗三升带批竹耍头的斗栱，补间为人字栱。上为叠涩砖出檐。顶部为两层蕉叶盘，仰覆莲座，以

图5－216　山东历城神通寺龙虎塔细部 唐代

图5－217　山东长清灵岩寺塔林慧崇塔唐天宝年间

图5－218　河南登封少林寺塔林同光禅师墓塔 唐大历六年（公元771年）

图5－219　北京房山石经山山顶唐塔

图5－220　山西交城万卦山天宁寺石墓塔 唐代

图5－221　山西五台佛光寺墓塔 唐代

图5－222　山西高平舍利山开化寺大愚禅师墓塔 五代同光三年（公元925年）

图5－223　山西平顺海慧院明惠大师塔

图5－224　河南登封少林寺唐法玩禅师塔

火焰珠结顶。全塔粗壮有力，仿效唐代建筑十分忠实，为了解盛唐时期建筑的重要参考资料。学术上谈到亭阁式塔时，多以此塔为代表之作。属于此类型的墓塔有：山西运城报国寺泛舟禅师塔（公元793年）、山西晋城青莲寺慧峰大师塔（公元895年）、山西永济席张塔巷墓塔（唐代）、山西运城寿圣寺墓塔（唐代）、陕西户县草堂寺鸠摩罗什塔（唐代）、山西平顺大云院墓塔（五代十国）等（图5－226～图5－229）。其中泛舟塔、席张塔巷为方形塔，同样设有板门及直棂窗，形制较奇特。青莲寺慧峰塔的塔壁倚柱柱身刻有束莲图案，亦为唐代建筑所流行的手法。

图5－225　河南登封会善寺净藏禅师塔 唐天宝五年（公元746年）

由于佛教礼拜性建筑的佛殿，向高层（楼阁式塔）和广阔（长方形佛殿）两个方向发展，因此，单层木构佛塔（佛殿）自唐以后被排挤出寺院主要建筑的行列，而转向成为僧人死后所建墓塔的重要形式。墓塔实例除上述诸例之外，在登封少林寺塔林、长清灵岩寺塔林等处尚可发现多座。但在宋、辽、金、元时期，墓塔多流行楼阁式塔和密檐式塔，以及变化多端五轮式石塔式样，而明清以后又以喇嘛塔最为盛行。故单层仿木构墓塔亦十分稀少，难得一见。

此外，我们还应注意到，在山西五台佛光寺大殿南侧有一座砖石构的双层六角佛塔，名祖师塔，始建年代无任何记载，专家们鉴定认为应建于

图5－226　山西运城报国寺泛舟禅师塔 唐贞元九年（公元793年）

图5－227　山西晋城青莲寺慧峰大师塔 唐乾宁二年（公元895年）

①《释氏要览》注："释迦即卒，弟子阿难等焚其身，有骨子如五色球，光莹坚固，名曰舍利子，因造塔以藏之。"

②《高僧传》卷十三·兴福："释慧达，姓刘本名萨诃，并州西河离石人。……晋宁康中，至京师。先是，简文皇帝于长干寺造三层塔，塔成之后，每夕放光。达上越城顾望，见此刹杪独有异色，便往拜敬，晨夕恳到。夜见刹下时有光出，乃告人共掘，掘入丈许，得三石碑。中央碑覆中，有一铁函，函中又有银函，银函里金函，金函里有三舍利。又有一爪甲及一发，发申长数尺，卷则成螺，光色炫耀。乃周敬王时阿育王起八万四千塔，此其一也。既道俗叹异，乃于旧塔之西，更鉴一刹，施安舍利。晋太元十六年，孝武更加为三层。"

③《广弘明集》卷十七·《文帝立舍利塔诏》

④《续高僧传》卷二十三·释昙迁传："帝请大德三十之，安置宝塔为三十道，建规制度，一准育王。"

⑤"刘敦桢先生在《苏州云岩寺塔》一文中提到，'杨坚（文帝）建塔诏书，与杨雄等庆舍利感应表'以及后来幽州悯忠寺重藏舍利记，很明白地告诉我们，仁寿元年所建舍利塔三十处，全是'有司造样送往当州'的木塔。按照当时木塔式样，塔的平面应是方形。"引自《文物参考资料》1954年7期。

图5－228　山西运城王范寿圣寺墓塔 唐代

图5－229　山西平顺大云院五代墓塔

图5－230　山西五台山佛光寺祖师塔

北魏时期（图5－230）。下层塔身平素，内有六角形塔心室。上层实心，六角砌出倚柱，正面有假券门，西侧面有假直棂窗，柱间以“影作”手法画出二层阑额及人字补间铺作。塔刹为二层莲台，上托莲苞及宝珠。从上层形制看，亦为仿木构形式，说明此塔有砖构与木构混合的特征。据笔者推测，此塔可能为唐塔。因为单层塔加设二层，宽厚的火焰券形，柱身上有莲瓣装饰，塔刹上的重瓣莲花，柱间有人字栱等，皆是唐塔特征，故其建造年代尚可商榷。

（二）舍利塔

佛死后，经火葬后其遗骨称为舍利[①]。信徒为崇拜佛迹，将舍利埋入土中，起塔供养，称舍利塔，梵名为Savira-Stupa。佛史记载，公元前3世纪，印度的阿育王大兴佛法，曾获大量佛舍利，乃在四方起八万四千塔供养之，因之舍利塔成为一种重要的佛教建筑，广为流布，但舍利塔传入中国以后，它的造型是什么样子，一直很难确认。据《高僧传》卷十三记载竺慧达姓刘，本名萨诃，曾在东晋宁康中（公元373～375年）在建康长干寺塔下掘得佛舍利，乃在旧塔之西另立一刹，施安舍利[②]。这段文字是最早建造舍利塔的记载，但没有说明舍利塔是什么形制。隋初杨坚佞佛，曾三次下诏在全国营造舍利塔，以分藏他得自一位天竺沙门的佛舍利，先后建造了113座，遍及全国。建塔过程有一定的仪式，朝廷派人参加，并且所造之塔式为“所司造样，送往当州”，即这批舍利塔有统一的格式图案，各州县准式建造[③]。此时的舍利塔型，在有的文献记载中提到是按阿育王塔式建造的[④]，这也是第一次提到舍利塔即为阿育王塔。近来学者对隋文帝舍利塔的研究中，有的认为是木塔[⑤]，有的认为是石塔，各有立论，尚无定见。以建于五代十国的南京栖霞寺舍利塔为例，它即是一座密檐式小石塔，但也称舍利塔。建于清代的呼和浩特市慈灯寺金刚宝座舍利塔，它是一座五塔形制的塔，也称舍利塔，可见舍利塔的形制概念一直不定。

舍利塔若从文献上推导，可能会很早，据《佛祖统纪》记载，僧慧达曾在鄮县乌石山掘得一小型舍利塔，“塔色为青石，高一尺四寸，广七寸，四角挺然，五层露盘，中悬宝磬，安佛舍利”。按《广弘明集》记载，此塔出土时间在西晋太康二年（公元281年），可以说是最早有关舍利塔的记载了，但其形制仅提出是“四角挺然，五层露盘”，并且是中空的，可安置舍利，具体形制不详。另据文献记载，唐朝惟则和尚曾去宁波将东晋刘萨诃发掘的阿育王塔，用胶泥仿制了一座，若以胶泥材料分析，当时阿育王塔不会是木构的，有可能为小石塔①。

关于舍利塔形制的来源，可能又牵涉到西域佛塔的形制特点。现存新疆早期佛塔遗址，多数为土坯制作。下为方形塔座，上为覆钵形塔身，再上为平头、相轮、宝珠为塔刹（这部分多已毁坏）。因气候干旱，无须制作瓦檐。传入中土以后，部分转入砖石制作，渐成舍利塔的形制。最早的实例可以河北邯郸北响堂山第4窟外壁石刻的舍利塔图为证，其平盘部分增宽，突出塔身之外，并增加蕉叶装饰。上为覆钵、莲座及相轮（图5－231）。在山东长清灵泉寺内，建于北齐清河二年（公元563年）的道凭法师烧身塔，也是这种式样（图5－232）。这种式样并延伸到该寺塔林中，从北齐至隋唐众多僧人的浮雕墓塔皆取此造型。另外，响堂山石窟的东魏兴和三年（公元541年）造像碑上的石刻塔，亦有该塔式的身影，只不过在塔身上部加饰了3层蕉叶（图5－233）。砖构的舍利塔，也有线索可寻，如北魏正光四年（公元523年）登封嵩岳寺塔塔身的小型单层塔浮雕，应即为简化的舍利塔。舍利塔在壁画中亦有表现，如甘肃敦煌莫高窟第103窟、第217窟的初唐、盛唐的壁画中有舍利塔的造型（图5－234、图5－235）。但在敦煌壁画中所表现的舍利塔塔身，除方形以外，又变化为覆钵形，曲面方锥形等。这些形式是画工的臆造，还是确有实际建筑已不得而知了。后期，在北京房山云居寺辽代北塔基座的印模砖上，也有舍利塔的图样（图5－236）。

约在五代十国至宋代之间，约定俗成，公认一种塔型为舍利塔，或称“阿育王塔”。这种塔型为四方形，下部为方形须弥座，束腰部分以间柱分为四格或五格，格内雕饰坐佛。塔身四方，四面开券门，券门外的余壁雕饰飞天、菩提树等。顶部为四方式平顶盘，四边微向外张开，顶盘四角有垂直的蕉叶，后期演变为外廓简单而高大的刀锋型，高度甚至超过塔身，其内雕饰佛传故事等。平顶盘上有覆钵，但内收变小，几乎不显。覆钵上竖刹杆，叠饰相轮多重及火焰宝珠，高耸塔上。这种塔型全无中国意匠趣

①《宋高僧传》惟则传：“闻四明鄮山有阿育王塔，东晋刘萨诃求现，往专礼焉。乃匠意将七宝为末，用胶范成，摹写脱体酷似，自甬东躬自负归，奉慈寺供养。”

②《金石萃编》卷一百二十二，清王昶《金涂塔记》。

图5－231　河北邯郸北响堂山第4窟外壁石刻阿育王塔 北齐

图5－232　河南安阳灵泉寺道凭法师烧身塔双塔 北齐清河二年（公元563年）

图5－233　河北邯郸响堂山东魏兴和三年造像碑石刻塔（公元541年）

图5－234　北京房山云居寺北塔基座印模砖 辽代

图5－235　甘肃敦煌莫高窟第103窟阿育王塔院 盛唐

味，可以说是一种梵式的塔型。特别是塔顶部分没有中国惯用的坡顶或瓦檐的构造，而以巨大的刀锋叶为其特征。由柔和的蕉叶转化为高大的刀锋叶，估计是在宋代南方地区完成的。

现存的舍利塔最早的实例为福建泉州开元寺大殿前的阿育王塔，建于宋代，下为石基台，上托基座2层，底层为素平的须弥座，束腰内刻佛像，塔身方形，四方做券门，刻佛传故事，顶上有四个巨大的蕉叶，中间为覆钵、相轮组成的刹顶（图5－237）。在浙江宁波天童寺的育王殿中供养佛舍利的石制罩塔，亦采用此式。此外，福建泉州宋代洛阳桥的镇桥石塔亦为舍利塔型。镇桥塔有多座，从各塔蕉叶的变化中也反映出舍利塔的演变（图5－238）。浙江普陀山普济寺多宝佛塔（又称太子塔）是一座3层石塔，也是最高的舍利塔。该塔建于元元统二年（公元1334年），明代重修。底层有高大的基座，3层塔身为实心，皆有佛像雕刻，以第一层最复杂。各层有石栏围护。顶部以舍利塔形式结顶，但无相轮雕刻。该塔是舍利塔随时代发展而变化的实例（图5－239）。

存世的舍利塔大部分为小型的供养塔，高度不过数十厘米，可以是实心塔，也可是空心的，内藏佛舍利。这种供养塔多为金属制造，或镏金，雕饰华丽，是艺术性较高的美术品。因这类小型供养塔全镏黄金，清末考据学者，初见此塔，又因其外部涂以金色，故称之为“金涂塔”②。又因该供养塔中多藏有宝箧印陀罗尼经，故又称之为“宝箧印经塔”。五代十国时吴越王钱弘俶笃行佛教，发愿效仿阿育王故事建84000塔，分送各地供养。近年的考古发掘中已陆续出土不少这类供养塔，仅金华万佛塔下地宫即出土十五座，该塔为金属制造，或为铜塔，或为铁塔，形体较小，一般为20余厘米高，形制与泉州开元寺塔完全一致。只是雕刻更为精细。因其仿阿育王故事，故又称阿育王塔。新中国成立以来，各地考古发掘中亦有多座舍利塔面世。较著名者如杭州雷峰塔地宫出土的纯银阿育王塔（舍利塔）。塔座为方形，侧面以壸门及小佛像为装饰。方形塔身四面镂刻佛本生故事，四角饰金翅鸟，上部刻有忍冬纹及兽面等。塔身内有小型金棺，据记载棺内应有“佛螺髻发”供奉在内。四角的蕉叶上有佛传故事画面。塔刹由刹杆、五重相轮、火焰珠、宝葫芦组成。塔刹底部的覆钵改为十二瓣覆莲座，是该塔改进之处。全塔高35.6厘米。该塔雕饰精细，比例匀称，是宋代典型的舍利塔[①]（图5－240、图5－241）。南京大报恩寺地宫出土的七宝阿育王塔（舍利塔），塔铭中记载为宋大中祥符四年（公元1011年）建造，并且全塔镏金，遍饰以红宝石，故称之为七宝塔[②]（图5－242）。此外，在苏州博物馆、宁波育王寺、天台国清寺内皆藏有宋代的舍利塔，皆为金涂塔（图5－243、图5－244）。

图5－236　甘肃敦煌莫高窟第217窟上去华经变图中舍利塔 初唐

金涂塔曾在五代十国时传入日本，现保留在民间及博物馆中尚有数座，据日僧传说，塔内曾藏有宝箧印陀罗尼经，故日本人称之有“宝箧印塔”。至镰仓时代，石材加工技术进步，而将宝箧印塔型简化，转成石制，成为日本佛寺中与五轮石塔共同流行的佛教供养物品[③]。这种印度式的舍利塔，仅在钱弘俶时代流行一时，以后则不见推行了。

总之，舍利塔类型因其体量小，高度矮，建筑艺术感染力不如高层建筑雄伟气派，故在封建后期没有发展成为主要塔型，仅在殿内供养塔或墓塔中应用，影响不大。

①《文物》2002年5期，《考古》2002年7期。

②《文物》2015年5期

③宝箧印塔与五轮塔，为日本称法。

图5－237　福建泉州开元寺大殿前石阿育王塔 南宋绍兴十五年（公元1145年）

图5－238　福建泉州洛阳桥镇桥石塔 宋代

图5－239　浙江普陀山普济寺太子塔（多宝塔）元元统二年（公元1334年）

图5-240　浙江杭州雷峰塔地宫出土纯银阿育王塔 宋代 引自《文物》2002年5期

图5－241　浙江杭州雷峰塔出土纯银阿育王塔细部 引自《考古》2002年7期

图5－242　江苏南京大报恩寺遗址地宫出土的七宝阿育王塔 宋大中祥符四年（公元1011年）引自《文物》2015年5期

图5－243　江苏苏州博物馆藏阿育王塔

图5－244　江苏南京朝天宫博物馆藏七宝阿育王塔

（三）多宝塔

北朝时期曾有另一种单层塔型，因其内部大多供养多宝与释迦双佛并作，故称此式塔为多宝塔。其造型特征是介于亭式塔与舍利塔之间，下部为亭式，平面方形，柱枋、瓦檐等俱全，但在瓦檐上另加蕉叶、覆钵、相轮等，而且覆钵巨大，形象凸出，方形塔平面上部以球形体相配合，在构图上不十分谐调。这种塔形在敦煌莫高窟北魏第257窟壁画中有表现，另在中唐第361窟壁画亦为多宝塔式，但为多角建筑式样（图5－245）。这种塔形在敦煌北周第428窟的五塔座式塔亦为多宝塔，但是一座3层塔。大同云冈石窟的壁刻中也有多宝塔式（图5－246）。这种下为木构方亭，上为砖石制作的覆钵的塔型，当年梁思成先生认为是不合理的产物①。这种塔式以建筑物形式出现的最明确的例证，为建于北齐时代的邯郸北响堂山的南部3窟，其外檐即是一座完整的多宝塔。另外，南响堂山的上层第5窟，最近对其外檐进行剥离除掉历年乱建的砌体以后，亦完整地显现出多宝塔的外貌（图5－247）。

另外一个实例为现存山西朔县崇福寺内北魏天安元年（公元466年）曹天度小石塔的塔刹，这个塔刹下部为一重瓣仰莲座，座上托着一座精美的多宝塔（图5－248）。按其造型分析，塔身中心部分为实心，四面有火焰券式龛楣的佛龛，龛内雕多宝双佛，中心外缘四角立角柱，角柱雕成站佛形式，四角柱上承四注式瓦屋檐，檐顶上安四方的蕉叶平盘，盘上为肥硕的覆钵，上为九层相轮及宝珠。从上述几例中说明北朝时期已经对印度式舍利塔进行改造，增加周围木构廊步，成为具有中国风貌的多宝塔，估计此塔式定有建筑实例建造出来。若从完全木构建筑的观念，定会认为这种在木构亭阁上承托着半球形的覆钵实体是十分不合理的造型设计，技术上是十分困难的。但是若考虑到北朝时期通行的木土混合结构，即中心夯土塔柱体，外加周围木檐的结构方式，则建造这种多宝塔在技术上又是十分简便的。

图5－245　甘肃敦煌莫高窟第361窟多宝塔 中唐

图5－246　山西大同云冈石窟第2窟壁面多宝塔 北魏

图5－247　河北邯郸南响堂山石窟千佛洞第7窟窟檐 北齐

图5－248　山西朔县崇福寺藏石塔塔刹 北魏天安元年（公元466年）

①《我们所知道的唐代佛寺与宫殿》，《中国营造学社汇刊》三卷一期，“还有一种特殊的塔，下层是木，上层是石，两种性质和结构法完全不同，而能强合为一物，尤其不合理的是木在下而石居上，现存遗物中还没有发现过这种东西”。

②曹汛．安阳修定寺塔的年代考证．建筑师，116期．

③河南省文物研究所等编．安阳修定寺塔．文物出版社，1983．

中国没有留下真正的多宝塔实例，但流传到日本后，却把这种塔型保留，并且就叫多宝塔。所不同处就是在覆钵上又加了一个木制的屋顶，形成重檐形式，这是日本技术条件所决定的形式。日本建多宝塔是用纯木构形式，下部亭阁部分是纯木构，覆钵部分是以木骨架造成球形，外部抹以白灰而成，为了保护覆钵免受雨淋损坏，只好在其上加筑坡屋顶一层，而形成重檐形式，如贺滋县石山寺多宝塔（公元1194年）即为一例（图5－249，后页：日本贺滋县石山寺多宝塔，公元1194年），此外还有奈良西明寺多宝塔、和歌山县根来寺多宝塔等。

多宝塔型在北朝兴起以后，历经唐代至宋初，近四百年时间，以后这种形制又沉寂下来，没有再在佛寺中应用过。甚至已经被人忘记，直到辽代在河北省北部重又出现。这次是与密檐式塔结合起来而形成的，下部为3层密檐式塔，顶部以台座、仰莲、覆钵、相轮结顶，全部为砖石构造。过去学者将这类稀见的塔型命名为窣堵坡式密檐塔，实则为北朝以来多宝塔的延续。据目前调查所知，此时共有三座。蓟县观音寺白塔（公元1058年）、北京房山云居寺北塔（辽）、易县泰宁山双塔庵西塔（辽代，底层为单层）。金代以后此式亦未再应用。从多宝塔形制的兴衰可看出建筑艺术与构造技术的关系很大，甚至决定形式的取舍。原为土木结构的多宝塔形式，在木结构条件下不一定能够消化吸收。另一方面也可看到，形式有一定的独立性，已经成为历史陈迹的形式，在新的环境条件下，也可能经改造后再次被采用，恐怕这也是我们要不断学习历史的原因之一吧。

（四）佛帐形式转化的修定寺塔

1973年在河南安阳西北三十五公里太行山侧的修定寺遗址发现了一座四方形单层的全部砖构的唐代佛塔。亦有专家考证，认为此塔建于隋代开皇三年（公元583年），是我国最早的单层塔[②]。但多数专家认为建于唐贞观年间（公元627～649年）。此塔的塔基及塔顶已残毁，正南面开设券门，内有塔心室，但外部塔身四壁满贴各种图案的雕砖，华美异常，是十分难见的塔形，与历代盛行的各类佛塔全无共同之处。其形制大略为：塔四隅有浮雕角柱，柱身细长，呈马蹄形断面，柱表刻小型团花，柱下有覆莲石柱础。紧依柱侧有雕饰盘龙花纹的抱框一根。柱间下部有地栿或雕砖，上部一横梁，表面饰以结彩悬铃。再上为向外微倾的挑檐板，上雕云龙、云虎、力士等。四面墙壁满贴雕砖，图案为飞天、云龙、神将、胡人、神驹、胁侍等菱形图饰，以花辫绳式雕砖相区隔。墙壁上部为兽面衔环吊以花绳垂穗图案。每面墙壁自上而下，垂吊六条结彩垂带雕刻[③]（图5－250）。根据上述图案分析，可证明这是以佛殿内供佛的佛帐为模拟对象，进而转化成外部修建的佛塔形式。四柱及地栿、顶梁、挑檐板即为帐架，架心悬吊帷幔、帐额、流苏、垂穗，只不过是把纺织品帷幔的织成图案，转化成浮雕砖刻，形成精雕细刻，装饰丰富的一座特点分明的佛塔。据原发掘报告称，壁面上原来涂有橘红色粉饰，则更可加强其佛帐的性质。这座浮雕性质的塔，在施工制作技术上也是十分高明的，表面所嵌贴的所有异型雕刻花砖皆有尾榫，与塔身砌体青砖砌压牢固。整个砖雕面积达300平方米，所用砖雕约3800块，其中各种图案主题的砖雕共72种，而最后嵌砌完成塔身壁面，造型整齐，嵌缝严整，浑然一体。而且整体壁面的构图十分周密，浮塑深浅，纹线疏密，搭配合宜，说明这是一座经过精心设计与施工的建筑艺术品（图5－251）。

中国传统帷帐具有悠久历史，秦汉时期的宫

图5－250　河南安阳修定寺塔

图5－251　河南安阳修定寺塔细部

图5－252　甘肃敦煌石窟隋代第420窟及盛唐第323窟斗帐

图5－253　甘肃敦煌石窟 晚唐第359窟及五代第136窟的斗帐形龛

图5－254　陕西临潼庆山寺遗址地宫出土的佛舍利宝帐

殿、豪宅的建筑物内，为了防风御寒而设置帷帐，成为室内的用具之一。汉代墓葬中出土过铜制帷帐支承构件，又称“帐构”。佛教在中国传布以后帷帐也引入宗教建筑中。佛殿中设置佛帐除了庄严美观以外，另一原因可能与古代佛像的“行像”制度有关。即在宗教的节日将佛像抬出来，游行于街衢，供信徒顶礼朝拜。佛像行像时需安置在木制的龛帐之中，这种龛帐多取法于民间的帷帐形式（图5－252、图5－253）。至今南方地区的民间信仰，如天妃妈祖等仍在节日有行像活动。在甘肃天水北朝的麦积山石窟中有许多石窟内部就是仿制的佛帐内景，如帐杆上的彩绘及金属构件，帐角悬镜，结采等。麦积山七佛阁石窟的雕刻也是模仿佛帐的形式。1983年在陕西临潼唐代庆山寺遗址的地宫中清理出收藏佛舍利的全套棺具，包括青石造的“释迦如来舍利宝帐”，帐内有银椁，椁内有金棺，棺内藏琉璃瓶，瓶内贮佛舍利，说明佛帐与佛舍利的紧密关系（图5－254）。至宋代佛寺中的佛帐已经成为房屋建造中的一项重要内容，在宋《营造法式》中专辟一卷叙述“佛道帐”的制作，属小木作的一项。但是将这种形式转化为建筑的外部形态，仅有修定寺塔一例，弥足珍贵，也说明古代匠师建筑意匠构思的灵活与广泛。

修定寺塔的浮雕砖是用翻模法制造的，这要比汉代画像砖用模印法要先进，而雕刻艺术处理得更丰满，据发掘出的浮雕砖残件，可知修定寺塔早期应用的浮雕砖为南北朝时期的，说明翻模法应用更早。这就为宋代浮雕贴面的琉璃塔开创了先声，应该说开封祐国寺塔、蒙城万佛塔、明清的琉璃塑壁以及颐和园多宝琉璃塔等都是这项技术的延续和发展。

五、金刚宝座塔

（一）北京正觉寺塔

北京正觉寺又称五塔寺，在西郊动物园后身，长河以北，是全国第一批重点文物保护单位之一。寺中有石台一座，台上布置五座密檐式小石塔，我国佛教建筑中称之为金刚宝座塔，正觉寺因之而得名，亦因之而出名。正觉寺原名真觉寺，命名取材于佛教经传，释迦牟尼在菩提树下结跏趺坐，悟十二因缘和四谛，大彻大悟，顿成真觉，而成正道，因这段事迹，寺院命名为真觉寺。但因寺内的金刚宝座塔是一座五塔并峙，巍然耸立的大建筑物，故民间俗称该寺为五塔寺。明清时期北京西直门外高梁河一带，风景秀丽，寺院甚多，清明节以后，京都士女多来此地踏青赏游，正觉寺也是游览观赏的对象之一。文献称“南城居人多于左安门内法藏寺弥陀塔登高”，而“北城居人多于阜成门外真觉寺五塔金刚宝座台上登高”[①]。故五塔寺是市民游玩遣兴的重要去处。

关于寺院创建的历史，据《日下旧闻考》卷七十七中明宪宗御制真觉寺金刚宝座纪略称：“永乐初年，有西域梵僧曰班迪达大国师，贡金身诸佛之像、金刚宝座之式，由是择地西关外，建立真觉寺，创治金身宝座，弗克易就，于兹有年，朕念善果未完，必欲新之，命工督修庙宇，创金刚宝

①引自《帝京岁时纪胜》。

②菩提树，又称卑波罗树（Pippala）一称贝多树，学名Ficus Religiosa，为无花果树的一种，适应南方气候，因释迦在此树下成正觉，故改称此树为菩提树。

③引自日本平凡社初版《世界建筑全集》。
据1910年伦敦出版的詹姆斯·伯吉斯（James Burgess）著的《History of Indian and Eastern Architecture》称该塔160英尺高，60英尺宽，即高48.76米，宽18.28米。又据孟买出版的佩雷·布朗（Perey Brown）著《Indian Architecture》称该塔为180英尺高，50英尺宽，塔台20英尺高，即为高54.86米，宽15.24米，塔台高6.10米。又据《宗教词典》称，该塔总高52米。因此估计高度可能在50米左右。

座，以石为之，基高数丈，上有五佛，分为五塔，其丈尺规矩与中印土之宝座无以异也，成化癸巳十一月告成立石。”可知真觉寺创建于明永乐初年，当时没有完全建成，直至成化九年（公元1473年）金刚宝座塔才完全建成（图5－255）。现塔座券门上“敕赐金刚宝座”石匾额也镌刻着“大明成化九年十一月初二日建”的题字，可证实此塔修建年代。民国初年规模犹在，解放初仅余石制宝座塔及大殿遗址。

金刚宝座塔为砖构高台，外部以黄色石料砌成，分为塔台和小塔两部分。塔台高7.70米，南北长18.60米，东西长15.73米，塔台下为须弥座，上为台身，台身横向划分为5层，每层皆有雕刻出柱、栱、枋、檩及短檐，柱间为佛龛，龛内刻佛坐像一尊，四面计有佛像381尊。由塔台南面券门进入，沿两侧壁内旋梯登塔，从台上的绿琉璃瓦罩亭中到达台上。台上按中心四隅之制罗列小塔五座，皆为石制方形密檐式塔，中央塔为13层檐，高8米，隅塔为11层檐高7米。在塔台须弥座上及小塔底层四壁刻有丰富的佛教装饰题材，主要内容有佛脚迹、五佛宝座、佛八宝、金刚杵、菩提树、天王、罗汉、卷草、梵文等密宗图案。绝大部分是半浮雕。这些图案构图严整、线条流畅，是金刚宝座塔在艺术上的重要方面（图5－256～图5－258）。

此塔造型是仿印度的祖师塔，即佛陀迦耶大塔的形制进行设计的。两塔在造型上虽然相近，但结构处理、艺术风格及细部装饰都显著地保留了中国古代建筑艺术的传统风格，既有借鉴，又有创造，反映古代匠师吸收、融化、兼容并包的创作态度。既然该塔是仿照印度塔式，则必须了解佛陀迦耶塔的建造历史及现况，以明阐递因缘。

（二）印度佛陀迦耶塔

佛陀迦耶（Buddha-Gaya）又称菩提伽耶、菩提道场，是印度佛教四大圣地之一，或称四大灵迹之一。所谓四大圣地，即佛祖释迦牟尼的出生地，在迦毗罗国的兰毗尼园（在今尼泊尔境内）；成道处，在佛陀伽耶城；说法处，在鹿野苑；入灭处，在拘尸那迦罗。释迦死后，佛教徒为纪念佛祖分别在以上四处建塔，成为宗教供养地。

佛陀伽耶城在今比哈尔邦南部，尼连禅河西岸，古代属摩揭陀国。相传释迦牟尼离家出走，苦行六年，来到此处，在菩提树下，彻悟因缘，成无上正觉。为纪念释迦在此成道[②]，公元前3世纪的阿育王曾围绕菩提树建立一座菩提树祠。后世又在其附近建立了一座高塔（精舍），历经改建，成为一座方形、高基座，上有五塔耸立的佛教纪念物。

现存该塔为全部砖构，下部方形塔台东西长约27米，南北长23米，全塔高约50余米[③]。塔台除底座外，在壁面上划分为4层装饰带，第一层以壁柱分割，柱间为佛龛，内刻结跏趺坐佛像；第二层为狮首像；第三层为半圆券洞；第四层为排列紧密的列柱，柱间为狭长的尖龛。各层间没有构图联系，作为整个建筑的基座部分，造型显得零乱拼凑，装饰过度。塔台上的中央大塔外形为截头方锥体，塔身布满雕刻，按水平方向划分为8层（严格讲应为7层半）。除第一层外，每层装饰图案相同，高度递减。每层图案基本单元是在须弥座上立一对壁柱托一须弥座，座上为改造过的线条生硬的印度式尖拱券，每层皆有五组龛券。在每层的四角有一齿轮形装饰。塔顶为一饰有花环的圆柱体，上挑数层叠涩，托一齿轮盘，再上为一钟状的窣堵坡。大塔的四隅小塔为4层，造型基本与大塔相同，高度仅为

图5－255　北京真觉寺（五塔寺）金刚宝座塔

图5－256　北京真觉寺塔小塔

图5－257　北京真觉寺塔雕刻 五佛座龛

①据《印度佛迹实写》。

②《印度及东南亚美术史》1944年，原著阿南达·库马拉斯瓦米（Ananda Coomaraswamy），山本知教（日）译。

大塔的1/4。该塔面向东方，在塔台之东面亦有一厅堂，估计为登塔台之出口（图5－259）。

全塔造型庄重挺拔，气派宏大，具有明确的几何轮廓，大塔与小塔皆为单一的方锥体，反映出永久性的纪念性格。壁面虽有零乱而粗犷的雕饰，但并不影响其体积形状。角锥的纵向轮廓冲向天际，具有动势的飞升之感，暗示佛祖悟道，精神飞跃。由于各层塔身皆为五组龛券组成，故塔身上的纵线条没有一根是连续的，随着壁面的凹凸，形成断断续续的线条，中间

图5－258　北京正觉寺金刚宝座塔雕刻 金翅鸟

加饰着大小窟龛，具有一种速度缓慢的升起感受，用以表现精神升腾的意境。加之，小塔与中央大塔在体量上成对比，更加反衬大塔的巨大体量。作为一个纪念性建筑，虽然其细部处理未免烦琐过度，但其总体构图是成功的，具有生动的艺术表现力。

这种高台之上布列锥形的五塔形制是否即是佛陀伽耶塔的原来形制，过去在建筑史学界即有疑问，众说不一。我国高等学校所用教材本《外国建筑史》第一版曾介绍该塔“属于2世纪，是在一个公元前5世纪的纪念物的旧址上建造的，其后14世纪又经重建”。新版《外国建筑史》称此塔建于“公元前2世纪，14世纪重建”。日本平凡社编辑的《世界建筑全集》称该塔“建于6世纪，19世纪大修理”。1981年出版的《宗教词典》称此塔在“公元前3世纪阿育王曾围绕菩提树建立大精舍，现存一座52米高的大塔，此塔已于1870年经伊斯兰教徒改建”。

各种书籍从不同角度提供了完全相异的时间纪录，说明其修建历史确实有一个复杂的经历，而目前尚不能完全搞清楚。但根据研究这个问题较早的一些英国人、日本人的记述，这个塔的修建过程至少有四个时期。

初建时期是围绕菩提树建立精舍。释迦涅槃后，至公元前3世纪的阿育王时期，大兴佛教，曾以菩提树为中心围绕菩提树建立了一座精舍，建筑之上部是中空的，向天空开放，不妨碍树木生长①。这类建筑在尼泊尔尚存。在印度初期佛教尚不崇尚佛像，而更注重佛祖的遗物、遗迹，因此这种形式建筑是可能出现的，日本人称之为菩提树祠。公元前1世纪建造的著名的桑契（Sauchi）大塔的南门雕刻中，有一幅菩提树祠的形象，下部为立柱，柱上托房屋，房屋周围有栏楯围护，屋窗为印度式尖券窗，菩提树枝并从窗间穿出。底层室内并有一座石案式样的金刚座（图5－260）。另在加尔各答博物馆保存的公元前2世纪的石刻也有菩提树祠的形象，亦为下层镂空的石柱②，室内有金刚宝座，上层为具有印度尖券窗的房屋，屋外有挑出的栏楯，建筑是圆形或方形，建筑之外圈有一圈石栏，栏外有石柱一根，柱头雕刻有石象，这种纪念石柱正是阿育王时代建筑特征之一。这些纪元前的石刻虽然未必是佛陀伽耶的菩提精舍的完全精确的摹写，但从其所具有的共同性来看，肯定是取材于佛陀伽耶的菩提树祠。

第一次改建，是在菩提树的东面另建造一座精舍，成为塔树并列的状态。随着佛教进一步传播，佛教徒从供奉遗物的教仪转变为供奉图像的教仪，为此需要建立供奉佛像的精舍，这种塔（精舍）树（祠）并置的现象反映出宗教教仪上的变化。这个时期佛陀伽耶精舍的形制没有直接的记载，从帕特纳城（Patna）出土的一件作为教徒贡献品的雕刻圆盘，称为佛陀伽耶圆盘，其上的图案可以概括地探知其形象（图5－261、图5－262）。这是一座5层的方塔式建筑，第一层有大券门，可入塔内，门左右有浮雕像，第二至五层各方向的塔身并列五个佛龛，顶部有一窣堵坡式宝顶，在塔身顶部四角似尚有四个小窣堵坡。塔四周有围栏，正面辟门，栏内有阿育王石柱一根，塔左右尚有雕像两座。据圆盘年代为公元1～2世纪的作品推测，可知这座佛陀伽耶精舍最迟在纪元1世纪已经建造了。

第二次改建的建筑形制为塔阁式。据玄奘在《大唐西域记》中描写为“菩提树东有精舍，高百六七十尺，下基面广二十余步，垒以青砖，涂以石灰，层龛皆有金像，四壁镂作奇制，或连珠形，或天仙像，上置金铜阿摩落伽果（亦谓宝瓶、又称宝壶），东面接为重阁，檐宇特起三层，榱柱栋梁，户扉寮牖，金银雕镂以饰之，珠玉厕错以填之，奥室邃宇，洞户三重，外面左右各有龛室，左则观自在菩萨，右则慈氏菩萨，白银铸成，高十余尺。”此时佛陀伽耶精舍的最显著特点，即是在塔的东面接出一个重阁，形成前阁后塔的形制。在古代印度教徒对其所崇信的神灵，曾建有天祠以为崇敬之所。天祠的建筑形制一般是后边为多层的塔式建筑，其中供养神像。前边为一低矮的祠堂与后边塔式建筑相联。印度佛教建筑在造型上受印度教建筑的影响甚大，有些佛精舍与天祠造型基本类似①（图5－263）。而据传这次改建正是由一个婆罗门（印度教僧侣）按照大自在天神的启示进行的②。这次改建后的具体形象尚无确据，但据《西域记》所记丈尺，折合成公制尺度，其高度近50米，基台宽达29米的记载③，与现存建筑物相近，估计外观也可能较为近似。玄奘游历佛陀伽耶时间为贞观五年（公元631年），估计这次改建至少在6世纪时就已经完成了④。

第三次改建是建立了五塔形制。这个造型有理由认为是早先建筑的进一步改建，这不仅是因为其高宽尺度上基本相近，而且玄奘时代所见到的顶部的阿摩落伽果铜饰的形象也依然在顶部及建筑物各层的四角保留下来⑤，不过被后人大大改造过了，成为一种扁平的齿轮状的装饰物。尖券佛龛改成阶梯形。东面的重阁被改造为入口前厅及基台上的罩厅。这次最

图5－259　印度佛陀伽耶大塔现状

图5－260　印度桑契大塔南牌坊门柱上雕刻菩提树祠

①《大唐西域记》卷五·殑伽河伽蓝：“伽蓝东南不远有大精舍，石基砖室，高二百余尺，中作如来立像……石精舍南不远，有日天祠。祠南不远，有大自在天祠，并莹青石，俱穷雕刻，规模度量，同佛精舍。”

②《大唐西域记》卷八：“精舍故地，无忧王先建小精舍，后有婆罗门更广建焉。初，有婆罗门不信佛法，事大自在天，传闻天神在雪山中，遂与其弟往求愿焉。天曰：‘凡诸愿求，有福方果。非汝所祈，非我能遂。’婆罗门曰：‘修何福可以遂心？’天曰：‘欲植善种，求胜福田，菩提树者，证佛果处也。宜时速返，往菩提树，建大精舍，穿大水池，兴诸供养，所愿当遂’。”

③据玄奘所记该塔的丈尺，按一唐尺为0.294米，五尺为一步的数据推算。

④据近代考古学家，英国人坝宁安（Cunningham）将军从一钱币上证明此塔重建在4世纪，但一般印度建筑史学者认为，从其风格及遗存的某些早期雕像来看，认为重建在6世纪。

⑤阿摩落伽果（Amalaka）为经常用于印度一雅利安风格的尖塔顶上或塔身四角的装饰物。现状扁平、有凹槽，类似甜瓜状的装饰物，为产于印度的一种药果。据传印度阿育王晚年大权旁落，为权臣所制，构疾弥留之际，欲舍珍宝而不能，其后因食阿摩落伽果，留一颗在手，玩之半烂，施与众僧，因此该果成为佛教的崇信之物。

⑥《清凉山志》卷三·诸寺名迹，大圆照寺。

图5－261　印度帕特纳（Patna）出土的泥板，表现佛陀伽耶大塔初建时状貌 公元2世纪

图5－262　印度佛陀伽耶塔初建时的想象复原图

图5－263　印度克久拉霍印度教天祠

大的改变是在基台四角增加了四个小塔。

何时何人做这次改建呢？据大多数英国学者研究的意见认为这次改建是缅甸人在公元12世纪或13世纪时进行的。不仅有某些历史铭刻间接证实此事，并且从基座周围那些缅甸风格佛像和平列式发券方法也可推测出是缅甸人的技法。同时缅甸人也在本国建筑了不少类似五塔风格的庙宇，例如蒲甘城的玛哈波蒂庙（公元1215年建）、明迦拉塞底塔（公元1274年建）等（图5－264）。所以明初梵僧所贡的金刚宝座之式，其模本就是此时的塔式。现存的佛陀伽耶塔是在1880～1881年被政府进一步改建了的，外貌做了巨大的更改，例如佛龛被抹成圆洞。从考古学的观点这次改建是一次大破坏，所幸其基本形体尚未大改。

建筑技术是随着时代而前进着，整个建筑发展史是这样，甚至每个建筑物也经历着发生、发展的过程，而愈是重要的、被人注目的建筑物，其改造（改革）的机遇也会更多，有些甚至出人意料。佛陀伽耶塔的五塔形制是长期改造、摸索造型经验的结果，而不是一个从开始就形成的固定不变的建筑形式。

（三）金刚宝座塔式在中国的发展

明清两代按金刚宝座规式建造的佛塔除正觉寺塔外还有七座，以及类似的意匠的建筑物数座，其中明代两座、清代四座、民国一座。它们是山西五台山台怀镇圆照寺塔、云南昆明官渡镇妙湛寺塔、北京西山碧云寺塔、内蒙古呼和浩特市慈灯寺塔、北京西黄寺清净化城塔、北京玉泉山静明园妙高塔、四川彭州市金刚宝座塔等。各塔虽宗一脉，但各具特色，不拘一格。

五台圆照寺塔建于明宣德九年（公元1434年）。圆照寺古称普宁寺，宣德年间因印度番僧室利沙者来中国宣教，受到永乐皇帝的尊崇，封国师，赐金印、旌幡，住五台显通寺。宣德年间坐化，分其舍利为二，一部分送京城西郊真觉寺，另一部分留五台普宁寺内建塔供养，寺名改称圆照[⑥]。圆照寺是一座中型寺院。寺后塔院坐落在高地上，院中央建两层方形台基，上构一喇嘛塔。喇嘛塔为折尺亚字形须弥座两层，塔肚肩部宽大，上部十三天的比例亦较粗。在大塔四角各建一小型喇嘛塔，各塔南面皆开有眼光门。圆照寺塔通体粉刷白色，不设雕饰，在一层塔基上设一小型门殿，十分朴素。若与正觉寺塔对比形制上最大的不同是以喇嘛塔代替了密檐式塔（即印度的大精舍式塔），而且塔台简化，无山形栏板，无雕饰。改造过的金刚宝座塔更具有藏传佛教的风格（图5－265）。

图5－264　缅甸蒲甘明迦拉塞底大塔（公元1427年）

昆明妙湛寺塔建于明天顺二年（公元1458年）。云南镇守太监罗珪于寺院山门内建密檐式砖塔两座，又于山门外建金刚宝座式石塔一座。清代康熙时期曾重修。现寺院已毁，仅余石塔屹立于街衢。该塔塔台为城台式，相对十字筒拱贯通塔身，供人马穿行，俗称穿心塔，与一般城镇十字街心的鼓楼台基类似，这也是因该塔坐落在寺庙前街道上不得不进行变通之故。塔台上布置五座喇嘛塔，中央最高，下为方形须弥座，束腰间有小柱分割，并雕有狮、象、马、孔雀、迦楼罗五种图像。须弥座上为圆形的覆莲圆环，共计五层，逐层收缩。上为塔肚，肩宽底收，有如倒锥。上部塔脖亦为方形。十三天设有隐起的线道，再上为铜盘、宝珠等。四角小塔的形制类似。从喇嘛塔形制上考察可知康熙时重修作了大的更动，如方形须弥座、金刚圈、宽肩塔肚、瘦细的十三天等形制明显具有清代风格，但金刚宝座塔的意图仍然保存，如高高的塔台、台顶上周围的石栏做成山峰形状，规整的中心四岔形制构图等。从上述两座明代建造的金刚宝座式塔可知该形制并不一定是受北京塔式影响形成的，而是受藏传佛教传播的影响，以推广新式的喇嘛塔为主要目的，在塔群艺术上下功夫，因此佛陀伽耶城的祖师塔的五塔形制正是融汇喇嘛塔群的绝好题材。正因为这种意图上的变化，所以中国式金刚宝座塔再也没有印度那种高耸、挺拔、棱角分明的雄伟感，而代之以柔和、灵活、细巧、动荡的装饰感（图5－266）。

清代的四座金刚宝座塔集中建造在乾隆时代。呼和浩特市慈灯寺建于雍正五年至十年（公元1727～1732年），有三进殿宇，新中国成立前已坍毁，仅余最后面一座建筑，即“金刚座舍利宝塔”，俗称“五塔”，连带着该寺亦称“五塔召”。该塔建于乾隆年间（公元1736～1795年），具体时间待考。这是一座形制比较接近北京正觉寺塔造型的建筑。塔为砖石结构，通高16米余，平面为长方形塔台，南面入口处微凸在外，塔台下部为须弥座，束腰部分为砖雕的狮、象、法轮、金翅鸟、金刚杵等图案。塔台台身又分为两部分，下部镌刻的蒙、藏、梵三体文字的金刚经文，为笔划规整的装饰性字形。上部为6层千佛龛，龛中刻坐佛。塔台顶部周围设有山峰形护栏。南面正中开券门，门旁为四大天王像，门上刻“金刚座舍利宝塔”匾额。塔台上布置五座密檐式小塔，中央一座7层，四角小塔为5层，塔身上雕刻佛像、菩萨、菩提树等题材，塔檐下仍刻坐佛。这座金刚宝座塔的最大特点，是以砖及砖雕为外墙主要材料，并配合以绿色琉璃瓦檐等，改变原来石制塔型全身素白一色的色彩感觉；再者该塔的装饰雕刻增多，尤其是增加文字性装饰，如金刚经文、六字真言，蒙、藏、梵三体文字等。藏传佛教的轮、杵、八宝等纹样亦有应用。由于外形色彩的作用，该塔的水平线条划分效果较正觉寺塔更为增强（图5－267）。

北京碧云寺金刚宝座塔建于乾隆十三年（公元1748年）。碧云寺依山而建，共有六进院落，层层升高，金刚宝塔位于最后，塔虽不算十分高大，但因地位高敞，很远便可望见该塔雄踞于西山群峰之中。该塔建立在两层乱石砌筑的基台之上。塔台呈亚铃型，除后部立五座13层密檐塔之外，又在前面增加一部分塔台，中为罩亭，左右分立一座喇嘛塔，实际塔台之上有七座小塔，这是与其他金刚宝座塔不同之处。该塔通体用洁白的汉白玉石雕制建造，具有华贵高洁的外观，在苍翠的远山背衬之下，益发显得洁白如雪，有如出水芙蓉。塔台上雕刻极多，分为3层须弥座叠成，底层为仰覆莲座；二层为有间柱的须弥座，柱间雕坐佛像；三层亦然，在二三层之间加设一圈装饰带，紧密排列着狮首雕像，象征释迦的宝座——狮子座之意。这些雕刻大部分采用高浮雕方式，雕法细腻、生动，尤其是狮首雕刻，威猛雄浑，极有气势，从整体效果看来，形成塔台中间部位的装饰带，起了丰富塔台壁面效果的作用。碧云寺金刚宝座塔的整体构图尚采用了相似形的方法。例如罩亭的外形也做成一座小金刚宝座塔形制，与大塔保持一致；塔台上七座小塔虽属两种形制，但五座密檐塔的塔刹部分采用了与前部二座小塔形制相同的喇嘛塔作为结顶，整体看来仍然保持协调一致，这是形式构图运用得当的佳例。此外，该塔的布局亦十分成功，层层院落，逐步推进，金刚宝座或隐或现，不断变化取景角度，进入最后院落时又以一座三间冲天柱式汉白玉石牌坊为障景，丰富了层次感受。在现存诸座金刚宝座塔中，以此座的环境艺术设计最为丰富有趣，回味无穷（图5－268）。

图5－265　山西五台圆照寺金刚宝座塔 明宣德年间（公元1426～1435年）

图5－266　云南昆明官渡妙湛寺金刚宝座塔

图5－267　内蒙古呼和浩特慈灯寺塔

北京西黄寺清净化城寺塔建于乾隆四十七年（公元1782年），乾隆四十五年西藏黄教班禅额尔德尼六世班登益希到承德为乾隆皇帝祝寿后，随驾进京，驻锡于西黄寺。同年十一月以痘症在此圆寂。清净化城塔即是为纪念他而建。严格讲这座塔已经不是金刚宝座塔原来的艺术构思意匠，而是仿照五塔构图建造的一座墓塔。塔建于寺院后部塔院内，周有殿庑环绕。塔建于一低矮的砖砌台基上，前后方各立一座石牌坊以为门坊。塔台为石砌，高约2米，由正面设置的垂带踏步直接上台。台上中央为一喇嘛塔，其须弥座、金刚圈上满雕各类雕刻，有缠枝西番莲、舞凤、水浪、锦纹、云纹、坐佛等，在须弥座束腰处更以细腻的技法雕出八面佛传故事，塔肚子正面眼光门内雕三世佛，围绕塔肚雕七尊站像立佛。中央塔的四隅设立造型相同的经幢四座。整个清净化城塔以汉白玉石建造，洁白无瑕。该塔除按中心四岔制建造五个塔幢以外，几乎与佛陀伽耶塔的原形制无相同之处。从设立门坊、石狮、垂带式直踏跺、经幢等方面看，已经完全是中国传统式建筑处理手法。该塔艺术造型成功之处即为喇嘛塔的宝顶处理，它没有采用惯用的天地盘如日月宝珠的式样，而是处理成微向外曲的八片莲瓣，上托两层莲苞，两侧下垂两条云带形成两耳，全部镏成黄闪闪的金色，与蓝天、翠松、白塔形成极为强烈的颜色对比，显著提高了主体建筑的艺术分量。这种新式的刹顶也改变了通常喇嘛塔的造型，由尖状物结顶改为帽状物结顶，如此处理可能是为更有中国的习俗风味。此塔雕刻虽然精细，但失之于繁琐，有装饰过度之感，是为其失当之处（图5－269）。

北京玉泉山妙高塔建于乾隆时期，估计是在乾隆大力开发静明园时修建的。这是一座规模不大的佛塔，方形塔台，在南面开有券门入口，但无楼梯可登塔台，塔台耸立着五座喇嘛塔，中央塔较大。全塔砖构，外部白色粉刷。由于该塔坐落在玉泉山北部的山峰上，可用地面甚少，故塔台面积亦甚小。拥挤在台上的五座小塔力图向高空发展，成为尖瘦的体型，与敦厚的喇嘛塔完全异样。远望全塔有着西方天主教堂的尖状钟楼的感觉。该塔为风景塔，其主要成功之处在选址得宜，与华藏塔、玉峰塔成为控制全园景色三个制高点。同时在玉泉山的北、西、东三个方面皆能欣赏到其身影，充分发挥点景的作用（图5－270）。

四川彭县的金刚宝座塔修建于清朝末年，完工于民国元年（1912年）。这是一座完全模仿印度佛陀伽耶式样的塔型，正方形塔台，方尖锥式的小塔，只不过是尺度较小而已，在建筑艺术上没有什么创新与价值。

图5－268　北京碧云寺金刚宝座塔

图5－269　北京西黄寺清净化城塔 引自《中国藏族建筑》

图5－270　北京玉泉山妙高塔

此处尚可介绍一座类似的金刚宝座塔例，即湖北襄樊广德寺多宝佛塔。该塔建于明弘治七年至九年（公元1494～1496年），清乾隆时重修。塔台为八角形，四正面有门通内走道，在塔台壁内有梯可回旋登塔。塔台上有五座小塔及罩亭一座，中央塔较高，为喇嘛塔式样，四隅为三层檐的六角密檐塔式。全塔总高约14米左右，砖构，壁面抹灰。由于塔台改为八角形，其总体艺术效果与原金刚宝座塔式相距甚远，且塔台与小塔的比例关系亦过于失调，其艺术水准未臻上乘（图5－271）。

图5－271　湖北襄阳广德寺多宝佛塔

五塔形制用于建筑物上，除前述承德普宁寺大乘阁、北京雍和宫法轮殿之外，在四川峨眉山万年寺明代砖殿（万历年间建）亦用此式。砖殿为方形平面，边长15.7米，顶部为覆钵式的穹隆顶；在中央及四角分设五座小喇嘛塔，应该说亦为金刚宝座之意构。

纵观上述实例，可知金刚宝座规式传入中国以后，我国匠人继续进行艺术创造，形成不同的实例形式。布局、塔台形式、小塔的数量及形式、雕刻题材等皆有变化。其中最显著的是引用了喇嘛塔形式及密宗的雕刻题材，这两项形式的参用，使得金刚宝座塔型转化成为中国藏传佛教风格的建筑类型，增添了一种群体式的塔型。至于采用瓦檐、柱枋、琉璃、砖刻、镏金等手法更是中国传统建筑中习用手法，具有浓厚的民族风格。可见中国匠师对待外来文化艺术是采取兼容并蓄，择善而从的态度，对其艺术形式采取“师其意，而不拘其法”的精神，大胆创造，改革创新。从上述实例可以看出，该塔型传入中国的五百余年中，经过两次造型的改变。初传之时，将台基上的小塔由印度的佛阁式塔，改为中国密檐式塔，基台壁面上安排瓦檐及雕刻，造型上完全本土化。继之更进一步向藏传佛教形式靠拢，以喇嘛塔代替密檐小塔，基台形式亦有变化，而且乾隆时期更以经幢代替部分小塔，甚至体形亦变化很大，已经相比原型相距甚远。

（四）五塔造型在建筑艺术上的象征意义

象征手法在古代建筑中是经常运用的一种手法，也是以形象特征为手段，表达建筑艺术意匠的特定手法。中世纪的佛陀伽耶塔设计成为五塔形制，企图从中表达出什么样的构思意匠，学术界存在着不同的理解。

明末成书的《帝京景物略》中称：“按西域记五塔因缘，拘尸那揭罗国（即中印土）婆罗林精舍有塔，是金刚神僻地处；次侧一塔是停棺七日处；次侧一塔是阿泥楼陀上告天母，母哭降佛处；次侧一塔是佛涅槃般那处；次侧一塔是佛为大迦叶波显双足处……”认为五塔代表佛入灭时五段故事情节。但这段文字引证有误，因佛陀伽耶塔在摩揭陀国伽耶城，是佛成道处；拘尸那揭罗国是佛的入灭处，而书中五塔是一字排开的布置，而不是中心四隅形式。清初，谈迁作《北游录》（公元1654年）其中介绍五塔寺亦沿用此说，并无根据。

另一种看法认为五塔源于佛教金刚顶经。经义宣称金刚界分为五部，中部为佛部，部主为大日如来佛；东部为金刚部，部主为阿闳佛；南部为宝部，部主为宝生佛；西部为莲花部，部主为阿弥陀佛；北部为摩羯部，部主为不空成就佛。五佛所乘宝座各为：大日狮子座、阿闳象座、宝生马座、阿弥陀孔雀座、不空成就迦楼罗座。考之金刚宝座塔塔台四周所刻图案及五小塔须弥座的雕刻，皆有狮、马、象、孔雀、迦楼罗（金翅鸟）五种动物题材；因此五塔形制代表金刚界五部，也就是明成化碑记所谓的“上有五佛，分为五塔”之意。但细考察之，这种看法亦有不周之处。首先五方佛是代表中央和四个正方位的，而五塔是中央和四隅方位，二者方位不同；塔台四周所刻佛座动物图案与五方佛座的位置也不同，南方应为马座，刻为象座；西方应为孔雀座，雕为马座；北方应为迦楼罗座，雕为孔雀座；东方应为象座，却雕为迦楼罗座，各向都相差一个方位。且现有供

①《明史》卷三百三十一·列传二百十九·西域三：“成化初，宪宗复好番僧，至者日众，劄巴坚参、劄实巴、领占竹等，以秘密教得幸，并封法王，其次为西天佛子，他授大国师、国师、禅师者不可胜记。”

②《大唐西域记》卷八·菩提树垣：“前正觉山西南行十四五里，至菩提树。周垣垒砖，崇峻险固，东西长，南北狭，周五百余步……墙垣内地，圣迹相邻，或窣堵波，或复精舍。”

③《大唐西域记》卷八：“昔贤劫初成，与大地俱起，据三千大千世界之中，下极金轮，上侵地际，金刚所成，周百余步，贤劫千佛坐之而入金刚定，故曰金刚座焉……自入末劫，正法浸微，沙土弥复，无复得见。”

养在塔台内中央塔柱四壁龛像，南为释迦像，北为燃灯像，东为药师佛，西为阿弥陀佛，即为横向三世佛（三个世界之佛）加上未来佛，亦不是五方佛的配置。

佛教经典中有关胎藏、金刚两部的说法属于密宗的教义，是属于佛教中后期的理论。在类如佛陀伽耶精舍这种佛教早期纪念物中不会应用。据传为阿育王时代遗存下来的佛陀伽耶大塔的部分栏楯，其上所刻的雕饰题材，有菩提树、法轮、金刚座、宝莲、宝塔、佛传、人面、狮子、象、牡牛、翼兽等，尚没有金刚五部佛座题材。至于现存该塔雕饰题材，多为仰覆莲、蔓草、狮首等，也无五方佛座题材，说明佛陀伽耶精舍五塔形制不是取材于金刚部五佛。明初，承元代密教之遗风，三世佛及五方佛是密教常用的供养佛像，加之明宪宗亦十分笃信密教[①]，以金刚宝座之式附会金刚界五部是完全可能的，但不能就此认为五塔即代表五部佛主。

再一种看法即认为五塔代表释迦成道过程中曾结跏趺坐的五处地方。释迦自前正觉山西南行，来至菩提树下，曾在四隅打坐，大地皆震动，后坐于树下金刚座处，独无动摇，而成正觉。但这种构思早已在佛陀伽耶总体布置中体现了，据公元7世纪玄奘游历伽耶城时，在菩提树垣内即发现四隅皆有一大窣堵坡，代表释迦遍历四隅打坐之事[②]。当时菩提树垣周五百余步，是一个范围广大的围墙，绝不是指现在大塔塔台，因此五塔形制也不是象征此事。

另一种见解即认为五塔乃是代表佛教世界观中的须弥山。佛教经典中认为宇宙之中心乃为须弥山，周有大海，四方海中有四大部州、八小部州，在须弥山的半腰为四大王天，住着四大天王，须弥山顶为三十三天，又称忉利天。须弥山又称妙高山，据《翻译名义集》所载“妙高顶八万,三十三天居，四角有四峰，金刚手所住，中宫名善现（又称善见），周万踰缮那”，说明须弥山中央主峰之周四角尚有四峰，为此山守护神金刚手夜叉所居，故以五峰作为须弥山之代表性特征。考察现正觉寺塔塔台上边周栏，即可发现是做成山形，可证其艺术构思是表现须弥山之意。而且在塔台的东西壁面各有两个天王雕刻，也是象征着须弥山的半腰有四大王天，住着四大天王之意。

我国某些古代佛寺建筑即以此为象征形式。如承德普宁寺大乘阁的屋顶为五顶攒聚形式，北京雍和宫的法轮殿的屋顶上亦罗列五个小屋顶。此外，泰国、缅甸、柬埔寨等东南亚地区国家也经常选用五塔形式表现须弥山，例如柬埔寨的吴哥窟中心部分的造型即为重要实例。考虑到佛陀伽耶精舍在公元13世纪曾经缅甸佛教徒的改建，因此采用这种意匠构思可能性是很大的。综观上述，笔者认为五塔形制代表须弥山一说较为合宜。

另外，关于金刚宝座这一名词的理解，一般认为即指其高高的塔台而言，实为误解。据佛典称在释迦成道处这块地方与地极相连，为金刚所成，过去、未来诸佛皆于此入金刚定，故称金刚座，后来隐入土中[③]。佛教徒为纪念佛祖，在此地建了一个小台，以为标志，至今在金刚宝座塔之西，菩提树下尚存一小台。而佛陀伽耶塔实为供奉佛祖的一座精舍，并非指佛祖成道处的金刚座而言，仅因其位于金刚座附近，故俗称金刚宝座塔，中文也有译作佛祖塔、祖师塔者，英文也有译做玛哈波蒂（Mahabodhi）庙塔，以在菩提树垣北面的庙宇来命名。后人不察，以塔与金刚座混为一物，更衍意为金刚部五部佛主，距离原意甚远矣。

六、喇嘛塔

此式塔因为是随藏传佛教（喇嘛教）而传入中国内地，故称喇嘛塔，亦称覆钵塔。是由基座（须弥座）、塔肚子（圆筒状塔身）、塔脖子（原为平头）、十三天（相轮）、华盖、刹顶组成。外形有如一个净瓶，佛经上说该塔“呈军持之像”，故又称瓶式塔。

喇嘛塔的原型应是印度的窣堵坡（Stupa）式塔。印度窣堵坡在不同历史时期存在着变化，首先是基座加高，覆钵部分亦加高，呈筒球状；宝匣及伞盖亦有小变化；向粗大的相轮状发展，宋代皇家曾遣使至印度佛陀伽耶朝拜，供养灵塔一座，其形制即为变形的喇嘛塔式样。近年在甘肃酒泉出土的北凉时期（公元397～439年）的几座造像塔，其形制即类似喇嘛塔式，具有高的基座、筒球状的塔身、粗大的相轮，有关喇嘛塔的几项特征已经形成[①]。喇嘛塔真正成型是在西藏地区。公元8世纪中叶，吐蕃王赤松德赞请莲花生入藏弘法，曾在会见之处建松卡石塔，及桑耶寺内的四座佛塔。11世纪的古格王国请阿底峡大师入藏，在其圆寂以后，亦建有衣钵舍利塔。早期塔的实例多已毁圮，不能确指其形制。但据桑耶寺“文革”以前尚存的四塔，其相轮部分变为瘦长，是经后代改造的；虽然不能确指为唐代遗构，但其整体塔型矮宽，覆钵形状不拘一格，从这些特点来看，是受到早期喇嘛塔影响的。13世纪西藏归入祖国版图，萨迦派建立了地方政权，在萨迦的南北两寺建造了许多佛塔，形成了萨迦式的佛塔。其特点是：多层塔座、圆筒形塔身、肥大的相轮、舒展的华盖等，全塔高宽比为1.5：1，甚至更矮。萨迦式样影响了元代版图内各地区。14世纪时，佛学大师布顿仁钦朱著有《塔式度量法》，总结了各地佛塔造型，提出一个统一的式样，称“布顿式”。15世纪宗喀巴创立格鲁派，广建寺院，成为藏传佛教各派的主流。在布顿式塔的基础上，建立了标准的喇嘛塔式样，亦称格鲁式。其特点为：塔基须弥座收窄，上为四、五层台级，倒圆形塔肚类如苹果，相轮高细，塔刹为小伞及日月轮，全塔比例瘦高，高宽比为2：1，或更高瘦[②]。全国的喇嘛塔是在萨迦式与格鲁式之间，传承与演化中得到发展。

元、明、清三代的喇嘛塔，各有特色，尤其是清代喇嘛塔的花式繁多，多样并陈，是喇嘛塔的艺术大发展的时期。三个时期的典型塔型可列表如下：

①北凉石塔目前出土的有近二十座，皆发现河西地区，是属于小型的供养塔。塔型高耸，覆钵伸长，相轮粗大，很具特色。有些塔有残缺。但造型类似，北凉石塔明显受印度窣堵坡的造型影响。

②陈耀东．中国藏族建筑．中国建筑工业出版社，2007.

	元代	明代	清代
塔基（覆莲台）	莲瓣一层，其上为小线道数层	莲瓣变小，线道变宽，明末已改为金刚圈	无莲瓣，改用比例粗壮的金刚圈三层
塔肚	肥厚，有筒状感，正面无眼光门及佛像	肥厚，有圆肩之感	瘦圆、肩宽低收，有眼光门及佛像
塔脖子	折角形须弥座状，面阔较大，自塔脖子上缘收缩不多，有的在座上四角添饰蕉叶	折角形须弥座	折角形须弥座，面阔小，较十三天之下径还小，细脖状
十三天	肥硕，呈圆筒锥状	较肥硕，下径大上径收缩很多，呈圆锥状	体量缩小，上下径接近，呈细长状，有如铎柄
华盖	用石或铜做成大圆盘，又称华盖	在大圆盘四周添饰流苏铃铎	天盘、地盘二具
刹顶	宝珠或小喇嘛塔	喇嘛塔	日、月盘，火焰珠

（一）元代喇嘛塔

元代统一了亚欧广大地区，推行藏传佛教，将这种喇嘛塔从西藏地区推广到全国各地区。

元代喇嘛塔可以北京妙应寺白塔为代表。妙应寺在元代称大圣寿万安寺，建于至元八年（公元1271年），是大都（北京）城内的巨刹之一，盛时占地300余亩，遇有节日，元朝百官先期在此庙内演习礼仪，寺内设有元世祖的影堂。寺内建筑众多，中心建筑为“释迦舍利通灵宝塔”，因通体刷白，故称白塔。至正十八年（公元1368年）全寺失火焚毁，仅余白塔一座。明天顺元年（公元1457年）重修寺院，更名妙应寺（图5－272、图5－273）。

妙应寺白塔是国内早期喇嘛教瓶式塔的重要实例，为全国重点文物保护单位。全部砖造，外涂白灰。该塔高达50.9米，也是国内现有喇嘛塔中最大的一座。下部为基座及折角四方形须弥座两层，上托覆莲及瓶式塔身。塔身上为塔脖子及相轮十三天，上冠以铜制天盘寿带及宝顶。宝顶为一座铜制镏金的小喇嘛塔，高达5米。该塔造型雄壮稳固，基座高广，十三天粗大，全塔轮廓呈一高耸的金字塔型，具有稳定圆和的造型。通体纯白，不设其他颜色，在北方碧蓝的天空反衬之下，益显得崇高伟大，引发信徒虔诚的信念。该塔是经国师八思巴的推荐，由尼泊尔青年匠师阿尼哥主持设计修建，包蕴着中尼两国之间建筑艺术交流的一段史话，益增其历史价值。

阿尼哥出生于公元1244年，中统二年（公元1261年）随帝师八思巴来中国，供职于元朝政府，历任诸色人匠总管府总管、光禄大夫等职。阿尼哥精通佛教画塑铸像技艺。大都及上都两京寺观佛像多出其手，为中国梵式佛像的创始者，对元代以后的佛教造像影响极大。阿尼哥同时精通建筑艺术，在西藏曾参与修建过黄金佛塔，在大都主持修建大圣寿万安寺塔及城南塔、兴教寺等寺院。一生共修建过三座佛塔、九座寺庙、两座祠祀建筑，是一位有多方面技艺，并有众多作品的艺术家和建筑师，为中尼文化交流作出了贡献。其作品多已不存，仅存的妙应寺白塔成为阿尼哥高超技艺的证物。妙应寺白塔的另一件值得记忆的事，就是1976年唐山地震，白塔受损。1978年修缮中，在塔刹中发现乾隆十八年（公元1753年）修塔时放入的镇塔之物，雍正年间初刻版的清代大藏经，又称“清藏”或“龙藏”，是佛教经书的总汇，共计7240卷，对研究中国佛教史有重要价值，十分珍贵。

甘肃武威白塔寺萨班灵骨塔遗址也是元代重要的喇嘛塔遗存。公元1246年西藏萨迦派宗教领袖萨班，应元朝凉州王阔端的约请，在凉州（今武威）会谈，达成西藏归属元朝版图的协议，史称“凉州会谈”，具有很大的历史意义。萨班在凉州居住多年，在白塔寺圆寂后，阔端为他修建了灵骨塔，作为纪念。后经战乱及地震，该塔仅余部分基座，经专家考证，复建了萨班灵骨塔。设计方案仍按典型的元代喇嘛塔形制，以表彰其在祖国统一、民族融合方面的贡献（图5－274）。

武昌胜象宝塔建于公元1343年，其造型亦与妙应寺塔类似，只不过稍瘦一些（图5－275）。而山西代县圆果寺阿育王塔建于公元1275年，该塔则采用了另一种手法，它将下部3层塔座全变成圆形，没有采用折角方形，并且扩大抬高，几乎占全塔高度的五分之三。覆钵部分缩小，不设华盖，全塔呈圆形锥体状，别具一格（图5－276）。另外，在内蒙古哲里木盟开鲁县所存元代初年的砖构喇嘛塔残塔，更采用了许多变更形式。塔座为方座，筒状覆钵，覆钵四面开辟长形龛，扩大的方形塔脖子，八角形的十三天，最上以八角形小亭阁结顶，把方形与八角形引入佛塔构图中，减少了圆形因素，而形成异样的喇嘛塔（图5－277）。此外，在新中国成立前，北京护国寺残存遗址尚保留有元代喇嘛塔二座[①]。北京居庸关云台券洞壁面石刻中，多闻天王像侧鬼卒手托宝塔亦是元代喇嘛塔形制。

元代还出现了一种“门塔”，又称“过街塔”，就是在门洞上方台顶上设喇嘛塔，洞门与佛塔相结合，形成以前未见过的建筑新形式。在以后明清两代的佛寺及市镇公共建筑中，常常应用，并有所发展。江苏镇江西津渡口的昭关门洞顶上，就是一座门塔（元末）（图5－278）。塔下台座为乱石砌成，下立四根石柱架设条石，形成门洞。台上石塔基座为两层折角方形须弥座，上覆莲台及圆鼓式塔身，再上为十三天及覆莲式华盖，宝瓶结顶。这种制式完全是标准的元代模式。传说设计者名刘高，是阿尼哥的高徒刘元的后代，故能准确掌握梵式佛塔的比例权衡，此说不知确否。另一座门塔为北京居庸关云台，云台为一座过街城台，台上有三座喇嘛塔，现已圮毁，据门洞壁上的雕刻可知，亦为典型的元代塔模式。云台的另一项艺术价值，就是雕刻在门洞两侧墙壁上的四大天王雕像，威武雄

①刘敦桢. 北平护国寺残迹. 中国营造学社汇刊六卷二期. 1935.

图5－272　北京妙应寺白塔

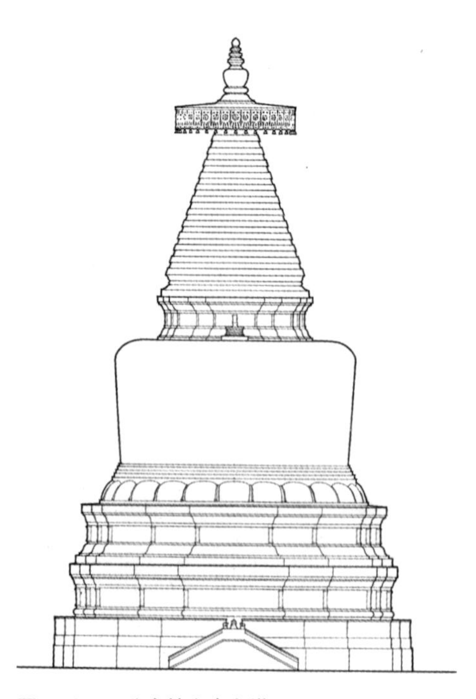
图5－273　北京妙应寺白塔立面图

图5－274　甘肃武威白塔寺白塔

图5－275　湖北武昌胜象宝塔 元至正三年（公元1343年）

图5－276　山西代县圆果寺阿育王塔 元代

图5－277　内蒙古哲里木盟开鲁元代白塔 元初

壮，气势昂然，表现了元代雕刻艺术的高超水平（图5－279、图5－280）。

（二）明代喇嘛塔

明代喇嘛塔中以山西五台塔院寺大白塔最为著名，是五台十刹之一，是五台山的标志性建筑，也可作为明代官式喇嘛塔的典型代表（图5－281）。该塔下为方形台基，高约6米，近年又加建周圈回廊，设置转经筒等。塔身总高50.3米，分别为双层须弥座、金刚圈、塔肚、塔脖子、十三天、华盖、仰月、宝珠等。该塔的修建年代较为复杂，据专家研究，始建于元大德五年（公元1301年），由尼泊尔匠人阿尼哥设计建造，明永乐五年（公元1407年）重修，明万历七年（公元1579年），皇太后李氏又令太监范江和李友重建此塔。现存之塔应为万历年间改造过的塔，但经200余年的历史沧桑，究竟哪些部分被改造过，不得而知，估计可能限于基座规模大小及塔顶华盖、宝瓶等处，塔肚改变的可能性不大。故仍保持有元代风格。若与北京妙应寺白塔比较，可见基座的亚字折角部分变小，莲台变为金刚圈，且在中间增加一圈铜制小坐佛的装饰带，华盖及周圈铜寿带也变小，其他与北京妙应寺白塔极为相似，总的印象比元塔更为瘦高。

图5－278　江苏镇江西津渡昭关元代石塔

与此塔时代风格近似的实例有：山西五台圆觉寺舍利塔（公元1343年）、甘肃张掖大佛寺白塔（公元1441年）、山西五台罗睺寺舍利塔（公元1492

图5－279　北京昌平居庸关云台

图5－280　北京昌平居庸关云台券洞石刻多闻天 元代

图5－281　山西五台塔院寺白塔 明万历七年（公元1579年）

图5－282　甘肃张掖白塔 明正统六年（公元1441年）

图5－283　山西五台罗睺寺舍利塔 明弘治五年（公元1492年）

图5－284　河南登封少林寺塔林扁囤和尚塔 明嘉靖四十四年（公元1565年）

图5－285　山西太原天龙山观音寺喇嘛塔 明代

年）、北京潭柘寺延寿塔（明嘉靖，公元1522～1566年），河南登封少林寺扁囤和尚墓塔（公元1565年）、山西太原天龙山观音寺塔（明代）、山西晋城青莲寺下寺舍利塔（明代）、北京房山镇江营石塔（明代）等（图5－282～图5－287）。从各地实例的形式变化可以看出，塔身（塔肚）的下部逐渐收缩，成为肩宽底窄式覆钵，已经不是筒状。十三天顶部急剧收小成锥状，自然顶部华盖及宝珠亦变小，开启向清代瓶式塔转化的先声。

此时期明塔亦有不同的变化。如广西桂林舍利塔（公元1385年）则采用方形十字穿心式高台座，台壁增加多幅汉字匾额，上面再建八角形塔座及喇嘛塔，十三天亦减为5层，与藏式塔有很大区别（图5－288）。广西桂林木龙洞石塔（明代）则将全塔作成窄瘦之塔，成为锥状塔，以利于在山坡逼窄之地建造，与北京玉泉山妙高塔有异曲同工之美（图5－289）。又如山西五台金刚窟般若寺塔（明代），其塔肚如覆钟，折角形的塔脖子扩大，并有层层出檐外挑，上施角叶，等于加饰了一层塔体，这种形状尚属首例（图5－290）。总之，只有不断更新的意匠，没有不变的形式，这就是建筑艺术的规律。

图5－286　山西晋城青莲寺下寺明代砖塔

图5－287　北京房山镇江营塔 明代

图5－288　广西桂林舍利塔 明洪武十八年（公元1385年）

图5－289　广西桂林木龙洞石塔 建于唐代不确定最早明代

在明代的西藏地区出现了新的塔型，即位于江孜白居寺内的班根曲登塔（图5－291）。又称八角塔、吉祥多门大塔、大菩提塔等名称。该塔建于明宣德二年（公元1427年）。是一座带有异国风味的喇嘛塔。全塔造型矮壮，基座面积甚大，底层平面为一巨大的十字折角形，占地达2200平方米。而塔身较小，层层递减，总体状貌呈金字塔形，有印尼婆罗浮屠的风貌，与一般喇嘛塔不同。全塔为土坯砌筑，外涂石灰的实心塔，局部添设瓦檐以防雨。塔下基座共计5层，逐层收缩。基座周围共有108个门、76间龛室，内供佛像。基座上的塔身为圆筒状，四正面开门，其余四面设小窗。塔身上有斗栱瓦檐护顶。塔刹硕大富丽。刹座为十字折角方台，上施短檐。座上为巨大的十三天相轮刹身。刹上施巨大的华盖及垂旒绶带。最上以小喇嘛塔结顶。十三天以上全部镏金，金碧辉煌，光耀夺目。全塔内供奉的佛像达十万余尊，故有“十万佛塔”之称谓。该塔造型意匠是将基座扩大，丰富起来，塔肚相对减矮，塔脖十三天、华盖等也相应减矮，增肥，显得十分雍容、稳固。该塔另一特点即是在白色墙面上加饰彩画，各层基座檐墙上，塔肚券门周围，塔脖檐墙，十三天上下仰覆莲全为青绿金红的彩绘装饰带，各层龛室油成红色，十三天、华盖、刹顶为镏金制作，全塔颜色绚丽、夺目、华美。再则该塔一反实心喇嘛塔的惯例，而在塔身上开设佛殿、经堂和龛室达77间，并有雕塑与壁画充实其间，素有“塔中寺”之称。

图5－290　山西五台金刚窟般若寺塔

班根曲登塔的造型明显是受尼泊尔佛塔的影响。该塔的多层而宽大的基座、筒状的塔身、复杂雕饰的眼光门、塔脖子上代表“觉悟”的双眼绘画、塔刹镏金、塔内108尊佛像及宽大厚重的整体外形等，都是尼泊尔佛塔的特征，实例可见尼泊尔加德满都的布达纳特佛塔（Boudha nath），又称大白塔（图5－292）。此外，班根曲登塔建造还采用明代官式木构及彩绘技术，也吸收了藏式碉房的建造方法，是融合了尼泊尔、西藏及内地的佛教建筑艺术，而形成的一种新塔型，在国内也不多见。另外在甘肃夏河拉卜楞寺内建的贡唐宝塔，亦是根据白居寺塔的构思意匠设计的，只不过形体上改为清代风格。通体镏金，灿烂辉煌，另有一种艺术感染力。西藏阿里地区札达县的托林寺中保存的土塔、敦煌所存的土塔，亦为此型喇嘛塔（图5－293）。

（三）清代喇嘛塔

清代帝王推崇藏传佛教，藏、蒙、青、甘及华北一带建造藏传佛教寺庙甚多，故喇嘛塔的建造也盛极一时。这是喇嘛塔的大发展时期，在所有藏传佛教寺院中几乎皆有修建，而且在和尚墓塔范围亦形成独一无二的类型。其基本形制亦有巨大的变化，按其建筑风格可分为内地喇嘛塔、蒙区喇嘛塔及藏区喇嘛塔，与国内藏传佛教寺庙建筑分为三种

图5－291 西藏日喀则白居寺菩提塔

图5－292 尼泊尔加德满都布达纳特佛塔

形制，具有一定的关联。

内地喇嘛塔的实例有北京北海永安寺塔（公元1651年）、北京大觉寺舍利塔（公元1747年）、扬州莲性寺白塔（公元1875～1908年），辽宁沈阳在清初所建的东、西、南、北四塔（公元1643年），北京宛平法海寺塔

图5－293 西藏札达托林寺土塔

（公元1660年，已毁）等，皆为典型清塔（图5－294、图5－295）。但各地喇嘛塔的造型装饰华美程度增加，更具有观赏价值，有许多塔例完全改变了原来白塔的艺术风格，自走新路。首先琉璃贴面的大量应用，改变了喇嘛塔的色彩感，如在承德普乐寺阇城上，建造的八座琉璃喇嘛塔，角隅的四座为纯白色，而四正面分别为紫、黄、黑、蓝四种颜色，分别代表不同方向（图5－296）。又如普宁寺大乘阁的四角部位，也安置了四座喇嘛塔，分别为红、绿、黑、白。颜色与布置的方向结合起来。其次在塔肚的造型方面亦有较大的改变，已经不再固守覆钵形制，如上述普宁寺的琉璃塔，就采用两层塔肚重叠式样，形制有盆形、倒钟形、扁球形及折角方形等。

北京西黄寺清净化城塔（公元1782年），主塔的塔肚为硬肩覆钵形，这种改变已经触及喇嘛塔的形制主体部分，产生了标新立异之感。塔刹方面的改变更为显著，在原来圆盘流苏的基础上，变化成为天地盘加日、月宝珠的标准形式。刹顶改为八瓣覆莲罩在十三天之上，形如僧帽，其上以两层莲苞结顶。左右沿十三天两侧垂下两根云带，如同两耳，且全部为铜制镏金，光耀夺目，华美异常（图5－297）。此外，还有一些造型奇特的塔型，与原来标准的喇嘛塔的差距更大。例如，山西长治宗教寺塔，在筒球形塔肚之上直接按设五层相轮，相轮作为叠涩檐形状，最上以木制斗栱六朵承托木椽伞盖式刹顶，这种叠涩砖檐与木构塔顶的处理，是喇嘛塔吸引中国传统式佛塔的结果。山西五台镇海寺章嘉呼图克图塔（公元1786年）是一座石雕繁多的塔（图5－298）。塔座须弥座束腰部分，满雕佛传故事，上下枋及枭混部分雕莲瓣及花卉，塔肚雕一

图5－294　北京北海永安寺白塔

图5－295　江苏扬州莲性寺白塔 清乾隆四十九年（公元1784年）

佛二菩萨及护法神像。此塔充分表现了汉族传统雕刻工艺的高超技艺，反映了清代乾隆时期，在建筑艺术上盛行的装饰主义的影响，但有些烦琐过度。山西五台龙泉寺普济和尚塔（清末），又是一座雕刻极多的石制喇嘛塔，两层八角须弥座的上下枋，上下枭混及束腰部分满雕缠枝花纹，八角部尚刻有力神承托，金刚圈部分亦满雕花纹，塔肚子四面雕出券形佛龛，

图5－297　北京西黄寺清净化城塔塔刹

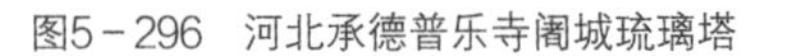

图5－296　河北承德普乐寺阇城琉璃塔

图5－298　山西五台镇海寺章嘉呼图克图塔 清乾隆五十一年（公元1786年）

图5－299 山西五台龙泉寺普济禅师塔

图5－300 内蒙古伊克昭盟乌审旗乌审召八角喇嘛塔 清乾隆二十九年（公元1764年）

图5－301 内蒙古锡林郭勒盟锡林浩特贝子庙过街塔

龛内塑大肚弥勒像，塔身其余部分满雕文字，塔肚子上直接做一仿木刹顶结顶，较镇海寺塔更加烦琐，已达极致的地步（图5－299）。

内蒙古地区藏传寺庙中的喇嘛塔数量甚多，其基本形态为瓶式塔，但有独创性，有几点有别于内地寺塔。首先，其塔座皆为高大的正方形，甚至有2～3层，雕饰集中在束腰部分。如伊克昭盟乌审旗乌审召塔（公元1764年）、锡林郭勒盟锡林浩特贝子庙过街塔（公元1743年）等（图5－300、图5－301）。有些塔底须弥座皆很宽大，在四角有四根石柱，承托挑出较多的须弥座的上枋，好像座前的挑廊。如呼和浩特席力图召塔（公元1736～1795年）、呼和浩特乌苏图召塔（公元1783年）、伊克昭盟伊金霍洛旗阿贵庙塔（已毁）皆用这种手法（图5－302、图5－303）。其次，蒙区喇嘛塔的刹顶天地盘两侧，沿十三天垂下两条装饰带，称为塔耳。其实这是代表刹尖上飘浮的幡带，在传统佛塔的绘画及雕刻中皆有表现，只不过是通过变形，将其建筑化了。锡林郭勒盟阿巴嘎旗汉白庙金幡舍利塔（已毁）为其代表（图5－304），席力图召、乌苏图召、贝子庙诸塔亦有塔耳的设计。在北京西黄寺清净化城塔的设计中亦有塔耳，可能受蒙区喇嘛塔的影响。第三，塔肚上遍饰璎珞珠串，眼光门周围的边饰宽大，有的甚至高出塔肚，十分显著。如乌兰察布盟百灵庙塔（公元1703年），以及锡林浩特贝子庙塔等（图5－305）。此外，整体造型有特色的喇嘛塔亦有数例。如乌兰察布盟包头昆都仑召喇嘛塔（始建于公元1812年，该塔是否仍存不详），将第三层塔座设计成高耸的多角的十字折角式，塔脖子亦同，加之塔肚矮胖，整体形态粗壮有力（图5－306）。另外，乌审召喇嘛塔的造型亦十分特殊，该塔为3层塔座，下为抹角方形，上两层为八角形，塔肚低矮，肚围设24个佛龛，塔脖子为方形，十三天为方锥体，全塔几乎见不到圆形，与瓶式塔的距离甚远，只能说是全新的设计方案。锡林郭勒盟阿巴嘎旗汉白庙有一石造喇嘛塔（已不存），全用黑石建造，其塔肚呈球状，是喇嘛塔中的异类（图5－307）。可见蒙区的佛塔并不完全接受藏区的规式，自由度较大，这样可以创造出有特色风格的佛塔。

西藏及甘青地区黄教寺院所建的喇嘛塔，基本皆为布顿式塔，即瓶式塔。因为有造塔规式的示范，所以大同小异，形制类似（图5－308）。例如西藏拉萨广场前的大白塔（清代）、青海湟中塔尔寺前的如意八塔（公元1776年）（图5－309、图5－310）。清代西藏喇嘛塔亦有许多变化，在一些雨量多的地区，在覆钵体上加筑防雨盖或瓦顶，改变原有塔的分段布局（图5－311）。有的寺院在入口处建造门塔，形成导引。如青海湟中塔尔寺的门塔（公元1711年）（图5－312）。并在此基础上形成的高台座式塔，构成另一种塔型。如湟中塔尔寺的菩提塔，又称经塔，为民国年间所建（图5－313）。另外受萨迦派的影响，出现多层台座及筒状覆钵的塔型。如甘肃夏河拉卜楞寺的贡唐宝塔（公元1805年），即是很优秀的实例（图5－314）。该塔底座3层，内部布置殿堂，座顶的塔身为圆筒形，上置十三天塔刹。塔身及塔刹全部镏金，光耀夺目。"文革"期间被毁，近年重新修建的新塔比原塔的规模更大，成为该寺的重要参观景点。同此类型的喇嘛塔有：西藏扎囊敏珠林寺大白塔（公元1720年）、日喀则拉当寺塔（公元1723～1735年）、江孜康马雪囊寺塔等（图5－315～图5－317）。扎囊桑耶寺内的白、红、绿、黑四座喇嘛塔，虽然经过清代改建，但塔形上看仍属萨迦塔的风格，而且变体甚多，各有特色，对佛塔设计构思有诸多启发。可惜"文革"期间被毁，近年复建的四塔成为标准图式，已无当年的风采，甚为可惜（图5－318）。最具特色的是各世达赖喇嘛和班禅的灵塔，达赖塔为金塔，班禅塔为银塔。塔肚内中空，以木架构成塔肚，外包铜皮镏金，活佛遗体即瘗（yì）藏在塔内。灵塔置于布达拉宫内的灵塔殿内，共有五世达赖至十三世达赖等八座灵塔殿（缺六世达赖）。灵塔皆为布顿式塔，大同小异。因在殿内供养，所以极尽豪华之能事，雕饰繁多，通体镏金（班禅塔镀银），满镶珠翠宝石，尤其在塔身眼光门部分，是装饰的重点。从佛教墓塔角度来评价，灵塔可称是最华丽的墓塔（图5－319～图5－321）。

自元代开始推广喇嘛塔，至清代末年约历600余年。这期间虽然受黄教格鲁派有关佛塔规式的制约，大部分喇嘛塔以布顿式塔型占主导地位，但萨迦式及其他变体亦层出不穷。其主要趋向是塔基的层数及规模、塔肚的胖瘦及形状、全塔比的宽距，装饰处理的繁简等方面，而塔刹的变化较少。总之，清代喇嘛塔与其他塔型一样，在中国推行一段时期以后，开始走中国自己的创新之路，兼收并蓄，不拘成例。在这种思想指导下，进一步繁荣了宗教建筑的创作，也确实涌现出一些较成功的优秀实例。

图5－302　内蒙古呼和浩特席力图召喇嘛塔

图5－303　内蒙古呼和浩特乌苏图召喇嘛塔

图5－304　内蒙古锡林郭勒盟阿巴嘎旗汉白庙金幡喇嘛塔

图5－305　内蒙古锡林郭勒盟锡林浩特贝子庙喇嘛塔 清乾隆八年（公元1742年）

图5－306　内蒙古乌兰察布盟包头昆都仑召喇嘛塔 清雍正年间（公元1723～1735年）毁于"文革"

图5－307　内蒙古锡林郭勒盟阿巴嘎旗汉白庙黑石造喇嘛塔

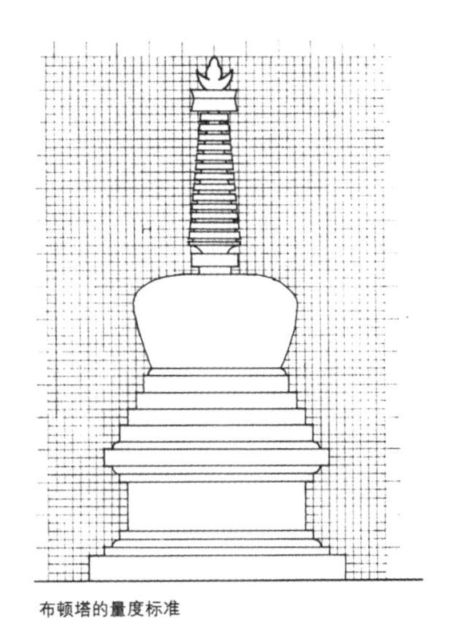

图5－308　布顿式塔的量度标准图

图5－309　西藏拉萨布达拉宫前大白塔

图5－310　青海湟中塔尔寺如意宝塔（公元1776年）

图5－312　青海湟中塔尔寺门塔（公元1711年）

图5－311　甘肃迭部郎木寺喇嘛塔

图5－313　青海湟中塔尔寺菩提塔

图5－314　甘肃夏河拉卜楞寺贡唐宝塔

图5－315　西藏扎囊敏珠林寺白塔

图5－316　西藏日喀则拉当寺塔院塔群 清雍正年间（公元1723～1735年）

图5－317　西藏江孜康马雪囊寺塔

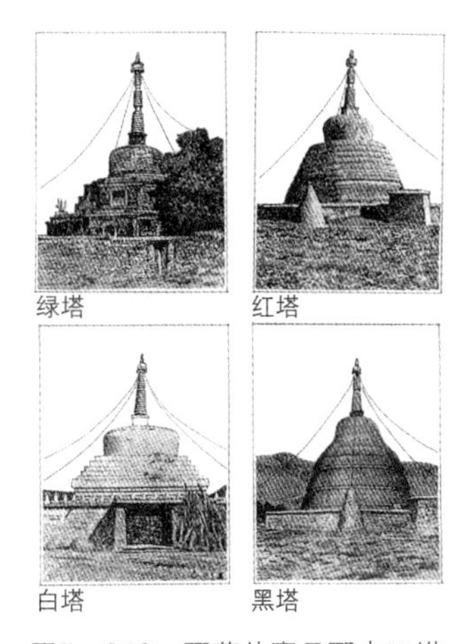

图5－318　西藏扎囊桑耶寺四塔破坏前旧貌

图5－319　西藏布达拉宫五世达赖灵塔

图5－320　西藏布达拉宫十世达赖灵塔

图5－321　西藏布达拉宫九世达赖灵塔眼光门

七、琉璃塔及铁塔

（一）琉璃塔

琉璃塔为佛塔造型向装饰性发展的手段之一，即增加外观色彩及光洁度。琉璃技术自从北魏开始用于建筑以后，宋代已经较为普及，宫殿建筑普遍使用琉璃瓦，此时也开始用琉璃技术装饰佛塔，现存较早的实例为河南开封祐国寺塔，因为用褐色面砖嵌饰，其色似铁，故俗称铁塔（图5－322，后页：河南开封祐国寺塔铁塔；图5－323）。该塔是一座八角形楼阁式塔，建于宋皇祐元年（公元1049年），高达13层，57米，内有窄踏道可绕塔心盘旋登临塔顶。因历年黄河泛滥淤积，该塔塔座部分已被掩埋，并非没有塔座。全塔为褐色琉璃贴面，因为烧制时的窑变，其中也夹杂少量的泛绿、红、蓝色的面砖。底层四正面开门，楼上各层仅开一窗洞，其余为盲窗。塔身用不同形制的琉璃砖砌筑成仿木构的梁枋、斗栱、瓦檐、平坐等。这种预制组合的琉璃件，交接准确，表现出极高的设计水平，各层塔身上还贴满了带雕刻图案的琉璃砖，图案有飞天、降龙、麒麟、菩萨、力士、狮子、宝相衣及胡僧形象等，图案达五十余种，显示出极强的工艺水平。铁塔是开封的重要标志物，“铁塔行云”是汴京八景之一。但褐色釉彩不够鲜亮，实为遗憾。

继开封祐国寺塔之后，在北方地区陆续修建多座琉璃塔，如安徽蒙城万佛寺塔（公元1106年）、江苏南京大报恩寺塔，（公元1412年建，已毁于太平天国之役）（图5－324）、山西洪洞广胜寺飞虹塔（公元1515～1527年）、繁峙狮子窝文殊寺塔（公元1604年）、山西阳城寿圣寺塔（公元1608年）（图5－325）、山西临汾大云塔（公元1715年）等（图5－326）。琉璃嵌镶的方式，有局部贴饰，如蒙城万佛塔、阳城寿圣寺塔、临汾大云塔；有全部嵌镶，如洪洞广胜寺飞虹塔、繁峙狮子窝文殊寺塔。全镶嵌的琉璃砖更需周密设计，保证品种繁多的各类型砖搭配合宜，浑然一体。

其中最华美的当属广胜寺飞虹塔。该塔历尽沧桑，屡毁屡建，现存之塔为明嘉靖六年（公元1527年）建成（图5－327、图5－328）。为八角13层楼阁式塔，高47.3米，青砖砌筑，外包黄、绿、蓝三种颜色的琉璃砖。

图5－323　河南开封祐国寺铁塔细部

图5－324　江苏南京出土大报恩寺琉璃券门

各层皆有塔檐，檐下椽飞、斗栱及莲瓣逼真。塔身有角柱、垂柱、额枋、雀替等构件。各层塔壁上以高浮雕手法，塑制出佛像、菩萨、金刚力士、盘龙、鸟兽、佛塔、龛楣及各种动植物花纹等。五彩斑斓，色泽如新，其艺术水平与焙烧技术都是上乘作品。

山西繁峙中台狮子窝文殊寺塔，是一座很有特色的琉璃塔（图5－329）。建于明万历年间（约公元16世纪末），是一座全贴黄绿琉璃砖的13层楼阁式塔。平面八角形，高约20米。其最大特点是除门窗洞口外，塔壁全砌空心砖，砖表粘贴琉璃釉面的壁柱、横枋、斗栱、如意头封檐板等，形成分间佛龛，龛内贴坐佛两尊至四尊，成排成列，总数约有万余，故又称之为“万佛塔”。以千佛万佛装饰佛教建筑是常用题材，如开封繁塔、济源延庆寺舍利塔，皆是以坐佛形砖装饰塔的外壁。但以琉璃砖千佛贴饰塔壁，以此例为首创，弥足珍贵。近年，经僧人仁法师呼吁将残塔修复，为祖国保留下一座文化遗产。

为了充分发挥琉璃的效果，此时塔形变为细长体的实心塔，不再考虑登临的需要，成为景观塔。尤其是清代在北京及承德地区的琉璃塔更有代表性，如北京香山宗镜大昭之庙琉璃塔（清乾隆四十五年，公元1780年）（图5－330）、颐和园花承阁多宝琉璃塔（清乾隆年间）（图5－331）、承德须弥福寿庙琉璃万寿塔（公元1780年）等（图5－332）。其中以颐和园琉璃塔的

图5－325　山西阳城寿圣寺塔（琉璃塔）明嘉靖四十年（公元1561年）

造型最能说明清代佛塔的装饰化倾向，其平面形状采用了介于四方与八方之间抹角八方形，此形状使塔身塔檐的轮廓及光影的变化更为丰富。此塔3层，第一层、第二层用双重塔檐，第三层用三重塔檐，这种处理方式在早期尚未发现过，实为密檐式塔与楼阁式塔的结合体。这七层檐的琉璃瓦颜色各不相同，自上而下分别为黄、绿、紫、蓝绿、蓝、黄等七层颜色。3层依柱颜色也不同，底层为黄色，二层为紫色，三层为蓝色。如此丰富的颜色变化，但在通体嵌镶黄色千佛龛的塔壁的统一之下，不觉得纷杂零乱，很好地解决了统一与变化的矛盾。

清乾隆时期的琉璃釉砖亦用在喇嘛塔上，使外貌更为光彩靓丽。河北承德普乐寺的阇城台上四面

图5－326　山西临汾大云寺塔

图5－327　山西洪洞广胜寺飞虹塔

图5－328　山西洪洞广胜寺飞虹塔细部

图5－329　山西五台狮子窝琉璃塔 宋

图5－330　北京香山宗镜大昭庙琉璃塔

图5－331　北京颐和园多宝琉璃塔

四隅的八座喇嘛塔（公元1766年），即为全贴琉璃砖的佛塔，形状相同，皆为布顿式塔，但色彩各异。其四隅为四座白色塔，八角形须弥座。正西面塔为紫色；正东面为黑色；正南面为青色；正北面为黄色，方形须弥座。四塔加上白色塔构成五色，可代表佛教的地、水、火、风、空五种世界构成元素的“五大”学说①。五色塔形制相同，其塔色主要表现在面积较大的塔肚及覆莲上，其余构件颜色相互搭配，不求一致，体现了统一与变化之间的协调互补关系。承德普宁寺的琉璃塔又采用了另一种形式。四座喇嘛塔分布在大乘阁四角。东南隅为红塔；西南隅为绿塔；东北隅为黑塔；西北隅为白塔（图5-333）。各塔比例造型类似，仅塔身（塔肚）的设计不同。红塔塔身为两段圆形仰钵，仰钵上浮贴黑色琉璃莲花，钵身及相轮俱刷红色。绿塔塔身由两段折角方鼓组成，折角处均饰以黄边绿芯糊琉璃佛龛，内饰宝剑，共计32座佛龛，方鼓塔身及相轮俱刷草绿色。黑塔塔身为两段圆形覆钵，钵身浮贴蓝凫琉璃降魔宝杵，上层钵中心饰黄色琉璃佛龛，钵身及相轮刷紫青色。白塔塔身为两段圆鼓造型，鼓身上浮贴琉璃法轮，上层塔身中心饰黄色琉璃佛龛，塔身及相轮皆刷白色。普宁寺塔仅在贴件、仰覆莲座及塔脖子处使用琉璃，其特色造型是依靠变异的塔肚及刷色取得，手法简单，但艺术效果明显，是成功的作品。同时期的承德普陀宗乘庙五塔门上的五座喇嘛塔，其造型也是模仿普宁寺塔，可见此设计受到肯定。

① 《佛学大辞典》密教五大：“不空取世间五行，木火土金水，配于东南中西北，青赤黄白黑。”

在福州鼓山涌泉寺天王殿前有一对八角九级的楼阁式供养塔，称千佛陶塔（图5-334）。造于北宋元丰五年（公元1082年）。高6.83米，比例修长，每层塔柱、瓦檐、平坐、门窗、佛龛俱十分精细，各层檐角吊以风铎，塔壁影塑出佛像1078尊，为完全仿木构形制的一座小塔。它完全是由陶土按木构建筑形式雕模，制出泥坯，上釉烧制的。分层逐段烧成后，按榫口安装成塔。陶土外表微施以紫铜色和绿色釉，光泽艳丽，虽然这塔是一座釉陶塔，但与琉璃塔应属同类，但釉陶不仅是用于贴面，而是用在结构承重，该塔至今已达900余年，依然完好如初。

（二）铁塔及金属塔

为了佛塔的万代常存，古代中国工匠也考虑过用金属制造佛塔，常用的为铸铁，兼有铸铜，盛行于五代十国以后，现有的金属塔如下表。这些塔多是分段铸造，然后套置在一起，最高的咸阳千佛铁塔，高达33米，但内部有填充物。由于铸造与装置的要求，金属塔的体型较小，比例瘦长，

图5-332　河北承德须弥福寿之庙万寿塔

红塔　绿塔

白塔

黑塔

图5－333　河北承德普宁寺大乘阁四周的琉璃塔

图5－334　福建福州鼓山涌泉寺陶塔

图5－335　广东广州光孝寺铁塔 南汉大宝六年（公元963年）

中国金属制佛塔表

名称	年代	平面	层数	高度（米）	形制
广州光孝寺西铁塔	南汉大宝六年（公元963年）	方形	只余3层		楼阁式以千佛装壁
广州光孝寺东铁塔	南汉大宝十年（公元967年）	方形	10层	7.69	楼阁式以千佛装壁
当阳玉泉寺铁塔	宋嘉祐六年（公元1061年）	八角	13层	17.9	楼阁式有仿木构的梁枋斗栱
镇江甘露寺铁塔	宋元丰间（公元1078～1086年）	八角	原9层，现余2层		楼阁式仿木构
济宁铁塔	宋崇宁四年（公元1105年）	八角	9层	23.8	楼阁式仿木构
聊城铁塔	宋，金	八角	13层	15.8	楼阁式仿木构
咸阳千佛铁塔	明万历十八年（公元1590年）	八角	9层	33	楼阁式千佛龛饰壁
五台显通寺铜塔	明万历三十八年（公元1610年）	八角	13层	8	喇嘛塔与楼阁式结合
峨眉报国寺铜塔	明	八角	13层	7	喇嘛塔与楼阁式结合壁饰千佛
泰安岱庙铁塔	明	八角	3层	—	楼阁式塔型素洁
义乌大安寺铁塔	宋初	八角	2层	—	楼阁式塔型
吴山龙门洞铁塔	—	—	—	—	

仿木构的外形仅为示意性的，远不如砖石塔模写的忠实细致。后期更多盛行以千佛题材装饰塔壁，以减少铸造脱模的困难。如广州光孝寺西铁塔建于南汉大宝六年（公元963年），是楼阁式塔，仅余3层，是现存最古老的铁塔（图5－335）。它的四面塔身皆雕满了佛像，没有柱枋的构造表现。峨眉报国寺铜塔仅下层喇嘛塔肚即有佛像五百余尊，全塔共有佛像4200余尊，一般铁塔所雕佛像皆达千尊以上，这种艺术处理也仅在金属铸造工艺基础上才容易应用。在金属塔座处理上，多应用宋代以后盛行的海水江崖的形式以示须弥山立于大海之中的意思，以义乌铁塔的基座表现得最充分（图5－337）。宋代铁塔构造皆以楼阁建筑外观为标准，有斗栱、平坐、栏杆、挑檐、门窗等构件，说明当时的铸造工艺是高水平的（图5－336、图5-388、图5－339；图5-337，前页：湖北当阳玉泉寺铁塔 宋嘉祐六年，公元1061年）。在明代塔形中尚有一种新形制，即是在楼阁式塔下加一喇嘛塔的底座，或为八角棱式底层，上部将佛塔塔刹的十三天部分，改为多层楼阁式塔，成为一种新的佛塔式样（图5－340）。铁塔多作为供养塔，置于殿前或偏院，或成对铸造。在寺院布局中，属于配属地位，尚不能起到空间艺术的主导作用。

图5－337　浙江义乌铁塔 北宋初

图5－338　江苏镇江甘露寺铁塔（梵罗）宋元丰年间（公元1078～1085年）

图5－339　山东济宁铁塔 宋崇宁四年（公元1105年）

图5－340　山西五台山显通寺 明万历二十四年（公元1596年）

八、华塔

①萧默. 敦煌建筑研究. 文物出版社，1989.

华塔是单独的一种塔型，即非亭阁式塔，亦非密檐式塔，其特点在塔顶部安设华丽的塔刹。华塔是宋、辽、金时期流行于北方的一种塔型，元代已不见此类型之塔。其塔刹的截面为圆形或多角形，外轮廓有缓和的收分，呈梭形。其造型特征为塔刹上砌塑了数量相当多的莲瓣、小方塔、小佛阁、城关、佛像、狮象等形象。层层叠叠、回转而上，犹如一根盛开的花棒，俗称花塔或华塔。虽然它仅是佛刹上的变化，但比一般佛塔的刹身要高大，在全塔中占有很大的艺术成分，而且与其他类型塔也无造型上的渊源关系，故独立考察之。

图5－341　山西五台山竹林寺墓塔 宋代

从已知塔例可知，现存华塔实例有7座，另有数座初期形态的华塔实例，皆为僧人的墓塔。这7座华塔是：

①甘肃敦煌城子湾华塔，宋乾德四年（公元966年）
②河北丰润车轴山寿峰寺药师塔（公元1032～1055年）
③北京房山万佛堂华塔，辽咸雍六年（公元1070年）
④北京丰台区长辛店云岗镇岗塔（金）
⑤河北涞水庆华寺华塔（辽、金）
⑥河北正定广惠寺华塔（金）
⑦河北井陉华塔（北宋，已毁）

华塔造型是由下部的仿木构楼阁塔身与上部肥硕的塔刹组成。下层平面一般为八角形，下有须弥座、勾栏（辽塔尚具有莲座）。塔身为1～3层不等，塔壁砌出柱枋、斗栱、券门洞及直棂窗。此外，庆华寺、寿峰寺、广惠寺、城子湾华塔，塔身尚有小的塔心室，供养佛像。尤其是正定广惠寺华塔塔身造型更为复杂，第一层八角塔身之外，在四斜面处加建单层长六角小室，二层较宽大，内有一圈内走道，三层塔骤然变小，外部轮廓变化十分丰富。

图5－342　山西五台佛光寺杲公禅师墓塔 金泰和五年（公元1205年）

华塔塔刹部分的设计构图大致可分为三类。第一种以莲瓣为基本母题单元，这种层层莲瓣式华塔是此型塔的原始形态，早在唐代即已出现。如五台佛光寺解脱禅师墓塔，建于唐长庆四年（公元824年），单层方形塔身，塔刹为两层巨大的莲瓣，顶部以小方阁结束。又如太原蒙山开化寺的日光与定光禅师的连理墓塔，建于宋淳化元年（公元990年）。其塔刹呈八角形，层叠3层莲瓣，最上以八角形小亭阁结束。又如五台山竹林寺宋代墓塔，为六角单层塔身，塔檐之上为须弥座，塔刹为5层莲瓣，逐层相错，上部又添加5层细密的小莲瓣，亦逐层相错。塔顶已缺失，不知形制（图5－341）。五台佛光寺杲公禅师墓塔，建于金代泰和五年（公元1205年）。塔刹是由5层莲瓣组成，每层八瓣，莲瓣外翻甚大，上下层错置（图5－342）。这种以莲瓣装饰塔刹的方式在北魏时五台佛光寺祖师塔上即用过，它的构图是，二层仰莲，托阿摩落伽果一层，仰莲上托宝珠。以层层莲瓣为题材的实例，以敦煌城子湾华塔最为华美。该塔更将莲瓣与小方塔结合起来，作为母题设计单元。它的刹座为仰覆莲座，刹身为泥塑宝装莲瓣7层。下3层每层十六瓣，各瓣高低相间，上下相错，每个高瓣上立小方塔一座。上4层每层八瓣，亦上下相错，各瓣等高，每瓣上立小方塔一座。共计八十瓣，56座塔，结顶仍用小方塔一座。整体造型匀称，疏密得宜，艺术性极高（图5－343）。故无锡灵山胜境中的梵宫建筑设计，即采用了城子湾华塔的造型，并予以现代化的变通，效果甚佳。

第二种是以小方塔为母题单元进行设计，如丰润寿峰寺塔为9层小塔，逐层减少数目，叠垒而成，最上部为八角小屋盖，八角悬铜铎。北京万佛堂华塔是下部为十六座两层的城楼，围成一圈城，上边为伏狮承托的小型四门塔，十六座，共17层，逐层错置，并减小体量。北京镇岗塔、涞水庆华寺塔与此类似。但无伏狮装饰，小塔内是否原来有佛像不得而知（图5－344～图5－346）。

第三种设计即以狮座与小方塔结合作为母题基本单元，而且狮座占据了构图的重点。如正定广惠寺华塔，其刹座为叠涩须弥座，八角由力神支托，上边有6层狮塔雕塑，回环在刹柱四周，每层八个，相互错置，每一组狮塔构图是有莲瓣，站狮（或伏狮）、莲座、小方塔组成，刹顶以八角屋盖为结束，并以斗栱支承。构图复杂，造型奇特，与复杂的塔身相配合所形成的这种塔型，在国内可称之为孤例（图5－347、图5－348）。

华塔造型的宗教意匠，国内学者作过分析。有的同志指出，华塔刹形设计是依据《华严经》中所谓的“莲花藏世界”的构思设计的[①]。“莲花藏世界”又称为“华藏世界”“华藏庄严世界海”或者“华严界”，即佛祖释迦的真身毗卢遮那佛所居的净土，此净土的构成为“最下为风轮，风

图5－343　敦煌城子湾花塔　宋代

轮上有香水海，香水海中生大莲花，此莲花中包藏微尘数之世界，故称莲花藏世界”。此莲花藏世界是“由上下二十重，周围十一周而成，以中心为毗卢遮那佛所居”。在《梵网经》中描写的莲花藏世界更符合华塔的造型特点，它说“有千叶之大莲华，中台有卢舍那佛，千叶各为一世界，卢舍那化为千释迦，居于千世界，复就一叶世界，有百亿之须弥山，百亿之四天下，百亿之南阎浮提，千释迦各化为百亿之释迦”①。按此佛经解译，可证刹体上的无数莲瓣，每瓣即代表一世界，每一瓣上都有释迦的化身，一般以一座小方塔代表。有的华塔去掉莲瓣仅余小方塔代表之。释迦居中央，可以顶层小方塔或小亭阁代表之，或者就是以塔刹全体代表释迦。至于正定广惠寺华塔的狮座，也正代表释迦成正觉，作狮子吼之意。有些塔刹下边以城墙相围拢，也是代表毗卢遮那佛所居的净土世界。

近年发现的另一华塔实例为辽宁凌海市班吉塔。该塔下部塔身为辽建，斗栱、莲瓣、直棂窗等皆为辽代风格，基座部分已毁。上部塔刹为清代重建，雕饰粗糙，且外形轮廓已失优美的抛物线形，而且体量亦缩小，与下部塔身不相匹配，文物价值不高（图5－349）。

华塔造型是佛塔建筑中，开始摆脱纯功能和技术要求所形成的建筑艺术形式束缚，走向思维意识方面的艺术创作的异端。它具有自由、奔放的特点，初见之下，虽有些怪诞，但较传统佛塔更具有刺激性与艺术观赏内容。

①《佛教大辞典》莲花藏世界条。

②四隅所设偈语碑文为：“诸法因缘生，我说是因缘（东南面）；因缘尽故灭，我作如是说（西南面）；诸法从缘起，如来说其因（西北面）；彼法因缘尽，是大沙门说（东北面）。”

③参见《蓟县观音寺白塔记》，梁思成，《中国营造学社汇刊》，三卷二期。

图5－344　河北丰润寿峰寺药师塔

图5－345　北京云冈镇岗塔 金代

图5－346　河北涞水庆华寺花塔

图5－347　河北正定广惠寺花塔

图5－348　河北正定广惠寺花塔塔刹

图5－349　辽宁锦县班吉塔 辽清宁四年（公元1058年）来源网络

九、异形塔

在中国佛塔漫长的发展过程中，除了五类主要的塔型之外，尚有不少独具特色的佛塔不能归于五类塔之中，但同样有其艺术魅力，从另外的角度反映出古代匠师的创新能力与成就。从各塔的设计构图中，可以看出几种设计思路。一种是将两种塔形混合嫁接构筑；一种是改变塔身及塔刹的形式；还有一种则完全另创新塔式。

塔形混构的实例可举天津蓟县观音寺白塔（图5－350）。该塔建于辽清宁四年（公元1058年），通体刷白，故称白塔。平面八角形，全塔可分为两部分。下部由塔座、平坐勾栏、塔身、三层挑檐构成，是一座辽代标准3层密檐塔形式。塔身的八个转角贴砌经幢，四正面开券门，四隅设佛教偈语碑刻[②]。而上部为一巨大的覆钵，钵体上有如意头刻纹。再上为八角平头及肥大的相轮，最上以小型铜宝顶结顶。此塔下部为密檐式塔，上部为覆钵式塔，此式实属罕见。1932年梁思成先生调查此塔时，也深为不解，认为该塔覆钵以上部分，可能为明嘉靖、隆庆年间改造而成[③]。但近年从修缮过程中发现的文物，可确认该塔整体为辽代建筑。白塔上部覆钵部分，并不是元代以后盛行的喇嘛塔形制，而更像是南北朝时期的舍利塔或多宝塔的式样，与印度窣堵坡造型更接近。所以初步认为这种塔型是密檐塔与多室塔相结合的产物。类似塔型的实例尚有：北京房山云居寺北塔（辽天庆年间公元1111～1180年）、河北易县双塔庵西塔（金皇统三年，公元1144年）、河北邢台天宁寺虚照禅师墓塔（公元1252年，已毁）等（图5－351～图5－353）。其中蓟县塔与云居寺塔造型几乎完全相似，而易县塔与邢台塔亦十分相似，仅塔身角部贴砌的小塔不同，一为佛幢，一为密檐塔，说明此塔式在华北曾流行一时。若再往前推导，在唐代即有类似的思路。如河南登封法王寺的一座唐代墓塔，即在单层四门塔的顶上加筑一个窣堵坡作为塔刹，开创混合塔型的先声（图5－354）。这种混合型的佛塔在明代也还存在，山西繁峙的一座明代墓塔就是一座实例，下为两层密檐式塔，上托一个覆钵式塔。但这个塔已经完全是明代喇嘛塔的形制了。另外还有的佛塔将喇嘛塔放在下部，代替塔身，上面承托着多层楼阁式塔，远远望去好像是十三天式的相轮塔刹。明代尚盛行另一种组合方式，即是在喇嘛塔的塔肚上加筑一座多层楼阁式塔。如甘肃兰州白塔山塔（公元1450～1456年），该塔通体砖构实心，塔的下部为方基台，台上置八角形须弥座，再上为筒球形覆钵式塔肚，上为八角7层楼阁式塔，翼角悬铃，别具一格。与此类似的尚有兰州白衣寺塔（1631年）（图5－355）。此种类型塔在铜铸塔中亦常见，如五台显通寺铜塔（公元1610年）。下为十字折角须弥座，中为八角形塔肚子，上为八角13层楼阁塔式，最上以宝葫芦结顶。特别有趣的是该塔的塔肚八面塔壁上的浮雕与13层檐柱上的装饰图案，亦采用喇嘛塔与楼阁塔结合的塔型，即在一座塔上一再重复相同的造型特点，这是达到形体协调的惯用手法。此外，四川峨眉山伏虎寺铜塔亦为此式（图5－356）。

塔身变异之佛塔以河北曲阳修德寺塔最突出（图5－357）。该塔建于宋天禧三年（公元1019年），为八角6层楼阁式塔，高32米。塔座已毁，为后代补砌。第一层塔身素洁，南面设置券门可入塔心室。第二层塔身突然升高，高达第一层塔身的两倍以上。塔壁上浮嵌五列单层小佛塔，每面四座（包括抱角小塔），总计120座。小佛塔即代表佛祖，众多小塔有千佛之意。这种佛塔立面构图，不拘常态，尚属孤例，表现出新颖的艺术外貌。有的专家认为下两层为隋代建筑，上四层为宋代添建，是否如此无法确认。另一座异形塔为山东历城的九顶塔，九顶塔为一座八角单层塔，塔身有向内凹的弧身，塔身上有17层叠涩砖砌出的大出檐。奇特之处是在塔顶上托着九座3层密檐方塔，一大八小，按中心及八隅布置，密集紧凑，有如一座花糕，所以有文章中将其列为花塔之一（图5－358）。该塔型在宗教方面的含义尚不明确，依笔者推测，可能是象征佛教世界观中的“九山八海”之义。世界有九山，以须弥山为中心，山势最高，其周围有游乾陀罗等八山，成列回绕，山与山之间各有一海，故总称九山八海。九顶塔的塔顶即代表了佛国世界，是佛教建筑的一种象征表现手法。此塔的建造时期专家认为建于唐代，但尚有存疑之处，如塔壁的内凹处理及各小塔塔刹形式，皆为后期佛塔的特点，估计为金元时期的建筑。此外，山西永济席张塔巷宋代石塔为方形单层塔，顶部又叠加了3层高度不同的小石塔塔身，每

图5－350　天津蓟县观音寺白塔

图5－351　北京房山云居寺北塔 辽代

图5－352　河北易县双塔庵西塔 金皇传三年（公元1144年）

图5－353　河北邢台天宁寺虚照禅师墓塔 元代（公元1252年）已毁

图5－354　河南登封法王寺唐墓塔

图5－355　甘肃兰州白衣寺塔

图5－356　四川峨眉伏虎寺尊圣宝幢

层塔角还雕出小塔造型，成为塔上塔之势，颇具新意（图5－359）。又如山西代县某明代砖塔，是在扩大的方形基台上，加筑了一座八角5层的楼阁式塔。山西原平灵泉寺灵牙塔为八角4层矮胖型的佛塔，二、三层塔身满嵌小坐佛的砖雕，作为装饰，与开封繁塔有异曲同工之妙（图5－360）。

塔型改变最突出的是山西平遥一批明代墓塔，

塔型高大，皆取圆筒锥形，但完全不遵格拘式，不拘层数，将栏杆、花卉、窗格、佛帐、兽面、文字等图案容纳其中，装饰性极强，与传统墓塔完全不同，可称大步革新之举（图5－361）。近代以来的风水塔更大胆创新，不取成法，各以高大新颢取胜，完全脱离传统佛塔的规式（图5－362）。

在讨论异形塔表现形式中，还应该考虑到残塔的观赏价值。在历史的漫长时空，诸多佛塔受风雨的侵蚀，飓风地震的破坏，木构部分的缺失，人为的挖掘盗窃，使佛塔遭受不同程度的损坏，或仅存局部，或仅剩半截，或基础残缺，或木构腐烂无存，岌岌可危，成为残塔。残塔虽然已经不是原貌，但可带给人们一种历史沧桑之美，有的甚至可以成为景点。有代表性的例子就是杭州西湖边的雷峰塔，该塔塌毁前已经破烂不堪，木构部分全无，砖体剥蚀已无形象。但因《白蛇传》的传说故事，而脍炙人口，成为西湖八景之一的“雷峰夕照”（图5－363）。杭州的保俶塔亦是同样情况。河北定县开元寺料敌塔在修复前，全塔纵向塌毁了四分之一，使该塔的双套筒砖结构特色充分显露出来，可称为穿肠破肚，一般情况下难见此情此景，该塔残貌却构成了结构美学价值（图5－364）。河北正定广惠寺花塔在修复前，亦仅剩下塔心部分，初看上去像是一座两层楼阁之上加一个花刹，构成另外一种造型新颖的佛塔（图5－365）。四川彭州市一座密檐塔，有四分之三全部塌毁，剩余部分孤独危立，就像一把弯刀插在地上，成为视觉奇观（图5－366）。浙江天台国清寺塔修缮以前，由于木构檐椽、斗栱、插梁等构件全部朽失，使得檐部的砖体内凹，塔体形成一段段的分

图5－357　河北曲阳修德寺塔 宋天禧三年（公元1019年）

图5－358　山东历城九塔寺九顶塔

图5－359　山西永济席张塔巷石塔 宋

图5－360　山西原平灵泉寺灵牙塔

图5－361　山西平遥墓塔 明代

图5－362　浙江宁波华阳塔风水塔

图5－363　浙江杭州雷峰塔 宋开宝八年（公元975年）

图5－364　河北定县开元寺塔残状

图5－365　河北正定广惠寺花塔残状

割，远远望去形如一根钢鞭。宁波天封塔也有这种感觉（图5－367）。还有的佛塔仅余底层，其余全毁。如内蒙古昭乌达盟宁城的半截塔，幸运的是该塔所余塔身细部雕饰十分完好，清晰可见，残破中见精细，产生出精粗对比之美（图5－368）。还有大量残塔底部基座的砌砖被村民挖走，上部塔顶残毁，形成纺锤式的塔，孤悬挺立，危在旦夕，给观者一种畏惧感，更有力地显现维修的迫切性（图5－369）。内蒙古乌兰察布盟和林格尔残存的喇嘛塔，塔刹已失，覆钵体被掏空，须弥基座仅剩上枋，初视之下不知这个遗存是何物，产生怪异之感（图5－370）。又如内蒙古昭乌达盟林东北塔，原为一座密檐塔，但因人为破坏及风雨侵蚀，形成通体的大洞，类似一座佛龛，内可存人（图5－371）。总之，残塔在观赏程过中，同样产生历史感、艺术感、新鲜感等美学价值，是一种异样的感受。

图5－366　四川彭县塔

图5－368　内蒙古昭乌达盟宁城半截塔 辽清宁三年（公元1057年）

图5－367　浙江宁波天封塔 元至顺六年（公元1330年）

图5－369　广东南雄许村塔 明代

图5－370　内蒙古乌兰察布盟和林格尔之残塔

图5－371　内蒙古昭乌达盟林东北塔残状 辽代

十、双塔及群塔

（一）双塔

佛塔由作为崇拜佛像的处所，转变为舍利供养或者宗教标志物以后，它在寺院中的地位渐趋次要，让位给供养佛像的佛殿建筑。开始从中轴线上移至后部或偏院，同时出现了一种新的布局形式，即在佛殿前并立双塔，作为佛教的重要陪衬建筑。

文献有关双塔的记载很早，据《历代名画记》卷五十一记载，晋元帝时（公元317～322年）“镇军谢尚于武昌昌乐寺造东塔，戴若思造西塔，并请（王）廙画（壁）”。但不知此时是否已经是相同形式的双塔并立在殿前，还是不同形式的塔分立在东、西塔院中，目前无法考察。但较后时期的南朝宋明帝（刘彧）（公元465～471年）在湘宫寺内建立了两座5层的佛塔①，及梁武帝在大同四年（公元538年）在长干寺所设立的两塔②，估计为对称式的双塔之制。

另在大同云冈石窟石刻中亦见双塔之例，如第1窟东壁和第6窟洞口上部佛像左右各有同大的双塔浮雕，第11窟外壁东侧上部的小佛龛入口处左右雕有5层塔（图5－372），以此可证双塔之制在北朝亦已开始出现。有的专家认为北朝出现双塔，是因当时朝廷为孝文帝与文明太后共同执政，号称“二圣”，起造并列双窟及双塔有为二圣祈福之意。唐代双塔之制更盛，在文献中也有双塔的记载③，安禄山在幽州悯忠寺（今北京法源寺）内建东西两砖塔，高可10丈，规制伟大。现存双塔实例见下表。

其中当以安阳宝山灵泉寺双石塔最古老，分别建于唐大历六年（公元771年），咸通八年（公元867年），皆为四方式石塔（图5－373）。在密檐式塔例中当以辽宁北镇崇兴寺双塔最为壮丽，雕饰精美，塔高达40余米（图5－374）。楼阁式塔例中以苏州罗汉院双塔最为优美，比例合适，翼角飞翘，如破土春笋，耸立殿前（图5－375）。在石构的塔例中以福建泉州开元寺双塔最为雄伟，塔高达48米，全部石材砌制，仿木构的构造，十分逼真，是了解南宋时代地方建筑风格的绝妙实例（图5－376）。在现存的

①《南史》卷七十·虞愿传：“帝以故宅起湘宫寺，费极奢侈，以孝武庄严刹七层，帝欲起十层，不可立，分为两刹，各五层。”

②《图书集成 神异典》卷五十九·释教部，引《续文献通考》：“大同四年九月十五日，帝（梁武帝）至长干寺设无碍大会，竖两刹。”

③《长安志》卷十·唐京城四：“东南隅大云经寺，寺内有浮图，东西相值。”

图5－372　第11窟上层小窟入口双塔

现有双塔实例表

河南安阳宝山灵泉寺双石塔	东：唐大历六年（公元771年） 西：唐咸通八年（公元867年）	楼阁式	四方
江苏苏州罗汉院双塔	宋太平兴国七年（公元982年）	楼阁式	八方7层
辽宁北镇崇兴寺双塔	辽	密檐式	八方13层
宁夏银川拜寺口双塔	西夏	密檐式	八方13～14层
山西平定天宁寺双塔	宋熙宁间（公元1068～1077年）	楼阁式	八方4层
福建泉州开元寺双塔 东塔镇国塔 西塔仁寿塔	 南宋嘉熙二年～淳祐十年（公元1238～1250年） 南宋绍定元年～嘉熙元年（公元1228～1237年）	楼阁式	八方5层
安徽宣城敬亭山广教寺双塔	宋绍圣三年（公元1096年）	楼阁式	四方7层
浙江杭州灵隐寺双石塔	宋建隆元年（公元960年）	楼阁式	八方7层
甘肃华池双塔寺造像塔		楼阁式	八方11层
浙江平阳宝胜寺双塔	宋靖康元年（公元1126年）	楼阁式	六角5层
河南浚县佛胜寺双塔	唐（已经不存）	密檐式	四方8层
云南昆明大德寺双塔	元	密檐式	四方13层
云南通海双塔	清末	楼阁式	
山西太原永祚寺双塔	明万历间（公元1573～1619年）	楼阁式	八方13层
山西临猗妙香寺双塔	东塔：宋 西塔：唐	楼阁式	四方7层
浙江温州江心屿双塔	建于两个山头之上 一为唐咸通十年（公元869年） 一为宋开元二年（公元969年）		
福建建德双塔	明嘉靖二十五年（公元1546年），隔江相望	楼阁式	7层
河南内黄复兴庵双石塔	唐大定二年（公元743年）	密檐式	四方7～11层
河南林县阳台寺双石塔	唐天宝九年（公元750年）	密檐式	四方
福建仙游龙华寺双塔			

双塔实例中，有些并非以对称构图相同形式同时建造的，而是历史形成的双塔并峙的布局，如太原永祚寺双塔，即是与佛殿，成纵列式的布置（图5－377，跨页：山西太原永祚寺双塔）。临猗妙香寺双塔一为唐构，一为宋构，一在寺内，一在寺外，形制也有差异。山西阳城龙泉寺双塔，一为宋构，一为明建，大小形制全不相同，只不过同在寺庙内而已（图5－378）。温州江心屿双塔分建于两个山头上，成对峙状，并非寺庙内的建筑物，而且双塔建造时间相差100年（图5－379）。浙江建德双塔，则是建在江流两岸，隔江相望，号称“双塔凌云”，构成很优美的城市景观，但与寺院布局艺术无关。

图5－373　安阳灵泉寺北齐双石塔

（二）布局式群塔

将众多的佛塔聚集在一起，按一定的规则进行布局设置，形成有特色的景观，是佛塔建筑艺术重要的发展。从布局形式分析有线型、对称型及扇形数种，可产生不同的艺术效果。

线型布局就是将数座佛塔一字排开，塔形类似，或小有区别。有的寺庙往往在朝拜行进的途中设置一系列喇嘛塔作为引导性建筑，吸引信徒循此路前进，如天台国清寺前过寒拾亭以后沿小路转一方向，在老干浓枝的覆盖下沿小路设置了七座小型多宝塔，名为七支塔，一字排开，有如指路标志。无论从小塔造型或是总体艺术上看，都是成功之作（图5－380）。另外青海湟中塔尔寺的前部入口附近，亦有八座形制相同的喇嘛塔，一字

图5－375　江苏苏州罗汉院双塔

图5－374　辽宁北镇崇兴寺辽代双塔

图5－376　福建泉州开元寺双塔

并列，称如意宝塔，建于乾隆四十一年（公元1776年），分别纪念有关释迦牟尼的降生、驱魔、涅槃等八件大事，但在总体布局却起到很好的引导作用（图5－381）。另外浙江宁波天童寺的山门外，在内、外万工池之间，曾并列建有七塔，为宋元时代遗物，为七个祖师和尚的墓塔，亦采用多宝塔形式。这并列七座墓塔成为山门前非常醒目的一景，而且将内外万工池的空间分隔开，具有划分空间环境的作用（图5－382）。至于用七座还是用八座，各有说法。七座可代表“七大”，即佛教认为世界

构成的七种元素——地、水、火、风、空、见、识。而八座则可代表佛教的八大灵塔，即佛祖八相成道之地所建的纪念宝塔，代表了佛祖的一生。线型布局还可应用在塔门或塔台上，例如以三座或五座喇嘛塔置于城台之上，成为三门塔或五门塔形式，北京居庸关云台即是实例之一。又如河北承德普陀宗承庙的东西侧山沟的三塔门及庙内中轴线布置的五塔门，和五塔白台，皆是此式。三塔、五塔可采用颜色不同、形式不同，但轮廓相似的喇嘛塔。如五塔门即为五种形式的红、黑、绿、白、黄的小塔组成的。五塔代表中央及东南西北四方及其颜色，抽象地表现了世界概观。在藏传寺庙中用小型喇嘛塔装饰庙墙墙顶，是常用的手法。如甘肃合作扎木喀尔寺（9层楼）塔墙、内蒙古伊克昭盟乌审召的塔墙、四川乾宁惠远寺塔墙、

图5－378　山西阳城海会寺（龙泉寺）双塔

图5－379　浙江温州江心寺双塔 南宋绍兴十年（公元1140年）

图5－380　浙江天台国清寺七塔

图5－381　青海湟中塔尔寺八塔（公元1776年）

图5－382　浙江宁波天童寺七塔

西藏扎达托林寺塔墙、西藏扎囊桑耶寺塔墙等（图5－383）。桑耶寺墙顶小塔达108座，而托林寺塔墙更有数条，小塔不计其数。这种独特的塔墙成为藏传寺院标准特色之一。

对称型布局的汉传寺庙实例不多。较著名的有北京银山塔林的五座密檐塔，它们是金代法华寺五位高僧的墓塔，置于寺院对称的院落之中。后来寺院建筑毁圮，仅五塔独存，显示出"一中四隅"的规整布局，气势宏大，成为京西著名的景观（图5－384）。云南大理三塔虽然建于不同历史时期，但布局严谨，形成"一中两侧"的景观，亦十分难得（图5－385）。

大量的布局式群塔多为喇嘛塔，由于喇嘛塔的形制较低，无法以单体体量取胜，故采用塔群处理的实例急剧增多，也创造出不少优秀的创作来。在寺庙主体建筑的四隅布置四塔的实例也较多，如河北承德普宁寺大乘阁周围四塔、北京颐和园须弥灵境庙后半部的四塔、西藏穷结桑耶寺的四塔皆是（图5－386）。四塔的颜色分别为红白黑绿，是否有宗教意义，有待考证。尤其桑耶寺四塔不仅颜色各异，而塔型也不同。红塔塔肚为11层金刚圈，上边托一小型覆钵，白塔塔肚为5层方形叠涩座，上托一宽大的覆钵体；黑塔塔肚为3层覆锅相扣；绿塔为两层折角方形基座，座上有佛龛，上为覆钵塔肚。差别极大的塔体产生的方向感亦十分强烈。"文革"后重修的四塔改为形制相同的四塔，则不如原塔的艺术感觉。在正方形总体布局中，为了双轴线的平衡，也有采用八塔之制的，如承德普乐寺的阇城二层台城上用了八塔，四角为白塔，四面为紫、黄、黑、蓝四种颜色之塔分别代表方向。这种布置在傣族小乘佛塔上也常用，中为大塔周围设八座小塔。在藏传寺庙中群塔最密集的实例当属内蒙古伊克昭盟乌审旗的乌审召（图5－387，跨页：内蒙古伊克昭盟乌审旗乌审召塔院）。该庙有数个塔院，在大殿前塔院中有大塔一座，塔前并列三座中型喇嘛塔，呈中心对称式。西塔院亦有一组喇嘛塔，中心大塔周围有四小塔，再外圈有八座塔，布局采用十字对称式。寺院墙垣皆为塔墙，当时估算

四川乾宁惠远寺塔墙

西藏札达托林寺塔墙

甘肃合作九层楼塔墙

内蒙古乌审旗乌审召塔墙

图5－383　藏传佛寺的塔墙示例

图5－384　北京昌平银山塔林

全寺共有大小喇嘛塔209座，也可称作塔林了。可惜“文革”期间全毁，今日局部恢复，已非原貌。

扇形布局有宁夏青铜峡的百八塔（图5－388）。该塔位于青铜峡黄河北岸，沿峡口山势陡峭的山坡建造了一组巨大的三角形的塔群，为白色喇嘛塔式。自山顶按1、3、5、7、9……19奇数序列排列十二行，其中3、5

图5－385　云南大理崇圣寺三塔

图5－386　河北承德普宁寺大乘阁四隅的喇嘛塔

图5－388　宁夏青铜峡百八塔

各为两行，总计108座，故又称百八塔。最上端一座最大，全佛塔体皆为实心砖构，外表抹白灰，塔体呈覆钵状、覆钟状、筒状等。文献称其始建于西夏时期，但按形制分析，估计建于元代，也有明清时期补建的。108之数，可能是象征金刚顶经中所说的毗卢遮那佛的108尊法身契印之数，标示释迦的百八种德性。这种塔群为国内仅见一例，虽然“108”之数在佛教宗教艺术中经常应用，如念珠108颗、念佛108遍、百八钟、百八句、百八法门等，但在佛塔艺术中此例为孤例，此例选址极佳，自山顶排列的小塔群在黄河对岸即可看到，小塔由少到多，排列而下，有如一泻洪流，奔腾入河，气势雄大，意境殊绝。

在新疆吐鲁番交河故城遗址的西方，有一废寺遗址，其中也存在着一组群塔，建造年代尚不清楚，从遗址上看是中央为大塔，东西南北四正向有道路划分，在四角隅分别布置，纵横各5座塔的方阵，构成25座塔，四隅共计100座塔（图5－389）。这100座塔的含义不明，可能代表大乘的百界，也可代表净土宗宣传的保护念佛行者往生西方净土的25位菩萨。其意义姑且不论，仅从这百塔布局来看，已经是一组气派恢宏的建筑群了，假如复原以后，定会有印尼的婆罗浮屠一样的壮观场景。在中国近邻的不丹国，亦有一座百八塔（图5－390）。它是建在一座椭圆形的小丘上，中央

图5－389　新疆吐鲁番交河故城一百另一塔佛寺遗址

为大塔，周围环绕四五圈小塔，构思相同，是不丹国主要景点。总之佛塔建筑艺术在单体设计的基础上，向群体艺术发展，是一项很重要的进步，它开创了无限美妙动人的空间形式，增添了宗教建筑的感人力量。

（三）塔林

在许多历史悠久的寺院侧旁，多有历代高僧的墓塔，成群成片，密集如林，被称作“塔林”。有的几十座，上百座，甚至多达几百座。寺院历史越久，规模越大，塔的数量也越多。国内一般将著名的河南登封少林寺塔林、山东历城灵岩寺塔林、河南临汝风穴寺塔林、宁夏青铜峡塔林、山东历城神通寺塔林、山西永济栖岩寺塔林，称为中国六大塔林。实际上尚有许多历史悠久的寺院具有塔林，如北京潭柘寺塔林、河南安阳灵泉寺塔林、河南登封法王寺塔林、河北邢台开元寺塔林（已毁）等。这些塔林多存于北方，为什么南方历史悠久的大寺院没有留下塔林？耐人寻思。是否因南方高僧死后土葬，起坟而不建塔，日久坟茔掩没而不存，故不显塔林之状。塔林是历史形成，没有统一规划，其艺术特点就是塔形多样，气势恢宏。与西方名人墓地的多样形式的墓碑，有异曲同工之妙。

最著名的塔林为少林寺塔林，包括自唐代至清代的墓塔220余座，有上千年的历史跨度，形式多样（图5－391）。唐塔多为单层塔或密檐塔；金塔有掺加覆钵之形；元塔多圆形或小八角形；明清塔式多为喇嘛塔式样。特别是塔林中保存的净藏禅师

图5－390　不丹廷布百儿塔

图5－391　河南登封少林寺塔林

塔、法玩禅师塔、同光禅师塔等数座唐代的单层墓塔，为中国古代建筑史中的重要实例，有助于对唐代建筑的研究。山东历城灵岩寺塔林保存了唐代至清代的墓塔167座（图5－392），而且全为石塔，塔体不甚高大。其中钟形塔体较多，也有部分墓塔采用经幢的形式。塔林中墓塔的塔刹形式变化较多，是其特点。山东历城神通寺塔林保存了宋代至清代41座墓塔（图5－393）。形式有密檐、亭阁、幢式、钟形、筒形、阙形等不同形状，尤以幢式居多。北京潭柘寺塔林的上下塔院保存了75座墓塔，大部分为密檐式塔（图5－394）。最有特色的是河南安阳灵泉寺塔林，它保存了156座隋代至宋代的墓塔，其中有40座是有铭记，可以作为断代研究的依据（图5－395）。而且全部是摩崖浮雕塔龛，塔型为舍利塔形。这些塔龛为了解舍利塔的发展变迁提供了有力的证据。河北邢台开元寺塔林原有墓塔120座，是一处规模较大的塔林，但毁于“文革”，十分可惜。藏传寺院中亦有墓塔的塔林，皆为清一色的布顿式喇嘛塔，如四川康定塔公寺塔林（图5－396）。但该处另有特色的墓塔，因该地的雨量较多，为保护塔体，在基座上面及覆钵体上面加设防雨屋檐，形成不同于一般喇嘛塔的外貌。此外河南临汝风穴寺塔林、山西永济栖岩寺塔林、河南登封法王寺塔林、山西交城玄中寺塔林等，亦有特色，不再枚举。

图5－392　山东长清灵岩寺塔林 元代钟形塔

塔林中形式多样的塔形，不但可以作为历史建筑的物证，而且在图案

图5－393　山东历城柳埠神通寺塔林

图5－394　北京潭柘寺塔林

图5－395　河南安阳宝山灵泉寺塔林

图5－396　四川康定塔公寺塔林

美学上亦有参考价值。此外，规模宏大的塔群还可以产生巨大的震撼力，在审美感受上，“多”是营造精神氛围的要素之一，群体的艺术魅力就在于此。对此感受，可以联想到缅甸蒲甘地区的千塔之城，遍地皆是佛塔，没有市镇、绿化及其他纪念物，成为宏大的塔的世界，使得人们惊叹不已，其原理与中国佛寺塔林是一致的。

十一、南传佛教佛塔

云南傣族、布朗族等信仰佛教，受缅甸等国影响甚大，其佛教宗派属南传佛教系统，信仰小乘理论，故其佛塔亦属南传佛教系列，通行在西双版纳及德宏州两个地区。小乘佛教佛塔的特点是塔形为凹面圆锥体，呈喇叭状，而且多采取十字轴心对称式的方式。全塔由基台、3层须弥座、变形的矮小的覆钵（鼓形或伞形或变成金刚圈）以及数目众多的相轮四部分组成，顶部冠以金属制的覆钵形塔帽及悬铃。傣族佛塔从构图上观察与汉藏佛塔完全异趣，总体轮廓呈流畅的凹曲线状，塔身被层层重叠的细密的横线条分割，平面形式选择八方、折角八方、圆形为多，较少用四方形。附加的小塔、坐兽、佛龛呈辐射状环布在主塔四周，且高低错落，精细的雕刻处理皆布置在底层近人处，便于观赏。一般塔身粉刷为白色，个别地区受缅甸影响，塔身上涂刷金粉。总之，带有南亚艺术的独特风味。版纳州与德宏州的佛塔又小有区别，德宏州佛塔使用圆形平面构图普遍，主要塔周围配置小塔较多，有的多达4层，丛塔林立；而版纳州以独立主塔的形式较多，塔身许多部分是以八角形为主要构图形式，下边配置一个方形基座，也有在四隅安置四座小塔的。

圆形塔身的可以景洪曼飞龙塔为实例（图5－397）。该塔建于山顶上，一座主塔，八座副塔，分布八角。各塔的塔型均为圆形的喇叭状，犹如竹笋，故又称为“笋塔”。各层须弥座及刹顶处皆有密排的莲瓣装饰，与多层浑圆的横线条，形成繁简对比。塔尖上并有成串的风笛，遇风则响。八座小塔前还增设八座佛龛，龛内供养佛像，这些都增加了该塔的观赏价值。该塔已定为全国重点文物保护单位。八角形塔身的实例有景洪曼听佛寺佛塔（图5－398）。该塔巨大的塔身是由3层八角须弥座构成，成为塔身的主体，上边覆钵改为八角伞盖式，相轮较为细矮，全塔显得敦实朴厚。四角设四小塔，再外设两圈莲苞柱，这是其他傣族佛塔所没有的手法。该塔通体刷白，又称白塔。建于雍正三年（公元1725年）的德宏州潞西风平大佛殿的东西塔（熊金塔与曼殊曼塔），基座是由4层十字折角须弥座构成，层层递上，覆钵呈钟形，上部11层相轮高耸，最顶端覆以金属花伞及悬铃。4层须弥座四角皆有小塔，成为一组群塔。塔座皆刷白灰，覆钵及相轮涂金，金白两色交相辉映，十分耀眼（图5－399）。盈江允燕塔的布局与风

图5－397　云南景洪曼飞龙寺佛塔

图5－398　云南景洪曼听佛寺佛塔

图5－399　云南潞西风平佛寺佛塔

图5－400　云南盈江允燕塔

图5－401　云南瑞丽姐勒金塔

图5－402　云南景洪曼春满寨佛寺金塔

图5－403　云南勐海景真佛寺佛塔

平塔类似。但4层须弥座低矮，覆钵肥硕，顶部伞盖扩展成尖桃形，周圈悬龄。各层须弥座四角设小塔，而第一层每面各设小塔8座，总计小塔达40座，是傣族佛塔中辅塔最多的实例，使群塔造型更为丰富。尤其是全塔刷白，塔尖为金属银制伞盖，银装素裹，清纯秀美，具有素雅之美（图5－400）。

其他的实例还有：潞西勐原乡广木塔、瑞丽姐勒大金塔（圆形平面）、大勐龙黑塔、勐海曼辽佛寺佛塔、橄榄坝曼春满佛寺佛塔、勐海景真佛寺佛塔等（图5－401～图5－403）。傣族佛塔艺术更注重群体造型，与东南亚地区的佛教艺术属于同一系统，与中原佛塔及印度窣堵坡式佛塔皆有一定距离，构成了祖国佛教艺术的多彩纷呈的面貌。

十二、文峰塔

① 《汉书 韩延寿传》："延寿衣黄纨方领，四马，傅总，建幢棨（戟状木杆），植羽葆，鼓车歌车……军假司马，千人持幢旁毂。"

② 《佛学大辞典》："梵名驮缚若Dhvaja……译曰幢，为杆柱高出，以种种之丝帛庄严，藉表魔群生，制魔众，而于佛前建之"。

③ 《陕西所见的唐代经幢》见《文物》1959年8期。

文峰塔又称文风塔、文运塔、文光塔、文笔塔等。明清之际随着封建科举制度的深入以及堪舆风水学说的普遍流行，迷信当地科举文风是由于地形风水所定，因此需要在适当地区，一般在城镇的东南或西北，建造高大的文峰塔以为厌胜，回转文风，振兴当地文化。

文峰塔是属于道教的理论系统，但是这种高层建筑物只能采用佛塔的形式，因为历史上没有提供其他高层建筑的造型资料。

由于文峰塔没有佛像雕刻，也没有有关佛教宗教性的建筑装饰，因此剩下的仅为仿木构的建筑外形，因此从单体上讲外观十分简陋、粗糙。但是从风水角度观察，它们往往选择了最好的地位，山巅、水口、道路转折处、街道对景处等，成为城市环境景观的重要组成部分，起了很好的配景作用。其中著名的有淮安文通塔（明代，为八方楼阁式）、扬州文峰塔（清代，造型类似苏州北寺塔）、灌县文光塔（八方17层，为全国塔型中层数最多的）等。

文风兴衰牵涉到当地的文化事业，与毛笔之运用有不解之缘，故有的地方受此启发，将塔型设计成为一竖立的毛笔，尖锐细长，耸立青云，故称之为文笔塔。著名的有河曲文笔塔、曲沃文峰塔、江油云龙塔等。

文峰塔可以说是佛塔的外延，与佛塔初创时的佛殿供养及舍利供养的要求距离甚远，它按照道家的理论观察来决定自己的造型与选址。

十三、经幢

经幢又称为"佛顶尊胜陀罗尼经幢"，是中国佛教寺院中的一项石造的宗教小品建筑，也是中国佛寺中所特有的建筑品类。因幢体柱身上刻有陀罗尼经，故称此名。《陀罗尼经》为佛教密宗（又称真言宗）的经书，是以念诵经书咒语达到祈福免灾的目的。据《清凉山志》记载，该经是在唐永淳二年（公元683年）由印度僧人佛陀波利带入中国，并译成汉文，而流行于世间。唐代开元年间，印度僧人善无畏、不空、金刚智来华传授密法，史称三人为佛教密宗的开元三大士，使得密宗大盛。寺院中亦广建陀罗尼经幢。经幢的发展是因为佛陀波利所翻译的经书上曾说："若人能书写此陀罗尼安高幢上……其影映身，或风吹陀罗尼幢等上尘落在身上……彼诸众生，所有罪业……恶道之苦，皆悉不受，亦不为罪垢染污"。造幢既有如此功德与作用，信徒自然热心营造，成为风尚。

陀罗尼经幢虽为石造，但其原型是木幢。"幢"为古代的一种仪仗用具，用于军事指挥及表示身份与地位，在汉代就已经出现了。据记载汉代名臣韩延寿就因为阅兵时，使用幢幡过度而获罪[①]。两晋南北朝时期佛教兴起，幢幡也作为佛前的供养仪仗物品而广泛应用。古代木幢是什么样子，依据《佛学大辞典》的解释是在木杆上以丝帛加以装饰的礼佛供具，并无具体形象描述[②]。但在敦煌石窟的壁画中，我们可以看到它的具体形象（图5－404、图5－405）。佛幢是在木杆顶部安置一个伞盖，伞盖周围垂以丝帐及垂穗，以及花绳、璎珞等装饰物。有关佛经咒语可书写或刺绣在垂帐上。有的佛幢可有3层伞盖，甚至有更多层数，显得华丽非凡。佛幢顶部以宝珠结束。佛幢有木制幢座，平稳地安置在地上，成双成对立在佛坛两侧；或者由僧人手执供养在佛前。还有的佛幢在伞盖下有一桶形的垂帐，比伞盖略小一些，一直垂至木杆的半腰，伞盖四角亦有长长的垂帛，此式较前式更为飘逸。当佛幢用于室外，成为永久性的纪念物时，则丝帛不能持久，而改为石造佛幢，这是显而易见的道理。随着材料的变更，其造型亦产生变化，以适应工艺制作。

现存的石制陀罗尼经幢实例不下数百座，但没有唐以前的经幢，大部分为唐宋时期的，少量为元代的，明清时代的经幢极少，这种现象与佛教密宗的兴衰有直接关系。唐代开元年间印度僧人善无畏等三人来华传法，一时佛教密宗大盛，史称"唐密"，甚至东瀛日本亦有学法僧来华学习密法，并传入日本。宋代的密宗在社会上亦十分受重视，所以建幢甚多。元代时西藏的喇嘛教兴起，虽然也属密教，但它有自己的宗教特色，史称"藏密"。其仪轨及供养物也不同，如坛城、经幡、法轮、金幢、唐卡等是其常用的装饰物，而石制经幢则很少建造了，所以现存的陀罗尼经幢多为唐宋遗物原因在此。

石制陀罗尼经幢是由数块石雕叠置而成，极易散落，成为残幢。据陕西文物管理委员会1958年调查登记，陕西省共有142座经幢，但十分之七为残幢，完整的只占少数[③]。而且有些没有明确的记年，有些幢体残块垒置堆砌错误，因此对准确判识经幢形制的时代特征造成困难。只能根据已知的材料作粗浅的分析。

石制陀罗尼经幢基本分为三部分：即基座、幢身、幢顶。幢身为八角形石柱，为了便于刻写经书，而没有采用圆柱形。历代的经幢的幢身一直采用八角形，包括上部数节短幢身在内，只不过粗细稍有变化而已。柱身题刻佛顶尊胜陀罗尼经文（垂帐部分的石体面积狭小，不易题刻，改在柱身题字，是石幢的改进）（图5－406）。也有个别经幢在幢身顶部八面龛刻佛像，如陕西陇县开元十六年残幢。柱身呈圆形的经幢仅一例，即营造学社刘敦桢

图5－404　甘肃敦煌莫高窟第159窟佛幢壁画 中唐

①日本人常盘大定所著的《支那文化史迹》中，曾记载山东淄川县龙兴寺唐幢建于开元九年（公元721年），但不知是否仍在。陕西文管会所调查的陕西陇县唐幢，建于开元十六年（公元728年），但该幢没有幢顶，造型不完整。此外更无再早的经幢，所以原起寺经幢是最早的完整唐幢。

先生在调查河北省南部古建筑时，在易县开元寺内发现的。幢身上有八角华盖，再上为圆形短柱。根据圆幢身上有许多凹槽，及上部有一圈佛龛来分析，该幢应为唐代物，惜其他部件已丢失，不能进一步分析。该幢现仍保存在寺内，成为圆幢的孤例（图5－407）。

经幢形制的变化基本表现在基座与幢顶上，尤其是幢顶的变化更突出。诸多的变异形式从开元年间至唐代末年的两百年间就基本完成了。而宋元时代又进一步增益丰富。初期基座为方形或八角形，一层或两层，周边雕饰佛像，比较简单，山西潞城原起寺的唐幢即是此式（图5－408、图5－409）。原起寺唐幢建于唐天宝六年（公元747年），是比较早期的经幢[①]。该幢顶部为八方式屋盖，上叠数层磐石，最上为桃形宝珠结束。造型简洁，比例合宜，无多余的装饰加工，代表了早期佛幢的状貌。再后的幢座改用八角形须弥座形式，雕饰内容增多，上下枭混用仰覆莲，束腰刻壶门佛像或瑞兽。如五台佛光寺的唐大中十一年（公元857年）经幢是十分典型的案例（图5－410）。须弥座式幢座约开始在开成年间，即公元840年

图5－405　甘肃敦煌莫高窟第231窟壁画中的幢与幡的组合 中唐

图5-406 江苏苏州虎丘经幢 五代后周显德五年（公元958年）

图5-407 河北邢台开元寺经幢

图5-408 山西潞城原起寺经幢 唐天宝六年（公元747年）

图5-409 山西潞城原起寺经幢幢座 唐天宝六年（公元747年）

图5-410 山西五台佛光寺唐幢 唐大中十一年（公元857年）

左右。进一步发展出现了双层须弥座，使得基座更为华丽，如江苏常熟兴福寺唐幢（图5-411）。最复杂的是上海松江经幢，建于唐大中十三年（公元859年）（图5-412）。其基座下方为较高的八角形基石，上托两层须弥座，俱为仰覆莲式，束腰刻壶门佛像。上层须弥座略微收缩一些。再上又挑出八角平坐一层，围以勾片式栏杆，更突出了基座的形态。为了造型的平衡，松江经幢的顶部的设计亦十分复杂，计有华盖、圆鼓石、屋盖、短幢身（刻天王）、屋盖、短幢身、三重瓣仰莲、短柱、小华盖、结顶等十余层叠石，总体效果有头重脚轻的感觉，尤其是三重瓣的仰莲形体过大，不适于放在顶部。松江幢的顶部有可能是由其他残幢的构件，错误地拼接在一起，以至比例失调。

历代经幢幢顶的变化最显著，代表性的是柱身上的华盖石，它是木幢上的伞盖演化出来的。形状仍为有一定厚度的八角形，周围雕垂帐纹，上施花绳、垂穗、缨珞，有的还在八角上刻兽面，口衔花绳。华盖石是石经幢与木幢之间最写实的联系物（图5－413）。有的经幢有两块华盖石，中间添加一段短的柱身，表示佛幢可以有多层伞盖之意（图5－414）有的经幢的华盖雕成花绳环接，兽面衔环，内饰坐佛的复杂造型，增加了雕饰的分量，华盖的意匠被掩盖了（图5－415）。顶部叠石中还出现了城郭形象的石盘，八角城墙，四面开设城门，门中有人马车骑造型。据专家分析，此石描述的是“悉达太子游四门”的故事（图5－416）。顶部诸层叠石中还有八角佛殿的形象，以及莲座、蟠龙、海水江崖等，当然最上为八角屋盖，盖顶以宝珠结束。各层叠石之间以短的八角柱身相托，或者以鼓石相间。游四门石刻表现最深刻具体的是河南温县崇胜寺五代十国时期的经幢（图5－417）。它表现的是一座方城，四面设城门，门上有双层城楼及副楼，城墙四角有双层角楼，城楼与角楼之间有联廊及飞廊相联，整座方城为飞云烘托，犹如一座天宫楼阁。这已经不是人间城郭，而是上天圣城了。在山西应县净土寺辽代经幢中，没有雕出城门形象，而是将游四门时太子所见的各种困苦不平的人物故事雕在经幢基座上，也是一种改进（图5－418）。总之，从唐代至宋代的经幢，在造型上已经出现了各种装饰手法，发生巨大的蜕变。

宋代经幢继承了唐代遗风，在基座及幢顶上增加许多变化，但内容类似。其中最著名的是河北赵县的陀罗尼经幢。该幢建于宋景祐五年（公元1038年），高约16米，是现存最高的石经幢（图5－419、图5－420，后页：河北赵县陀罗尼经幢 宋景祐五年（公元1038年）。底层为6米见方的较扁平的须弥座，上边又叠建两层八角形须弥座。再上为蟠龙座上托宝山，艺术含义象征大海中耸立的须弥山。宝山之上连续设计三段八角形幢身，第一段幢身上部为刻有垂帐、缨珞的华盖，华盖角部并向外探出小的莲台，这八个莲台是否在节日庆典时可作燃灯之用，已不可知。华盖之上为狮象座及重瓣莲台。第二段幢身之上又为华盖及莲台（图5－421）。第三段幢身上为太子游四门的城门雕刻。城门之上为八角佛殿、2层八方石盘、小佛

图5－411　江苏常熟崇教兴福寺经幢
唐大中年间（公元847～860年）

图5－412　上海松江经幢 唐大中十三年（公元859年）

图5－413　山西五台佛光寺经幢 唐大中十一年（公元857年）

图5－414　山西应县净土寺经幢 辽代

图5－415　河北正定隆兴寺经幢上部雕刻 金代

图5－416　河北行唐封崇寺经幢城郭雕刻 唐光启二年（公元886年）

图5－417　河南温县崇胜寺经幢城郭雕刻 五代

殿、仰莲、鼓石、宝珠。全幢除三段幢身上刻满陀罗尼经文以外，几乎各部分皆有佛教题材的雕刻图案，华美异常。三段幢身、3层华盖城门以及上部幢顶诸石的高、宽度皆逐层递减，直径缩小，比例合宜，轮廓稳重而秀丽，在造型上达到很高的艺术水平，成为这个时期的代表作品。

雕饰最多的应是云南昆明所保存的大理国时期的地藏寺经幢，俗称大理国经幢（图5－422、图5－423）。该幢为宋代云南南诏大理国政府为高明生记功而造。全幢高6.7米，共7层八面。基座为鼓形，浮雕海水龙王八尊，基座上部刻佛经四篇。第一层四正向雕四大天王站像；第二层雕四方佛及弟

图5－418　山西应县净土寺经幢 辽代

① 《昆明大理国时期地藏寺经幢》见《文物》2014年4期。

子、菩萨、力士等；第三层雕四大菩萨及天王、飞天等；第四层雕各式飞天及供养菩萨；第五层雕大鹏金翅鸟四只；第六层雕佛殿四门，代表佛学四智；第七层雕尊胜佛母及胁侍，最上以莲座及宝珠结顶。全幢共有大小雕像300尊，造型生动，布置井然，形成一座立体的曼荼罗神坛，具有很高的艺术价值。同时也反映了经幢由文字功德，逐渐向造型艺术方面转化，形成了纪念建筑小品的新形式①。

经幢上所刻经文以"陀罗尼经"为大多数，但也有刻"金刚般若经""弥勒上生经""楞严经""心经""孝经"等经文，说明经幢已被其他佛教宗派所采用。河北邢台还保存有刻写"道德经"的道教经幢，经幢作为一种宗教纪念物而跨越了佛教的范畴。经幢有时成对出现在佛殿前，这并不表示建幢必须成双，如山西高平定林寺的双幢虽然造型类似，但是在不同年代建成的，西幢建于宋太平兴国二年（公元977年），东幢建于宋雍

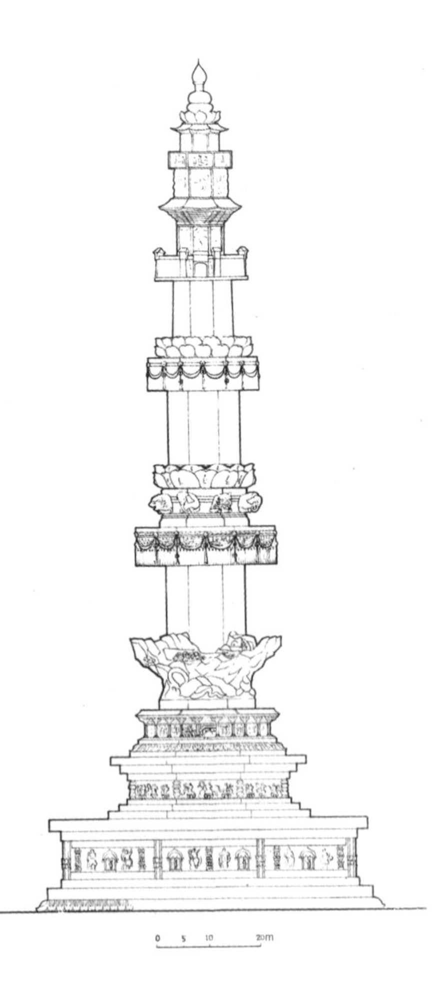

图5－419　河北赵县陀罗尼经幢立面图

图5－421　河北赵县陀罗尼经幢幢身雕刻

图5－422　云南昆明地藏寺经幢 南宋

熙二年（公元985年）（图5－424）。有些经幢是由其他地方移置到寺内，更不能成为双幢设置的理由。

石灯笼兴盛于北朝至唐代的一种新型的小品建筑。在各种形式的灯座上雕一个八角的小亭，内部中空燃灯。实例有太原龙山童子寺石灯（公元556年）、黑龙江渤海国宁安石灯（公元7～9世纪）、长子法兴寺燃灯石塔（公元773年），及陕西省博物馆保存的一座唐代石灯等，仅余4座（图5－425～图5－428）。有的专家认为石灯也是由经幢发展出来的一种小品形式，这种看法有待商摧。现存的几座唐代石灯，年代皆较古老，而且形制类似。尤其太原龙山童子寺石灯建于北齐时期，早于石经幢的兴起年代，其造型不可能吸取经幢之式样。故石灯只能是从木灯台发展出来的，唐代以后再不见流传。但是石灯形式却东传日本，成为流行至今的一种寺院和园林中的小品形式。

陀罗尼石经幢虽然只盛行于历史上唐宋时期，但从其形制演变的过程，说明了建筑造型不仅依从其本源构造，同时又不断进行艺术加饰，形成新的面貌，这也是建筑艺术发展的普遍规律。

佛塔是中国佛教建筑中最丰富多彩的建筑品类，最值得研究探讨，在造型艺术中其中有许多设计思想可以启发后人，借鉴历史传统，启迪思路，

图5－423　云南昆明地藏寺经幢细部

图5－424　山西高平定林寺经幢 北宋初年

图5－425　山西太原龙山童子寺石灯 北齐天保七年（公元556年）

图5－426　黑龙江宁安渤海国上京龙泉府遗址中石灯 唐圣历年间（公元698～700年）

图5－427　山西长子法兴寺燃灯塔 唐大历八年（公元773年）

图5－428　唐供养石灯 陕西博物馆藏

开创新意。例如佛塔虽属一种类型，但造型却源于多方，有异域建筑风格的借鉴，但更多的是从本地的堂阁建筑及小品建筑吸取营养，风格各异，民族特点鲜明。又如佛塔造型虽然诸多模仿木构建筑的形貌，但根据砖石材质的不同，加以简化变形，形成适合高峻建筑的形式要求，决不拘泥于木构建筑的法式，设计思想更为解放。在建筑美学方面，力求构图均衡，但又巧于变化，有的以高取胜，有的以形见长，皆有韵律之美，可以说是一首首的音乐建筑。装饰美学上更为丰富，将众多的佛学典故、装饰符号、建筑纹样等，以雕刻、灰塑、彩绘、琉璃等手段，将佛塔外观装饰的美轮美奂，华丽无比，成为佛寺的标志性建筑，也可以说是当地的地标。总之，佛塔在建筑学上有重要的贡献，这也是本章论述篇幅较长之故。

第六章 中国佛教建筑的技术表现

一、木结构技术的演进

长期以来，中国古代传统建筑是以木结构为主要结构形式，随着时代的推演，其结构形式也在不断地变化，一直持续到清代。由于存世的历史建筑多为宗教建筑，而佛教建筑又占其中的大多数，尤其是早期的建筑遗存多为佛寺。佛寺建筑的艺术质量及技术手段都有较高的要求，在其他类型建筑多经损毁或改造，留存数量较少的情况下，时代技术特点及成就主要反映在现存的大量的佛寺建筑上，所以建筑木结构的变化在佛教建筑中得到很确切的反映。以单体建筑木构架为例，中国古代建筑经历了几个阶段，即土木混合结构、纵架结构、殿堂式结构、厅堂式结构、梁柱交接结构以及多层结构等。同时各时期结构细节亦有诸多改进，如斗栱、下昂、减柱与移柱、角梁与抹角梁、拼攒梁柱等。佛教建筑为我们提供了丰富多彩的结构技术发展面貌。

（一）纵架结构

所谓纵架结构就是在建筑的长边方向（纵向），以一种组合框架将长边各柱连接起来，以增强建筑的稳定性，上边再以横向的梁櫄架构组成屋面。据考古发掘资料可知中国最早期建筑是土木混合结构，即夯土墙承重，上施叉手式的木抬梁屋架，夯土墙内可预埋木柱，或用壁柱及壁带夹持，以增加墙体稳定（图6－1、图6－2）。这种结构约在周秦至两汉时期通用。因受土墙的限制，空间不能过大，且采光受阻，故在南北朝时期出现了纵架结构的房屋，以改善使用质量。

纵架结构的基本模式，是在柱头上安置大斗（栌斗），斗上设置横贯的木枋（阑额），在柱头位置的枋上设一斗三升斗栱，斗栱之间设人字叉手，其上再设一横贯的木枋（可能兼作檐槫），组成一个纵向的框架，联系纵向各柱，其上再架设梁、槫、屋架，构成整体屋盖（图6－3）。这时期已经没有建筑遗存，但在一些北朝佛教石窟雕刻中可见到纵架建筑的形象。如云冈石窟、龙门石窟、天龙山石窟、南北响堂山石窟、麦积山石窟等（图6－4～图6－6）。另外在南北朝时期的墓室中亦有表现，如山西大同雁北师院内发现的北魏墓葬的M5号墓室，即有明确的石构纵架形制（图6－7）。另外在山西沁县南涅水发现的石刻上，亦有纵架的形制，该石刻的建造时期定为北魏至北齐之间（图6－8）。说明北朝时期建筑多为纵架结构，当然也包括佛教建筑在内。这时期的纵架亦有多种形式，并没有完全定型。有的纵架全为人字叉手，没有一斗三升斗栱，类似一个现代的桁架（图6－9）；有的在叉手中心增加了一根短柱，成为“小”字形的补间构件；后期的纵架将柱身升高，柱头大斗直接托在檐槫之下，阑额下调，插入柱身，檐槫与阑额之间的补间用人字栱（图6－10）；再后来阑额升至柱身顶端，栌斗变大，具有承重的作用，并有梁头凸出在栌斗之上，补间仍用人字栱（图6－11）。这种形式一直应用到初唐时期，已经接近全木构架的形制了[①]。约在北朝末年出现了重额，即两条额枋并列在柱间，加强了纵向的拉力。如在西安出土的北周史君墓房屋形的石椁，即有两道额枋，上边一道枋与栱身相联，也可称为联栱枋（图6－12）。但在敦煌石窟隋代的第423窟所绘的佛殿图中，则明显地表示为柱间的两道额枋（图6－13，跨页：甘肃敦煌石窟第423窟人字坡顶绘的佛殿 隋代）。初唐的敦煌建筑壁画中还出现了双重檐枋的纵架形制，即在斗栱及人字栱、檐枋之上，又叠加了一层斗栱及檐枋。这种形制已有了初期铺作的影子（图6－14）。继之，进一步在重枋的基础上出现了重栱出挑，使出檐更为深远，完成了纵架的

①傅熹年．关于北朝时期建筑纵架结构的论述．中国古代建筑史（第二卷）．中国建筑工业出版社，2001：286-294.

图6－1　陕西咸阳秦咸阳宫一号遗址

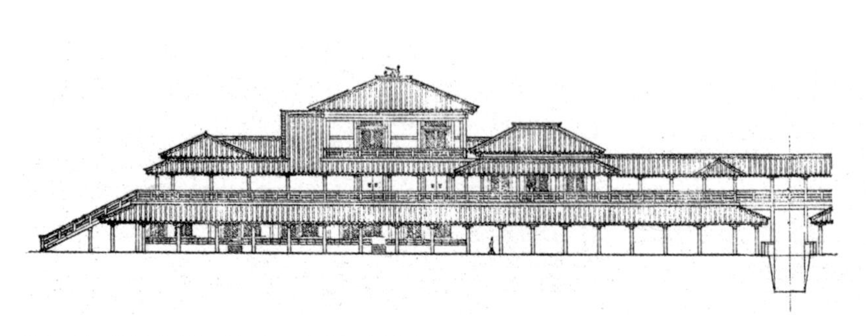
图6－2　陕西咸阳秦咸阳宫一号遗址复原图

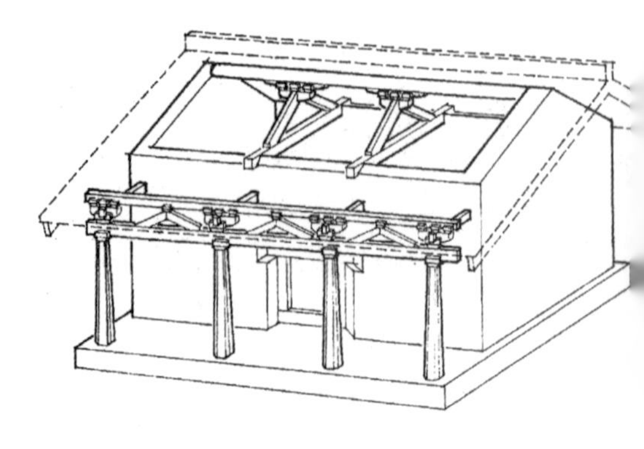
图6－3　早期纵架示意图

图6－4　山西太原天龙山第16窟窟廊

图6－5　河南洛阳龙门石窟古阳洞西北隅上部屋形龛（公元493～528年）

图6－6　山西大同云冈石窟第10窟前室西壁佛殿雕刻

图6－7　山西大同雁北师院出土的北魏墓M5墓室纵架

图6－8　山西沁县南涅水石刻 北魏至北齐

图6－9　河南洛阳龙门石窟路洞北壁上层内侧屋形龛 东魏元象二年（公元539年）

图6－10　河南洛阳龙门石窟古阳洞石刻

图6－11　甘肃天水麦积山第5窟牛儿堂 唐代

图6－12　陕西西安北周史君石椁墓 大象五年（公元579年）引自《考古》2004年7期

图6－13　甘肃敦煌石窟第423窟人字坡顶绘的佛殿 隋代

最高形态，如西安大雁塔门楣石刻上佛殿图所表现的形制（图6－15、图6－16）。按照技术发展的规律，可能是先在阑额之上，有一斗三升斗栱与叉手并列，或者仅用叉手组成框架，柱位随意；然后柱头与斗栱对位；后来立柱升高直托檐槫，下边额枋插在柱身，形成框架；后期又出现重额及重枋的双层框架；最后在重枋基础上出现了重栱出挑式斗栱，完成纵架的最后形态。但由于地区文化发展不均衡，并不是各地均采用一种形制，而是互有先后，而简单的纵架可能流传的时期较长。

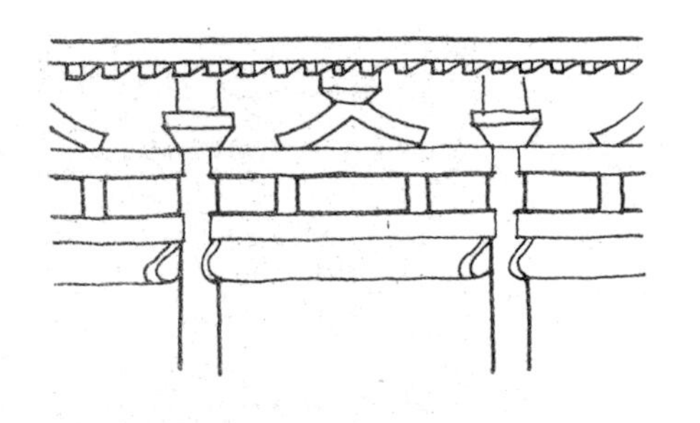

图6－14　甘肃敦煌窟初唐壁画的纵架模式

从石窟石刻中表现的纵架皆是外檐形状，至于内檐情况尚不明了。专家估计初期建筑内檐仍为承重夯土墙，实际纵架仅用于外廊，从云冈第11、12窟及天龙山第8窟的平面布局皆为前廊式，完全可以证明这一推测。内檐夯土纵墙之间的距离，小型佛殿可用两椽人字叉手，稍大佛殿可用四椽栿加平梁叉手，进深可以达到5米，可以满足佛像设置的要求。再大的殿堂可能需要增加一至两排的内檐柱以增加进深。内檐的夯土墙及内柱可能是同高，上面再叠置梁架。增加的内柱上可能仍以纵架相联系，这个推测可能是存在的，因为内檐柱仍以纵架方式出现，则可以为后来出现的铺作结构及分槽形制提供参借。

晚期的纵架结构的阑额落在柱头上，并有梁头凸出于栌斗上，亦出现了出跳的华栱，以令栱承挑檐枋。诸多迹象表明建筑内檐可能部分摆脱了夯土墙，建立了木质柱梁系统，逐渐过渡到横向梁架，估计当时的长短边各柱可能仍为纵架联系，各柱同高，横向叠置各梁，梁头搁槫，为以后的殿堂式构架的形成作了准备。晚期纵架结构体系的形成于北魏末期，一直持续到盛唐，约为公元6世纪末至8世纪中叶，近200余年。由于没有实际建筑可证，仅从间接资料推测，故尚有研究的必要。以上所述，为北朝所属地区的建筑结构状况。

南朝建筑结构状况至今仍不明朗。据文献记载南朝的佛教建筑亦十分兴盛，建于梁朝的建康（今南京）同泰寺，内有浮屠9层，大殿六所，并有柏木殿，规模庞大奢华，梁武帝萧衍曾三次舍身该寺，但其建筑状貌迄今仍无法推测。唯一可供参考的是建于公元7世纪后期的日本奈良飞鸟时代的法隆寺金堂和五重塔。据专家研究该时代的日本佛教建筑，是由中国南朝的梁朝，经由百济传入日本的，应该是属于中国南方建筑的风格（图6－17、图6－18）[①]。法隆寺建筑的特点可总结为几点，即全木构；平面各柱

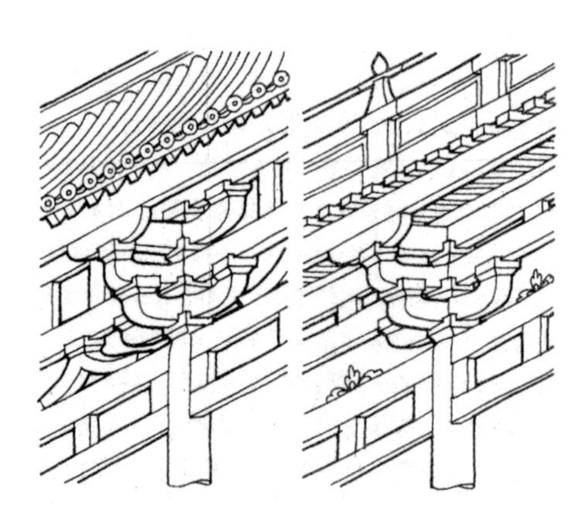

图6－15　甘肃敦煌石窟初唐壁画中的重枋重栱出挑的纵架模式

①《中日古代建筑大木技术的源流及变迁》，张十庆，天津大学出版社，2004年5月。

图6－16　陕西西安慈恩寺大雁塔门楣石刻唐代佛殿

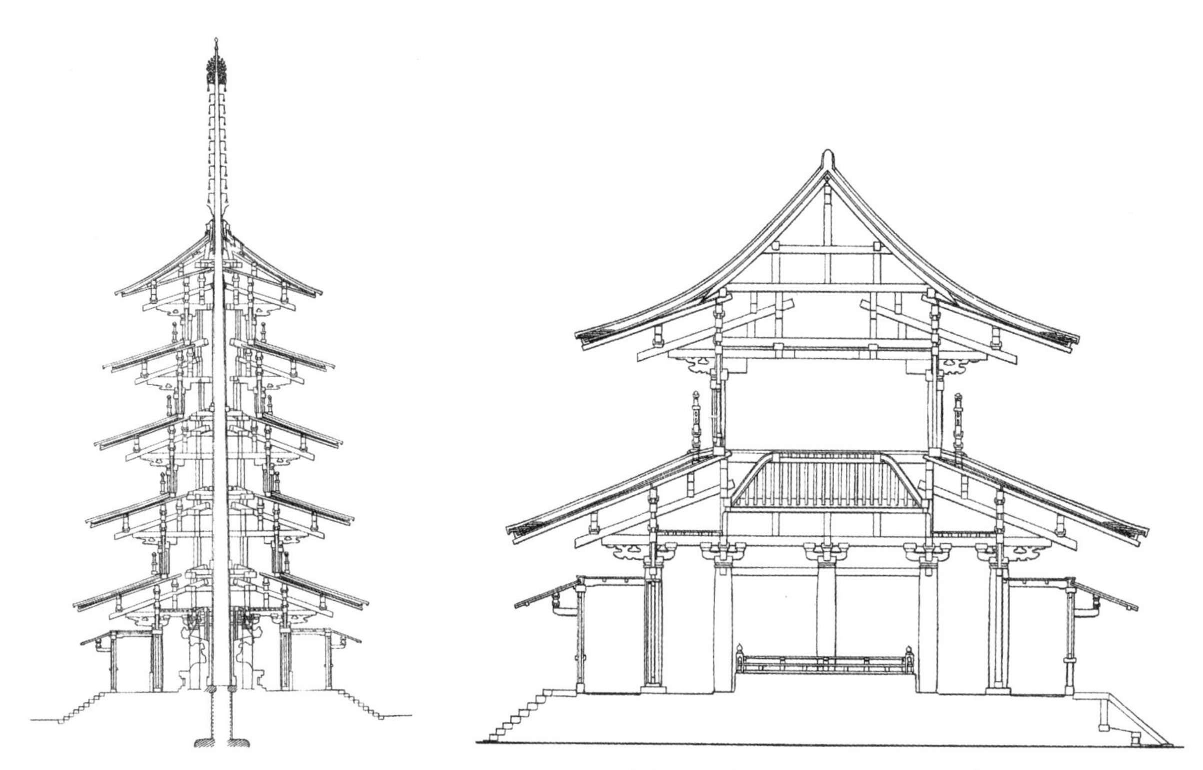

图6－17　日本奈良法隆寺五重塔剖面图 公元7世纪后期

图6－18　日本奈良法隆寺金堂剖面图 公元7世纪后期

同高，柱径较粗；应用“一材造”制度，即除柱身以外的所有横向构件，皆为相同断面的枋材。不存在梁、枋、榑、栱、昂的断面差别，没有梁栿的概念；榫卯不发达，各枋木之间以压叠相接，层层而上，没有出现叉手构件；在外檐柱头的云栱之上，叠置层枋，纵横交搭形成井干状，可以称为井干壁，以固定柱身，有纵架的作用。以上这些特点，亦可能是南朝建筑的状貌，有待研究。尤其是构造中的井干壁，可能是铺作构造的前身：挑檐上斜置的尾垂木，可能是斜昂产生的根源（图6－19、图6－20）。这些特色在五代十国时期建造的福建福州华林寺中皆有表现，说明日本佛教建筑是受中国南方建筑的影响。若此推测属实的话，我觉得南朝建筑是在原始的井干与干阑建筑基础上发展而成。其中某些细节亦影响到北方的建筑，如铺作、下昂、草架等，而北方的斗栱及抬梁做法亦传至南方，南北建筑融合是在盛唐至中唐期间完成的。

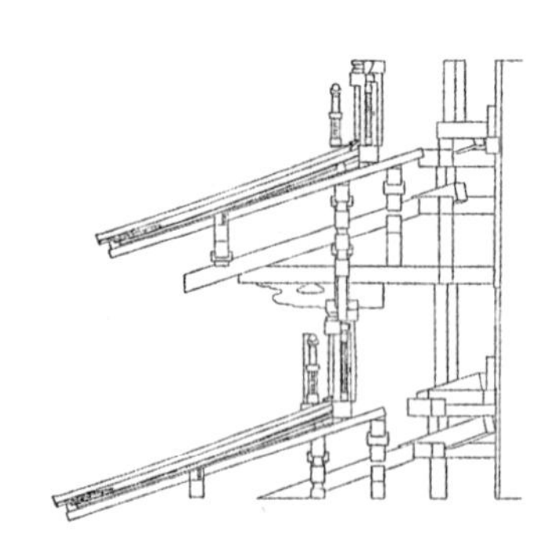

图6－19　日本奈良法隆寺五重塔二层剖面图 引自《中日古代建筑木技术的源流上变迁》

（二）殿堂式结构

殿堂式结构是在纵架结构的基础上发展出来的。其构架特点是建筑的内外柱高相同，柱头间以阑额（额枋）相联，形成框架；在柱头上安设如井干式的数层小枋木，类似井干壁：竖向的小枋木内外出挑，形成斗栱，以承托外出檐及内梁栿的荷载，这些小枋木组合称之为铺作层；补间没有人字栱，以铺作斗栱代替之；檐部出挑增大，甚至达到双杪双下昂的七铺作斗栱；檐柱与金柱之间有明确的乳栿（两椽长度的梁）相连接，乳栿梁头出檐成为华栱；铺作层之上再安设梁栿及榑木（檩条），形成坡屋面；梁栿用材的截面增大，明确结构用材与结点用材的区分；结构用材断面以斗栱用材为计量单位，出现了初期的材分制。可以说殿堂式结构已经确立了横架结构的，独立的全木构架体系（图6－21）。当然也会残存部分的夯土墙，以加固柱身的稳定。殿堂式结构约形成于盛唐与中唐之交，估计初期唐长安皇宫的含元殿仍为纵架结构。

这种新式结构也创造了一些新的结构用语，如“铺作”“槽”“明栿草栿”等。斗栱在汉代已经广泛应用，但名称各有不同。如大斗称“栌”“楶”“节”；小斗称“栭”；直栱除称栱以外，又称“欂”“枅”“楧”；曲栱称“栾”等，在诗赋中经常引用。至于斗栱互相的联用，则称之为“桁梧复叠”“欂栌相持”等名词①。南北朝时期对斗栱的名称也没有显著的变化。而殿堂式结构出现以后，则将斗栱这个结构的结点明确称为铺作，

①《景福殿赋》中有“桁梧复叠，势合形离”“欂栌各落以相承，栾栱夭矫而交结”等描写斗栱的词句。又见《营造法式》卷一·总释上,栱、枓、铺作条的释文。

②陈明达．营造法式辞解．天津大学出版社，2010：414.

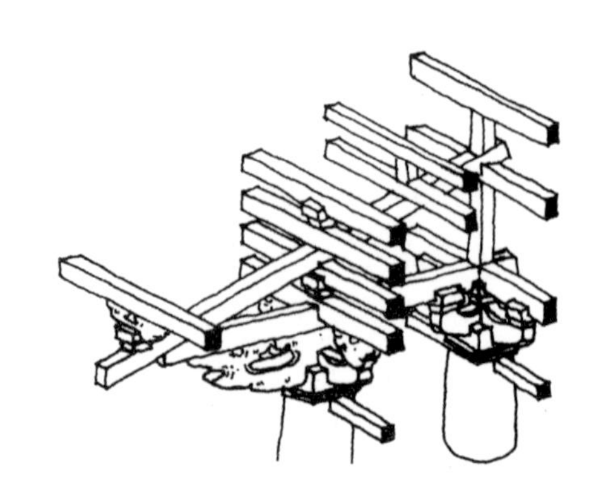

图6－20　日本奈良法隆寺金堂井干壁示意图 引自《中日古代建筑木技术的源流上变迁》

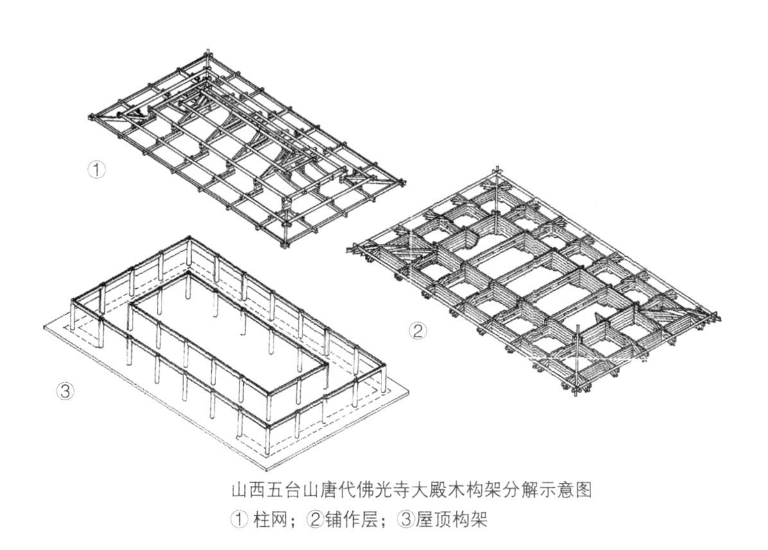

图6－21　山西五台唐佛光寺大殿结构分解示意图

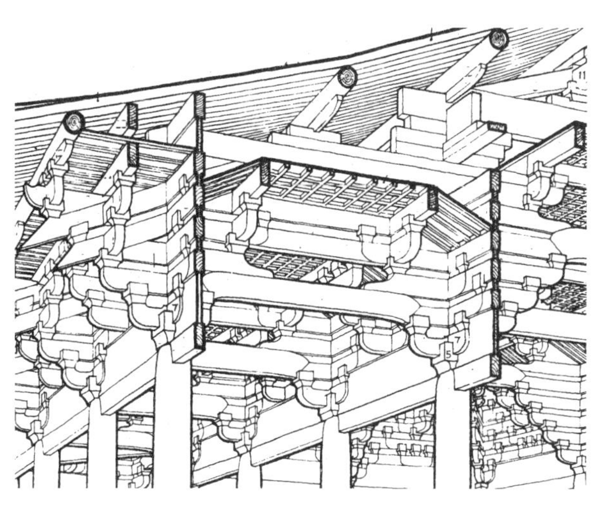

图6－22　山西五台佛光寺大殿铺作层及外槽示意图

一直沿用至宋辽时期。为什么称为铺作，因为这时的斗栱与井干式的数层柱头枋，已经混为一体，成为柱与屋架之间的结构层。其建造过程是由栌斗开始，一层层的枋料与栱料相叠压铺陈而成，故称之为“铺作”。根据陈明达先生的解释，“斗栱出一跳，共铺叠四层构件，故称四铺作，每增出一跳即增一铺，增至出五跳八铺作”[②]。即斗栱已不是单个构件，而是一个组合构件。直到金元以后，井干式的铺作系统消除了，才改称为一攒或一朵的斗栱（图6－22）。

“槽”的概念亦源于铺作层，内外柱之间纵横交搭而形成的铺作层，仰观形似木槽，故建筑术语称为“槽”，代表了铺作围合的状况。靠建筑外檐部分称外槽，建筑中心部分称内槽。又按佛殿柱网分布的不同，铺作层又可分为单槽、双槽、金箱斗底槽、分心槽等四种形式。单槽为建筑内仅有一列金柱，建筑梁栿形式为乳栿（两椽长度的栿）对四椽栿，一个外槽对内槽，故称单槽；屋内有两列前后金柱，形成两个外槽，故称双槽；双槽建筑的山面亦有外槽，形成围合之势，称为金箱斗底槽；以上皆为佛殿的铺作形式，若建筑内仅有一列中柱，铺作自中心分开，故称为分心槽，多用于佛寺天王殿或山门的构架，以便安置两侧的四大金刚塑像。“槽”即代表了柱头上铺作之间的联系状况（图6－23）。

由于殿堂内柱子与铺作同高，故在露明的乳栿和四椽栿上，需另加梁及短柱，形成坡屋面，中间以天花吊顶相隔，下边的乳栿及四椽栿加工精细，称为明栿，而上部梁及短柱（甚至是垫木块）加工粗糙，故顶上的梁栿称为草栿（图6－24）。这种屋顶构架分为明栿及草栿的做法，一直延续到清代，称为草架。江南苏州的厅堂建筑室内往往做覆水重椽的假屋顶，其上仍需用草架支承屋面。殿堂式结构的草栿做法，可能源于南方的建筑，传自中国南方建筑的日本飞鸟时期的佛殿及佛塔，其屋架即是明草栿做法。

殿堂式构架可以唐代佛光寺大殿为典型。大殿通面阔34米，七开间；进深17.66米，共四间八椽，单檐庑殿顶。殿身构架自下而上，分为柱网、铺作层、梁架三部分。全殿柱子同高，各层上下叠合，

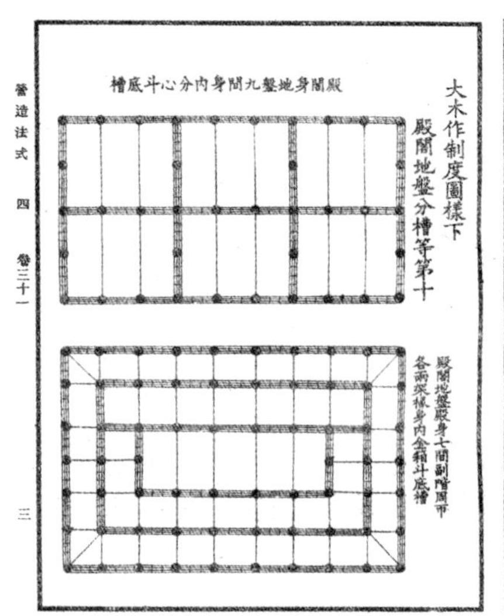

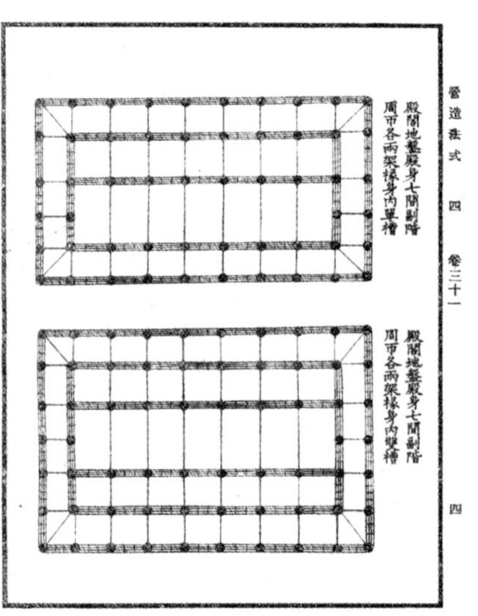

图6－23　宋《营造法式》殿堂铺作分槽图

图6－24　山西五台佛光寺大殿内景明栿

是典型的殿堂式构架。其柱网分布为周圈式，铺作形成的槽为金箱斗底槽（图6－25、图6－26）。这类构架的佛殿实例尚有多处。山西大同下华严寺薄伽教藏殿面阔五间，进深四间八椽，单檐歇山顶。其柱网分布呈目字形，即前后乳栿对四椽栿，属于双槽形式。河北正定隆兴寺摩尼殿，除了周围的副阶，中心部分为面阔五间，进深四间，前后乳栿对四椽栿，为双槽形式。但其金柱升高一足材，对殿堂式构架已有修改（图6－27）。山西榆次永寿寺雨花宫面阔三间，进深三间，乳栿对四椽栿，为单槽形式（图6－28）。天津蓟县独乐寺观音阁是楼阁建筑应用殿堂式构架的实例。该阁面阔五间，进深四间八椽，阁高3层（包括平坐暗层）。柱网布置呈回字

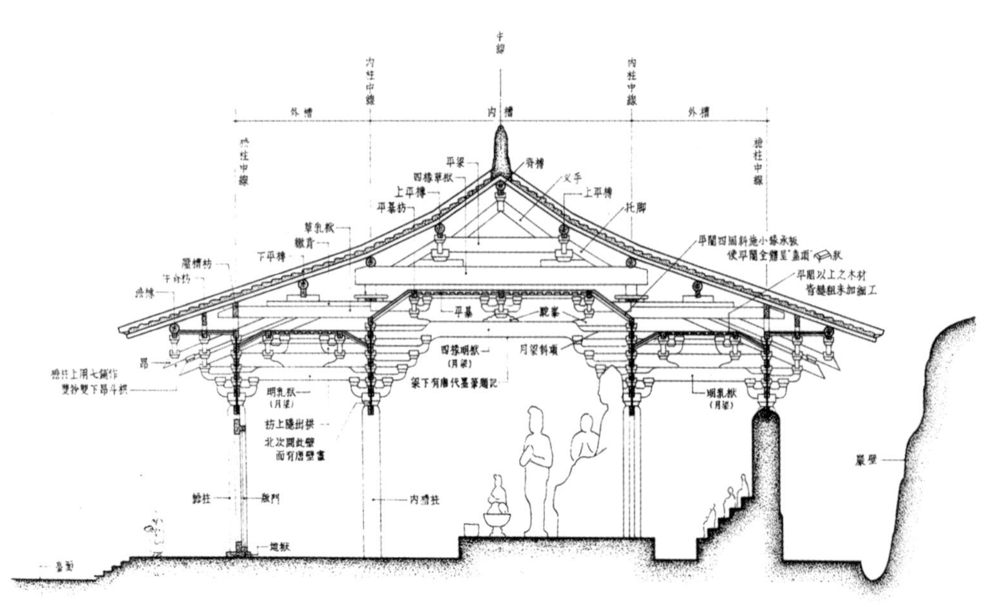

图6－25　山西五台佛光寺大殿剖面图

形，中央三间为中空，中置观音像。铺作层可归为金箱槽（图6－29）。同样山西应县木塔亦为此类型。独乐寺山门及山西大同善化寺山门皆为中柱成列，属于殿堂式构架的分心槽实例。一些小型殿堂进深在六椽以下，没有内柱，因此也没有槽的概念，仅为外檐铺作层周圈设置。其斗栱亦多为出双跳的五铺作，如五台的南禅寺大殿，面阔三间，进深四架椽，五铺作斗栱，通檐用两柱（图6－30）。又如山西平遥镇国寺大殿，该殿面阔三间，进深三间，无内柱。其构架为“通檐用两柱六架椽屋”，不分槽，是最简洁的殿堂式结构。

（三）厅堂式结构

厅堂式构架的特点是建筑的内外柱不同高，内柱高于外柱。其组成整体构架的原则是：先根据空间使用上的需要确定柱位，组成横向一榀榀的梁柱结合的屋架，各架的柱位与柱高可不同，各榀屋架的柱头间以阑额相联，然后在柱上安设铺作，架设槫木，形成屋盖。屋架的纵向蜀柱间以襻间（联系

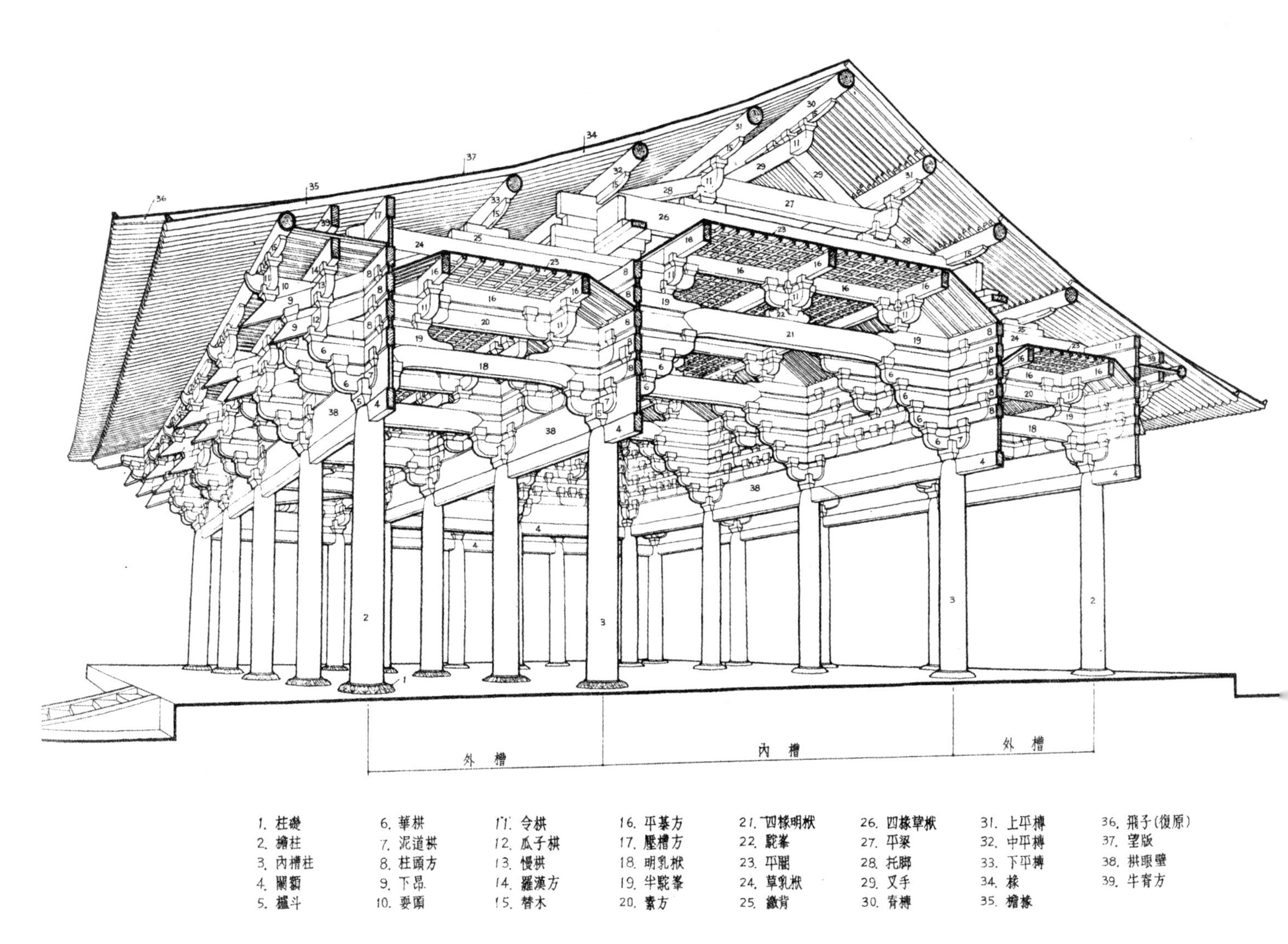

图6－26　山西五台佛光寺大殿结构示意图

图6－27　河北正定隆兴寺摩尼殿纵剖面图

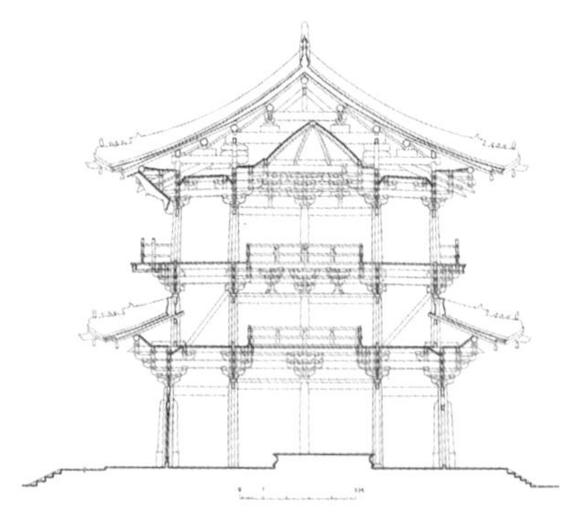

图6－29　天津蓟县独乐寺观音阁剖面图

①《营造法式》卷三十一·大木作制度图样下所载，“厅堂等自十架椽至四架椽间缝内用梁柱”的规式，共提出了十八种图样，从用两柱到用六柱等不同柱列。远较殿堂式构架丰富许多。而且一座厅堂内可以选用二三种图样，如中部各间缝用前后乳栿对四椽栿用四柱，而山墙架可用双乳栿加中柱用五柱，选用比较灵活。

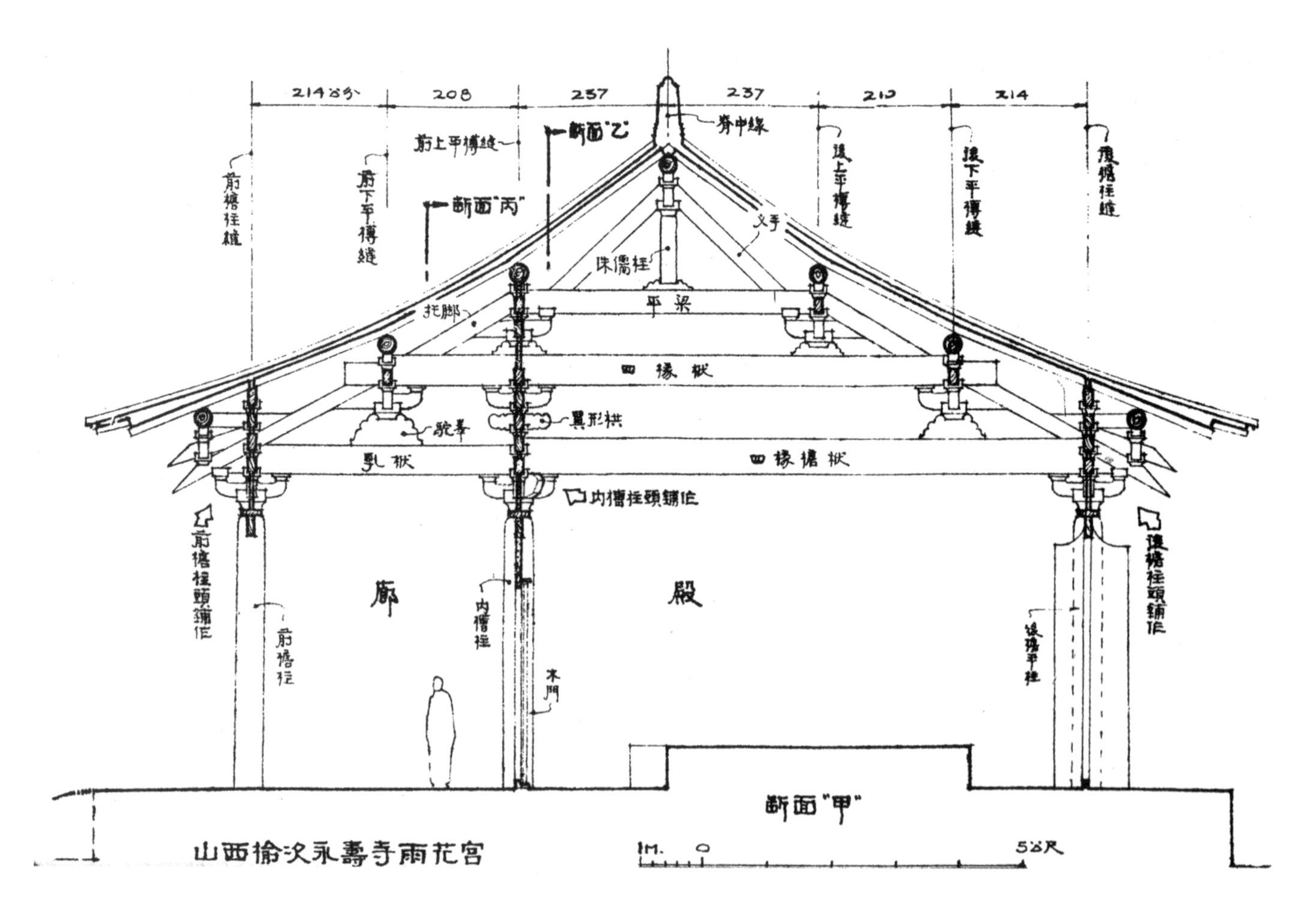

图6－28　山西榆次永寿寺雨花宫纵剖面图

各屋架间的纵向构件，每槫下一条）相联系，梁下还可增设顺栿串，以增强构架的稳定。厅堂式构架内部的柱位不同，空间高度也不相同，可以根据佛殿内供养佛像的要求，而采用“间缝内用梁柱”的各种组合形式。如通檐用两柱、檐柱加中柱用三柱、檐柱加前金柱或后金柱用三柱、檐柱加前后金柱用四柱等不同组合，构架比较灵活①。室内一般不设天花，将屋架显露在外，称为明栿。不设天花的做法称为“彻上明造”（图6－31）。由于柱高不同，内外柱铺作不在一个水平线上，实际已无槽的形式，但根据传统称谓，仍以靠檐部的称为外槽，中心部位称内槽。明间开间较大时，补间斗栱可用两朵，补间斗栱的栌斗直接落在普柏枋上。下昂皆为真昂，昂尾压在扎牵或栿端头之下，是继承了殿堂式的构造手法。

图6－30　山西五台南禅寺大殿剖面图

厅堂式构架确立了以横向梁架为基础的构架形式，彻底摆脱了纵架的影响。它的进步之处可总结数点。首先，柱网灵活，可更好地满足使用

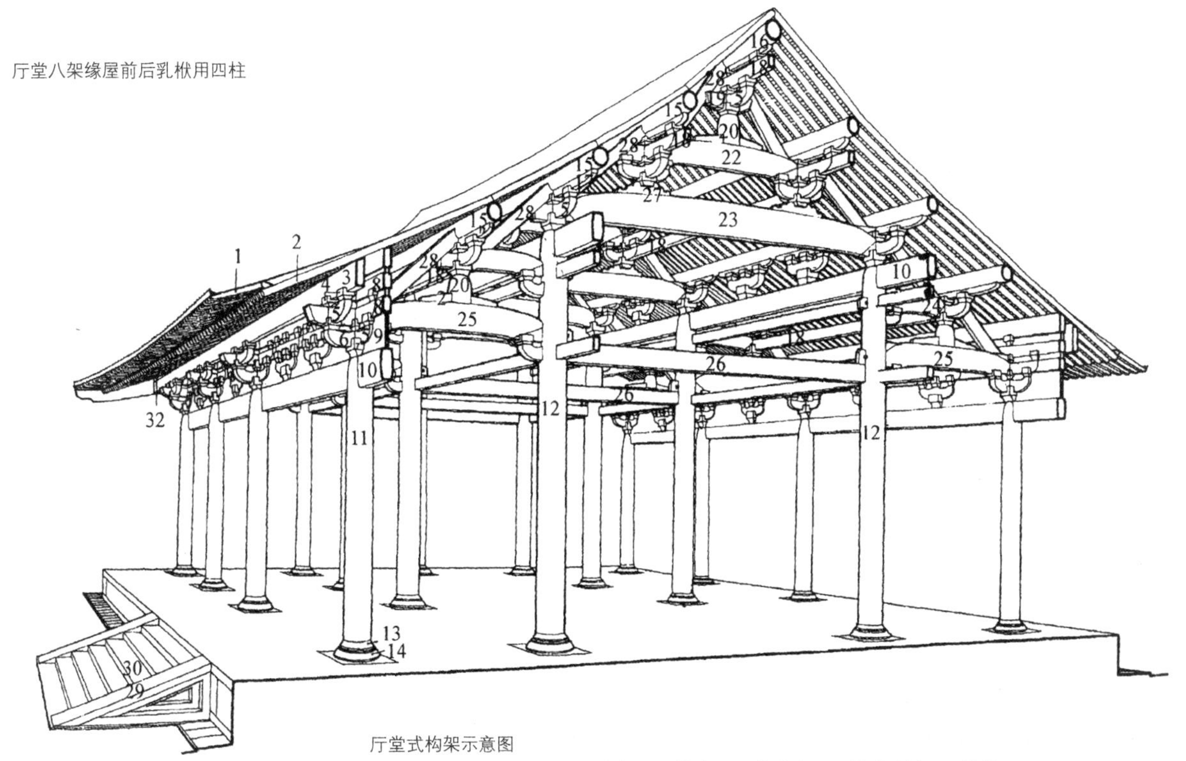

1. 飞子；2. 檐缘；3. 橑檐方；4. 头；5. 栱；6. 华栱；7. 栌头；8. 柱头方；9. 栱眼壁板；10 阑额；11. 檐柱；12. 内柱；13. 柱櫍；14. 柱础；15. 平槫；16. 脊槫；17. 替木；18. 襻间；19. 丁华扶颏栱；20. 蜀柱；21. 合楷；22. 平梁；23. 四缘栿；24. 劄牵；25. 乳栿；26. 顺栿；27. 驼峰；28. 叉手；29. 副子；30. 踏；31. 象眼；32. 生头木

图6－31　宋《营造法式》厅堂式构架示意图

的需要；其次，空间开敞，把殿堂式构架的草架空间纳入室内，增加了殿堂空间的雄伟性，开始对梁栿进行装饰性的加工（图6－32）；其三，引入了承重作用的榫卯构造，由于柱高不同，则有些梁栿的一端以入榫形式插在柱身上，如乳栿、递角栿及各椽栿大梁等，说明木榫可以承担重大的剪应力，改进了北方建筑常用的叠置构件做法，增加了变通之道（图6－33）；其四，就是厅堂式构架中不再使用承重的夯土墙，外檐土坯墙仅为围护结构，起到固定立柱的作用，基本形成全木构的屋架形制。厅堂式结构约起始在唐末五代十国，宋辽时期大盛，为后来的梁柱交接式构架准备了技术条件。

图6－32　浙江宁波保国寺大殿瓜楞柱与斗栱、替木

厅堂式构架以五代十国建造的福州华林寺大殿最为典型。该殿面阔三间，进深四间，前后乳栿对四椽栿用四柱，八架椽。内柱升高，全殿为露明造。外檐用双杪三下昂八铺作斗栱，出檐甚大，构造简洁，是纯粹的厅堂式建筑（图6－34）。而辽代的义县奉国寺大殿，是最大的厅堂式构架实例。该殿面阔共九间，进深五间，空间体量巨大。其构架布置为“前檐及中部为四椽栿，后乳栿用四柱，十架椽”的规制，将前金柱后移两椽，形

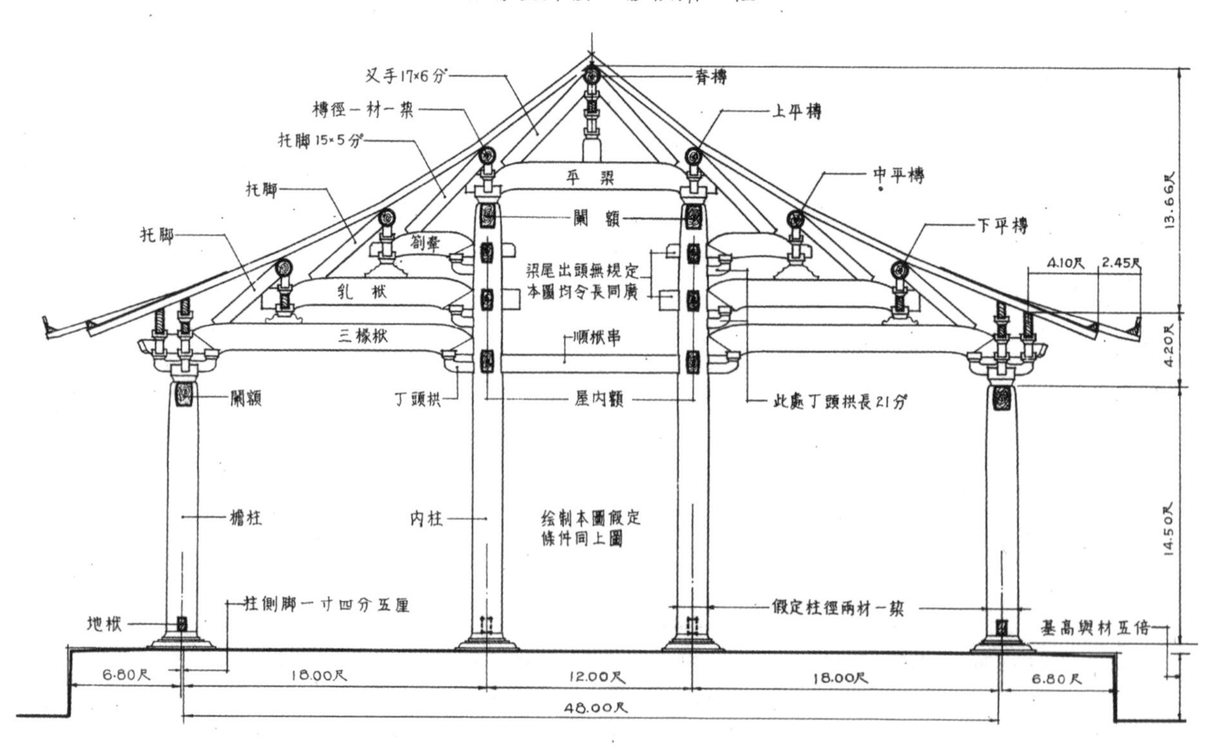

图6－33　宋《营造法式》构架示意图 引自《营造法式注释》

成佛前约10米的空间，对礼佛、瞻仰七座大佛十分有利。其构架的四柱不同高，檐柱高约6米，后金柱高约8.3米，前金柱高约9.6米。前四椽栿用双栿，后尾入前金柱；中部四椽用六椽栿，而且是两根栿料重叠，向前伸出两椽搭在前四椽栿上。其铺作层仍能形成内外两槽。殿内全部为彻上露明造。奉国寺大殿实为厅堂式构架中创新的一个例证（图6－35）。应用厅堂式构架建造的佛殿实例尚有数例。山西大同善化寺大雄宝殿，面阔七间，进深五间。其构架规式与奉国寺相同，亦为“前檐及中部为四椽栿，后乳栿用四柱，十架椽”，只比奉国寺少两间（图6－36）。山西大同上华严寺大雄宝殿，面阔九间，进深五间。其构架规式为“前后三椽栿对四椽栿用四柱，十架椽”，与奉国寺不同处，是其内槽使用了六椽的通栿大梁，向前后各探一椽架，上面再驮四椽栿，这种做法有力地加强了构架的整体性。天津宝坻广济寺三大士殿，该殿面阔五间，进深四间。其构架为“前三椽栿，中三椽栿，后乳栿”规式。与前数例相似，中间三椽使用了四椽栿通梁，其前端探出一椽架，搭在前三椽栿上，以加强构架的整体性（图6－37）。山西高平开化寺大殿为宋代建筑，其构架亦十分简洁，为“乳栿对四椽栿用三柱”，外檐斗栱为五铺作出两跳，而内檐则简化为两材（图6－38）。浙江宁波保国寺的厅堂式构架又有变异，为“前三椽栿，后乳栿，对中间三椽栿”。两内柱的高度皆不相同，前金柱之间用了多层枋材相联结。内檐构件多有装饰加工，如月梁、瓦楞梭柱、藻井等，并且顶部是露明造与草架相结合的做法，显示了南方建筑轻柔的风格（图6－39）。

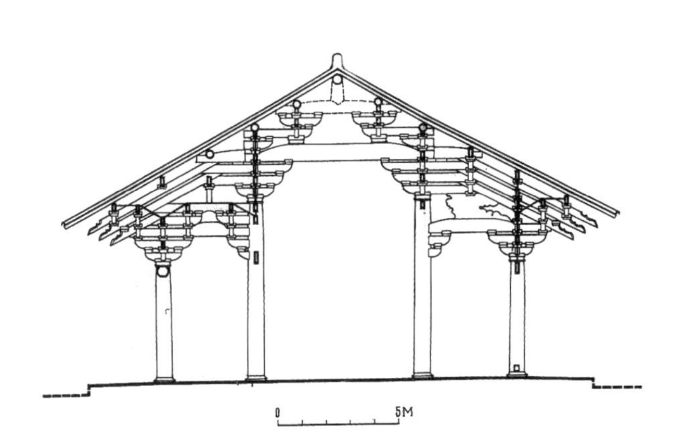

图6－34　福建福州华林寺大雄宝殿横剖面图

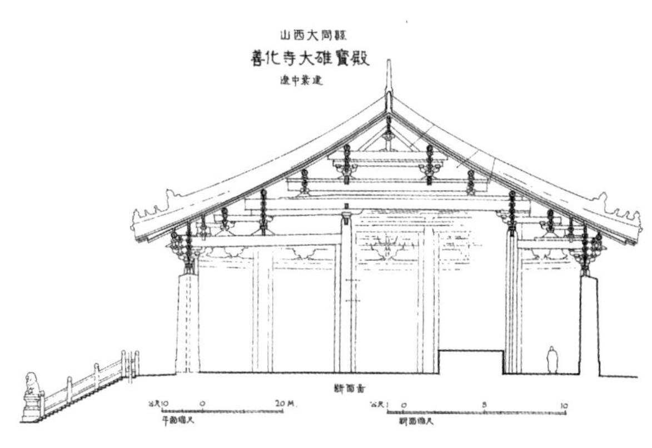

图6－36　山西大同善化寺大雄宝殿横剖面图

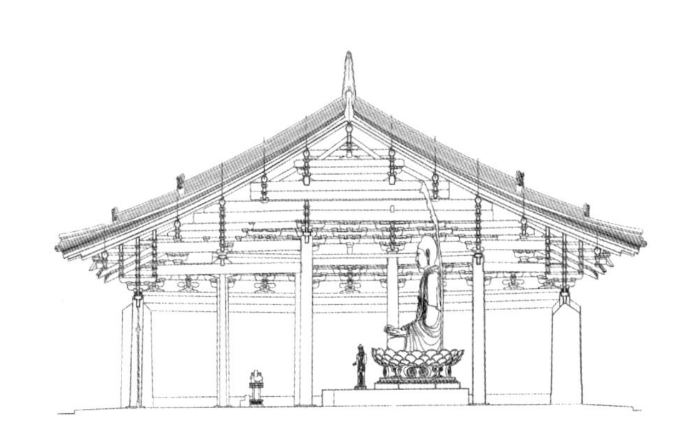

图6－35　辽宁义县奉国寺大殿横剖面图

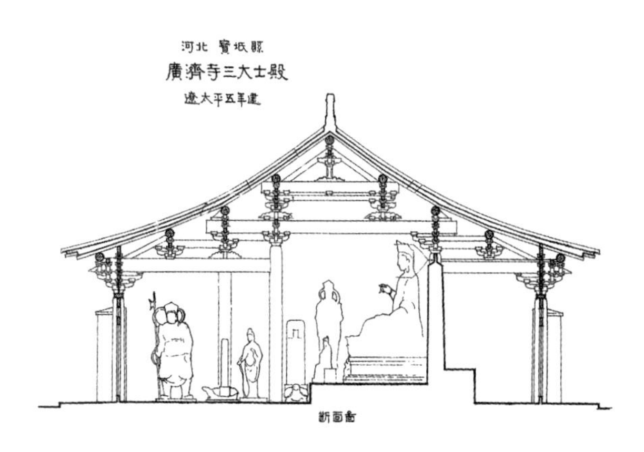

图6－37　天津宝坻广济寺三大士殿横剖面图

（四）厅堂式结构的创新尝试

1. 减柱造

按照宋代《营造法式》厅堂式构架的柱列布置是各缝一致的，仅在山墙构架中可以增加中柱，以增强山墙的稳固。殿内按间布列的内柱对使用上有一定的局限，因此在金元时期的佛殿中，出现了减柱造的构架，即减去了部分内柱，扩大了室内空间。减柱之后针对如何承担屋顶的各榀屋架，则创造出了组合纵架及承重大额枋的技术形式。

建于金天会十五年（公元1137年）建造的山西五台佛光寺文殊殿，面阔七间，进深八架椽，“前后乳栿对四椽栿用四柱”，悬山屋顶。按标准规式的前后金柱各为六根，但此殿内仅用四柱，前金两根，后金两根，前后金柱并不对位，其余柱位均已减去（图6－40）。两根后金柱位于当心间，金柱与山墙柱之间应用了三间长度的组合式的纵架，以承担上部两榀屋架。其构造方式是在金柱与山柱之间，架设上下两根阑额（清代称额枋），阑额端头入柱，阑额之间以短柱及斜撑支持，形成简易的桁架式组合阑额，后乳栿架在下层阑额上，屋架的四椽栿直接托载在上层阑额上，完成屋面荷载的分配（图6－41、图6－42）。无独有偶，建于金皇统三年（公元1143年）的山西朔县崇福寺弥陀殿，亦采用了组合式桁架。该殿面阔七间，进深八架椽，间缝用梁柱的标准规式为“前后乳栿对四椽栿用四柱”（图6－43）。除去尽间用柱以外，前金柱应有四柱，但该殿仅用两柱，并且位置移动，不在间缝上。柱距划分成中央两间，东西各一间半的柱距。柱距间皆采用了双重阑额，额间以驼峰大斗及斜撑支承，亦为组合式纵架[①]（图6－44、图6－45）。虽然组合式纵架的实例不多，但可反映出古代劳动工匠的巧思。

另外一种减柱构造为承重大额。上述佛光寺文殊殿的前金柱亦使用了大额枋，前金柱原为六根，减去四根，仅余两根。形成的柱距为中央三间，左右各两间。柱间以巨大的额枋承重，断面达75×53（平方厘米）。额枋两端叉榫入柱，承托前乳栿，上面为扎牵、驼峰大斗及由额枋，直托内槽的四榀屋架，为早期出现的大额承重案例（图6－46）。在元代，北方地区佛寺的大横额结构法曾盛行一时。如山西繁峙岩山寺大殿、山西洪洞广胜寺大殿、山西五台广济寺大殿等实例不少（图6－47～图6－49）。此法即

①陈明达. 陈明达古建筑与雕塑史. 文物出版社，1998：226－227.

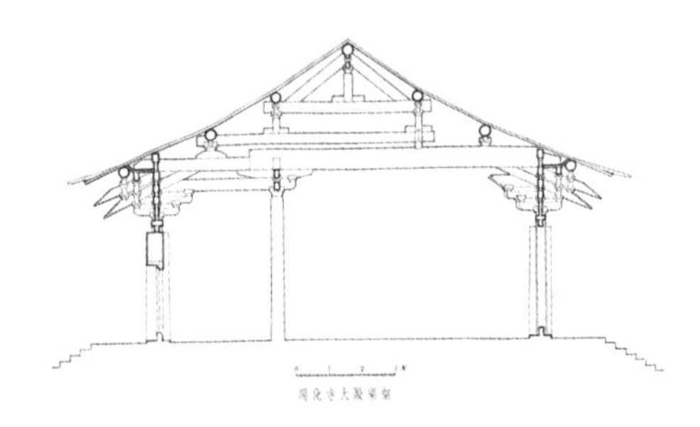
图6－38　山西高平开化寺大殿梁架

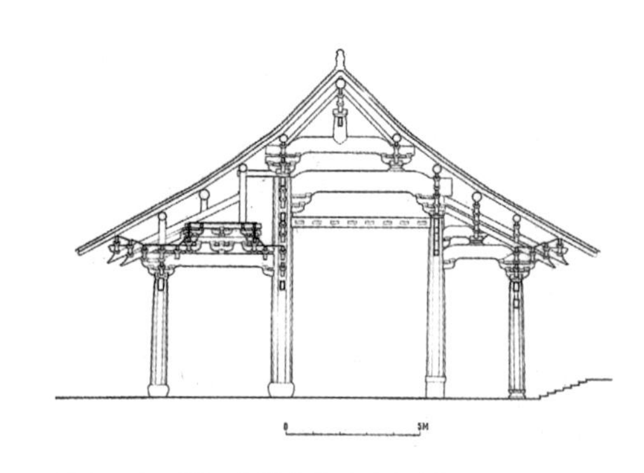
图6－39　浙江宁波保国寺大殿剖面图

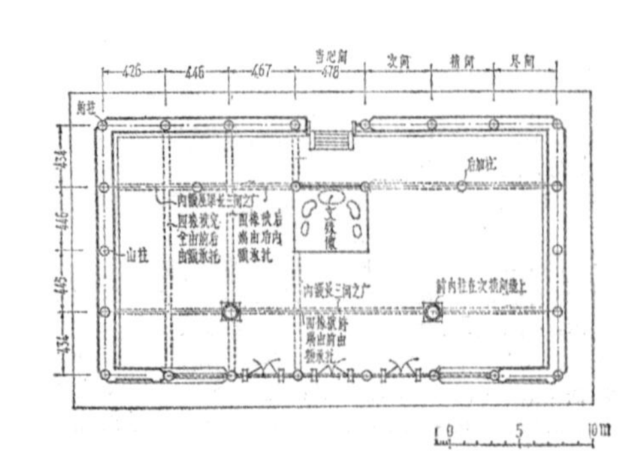
图6－40　山西五台佛光寺文殊殿平面图

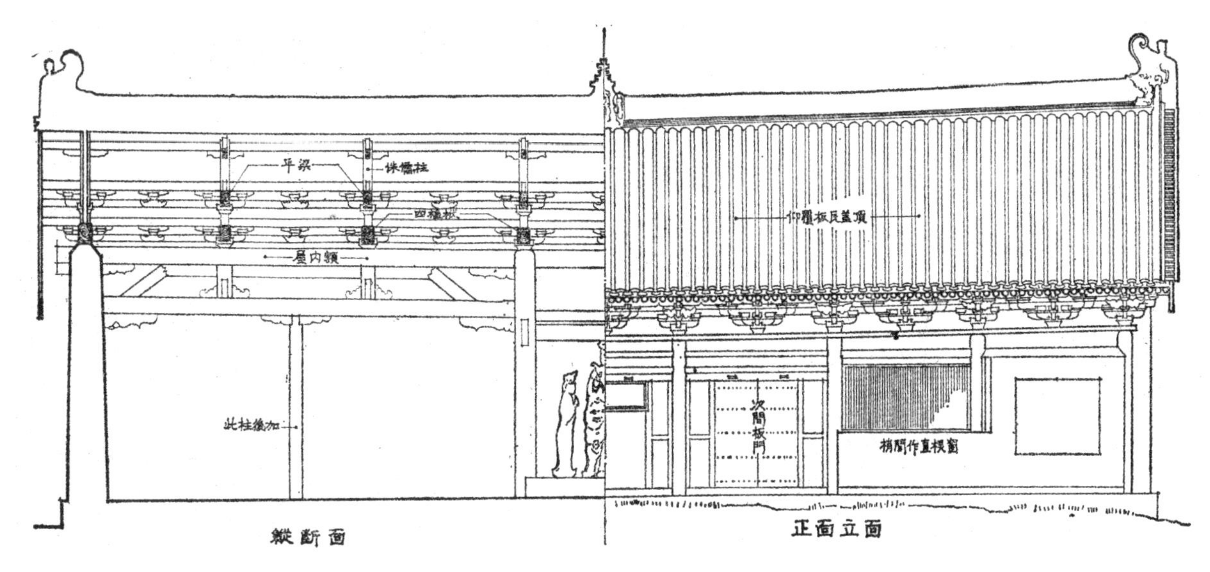

图6－41　山西五台佛光寺文殊殿纵剖及立面图

图6－42　山西五台佛光寺文殊殿后金柱缝内景

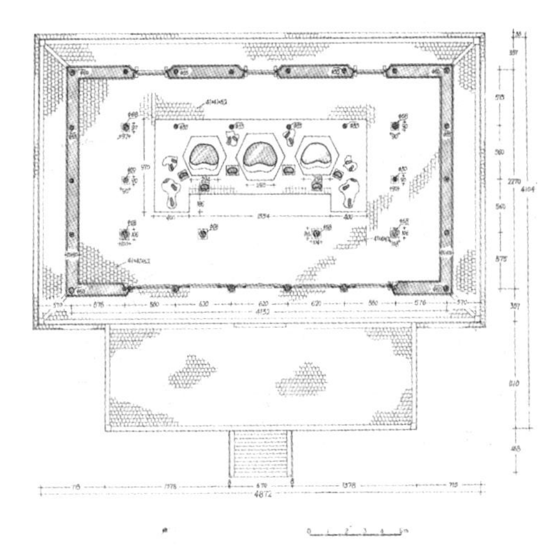

图6－43　山西朔县崇福寺弥陀殿平面图

是在减少的柱子之间，沿建筑面阔方向架设断面巨大的阑额，或者是双料阑额，以阑额为承重构件，上边按间架设屋架。阑额可以用原木，不加砍削，也可用于外檐上，在山西许多元代的佛殿外檐减柱，就是用的原木的大阑额。大额的应用可以使建筑的柱位随宜设置，多少随意，空间自由。但由于用材巨大，整体稳定性差，艺术观感不佳，这种结构法在元代以后就没有继续下来，但这些技术措施反映出我国古代结构技术发展的创见与探索。

2. 宋元时期的建筑构架中的“断梁”与“斜梁”

梁是建筑物承重的主要构件，如何能断开？实际的结构意义是利用承挑、平衡的作用，将梁体分开两段来作，在这方面最突出的实例为山西高平崇明寺中佛殿。该殿建于北宋淳化二年（公元991

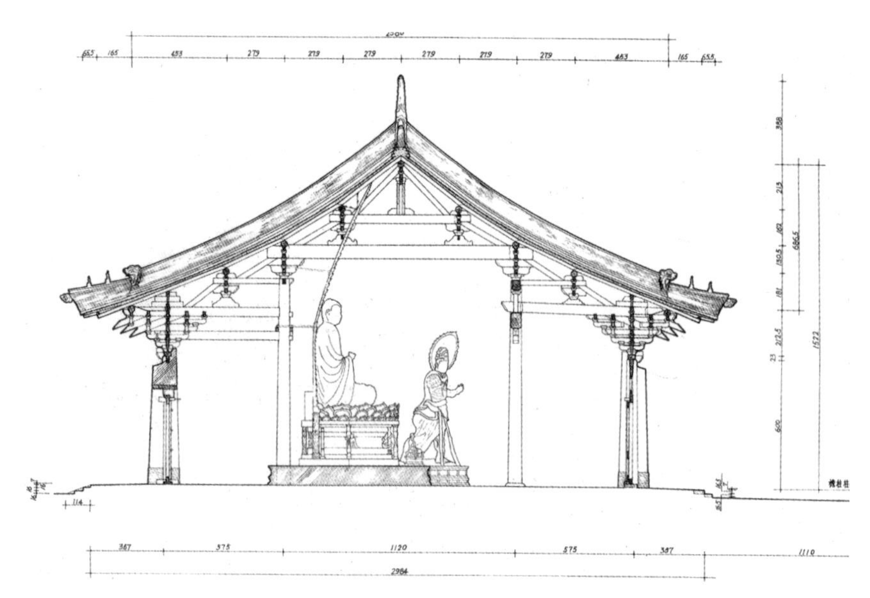

图6－44　山西朔县崇福寺弥陀殿梁架明间横剖面图

图6－45　山西朔县崇福寺弥陀殿梁架

图6－46　山西五台佛光寺文殊殿前金柱缝内景

图6－47　山西繁峙岩山寺前殿梁架

① 柴泽俊，任毅敏著．洪洞广胜寺．文物出版社，2006.

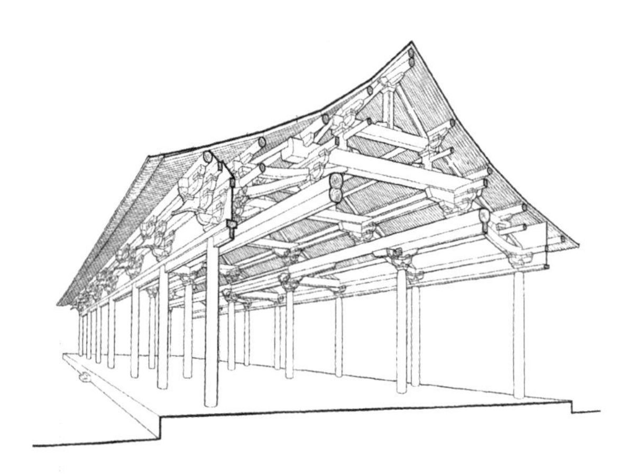

图6－48　山西洪洞广胜下寺前殿梁架示意图

图6－49　山西洪洞广胜下寺后大殿纵向梁架西半部

图6－50　山西高平崇明寺中佛殿外檐斗栱

图6－51　山西高平崇明寺中佛殿内檐断梁

年），三间四椽用两柱，殿内无柱，面阔12.18米，进深7.46米，是一座规模不大的佛殿建筑。该殿结构上的特点，其一是出檐甚大，斗栱为双杪双下昂七铺作，自檐柱向外挑出2.75米，几乎等于2.90米的柱高（图6－50）。其二是明间东西两缝四椽栿为中间断开的一对梁，断梁处下方有一顺栿串承托梁重。以仅有一足材断面的串枋，如何能承受巨大的屋顶荷载呢？匠师在构架传力设计中，充分利用巨大的外檐出挑的重量，用以平衡殿内四椽栿的荷载，使得梁中部的荷载减少到最小，仅用栿串即可托住。在四椽栿断梁处，尚承托山面丁栿及两角的角栿的荷载，但由于檐槫的内移，平衡了山面的出檐重量，使丁栿、角栿内端的垂直内力减少到极小，故依然稳定（图6－51、图6－52）。通观崇明寺中佛殿梁架构造，充分显示出工匠的力学计算知识及整体思考的能力。江苏苏州虎丘云岩寺二山门的正脊亦是断开的，亦是运用平衡的原理制作的。

斜梁的含义即不是平置的梁栿，最早的实例为山西平遥文庙大成殿（建于金大定三年，公元1163年），因为内柱减去两根，所以在次间用大斜梁代替补间铺作，直接托在中平槫之下。广泛用斜梁构造以山西洪洞广胜寺最为突出[①]。广胜寺现有建筑建于元代及明初，其中广胜上寺的弥陀殿、毗卢殿，广胜下寺的前殿、大雄宝殿等，皆用了斜梁构造，手法多变，自由灵活，具有创意。斜梁为两椽长的乳栿，斜搭在檐柱斗栱及内金柱的粗大内额之间，因为这几座建筑皆为减柱造，部分乳栿一端没有柱身可供插接，只能搭在内额之上，形成斜梁。所以斜梁的产生与减柱造有因果关系，可以上寺弥陀殿为例。弥陀殿又称前殿，面阔五间，进深四间，六架椽屋，歇山顶。内檐前后金柱各减去两根，前后仅余两柱，而且柱位不在梁缝上（图6－53）。柱间以大内额枋作纵向联系，前后两椽斜梁及山面斜梁皆搭在内额上，斜梁尾并挑出部分，直接承托平梁，斜梁身上又托金檩，组成六椽进深的屋架，斜梁尾又压又挑是这座建筑的特色（图6－54～图6－56）。斜梁亦可采用自然弯曲的木材，稍加整理即可使用，如上寺昆卢殿的构架（图6－57）。广胜寺下寺的前殿为五开间六椽用四柱的悬山式建筑，其斜梁的应用更为巧妙，即前后乳栿改为三椽栿，探出金柱一椽，两栿对顶在中线上，上面再托平梁，这项设计使构架更为稳定，减少了平梁的压力（图6－58）。由于减柱及斜梁的应用，使殿内空间更为宽敞简洁，为后期北方梁柱交结式构架做了先期探索。

图6－52　山西高平崇明寺中佛殿细部

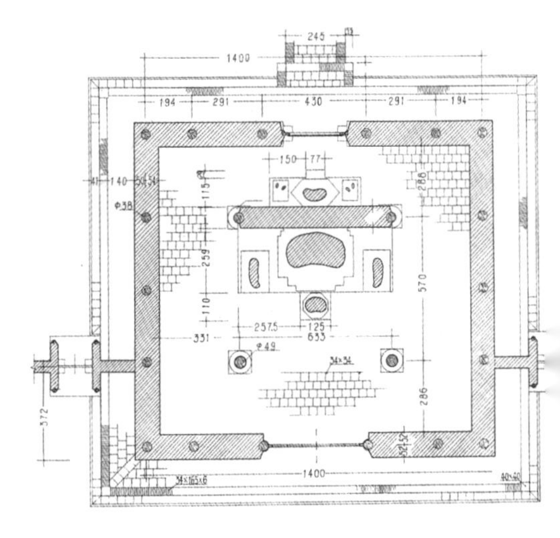

图6－53　山西洪洞广胜上寺弥陀殿平面 元大德七年（公元1303年）

（五）南方建筑的结构特色—大佛样与禅宗样

由于气候及社会条件的差异，我国南方与北方佛殿建筑的结构方法有着很大的不同。虽经若干次南北技术交流，但仍保持有明显的地方风格。关于南朝（公元5世纪初至6世纪末）的建筑已无实例可循，仅从日本奈良时代的佛寺建筑中，推论出当时建筑的一些特点，在上述章节论述纵架结构中提供了参考意见，尚需进一步探讨。

南方现存的最早建筑为福建福州华林寺大殿，建于五代十国吴越钱弘俶十八年（北宋乾德二年，公元964年），是一座很有特色的建筑，代表了早期福建一带的建筑地方风格。大殿面阔三间，进深四间八椽，构架形式为“前后乳栿对四椽栿，用四柱”的规制。内外柱不同高，类似宋代的厅堂式构架。斗栱用材雄大，栱高达33厘米，是唐宋建筑中用材最大的。栱枋用材比例是2：1的狭长矩形，与宋式用材的3：2不同。补间铺作仅用在正面，余三面不用补间。外檐柱头斗栱为双杪双下昂，上边又增加了一根无承挑作用的下昂，外观呈三下昂之势，达到八铺作，使出檐更为深远（图6－59）。仅第二跳有计心瓜子栱与慢栱，其余均为偷心造。内檐柱身

图6－54　山西洪洞广胜上寺弥陀殿横剖面 元大德七年（公元1303年）

图6－55　山西洪洞广胜上寺弥陀殿纵剖面 元大德七年（公元1303年）

图6－56　山西洪洞广胜寺上寺弥陀殿梁架

挑出插栱（丁头栱）承托梁栿。该殿构造主要特点是殿内不用天花，梁体之间以蜀柱托垫，柱头上大量使用多层偷心斗栱出跳，内檐用层叠的插栱，圆形月梁，栌斗用皿斗，方形椽子，昂嘴皆有雕饰等特色（图6－60、图6－61）。此外，福建泉州开元寺仁寿塔（公元1228～1137年）、道教建筑福建莆田玄妙观三清殿（公元1015年）及福建泰宁甘露庵（公元1146～1165年，现已毁）等几座建筑，皆与华林寺大殿有类通之处（图6－62）。

图6－57　山西洪洞广胜上寺毗卢殿纵剖面图明弘治十四年（公元1501年）

12世纪日本僧人重源从中国引进的南方建筑样式，建造了奈良东大寺南大门及兵库净土寺净土堂建筑（图6－63、图6－64）。若与上述华林诸寺特点进行比较，可知重源引进的建筑式样为当时福建式样。尤其在使用多跳偷心栱及插栱；梁上用蜀柱；柱间扶壁栱用单枋与斗栱重叠使用，而不是北方的多层素方重叠样式，皆与福建样式相似。又因此式首先用于东大寺大佛殿的修建，故称其为“大佛样”，又称“天竺样”。这是继公元8世纪唐代鉴真和尚东渡日本，建奈良唐招提寺之后，中国佛教

图6－58　山西洪洞广胜寺下寺前殿梁架 明成化十二年（公元1476年）

建筑对日本佛教建筑的又一次较大的影响①。

宋以后，佛教中的禅宗得到极大的发展，禅宗寺院也逐渐形成自己的特点。江浙一带，建造了许多禅宗大寺院，包括杭州灵隐寺在内的称作“五山十刹”等十五座禅寺，其建筑形制也形成了特色。南宋时期的禅院殿堂皆已不存，但从元代江南禅院中仍可窥知其基本构架模式，现存实例有浙江武义延福寺大殿、上海真如寺大殿（图6－65～图6－67）。其构造特点即在殿内采用月梁，月梁断面高狭，并没有采用3：2的结构用材比例，殿内带有局部天花，或者做成重椽式的两层屋顶（即部分露明造，部分为隐蔽的草架造），斗栱简化，出跳减少，出现鹰嘴式的蜀柱，外檐装修中应用壶门式的窗洞等。这种构造形式一直影响到以后明清时代的江南建筑。

禅宗佛教传入日本以后，日本僧人一直在中国寻求建立禅寺的参借资料。公元12世纪日本僧人曾多次入宋（南宋），并按江浙一带的五山十刹规式，画成“五山十刹图”，作为禅院建筑的蓝本，并在京都地方建造了建仁寺，13世纪建立建长寺及圆觉寺（图6－68、图6－69）。日本建筑史家称这种佛教建筑新样式为“禅宗样”，并在日本盛行了很长一段时期。是中国佛教建筑再一次影响日本佛寺的事例②。

①傅熹年．福建的几座宋代建筑及其与日本镰仓“大佛样”建筑之关系．建筑学报，1981，4.

②张十庆．中日古代建筑大木技术的源流与变迁．天津大学出版社，2004.

图6－60　福建福州华林寺大殿内檐斗栱

图6－59　福建福州华林寺大殿外檐斗栱

图6-61　福建福州华林寺大殿梁架

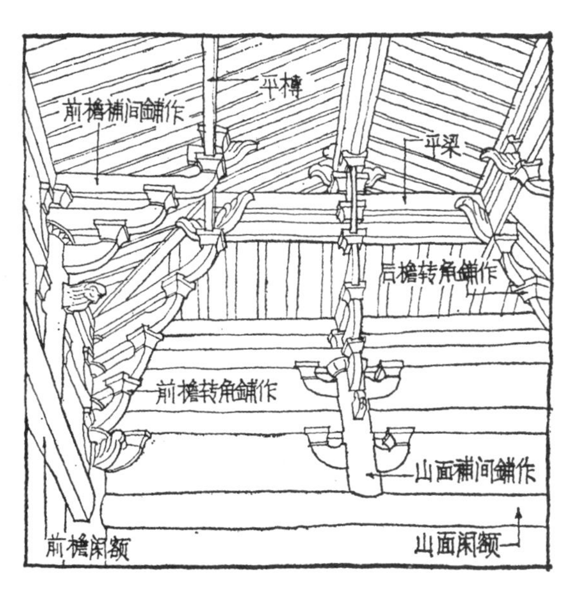

图6-62　福建泰宁甘露庵上殿斗栱及梁架

图6-63　日本奈良东大寺南大门

图6-64　日本兵库净土寺净土堂

图6－65　浙江武义延福寺大殿内檐斗栱

图6－66　浙江武义延福寺大殿梁架

图6－67　上海真如寺大殿东山面梁架

唐招提寺、大佛样、禅宗样，以及清代时期的黄檗山万福寺建筑形式传入日本，都说明中国佛教建筑在东亚地区的领先地位及深刻影响，也说明在闭塞的封建社会里，国家间文化交流往往受到社会条件的制约，而宗教及建筑技术却能打破国界，交流传递，促进文化的融合与发展。

（六）梁柱交接式构架

自明朝永乐皇帝迁都北京以后，在建造北京宫室时大量引用南方工匠，故明代官式建筑受南方建筑的影响甚大。在抬梁构架基础上，引用南方梁枋插榫方法，用双层额枋联系各柱，以稳定全殿屋的柱列；平面柱网布置成行成列，取消减柱移柱的做法；斗栱变小，攒数加密，仅用在外檐柱头，成为装饰构件；室内梁与柱直接搭接，简洁明快；大型殿堂用井口天花，天花以上的屋架为草架，一般殿堂为彻上明造。建筑构架皆加以彩绘，彩画的绘

图6－68　日本京都建长寺

制极大地提高了建筑的美化效果；清承明制，在雍正十二年（公元1734年）编制了清工部《工程做法》一书，书中对大木结构明确划分为大式大木及小式大木。大式大木为带有斗栱的大型高级建筑，计二十三项典型项目；小式大木为七檩以下的次要建筑，没有斗栱，计有四项。清代大型建筑可用四柱，内金柱之间搭承五架梁至九架梁（清代以梁上驮负的檩数称之），以抬梁形式叠置小梁及檩条。檐柱与金柱之间用穿梁法，一端抬在檐柱上，一端插入金柱柱身，穿梁上再驮梁，按所驮的檩数，分别称单步梁、双步梁、三穿梁。梁檩之下往往加设随梁枋及随檩枋，以加强构架的稳定（图6－70、图6－71）。总之，明清之际的大木构架向标准化、简洁化发展，当需求较大空间时，依靠加大开间及增加大梁长度来解决，如北京北海极乐世界主殿的大梁长达13米，梁长达到8～9米的殿堂亦有多座。

图6－69　日本神奈川圆觉寺舍利殿

四川平武报恩寺建于明正统十一年（公元1446年），是按皇家官式建筑模式建的寺庙。其大殿面阔三间，重檐歇山顶。殿内用三柱（分心柱）九架梁，周围为一步架的廊步，构成重檐的下檐。柱间用双层额枋，殿内有天花吊顶，上部草架为穿斗架形式，显然受南方建筑影响。殿内构架简洁，没有多余的构件，反映出明代初年的官式建筑特色（图6－72）。现存清代的佛教建筑很多，可以河北承德普宁寺大雄宝殿为例。该殿面阔七间，进深五间，重檐歇山顶，是一座中型规模的佛殿。大殿构架基本上由檐柱、金柱、内金柱三圈柱网组成，但中间五间的四根前内金柱减去不用，这样可以扩大三世佛前的礼拜空间，在殿中心可以形成宽达23米，进深8米，柱高10.5米的巨大空间，简洁高敞，雄伟宏阔（图6－73、图6－74）。由于帮拼技术

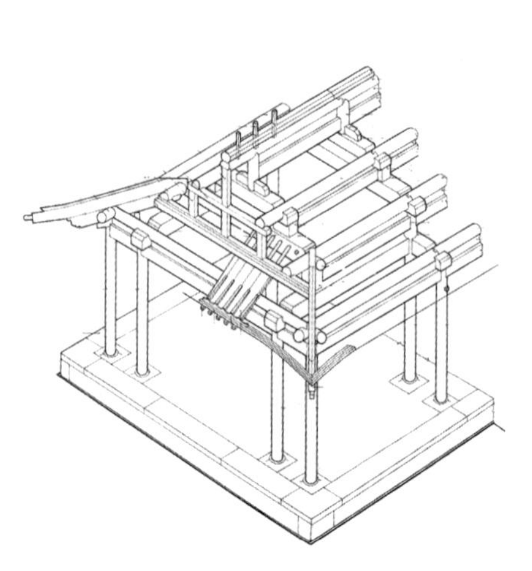
图6－70　清式歇山梁架示意图

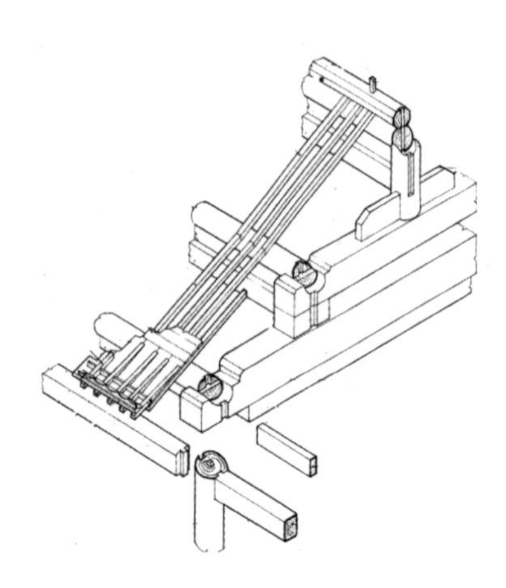
图6－71　清式梁架分件做法

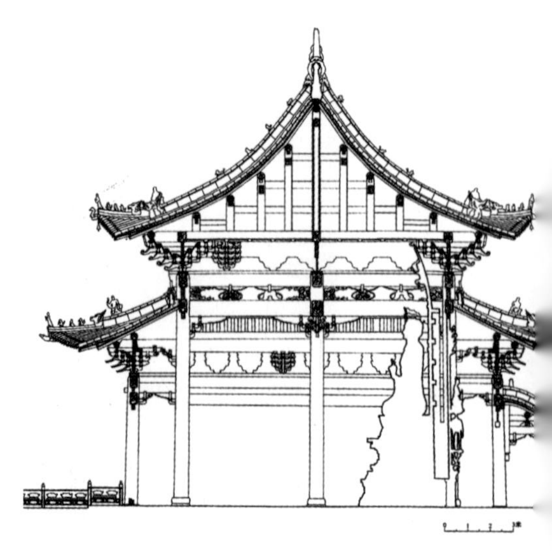
图6－72　四川平武报恩寺大雄宝殿横剖面图

的运用，可用小材组合成大材，所以清代殿堂的内柱都比较高，已经打破了古代建筑柱高不逾间广的规定。

随着明清梁柱交接式结构的出现，在结构细节上亦有不少改进的措施，此较明显的是扒梁与拼攒巨木技术。扒梁为安置在梁檩上皮的承重梁，分为顺扒梁及抹角扒梁两种。顺扒梁与梁檩成直角相交（图6－75），抹角扒梁是与梁檩呈45度角相交。扒梁的应用使屋架构件支点的选择更为简便。传统矩形平面的木构架技术中，以角部构件的搭接最为复杂，特别是歇山、庑殿屋顶及派生出来的各种复杂的屋顶，其技术难度也在于如何安排角部呈45度角的梁的后尾。早期建筑的外槽多为两椽架，下平榑在角部与山面榑相交处没有持力点，处理角部构架方式，多用角乳栿来承托角部各承重点，或者用角部的正面与山面补间铺作的斜昂后尾，挑托下平榑的交会处。但这些方法都受角部柱位的限制（图6－76、图6－77）。明清以来北方建筑采用了45度抹角梁，两端扒在正身和山面的檐檩上，以扣榫搭牢，位置随意，梁上施短柱，以承角梁后尾。这种做法使各种复杂屋面的角部构造变得便捷灵活，使明清的佛殿建筑艺术造型更为丰富多彩（图6－78、图6－79）。抹角扒梁也应用在方形亭阁建筑上，逐层应用抹角梁，垒积而上，形成屋盖。

千百年中国古代建筑一直以木材为基本材料，延至清代，木材资源日渐匮乏，特别是大型建筑中的梁柱巨材更不易求。为此匠人发明了拼攒之法，以小木聚合成大木使用。梁材是用上下之材拼合在一起，彼此之间用销木固定，周围以数道扁铁捆绑成材。柱材是以一根直径较小的圆木为心材，周围包以瓜瓣形的木材，八至十余根，以数道扁铁捆扎牢固，扁铁上以铁钉钉牢。拼攒梁柱表面披麻捉灰，制成光洁的地仗，油漆粉饰。用这种方法可接长成很高很粗的柱子，但心材及各块包镶材的接缝不应在一处，需相互错开（图6－80）。用这种方法可用小材建造大建筑，河北承德普宁寺大乘阁即是用这种方法建造的优秀实例。大阁基本平面为7×5间，结构高度为36.75米，前后檐及两山通柱标十六根，直径为60厘米，通长13.72米；中间空井的十六根钻金柱直径达74厘米，高达24.47米，皆是用拼攒之法接成的（图6－81、图6－82）。而且这种拼攒方法为大阁施工开辟了道路，所有巨型构件都是随着逐层施工进程，逐步在现场以小材拼装成的，故并不需要大型的起重设备，即可建成大型建筑。清代乾隆时期累年土木工程不断，大量的宗教建筑及园林工程所以能按时建成，与技术进步是分不开的，拼攒巨木之法对大型佛殿、佛阁的建造，尤有不可低估的作用。

（七）楼阁式佛殿的叠圈架与整体架

中国木结构解决单层建筑构架比较容易，但形成多层楼阁构架，并保持稳定，则有一定技术难度。古代技术工匠很好地攻克了这个难关，创造出有效的构架形式：叠圈架与整体架。

中国历史上很早就有木制楼阁式建筑出现，例如秦汉时的市楼、城楼，南北朝时的佛塔，隋唐时的佛阁、明堂等。以迄明清时期的多层楼阁及佛殿。从结构形式来看，也是由低级到高级发展过来的。早期楼阁结构是重楼式，即是平房构架的重叠，楼板是井干式，简单的插栱出挑，这种建筑不可能建得很高。从遗存的汉代石阙及出土的陶制明器，可以了解其构造特点（图6－83）。重楼式应用在汉代。南朝时期在南方出现木刹柱式佛塔，最高可达七层。建筑中心首先树立一根通顶的刹柱，各

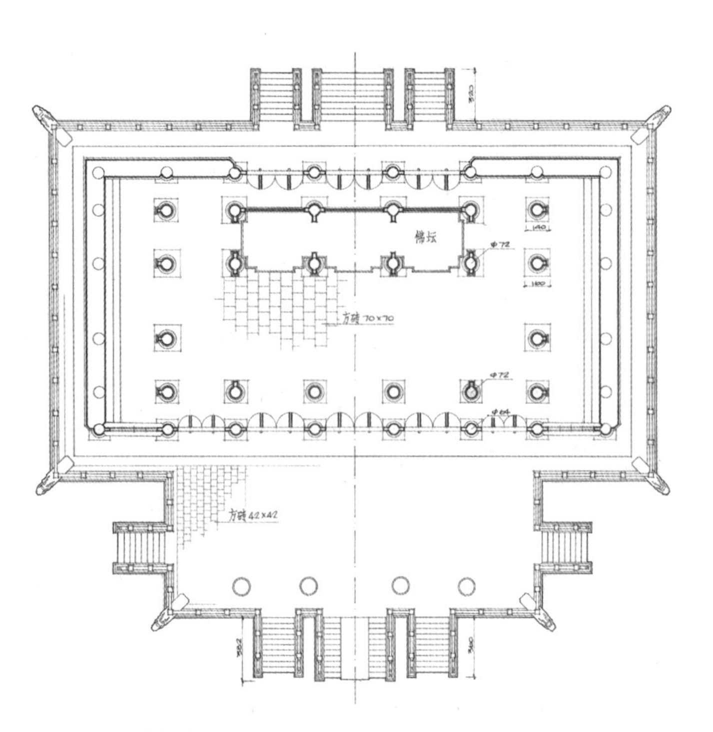

图6-73　河北承德普宁寺大雄宝殿平面图

图6-74　河北承德普宁寺全套实测图之大雄宝殿横剖面图

图6-75　河北承德普宁寺日光殿顶部顺扒梁

图6-76　山西高平崇明寺大殿角部构造

图6－77　浙江宁波保国寺大殿角部构造

图6－78　山西洪洞广胜寺上寺毗卢殿梁架角部抹角梁 明弘治十年（公元1479年）

图6－79　河北承德普宁寺鼓楼抹角梁

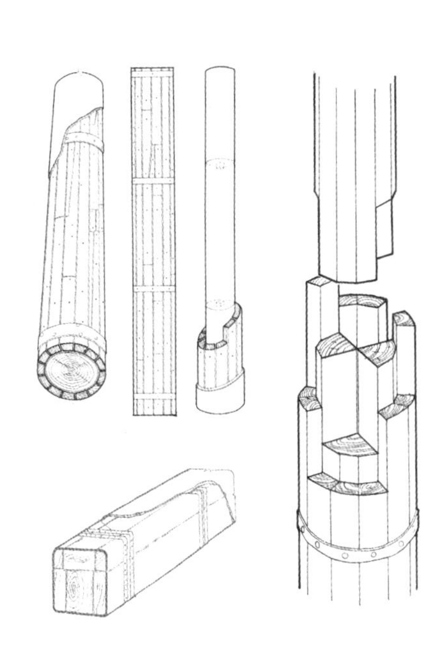

图6－80　清代建筑的拼攒梁柱

层柱网及出檐皆以梁栿枋木与中心刹柱相联系固接。从日本奈良法隆寺的五重塔的形制，可了解刹柱式多层楼阁的概貌。这类塔不可登临，实际为多层屋檐的建筑。北朝也有刹柱式塔，其中心是以夯土或土坯加固构成的刹柱，周围加筑一圈木质廊道，可以登临远望，实质上这类佛塔是土木混合结构，北魏洛阳永宁寺塔的遗址可证明这类建筑的存在。

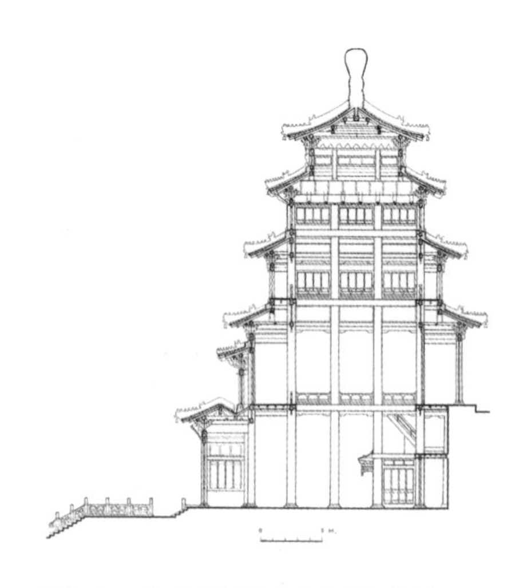
图6－81　河北承德普宁寺大乘阁纵剖面图

叠圈架式的楼阁建筑盛行于宋辽时代，也可能更早。这种结构形式是吸取了唐代即已出现的殿堂式构架的基本概念，各层柱网系统与铺作系统各自独立，分层叠加而成，这种构造每层是稳定体，整座楼阁仍是稳定体，犹如炊具中蒸食的笼屉。优秀实例为高达66米的山西应县佛宫寺释迦塔及天津蓟县独乐寺观音阁（图6－84～图6－87；图6-84，后页：山西应县佛宫寺释迦塔）。这两座建筑完全是采用了同一的构架方法建造的，一为5层（实为九个结构层），一为2层（实为三个结构层），柱网呈圈状布置，中空可容巨像，观音阁内的观音立像高达17米。释迦塔每层虽有楼板，但在结构上完全可以取消楼板成为中空结构，以容巨大偶像①。此外，河北正定隆兴寺内的佛香阁也可证明这一点。阁内宋铸铜像高达18米，现在佛香阁建筑虽已改建过，但可说明宋代原阁为绕像布置的一中空结构的楼阁。楼阁上下结构层的柱间联系有叉柱造、缠柱造、永定柱造三种形式，依据开间、进深的情况分别选用（图6－88）。观音阁选用的是叉柱造。这种方法

①陈明达．应县木塔．文物出版社，1966.

图6－82　河北承德普宁寺大乘阁内檐通柱结构

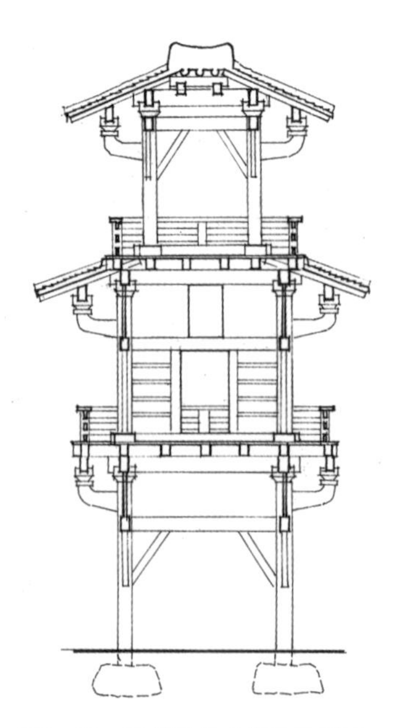
图6－83　汉代重楼式楼阁复原图

峻極神工
天下奇觀
釋迦塔
天宮高聳
正直
天柱地軸

可以用短小的木材，建成庞大的形体，在古代没有大型起重设备的情况下，这是很实用的方法。

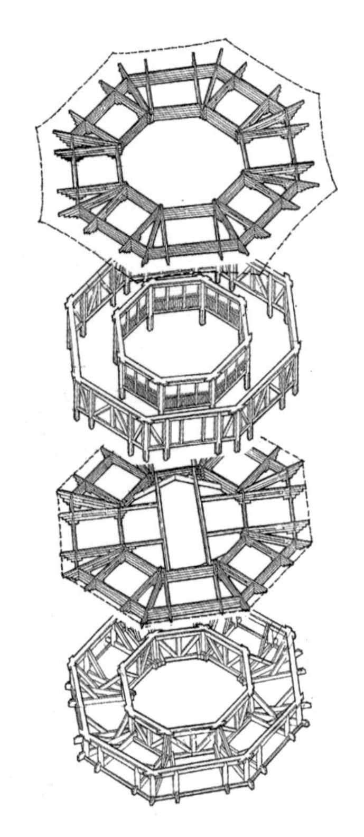
图6－85 山西应县佛宫寺释迦塔标准层结构分解图

明清以降的楼阁式佛殿构架，摆脱了斗栱节点，而采用梁枋与柱身直接搭接的方式，形成一樘整体的结构架。大型楼阁往往采用20余米高的通柱，直贯顶部，每层以穿插的梁枋连接固定。或使用在外檐的梁枋上驮童柱的办法，逐层收进，有力地支持了中央梁柱，形成稳固的整体构架。构架外部还可用挑、吊的方式，增加平台、挑廊或抱厦。应用这种构架不但简化了构造及构件，同时可创造更丰富的楼阁形象。最典型的实例为河北承德普宁寺大乘阁（图6－89、图6－90）。大乘阁平面为面阔七间，进深五间高为3层，六檐；层高平均8米余，总计建筑全高为39.16米。是目前现存木结构建筑中高度仅次于应县木塔和颐和园佛香阁的第三大建筑物。其结构可分成主体与附属两部分，主体部分为围绕大佛设置的两圈通柱所形成的一个三层木框架。内圈通柱又称攒金柱，计十六根，高为24.47米，组成3×5间，贯通三层的一个大空间，完全被大佛和二具胁侍菩萨所占满。攒金柱顶安设长达12.20米的七架承重大梁四架，在梁上设计了四个小方攒尖顶和中央一个大方攒尖顶，外圈通柱实际为构架的檐柱，计二十四根，柱高两层，为13.72米。为了加强构架体系的刚度，在首层和二层的采步梁上立童柱一圈，上置挑尖梁及挑檐，横向与通柱及攒金柱相联结，不但丰富了外观，而且增强了构架的强度。清代楼阁整体架的建造与拼攒大木技术有密切的关系，楼阁所用的20余米高的通柱是拼攒出的。而且拼攒之法对分层施工亦提供了方便①。用整体架建造的佛阁尚有北京颐和园的佛香阁、雍和宫的万福阁、河北承德安远庙普度殿、须弥福寿之庙妙高庄严殿等一大批楼阁，是封建社会末期木结构技术重要发展（图6－91、

①孙大章．清代佛教建筑的杰作—承德普宁寺．中国建筑工业出版社，2008.

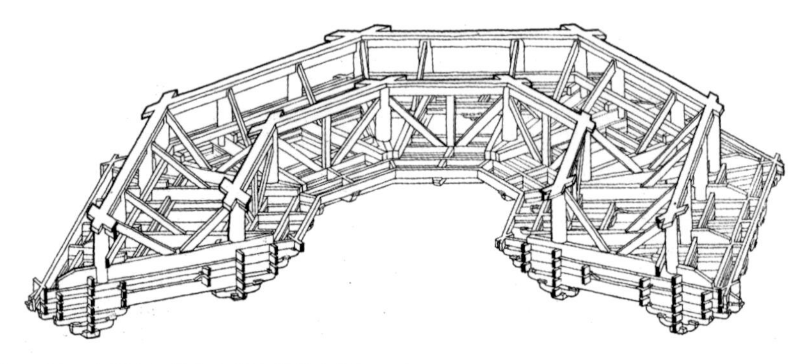
图6－86 山西应县佛宫寺释迦塔平坐构架示意图

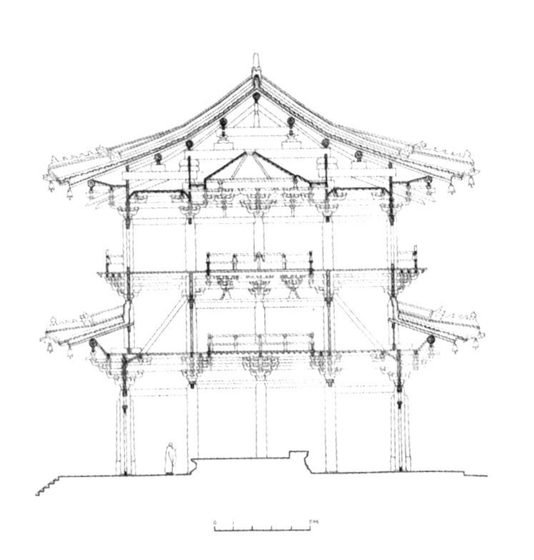
图6－87　河北蓟县独乐寺观音阁剖面图

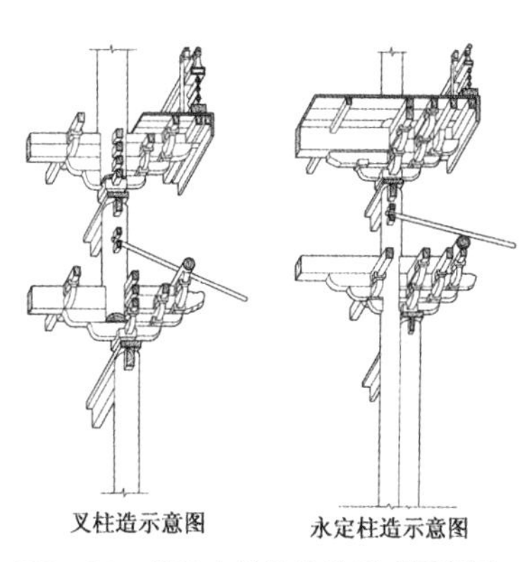

图6－88　楼层交接的构造形式示意图

图6－89　河北承德普宁寺大乘阁

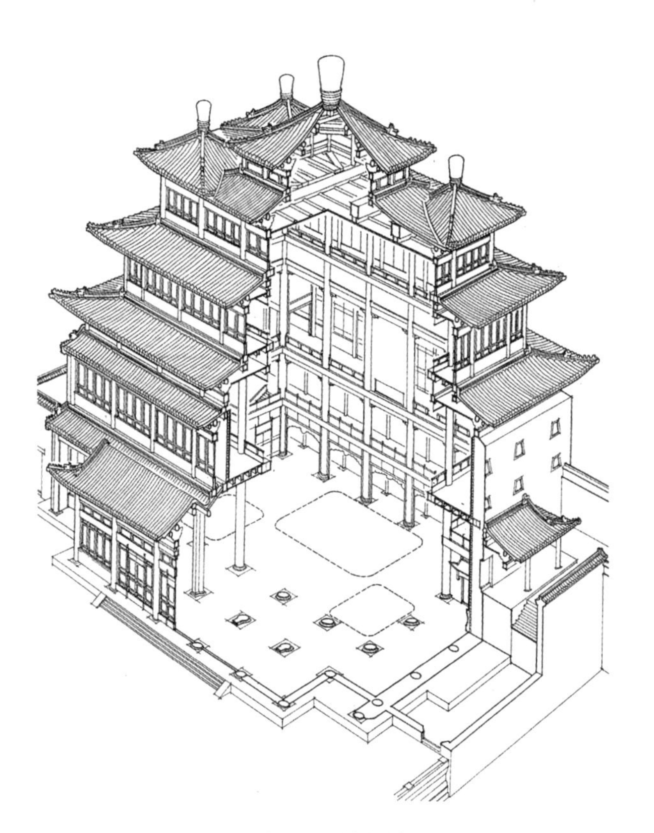
图6－90　河北承德普宁寺大乘阁结构剖视图

图6－91　北京颐和园佛香阁剖面图

图6－92）。实际上通柱结构在明代已有发端，如山东曲阜孔庙奎文阁、山西万荣飞云楼、广西容县真武阁等，皆为通柱结构，不过因为是用独木或墩接柱，故不能建造太高的建筑。清代采用拼攒技术，使建筑高度提升了很多。

二、佛教建筑中应用的砖结构

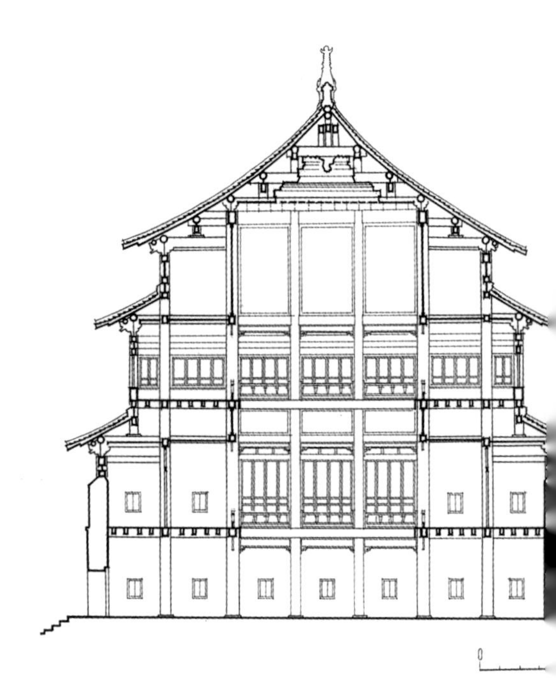

图6－92　河北承德安远庙普度殿纵剖面图

（一）历史演进

早在西周时期我国已经发明了制砖技术，秦汉时期多用于铺地砖，以及下水道的砖筒管等。汉代出现了条砖砌筑的砖拱壳墓室，但地面上的砖结构建筑尚少应用。南北朝开始佛教兴盛，出现了砖构佛塔，并一直延续到清代末期。据《洛阳伽蓝记》记载，西晋时期即有3层的砖构佛塔[①]，是最早关于砖塔的记载。现存最早的砖塔是建于北魏正兴元年（公元520年）的河南登封嵩岳寺塔。唐代除了高层的佛塔以外，还有大量的僧人墓塔采用砖塔，如净藏禅师塔、法完禅师塔等。南方佛寺从五代十国开始，不再建造纯木构的佛塔，而采用了塔身为砖构，而外部加筑木檐木平坐的混合式佛塔。如江苏苏州的云岩寺塔、浙江杭州的雷峰塔等。宋代佛塔取得广泛的发展，曾建造了历史上最高的佛塔，即河北定县的开元寺塔，高达84米，登塔可望敌情，故又称料敌塔。宋代还以琉璃面砖装饰佛塔，如河南开封祐国寺塔。辽代的佛塔大部分为实心塔，不能登高，但外檐装饰华丽，模仿木构建筑的外檐门窗、斗栱、挑檐等形貌，并以白灰涂饰，俗称白塔，观赏性较强。元代以后，国内喇嘛教盛行，出现了大批的喇嘛塔，实心单层，外部抹灰，在结构上较为简单。后期文峰塔、风水塔亦多采用砖构形式。流风播及伊斯兰教寺院的唤醒楼、邦克楼等，亦用砖构筑。

（二）结构形式

除单层砖塔以外，多层砖塔的结构形式受建造者的要求而变化。出于信仰的虔诚，对塔高的追求不断提升。如北魏时期建都平城（今大同市）时，城内最高的佛塔为七层的永宁寺塔。而迁都洛阳以后，建造的永宁寺塔则高达九层。如南朝宋明帝起湘宫寺，为超过宋孝武帝的庄严寺7层浮屠，欲起10层浮屠而不能。说明竞高的心理是信众的普遍追求。已知最高的砖构佛塔为明永乐十年至宣德六年（公元1412～1431年），建造的八角9层的南京报恩寺塔。据记载该塔全高达102米，砖砌塔身高度亦达到90米以上，而且外檐全用彩色琉璃砖贴面，光彩炫目，可称是世界上的伟大建筑作品，可惜在太平天国占领南京的战争中被毁。该塔也验证了在没有水

①《洛阳伽蓝记》卷二·城东："里内有京兆人杜子休宅，……此宅中朝时太康寺也。'龙骧将军王濬平吴之后，始立此寺。本有三层浮图，用砖为之。'……子休掘而验之，果得砖数万。并有石铭云：'晋太康六年岁次乙巳九月甲戌朔八日辛巳，仪同三司襄阳侯王濬敬造。'"

②《魏书》卷六十七·崔光传，"熙平二年八月，灵太后幸永宁寺，躬登九层佛图。光表谏曰：永宁累级，阁道回隘，以柔懦之宝体，乘至峻之重峭，万一差跌，千悔何追。太后不从"。按永宁寺考古发掘的资料，永宁寺为土坯砖体，外围木构走道仅一间宽度，走道楼梯亦坡陡逼窄，确实登临不易，足见太后登塔之虔诚。

泥等现代材料下，砖塔所能达到最高程度。

佛塔层数提高以后，人们的愿望是能登临其上。如北魏洛阳永宁寺塔建成以后，胡太后亲自登塔，虽然大臣们以塔内空间狭窄，恐有不测，加以谏阻，但太后仍登临其上，俯观洛阳宫室市廛②。信士登塔之后，进一步的愿望是能四面观赏城市田野景色，最好能走出塔外，在廊道或平坐上自由游走。所以登塔与观景是高层佛塔建筑构造的两项基本要求。

除单层塔及实心塔外，高层佛塔的立剖面基本有单筒状式、筒状加中心塔柱式、双套筒式等三种式样（图6－93）。式样的选择与塔基面积大小有关。初期砖塔皆为单筒状，如嵩岳寺塔，大、小雁塔等，塔壁较厚，以保证塔身的稳定。内部以木楼板分层，木梯上下。由于常年失修，这类塔的木楼板皆已损毁，塔内成为空筒状。登上塔顶层仅有通气孔外露，实际没有瞭望作用（图6－94）。筒状加中心塔柱式可以河北定县料敌塔为例，该塔为八角形平面，砖构11层，高84米。四面开门，其他四面为假窗。塔身分为外壁、回廊及塔心柱三部分，通过穿行塔心柱的阶梯登塔。走廊可通塔身的四面门洞，瞭望效果较好。苏州云岩寺塔亦是这种类型（图6－95）。双套筒式塔以苏州报恩寺塔为典型。该塔八角9层，砖身木檐木平坐。砖身分为外壁、走道、内壁、塔心室四部分，纵向形成双套筒结构。各层八面开设门洞，外有平坐栏杆，信众可以走出塔外，环塔瞭望四郊景色，充分表现出佛塔的社会作用（图6－96）。砖塔内的楼梯设置灵活，可以纵穿塔心，登临上层。亦可绕行嵌置在较厚的塔壁中。或者与内廊相结合，半圈为楼梯，半圈为内廊。一般塔内楼梯狭小，空间昏暗，形成一种神秘的气氛。

高层砖塔的造型要考虑防风、防震及壁体坚固的要求。五代十国以后塔型由方塔改为八角形，不仅利于防风，而且塔壁的荷载更为均衡。四向塔门在各层间扭转45度，互换方向，避免外塔壁纵裂。走廊宽度尽量缩小，增大塔心柱体，在壁体内增加纫木等，亦是增加塔身刚性的举措（图6－97）。另

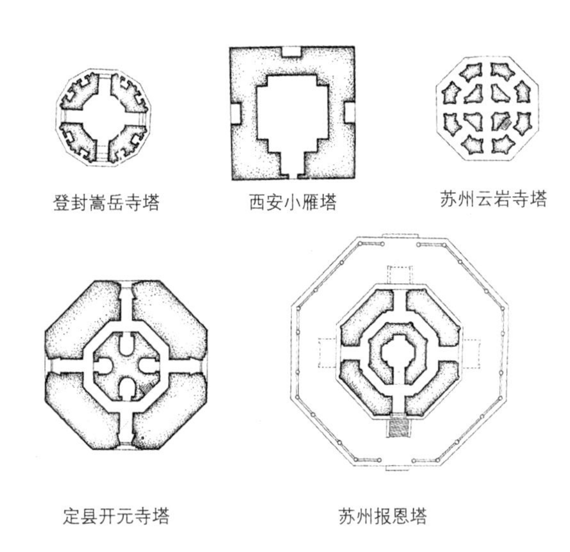

图6－93　空心砖塔平面类型

图6－94　山西太谷无边寺塔剖面图

图6－95　江苏苏州云岩寺塔剖面图

外高层砖塔亦表现出高超的施工技术，如按比例的各层收分，全塔垂中毫无偏移现象，以及运用几何学的原理，精确的测定六边形、八边形、十二边形边的长度等，说明了古代匠人在测量技术上的智慧。

①河南省文物建筑研究所．安阳修定寺塔．文物出版社，1983．

②刘敦桢．中国古代建筑史（第二卷）．中国建筑工业出版社，2001：517．

（三）制砖技术

青砖的制作早在西周时即已产生。秦汉时代多用于铺地及下水管道，用砖量较大的是地下墓室。南北朝以降才大量地用在佛塔上，以求其坚固耐久，历时长存。一般条砖在汉代已经定型，大致长高宽厚的比例为4：2：1，与近代砖的比例类似。青砖不仅可承重耐磨，而且可以增加外观的装饰性。汉代的画像砖就是用模压法或划刻法制作的，表现出社会百像，艺术性极高。唐代的铺砖亦是用模压法制砖，可制出各种图样的莲花纹砖。模压砖亦用于佛教建筑上，很多佛塔壁面上的千佛砖可证，如河南开封繁塔、济源延庆寺舍利塔等（图6－98）。自琉璃技术兴起以后，各种琉璃花砖更是层出不穷。如开封的铁塔就应用了28种不同形状的琉璃砖，砖面上塑制了飞天、降龙、麒麟、菩萨、力士、狮子、花卉、人物、胡僧等五十余种图案，神态生动，雕制精细，为艺术佳作（图6－99）。山西洪洞广胜寺飞虹塔，塔外壁有7种颜色的琉璃砖，制成屋宇、神龛、斗栱、莲瓣、佛像、菩萨、天王、盘龙、鸟兽、花卉等构件及图案，富丽堂皇，光彩夺目。明清时期的佛塔更多以琉璃砖饰面，如河北承德须弥福寿庙的琉璃塔、北京颐和园的多宝琉璃塔、众香界琉璃牌坊、智慧海琉璃阁、北海西天梵境琉璃阁等一大批琉璃砖佛教建筑。

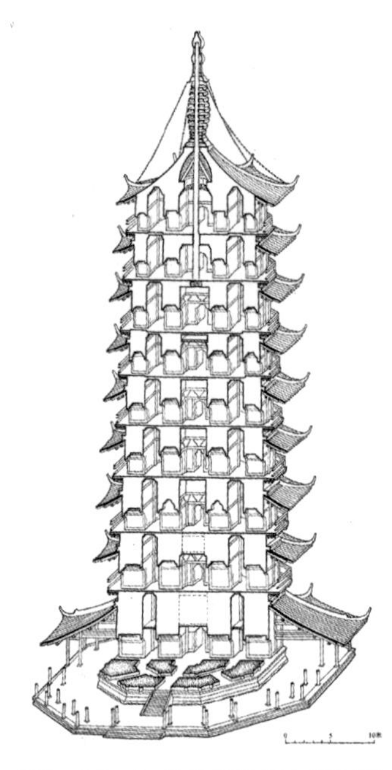

图6－96　江苏苏州报恩寺塔剖视示意图

在制砖技艺中有突出贡献的是河南安阳修定寺唐塔的浮雕砖。修定寺塔是一座单层方形亭阁式塔，其外形是仿照佛帐形式，外檐四壁贴满雕砖，象征帐构的丝绸帷幕，把丝绸的图案以砖浮雕的形式表现出来。浮雕砖全为翻模方法制作的，有矩形、菱形、五边形、三角形及马蹄形等多种砖型，共计3775块，达300余平方米。雕砖图案有天王、力士、飞天、狮子、大象道教真人、童子、侍女、青龙、白虎、花卉、彩带及胡人图像，计有75种图案。图案雄劲有力，动感强烈，是唐代的艺术珍品[①]（图6－100）。外壁浮雕砖的贴砌方法有三种，一是砖背有榫，将榫砌入墙内；二是利用浮雕砖的不同厚度，与内部素面砖互相压砌；三是用铁钉或铁片将面砖拉联固定。为了使整个墙面完整有序，衔接紧密，各型砖的外形尺寸必须十分精确，烧后亦不能变形，这是十分艰难的技术。根据现场发掘出的砖模残块，

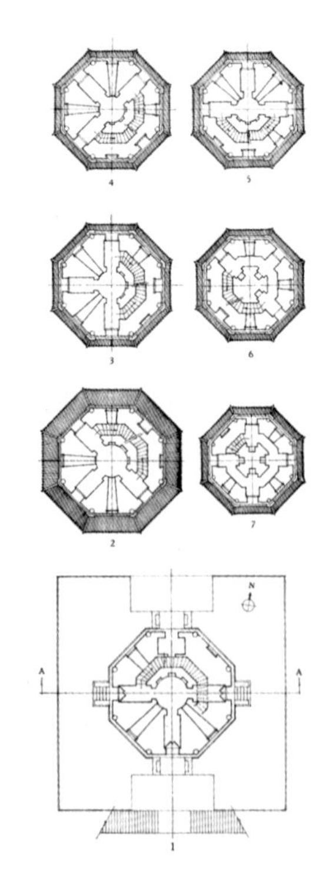

图6－97　北京玉泉山玉峰塔各层平面示意图

图6－98　河南开封繁塔细部 宋淳化元年（公元990年）

图6－99　河南开封祐国寺铁塔细部

有些为该塔的模砖，有些不是，可能为该塔在北齐时代使用的模砖，说明该翻模制造艺术砖的工艺，在南北朝时期即已成熟[②]（图6－101）。

（四）无梁殿

中国制砖工艺虽然起源甚早，但长期以来以木构建筑为主要形式，所以对砖的结构作用没有得到重视。早期仅用于地下墓室，取其耐腐价值。宋代以后由于火药的运用，城门洞开始将木架门洞改用砖券洞，城墙部分包砖。明代制砖工艺发展，产量大增，开始用于建筑结构，民间开始出现了硬山式砖墙、砖砌锢窑洞等。宗教及皇家建筑亦开始出现了大型的砖构建筑，重要的表现就是无梁殿，即一种大跨度的砖券建筑。最早的实例为江苏南京灵谷寺无梁殿（图6－102、图6－103）。该殿建于明洪武九年至十五年间（公元1376～1382年），重檐歇山顶，平面53.3×37.35（平方米），正面三门两窗。其基本结构为纵向并列三个筒拱砖券洞，中间最大，拱跨为11.25米，拱高14米；两侧拱券稍小，拱跨5米，拱高7.4米。券脚墙体较厚，墙上开小券洞以联系三个纵券。建于嘉靖年间的北京皇史宬的皇家档案库亦是这个形式。

这种早期砖构建筑与传统的横架结构佛殿的空间感觉不同，不利于佛像的放置及参拜，所以后期有了改进，表现在明万历年间所建造的三座无梁殿上。山西五台山显通寺无梁殿是一座面阔七间，进深三间，双层，歇山顶的大型殿堂。大殿内中央三间为一纵向筒拱，拱脚落在前后檐的三连拱上，直接承载了纵向筒拱的压力。前檐三连拱为三个门洞，后檐三连拱为三个佛龛，形成了佛殿的中央殿

图6－100　河南安阳修定寺塔塔壁雕砖

图6－101　河南安阳修定寺塔附近出土模压型砖

①傅熹年. 中国古代城市规划建筑群布局及建筑设计方法研究. 中国建筑工业出版社，2001.

②孙大章. 清代佛教建筑之杰作—承德普宁寺. 中国建筑工业出版社，2008.

图6－102　江苏南京灵谷寺无梁殿

图6－103　江苏南京灵谷寺无梁殿内景

堂的空间安排。中央纵拱的两侧为通前后檐的横拱，成为殿堂的侧面空间，在两侧为厚的山墙，墙内壁挖出像龛，相当一般佛殿的罗汉胁侍的位置。这种纵横筒拱及三连拱的应用，进一步减少了承重墙的厚度，使空间更为灵活，更接近传统佛殿的空间要求（图6－104）。同时期的山西太原永祚寺无梁殿及江苏苏州开元寺无梁殿，皆是采用这种拱券混用的设计。同时这时期的无梁殿的外观亦向木构建筑靠拢。外墙面砌出壁柱、斗栱、梁枋、椽瓦、垂柱、匾额及构件上的雕刻纹饰等，说木构建筑形象在民众心目中的影响力，建筑材料的变异亦不能改变群众的审美观。

图6－104　山西五台显通寺无梁殿

三、佛教建筑群体构图规律的探讨

佛教建筑的遗存实例较多，规模大小不同，所处的地形地貌不同，呈现出不同的风貌。但是它们又表现出了和谐统一的中国寺庙风格，其中必定有一定的规律及习惯作法，需要我们认真总结。在单体建筑设计上前辈学者曾作出不少的成绩，例如以斗栱所引发的材分制；对建筑物的铺作间距、间广、平椽长度、柱高、檐出等方面的设计长度的影响及标准分制；建筑的檐柱高度对建筑举高及对高层建筑，各层高度的比例关系的规律等，都提高了我们对古代匠师设计方法的认识。但在建筑群体的构图规律方面尚有待深入研究，近年傅熹年先生对大量的古代建筑规划及单体建筑的设计图形，进行分析排比，总结其规律现象，已经取得了可喜的成果，并有专著出版，使古代建筑的设计方法研究前进了一大步[①]。在建筑历史长河的发展中，佛教建筑起到很重要作用，但在规划布局上亦有不少经验有待总结，仅就笔者的认识提出几点意见，供学界参考。

（一）$\sqrt{2}$矩形的应用

历史经验证明，建筑物造型设计中的几何形体，假若各项尺寸具有肯定的数字关系，能够明确辨认的，往往可使观赏者获得深刻的印象，增强其艺术感染力，这种形体称之为肯定的形体。如正方形、圆形、三角形，各种正多角形等。但矩形的两边没有固定比值，所以属于不肯定形状。但在建筑设计中其应用矩形的范围甚为广泛，因此追求合宜的矩形比例关系，以求获得肯定的观赏印象，是历代建筑师所追求的目标之一。

常用的矩形体系中包括有$\sqrt{2}$矩形、$\sqrt{3}$矩形、1：2矩形（即两个正方形，亦可理解为$\sqrt{4}$矩形）、$\sqrt{5}$矩形和ϕ矩形（图6－105）。所谓$\sqrt{2}$至$\sqrt{5}$矩形的含义就是长短边的比值为$\sqrt{2}$或$\sqrt{5}$，它们都有固定的几何制图关系，所以应当也属于肯定的形状。ϕ矩形即通常称作黄金比例或黄金节的矩形。其比例是长边：短边=短边：长边减短边，其比值约为1.618，其计算公式为（$1+\sqrt{5}$）÷2。黄金比在国外被誉为“神妙比例”。一切自然的形态中，如螺壳曲线、植物茎叶乃至人体各部分的比例关系都符合黄金比。希腊、罗马各古典建筑的建筑立面及柱头细部也经常应用这种比例。现代法国建筑大师柯布西耶曾将黄金比例引申成为一组无穷尽数字系列，称之为“模度”，用这个概念进行建筑立面或平面设计，以求得和谐的外观。但是黄金比在中国古典建筑中却很少发现。相反，$\sqrt{2}$矩形的比例却大量地在应用着，成为建筑构图的主要形状。

河北承德普宁寺的大小院落中，有六个是$\sqrt{2}$矩形。此外大乘阁、日殿、月殿、东部洲、西部洲、长方形白台（5、6号）的建筑平面形状皆近似于$\sqrt{2}$矩形，后院十六座建筑也是按照$\sqrt{2}$矩形对角线为轴线进行布置的[②]（图6－106）。同时从承德其他建筑实例也有类似的发现。如建于乾隆四十五年（公元1780年）的须弥福寿庙，它的总体布局基本上是由四个$\sqrt{2}$矩形纵联而成。分成四个台级，每个台级的建筑布局都与矩形紧密地联系在一起。第一台级主体建筑碑亭的中心，即为矩形对角线的交点。第二台级主体建筑妙高庄严殿前檐中心及第三台级主体建筑万法宗源殿前檐中心，亦是定在矩形对角线的交点上。此外，大红台、东红台、吉祥法喜殿前院的平面比例亦是$\sqrt{2}$矩形，或近似形。很明显$\sqrt{2}$矩形是全寺布局的基准图形（图6－107）。又如，北京紫禁城太和门前广场及后宫

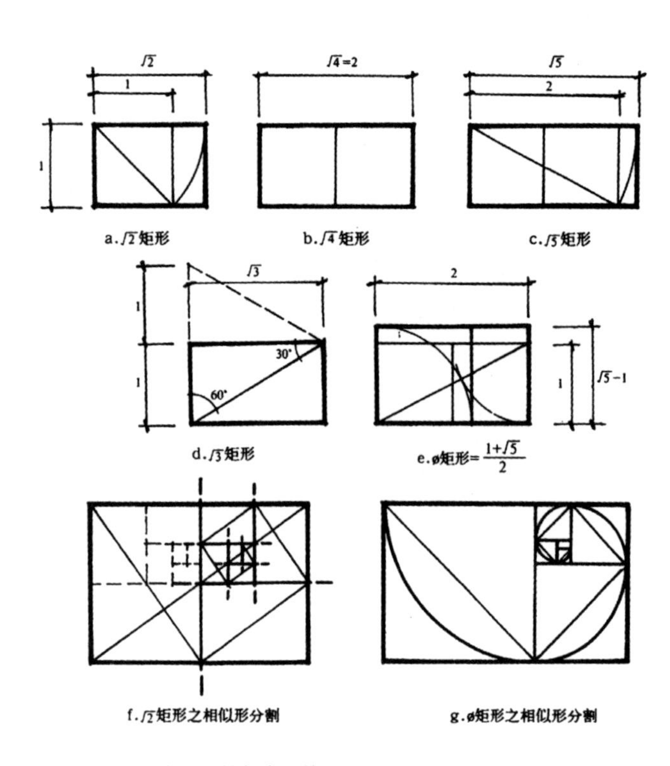

图6－105　各类矩形的长宽比值图

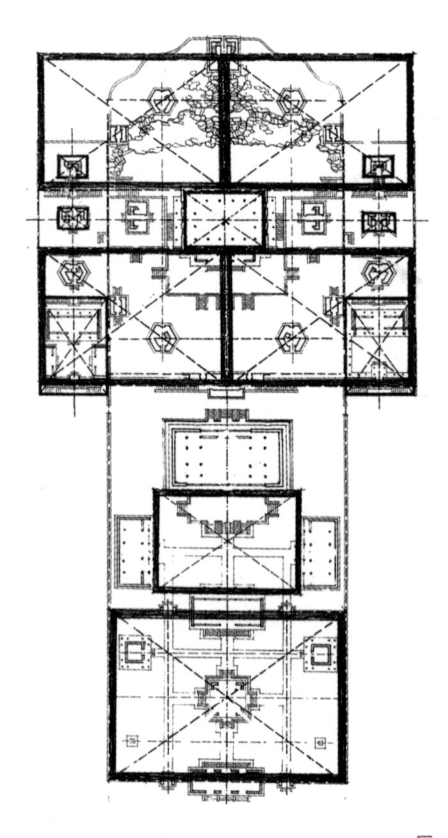

图6－106　河北承德普宁寺平面构图中的$\sqrt{2}$矩形

①参见宋《营造法式》，卷首“看详·取径围”条目。

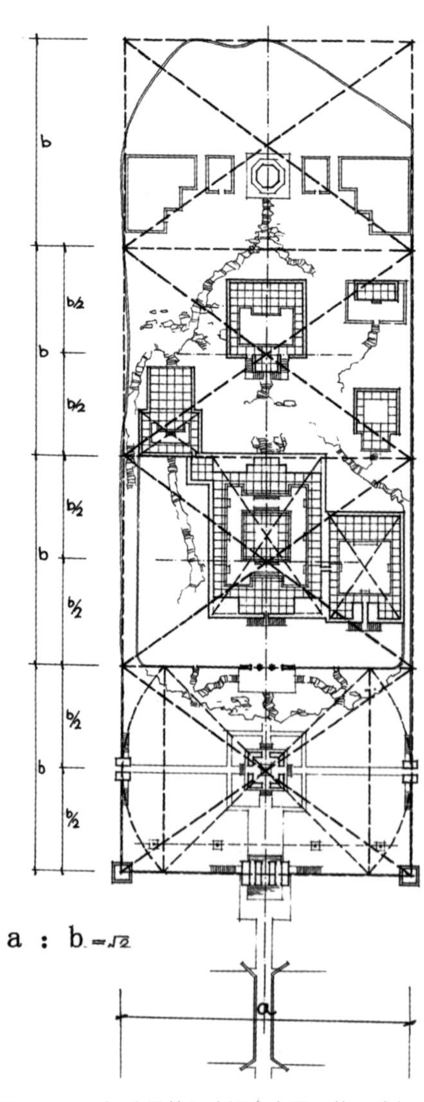

图6－107　河北承德须弥福寿庙平面构图分析

御花园的用地亦是$\sqrt{2}$矩形。当然在古代建筑用地规模的选用上，更多的是方形与圆形，而$\sqrt{2}$矩形只是选用的一种形状，不能说$\sqrt{2}$矩形是普遍的现象。

$\sqrt{2}$的数据在古代已经被人们发现了，例如通常说的“方五斜七”的七就是近似$\sqrt{2}$；宋代《营造法式》中明确地提出“方一百其斜一百四十有一”“圆径内取方一百中得七十有一”[①]，这个数值就是代表的$\sqrt{2}$。据说在纪元前印度人就曾准确地计算出$\sqrt{2}$ = 1.414256……与实际数值得1.414213562……已十分接近。但$\sqrt{2}$所以被建筑布局所应用，并不在于其数值本身，而是其图形制作方面的特性。任何几何图形都有其制图特点，常见的圆形、正方形已为大家所熟知，而矩形也有其几何规律。如，$\sqrt{2}$矩形的长边为其短边所组成的正方形的对角线长；$\sqrt{3}$矩形之长边长度为一等边三角形之高，短边为三角形边长之半$\sqrt{4}$矩形也就是1：2的矩形，即两个正方形并列；$\sqrt{5}$矩形实为$\sqrt{4}$矩形的派生，即以$\sqrt{4}$矩形的对角线为长边；ϕ矩形，又称黄金比矩形，是基于$\sqrt{4}$矩形推演出来的。

$\sqrt{2}$矩形也还具有特殊的图形特性。即将矩形从中线分割为二，则两半仍为$\sqrt{2}$矩形，继续按中线分割，仍可得较小的$\sqrt{2}$矩形，理论上这种分割可至无穷小。从中国传统建筑布局习惯采用纵横轴对称，一正两厢的特点来看，自然$\sqrt{2}$矩形具有广泛的使用范围，应用也方便。再者，其几何制图方法也有方便之处。在施工现场，有尺可用以丈量，无尺也可利用几何方法，用绳索求出场地形状，有了短边即可求出长边。在工程初创，平整场地，确定基槽位置，都非常便利。这也是$\sqrt{2}$矩形的另一实用性。可知中国建筑布局应用$\sqrt{2}$矩形，有其民族习惯的影响，也有其便于施工的作用，建筑构图需要考虑的不仅仅是完成美学观感的要求。

（二）重复使用相似形

在古代建筑群体院落用地的划分上，常常出现相同的形状，即相似形现象。运用相似形的目的在于取得和谐的构图效果。在矩形体系中，相含或相邻的相似形的边皆相互平行和垂直，其对角线也呈平行和垂直关系。因此整体线条呈现一种有规律的、和谐的感觉，视觉上会产生美感。在工程设计中所形成的千变万化的线条里，若能掌握运用相似形规律，不但简化了图形，而且有助于获得完美的建筑艺术形象。

以河北承德普宁寺布局为例，寺中各分隔的院落中，$\sqrt{2}$矩形与正方形比例重复出现。虽然大小不同，但图形是相似的。除此之外，在单体建筑平面上也一再重复利用这两种形体。属于$\sqrt{2}$矩形的有大乘阁主体构架平面、日月殿、东西部洲、长方形白台等；属于正方形的（包括1：2矩形）有北部洲、正六角白台上层、四座喇嘛塔、大雄宝殿、东西配殿、碑亭、钟鼓楼、幡杆座等（图6－108）。这种利用相似形规律布置总体平面的实例，在其他建筑中也有表现。例如最宏伟的古代建筑群——北京明清宫殿即是一例。它的平面基础图形是7：9矩形。以之衡量紫禁城内各个院落，可发现紫禁城即是这种比例图形。景山亦是这种矩形，其长宽各减宫城之半，即占地为宫城的四分之一。宫城前方的太庙与社稷坛用地也是这种矩形（见下表）。此外，天安门与端门之间的院落为7：9矩形，端门至午门南端的狭长院落（千步廊）是两个7：9矩形。午门以内，自城墙至太和门及左右协和门、熙和门之间的广场亦为一横向的7：9矩形。宁寿宫、慈宁宫两组重要建筑的用地也是7：9矩形（图6－109）。很明显这种相似的用地比例是设计人有意识的设计结果。

紫禁城各区用地面积

	宽（米）	深（米）	比值
紫禁城	753	961	7：8.93
景山	428	555	7：9.08
太庙	205	269	7：9.18
社稷坛	207	268	7：9

运用相似形的规律，不仅限于布置院落平面，也推演到单体建筑构架平面尺寸。普宁寺的情况已在前面说明了。另外，在以$\sqrt{2}$矩形为基础图形的须弥福寿庙中也是如此。其中主要殿堂的长宽间数皆近于$\sqrt{2}$之比例，即1.414。如吉祥法喜殿前院为5：7间，比值为1.4；妙高庄严殿群楼平面为13：19间，比值为1.46；大红台东之御座楼平面为9：13间，比值为1.44（藏式寺庙殿堂的长宽的开间尺寸皆相等，一般标准开间为320厘米）。选用这种整数比值如此接近的柱网，除了设计使用方面的原因外，追求相似比例也是意图之一。

相似形的运用在施工中也有积极的意义。古代建筑总体布局虽然也有草图，但施工时大部分工作是由现场的匠师口传手示指挥安排的。假如有一个相同的比例，可保证用地形状的准确性。

（三）主体建筑择中与半庭布置

在中国的建筑群布置中，主体建筑要建在院落的几何中心，一般称为“择中”。择中思维具有悠久的历史，是统一独尊思想在建筑上的反映，战国时成书的《吕氏春秋》中就出现了择中的说法[①]。在轴线对称的布局原则主导下，大型寺庙或宫殿建筑群多为几重院落组成，院落比例呈正方形或矩形。一般情况下主体建筑（塔、殿、楼阁等）皆布置在几何中心位置。作为正方形院落，主体位于中心是必然的选择，古代的明堂、祭坛以及后期的坛城式庙宇布局皆是如此。如汉代长安南郊礼制建筑遗址，就是在直径达360米的圆形的环水沟的中心，建造边长为240米的正方形夯土台，土台四正向设四座门楼，土台中心建一座折角正方形的祭祀建筑，在

①《吕氏春秋》中记载“古之王者择天下之中，择国之中而立宫，择宫之中而立庙。”

构图上以方圆互叠的方式，突出中心建筑的威严之势。元朝以后的藏传佛教的兴起，以坛城概念建造的寺院增多，如西藏扎囊桑耶寺、扎达托林寺、河北承德普乐寺的阇城、承德安远庙、北京北海极乐世界等，皆是正方形院落中心安排主体建筑的实例。在汉传佛教寺院的布局多当纵长形的矩形用地，沿中轴线布置一系列的建筑，层层递进。一般顺序为山门、天王殿、大雄宝殿、弥陀阁、藏经楼（或为后罩楼）等，其间也可能穿插一些其他殿堂，如戒坛、讲堂。中轴两侧为配殿或廊屋。诸多建筑中自然以大雄宝殿最为重要，所以必然安排在院落的中心。例如河北正定隆兴寺的摩尼殿、北京智化寺的智化殿皆位于几何中心，山西应县木塔亦是如此。其他类型的建筑，如紫禁城前三殿院落的中心是太和殿，北京太庙院落的中心是前殿等，说明择中是传统建筑规划的重要规律。

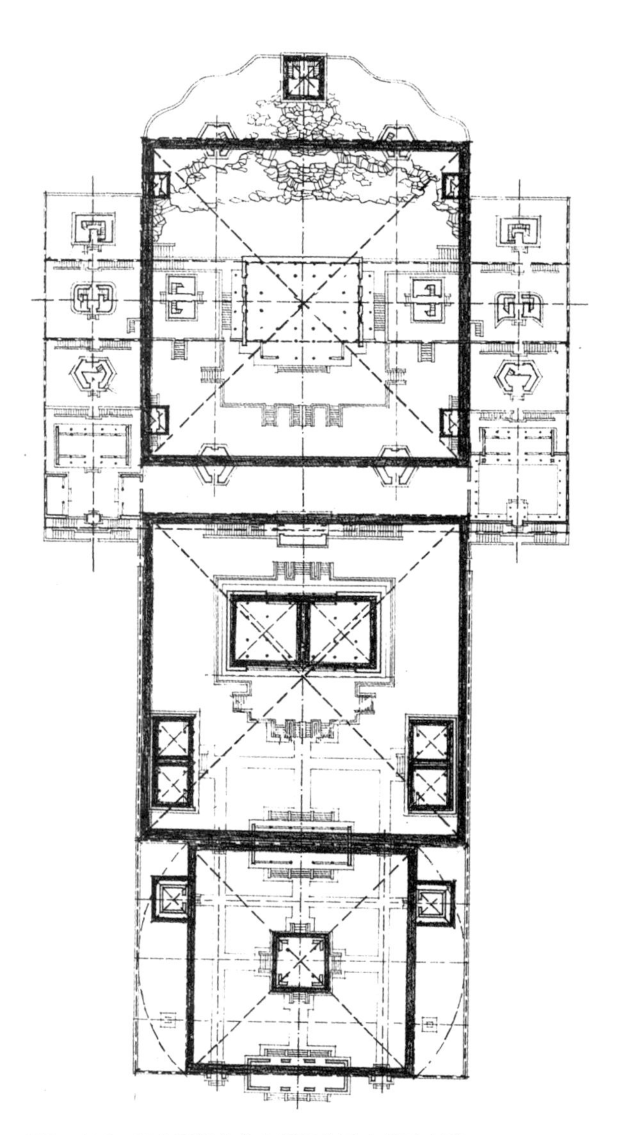

图6－108　河北承德普宁寺平面构图中的正方形

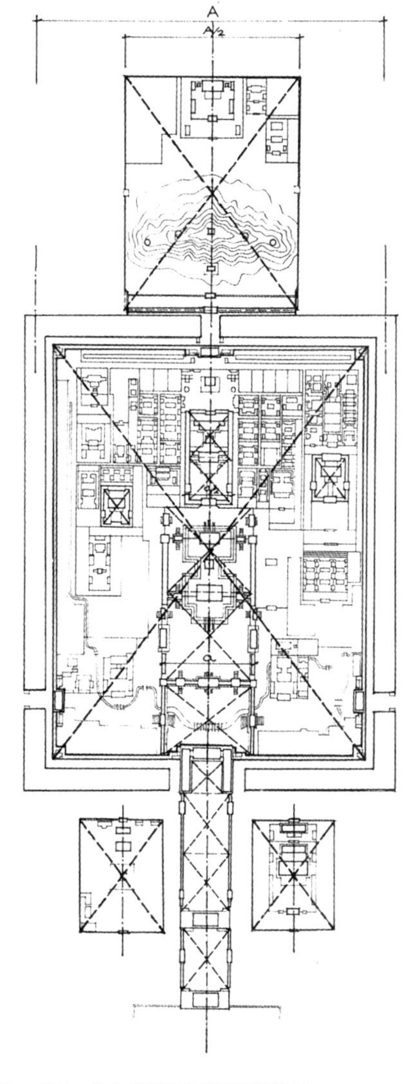

图6－109　北京紫禁城平面构图分析

一些中小寺院的建筑比较简单，一般多以一正两厢三合院的形式，或者为周围廊的形式出现，主体建筑布置在什么位置，殿前留出多少空间，并无具体规定。但经过考察一些实例以后，会发现一些线索。如承德普宁寺中院的大雄宝殿，其前檐阶基线正当中院之东西中分线，即阶基前的庭院为整个中院之半，姑且称这种布置为“半庭布置”。以此规律校核其他例子，大皆符合。如该寺的妙严室、北京碧云寺的几进院落、明长陵祾恩殿院落、北京颐和园的介寿堂及乐寿堂院落等（图6－110）。虽然院落比例形状皆不相同，但同样存在着这种规律。“半庭布置”在构图上的主要意义是什么，目前尚不十分明确，推测可能出于控制视角的要求。一般主体建筑的进深不会大于院落进深的1/4，否则即会觉得过于拥挤。

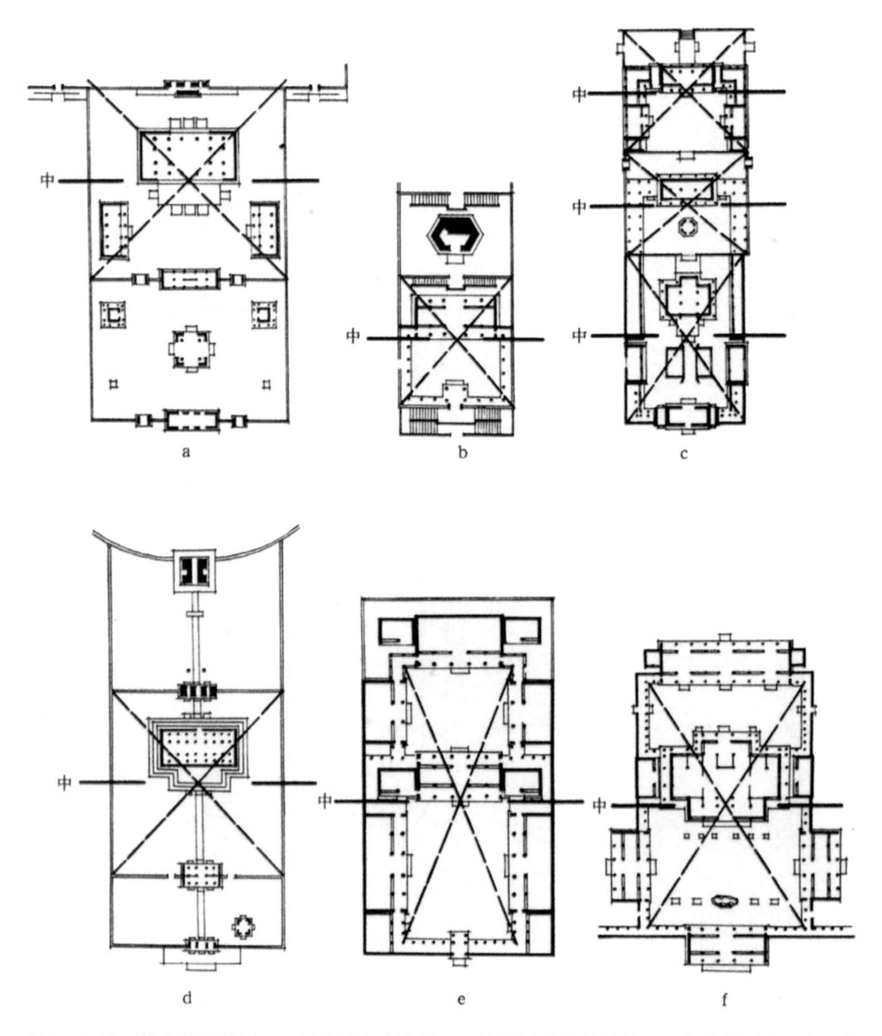

图6－110　半庭布置举例：a 承德普宁寺前院　b 承德普宁寺妙严室　c 北京碧云寺　d 北京明长陵祾恩殿　e 北京颐和园介寿堂　f 北京颐和园乐寿堂

而一般单层建筑包括屋顶的高度大致与建筑进深相等。这样从院落南面观察建筑的距离与高度之比可控制在2∶1，即为54度最佳视角之内。当然在设计中会有许多变化因素，不可能完全实现理想方案，但对多数设计来讲，可提供一个获得良好观赏效果的控制范围。

有关建筑构图除上述内容外，尚有一些其他问题可供探索。例如，构图中的常用几何图形有多种，普宁寺应用的是正方形及$\sqrt{2}$矩形，北京颐和园须弥灵境庙则引入了$\sqrt{5}$矩形，北京紫禁城布局应用7∶9矩形，内蒙古呼和浩特市的席力图召则应用等边三角形等（图6－111），说明我国古典建筑布局构图习惯是有民族特征的，与国外古建筑常用的φ矩形、五角形、八角形等不尽相同。对此有待进一步探讨。

又如平面构图中几何图形建筑范围以何为据问题。据普宁寺例证是以院落四周的院墙为计算范围。但周围如为廊庑时，则常以周边建筑的台基阶条石为限，如紫禁城千步廊院落、三大殿院落等皆是。除此两种以外，是否还有其他计算方法，尚待研究。

通过对普宁寺等建筑构图的分析，可以认识到构图不仅是美学问题、视觉艺术，而有其工程学上的意义，对施工和设计都有积极的作用。探讨构图原理需涉及各方面，研究数字组成背后所包蕴的内容，否则将无法区别建筑构图与一般美术构图的差异。其次，建筑艺术不同于其他纯艺术，是以生活生产为基础，工程技术为手段的艺术，因此探讨建筑艺术不能仅作概念性的探索，必须联系工程技术等因素，更不能忽视有关“数”的研究。

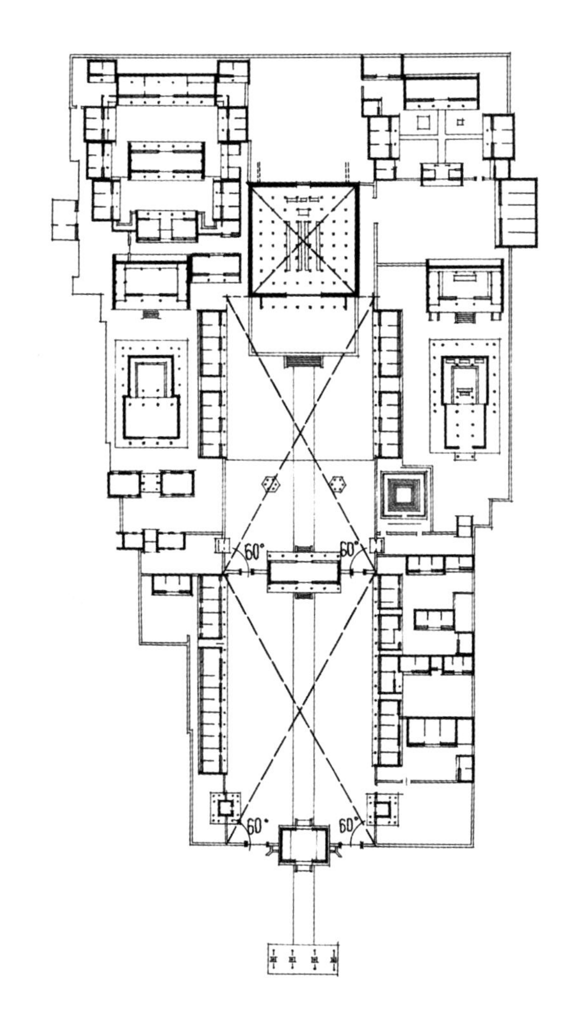

图6－111　内蒙古呼和浩特席力图召平面构图分析

第七章 中国佛教建筑的艺术表现

一、象征手法的运用

建筑艺术是一门形象的视觉艺术，需要通过形象来表现它所要传达的特定的思想内容，形象的运用可以有多种手法，大致可概括为三类：其一为直观形象的传写。一般是指雕刻和绘画等纯艺术手段运用到建筑物上去，我们也可以称之为建筑的附加艺术。一般附加艺术为了适应建筑的形体和结构的条件，必须加以变形、概括、简化。但归根结底，它还是以具体直观形象表现思想内容的。如西方建筑的圣者像、动物雕饰、花卉饰品、天国世界油画等；中国传统建筑的佛像、壁画、塑壁、石象生、脊饰、装饰图案、撑木雕刻等。其二为象征性的假借。即借用与表现思想内容有关的其他物体形象、组合、数字等，用建筑的形式表现出来，并通过人们的社会体验及思想意识的联想，而感受到建筑艺术的表现力，这就是象征手法。例如天是圆的，地是方的；九为数之极，代表最大；须弥山是五峰并峙，海中仙岛有三座；松鹤代表长寿，竹菊象征高洁等。其三为空间气氛的感染。通过建筑空间所形成的体量、层次、明暗、色彩、质感诸要素所形成的气氛感受来传达建筑艺术的内容。例如高直教堂表现的天堂高耸；太和殿3层汉白玉台基表现帝王的至高无上；帝王陵墓的漫长的墓道表示死后威仪；孔庙轴线上的9层门坊表现孔子的神圣；高塔表示佛祖的崇高伟岸等。

西方古典建筑艺术较多应用直观或空间气氛的手法，而中国古典建筑艺术除直观与空间气氛手法之外，亦较多运用象征手法，中国佛教建筑在运用象征性手法方面亦有丰富的经验，并有多样性的表现。建筑艺术与一般的纯造型艺术（雕刻、绘画）

尚有极明显的区别。它不能随意地创制形体，它必须遵循工程技术原则组织空间，因此几何形式成为其空间构图的主要特点。在此基础上，通过形体上概括地模拟，引发人们对某些事物或形态的联想，达到像外的认识，这就是建筑艺术创作中的象征手法。象征手法需通过联想才能表现其艺术构思，其感染力不如具象艺术那么直接，这是其弱点。但是抽象的造型可以造就庞大的联想空间，提升人们的想象能力，发挥出更深的美学价值，这又是象征手法的长处。同时建筑艺术还可以在局部或细节上吸收具象艺术雕刻、绘画等作为辅助手段，进一步增强其表现力。“曼荼罗”式布局不仅在于把佛国世界以建筑形象表现出来，而且还精心创作了完美的建筑空间艺术，并达到了相当的艺术深度。

图7－1　唐密 金刚界曼荼罗图

（一）曼荼罗（坛城）式的布局

1. 曼荼罗释义

曼荼罗（Mandala），在经书上又翻译成曼陀罗、满荼逻、漫怛罗、曼拿罗等不同名词。汉译多为坛或坛城、道场。曼荼罗的原义是指“轮圆具足”或“聚集”的意思，就是筑造一个或方或圆的土坛，按照不同的经义安置了佛、菩萨等尊像于坛上，以供修法时祭拜。因为是聚集了成组的佛像，表达了一个完整的宗教崇拜理念，就像一个“毂辋具足，辐辏归一”的圆满的车轮一般，故名之为曼荼罗，即坛城。

坛城之设，是佛教密宗及藏传佛教的仪轨，起源于古印度。早期佛教徒受印度教的影响，亦口诵咒语，手结印契，择一净地，静默修法。为了避免外魔侵扰，多筑一土坛，或方或圆，坛上以净土遍撒，以为界范，是为坛场的开始。以后修法作为又有发展，由观想念佛转为观像念佛，在坛场上挂佛尊的画像，是为早期佛教曼荼罗的开始。随着佛教宗派的增多，经书的判立，曼荼罗中的佛尊内容及布局也有多种形制。各种曼荼罗皆遵照本尊经轨中所规定的仪则创立，故展示出多种曼荼罗。约在公元8世纪曼荼罗随着密宗的传播而进入中国，现存于日本的最古老的《胎藏界大曼荼罗》和《金刚界大曼荼罗》图画曼荼罗，即是日本赴唐求法高僧空海，请长安供奉丹青李真等人所绘，带回日本的（图7－1、图7－2）。这两种“唐密”所传的曼荼罗是根据《大日经》及《金刚经》的描述绘制的。胎藏界曼荼罗有五佛十三院诸佛；金刚界曼荼罗有九会诸佛，按方位布置了众

①须弥山在佛经中又译作修迷楼、苏弥楼、须弥楼、苏迷卢、弥楼等同音字，皆为须弥山。

②八功德水指水质清净香洁，味如甘露。具有八种品质“一甘、二冷、三软、四轻、五清净、六不臭、七饮时不损喉、八饮后不伤肠”。该水位于极乐之池及须弥山与七金山之间的内海中。

③“由旬”是古印度计算距离的单位，约相当于中国的四十华里。据《法苑珠林·三界篇》记载，须弥山高八万四千由旬，同书“山量部”又记载为高三百三十六万里，故折算为四十华里。

图7－2　唐密 胎藏界曼荼罗图

多的佛尊。这种较早的唐密佛教艺术实物已经没有了。国内现存的曼荼罗图画及模型，皆为元代以后兴起的藏传佛教寺院所保存的实例，称为“藏密”曼荼罗。从《佛学大辞典》的介绍中，可以发现藏传佛教的曼荼罗多达数十种。大体上可分为两大类：即都坛曼荼罗，是以大日如来为中心的尊像组群，是曼荼罗的基本类型；另一类为别坛曼荼罗，又称诸尊曼荼罗或别尊曼荼罗，是以佛教中一门派的尊像为中心，组成的佛像群。例如千手观音曼荼罗，以观音为中心；净土曼荼罗，以阿弥陀佛（无量寿佛）为中心；五秘密曼荼罗，以金刚萨埵为中心等。

若从宗教艺术表现形式来看，又可分成四种曼荼罗。一为大曼荼罗，即图画形式表现诸佛尊的形体容貌的艺术作品；二为三昧耶曼荼罗，即以诸尊手持的法器、持物及印契来表现佛尊的本誓的艺术作品；三为法曼荼罗，即图画诸尊的真言、咒语、（种子）来表现佛尊的艺术作品，图案中仅显示为符号或文字（图7－3）；四为羯磨曼荼罗，即塑造出诸尊的立体形象表现出诸尊的威仪的艺术作品。

图7－3　北京隆福寺大殿井口天花坛城图案

前三种曼荼罗是属于平面艺术，可用绘画或线刻浅雕刻来表现，如寺庙中的壁画、彩绘、唐卡、塑壁、天花方井等艺术品。后一种是立体艺术，甚至是空间艺术，可用模型、建筑、建筑群来表现。在寺庙建筑艺术领域出现的多为羯磨曼荼罗。

2. 坛城与佛教的宇宙世界观

藏传佛教亦属于密宗宗派，史称“藏密”，有别于“唐密”。藏密的曼荼罗不局限于经书中描写的各方位诸佛尊，而是要表现出宇宙世界的概貌，故又称为“坛城”。按佛教经典中对宇宙世界的阐述，世界是以须弥山为中心。须弥山实际就是印度原始佛教的崇拜的圣山——喜马拉雅山，梵文称之为苏迷卢山（Sumeru），汉文译作妙高山[①]。据佛教经典阐述，宇宙原来为虚空，无有边际。其后十方风起，互相激荡，形成风轮。风轮之上，旋转摩擦，而形成火场。火场之上，有水积聚，成为大海。大海之上，有黄金构成之地，地中央有各种宝物构成之大山，叫须弥山。须弥山周围尚有七重金山围绕，如七个同心圆，须弥山及金山上皆有天神住持。山与山之间皆为大海，称为香海，海中充满了八功德水[②]。须弥山高八万四千“由旬”，海深八万“由旬”[③]，其周围的金山高度及海水深度逐步递减一半，整体轮廓形成金字塔型。七金山之外为茫茫的咸海，咸海以外尚有大铁围山包围，包括中心的须弥山在内，共计形成“九山八海”的组成。咸海之中布列着四片陆地，分列东西南北方，称四大部洲。皆是世间人所居住的地方。南方者称南瞻部洲，梵文称“闫浮提”，以该地广种闫浮树而得名。陆地形状似肩胛骨，即梯形，北广南狭。此洲也是我们居住之地（以古印度的观念，印度位于喜马拉雅山之南，故自认为居于南瞻部洲）。北方者称北俱庐洲，梵文称“郁单越”，以为该地人民长寿，并且其作为胜过三洲而命名。陆地形状为方形，四边相等。东方者称东胜身洲，梵文称“毗提诃”，音义为胜身或前部的意思，以该洲在诸洲之前（东方为前）故名。该洲陆地形状东狭西广，三边等量，形如半月。西方者称西牛货洲，梵文称“瞿耶尼”，音义为牛的交易处，以牛为货币，故名。其陆地形状为圆形，形如满月。每个大部洲的两侧尚有两块较小的陆地，作为大洲的眷属，称为中洲，共计有八中洲。此外，在须弥山两侧尚有日光月光，护卫东西，昼夜轮转，周流不息，普照四天下。

至于对这一世界中心——须弥山的描述亦十分富丽璀璨。须弥山高八万四千由旬。天帝释即住在须弥山之顶峰，峰顶四角又各有一小山峰，所以须弥山的外观形象是五峰并峙之状。山顶上为一大平地，纵横皆四万由旬，皆为黄金、白银、琉璃、颇梨四宝所组成。中间建有纯金大城一座，名为“善见”。纵横皆一万由旬。大城的四正面有四座城门，城墙高十由旬，城门高二由旬，其外有重门，城门之四面有称千门楼的城楼。善见城的中央为帝释居住的金城，面积占大城的四分之一。城内壕堑树池林木宫殿无数，七宝装严。城中央有宝楼重阁，名皮禅延多楼，汉译为殊胜殿。楼的周围有却敌之楼一百余所。皮禅延多楼及却敌之楼内皆有天女与采女居住。皮禅延多阁最上当中央圆室广三十由旬，高四十五由旬，是天帝释所居住的地方。皆是琉璃筑成，众宝充填。金城内街巷市廛并皆调直，四门通达，东西相望，宝货盈满。共有七大市场，称谷米、衣服、众香、饮食、华鬘、工巧、士女。天子天女往来贸易，无取无与，以为戏乐。善见城的四门外尚有四处园林，园中花“果鸟林，翔鸣绮饰，华美异常”①。

在须弥山的半山腰尚有四天王天，为四大天王居住，各居一山，各护一天下，又称护世四天王。东方天王为持国天，居上贤城；南方天王称增长天，居善见城；西方天王称广目天，居周罗城；北方天王称多闻天，居可畏、天敬、众归三城。四大天王作为帝释天的外将，有护持佛法之意，民间俗称四大金刚。其塑像多为武将装銮之像，衣披甲胄，头戴宝冠，内着天衣，足蹬皮沓，各天王分别手持不同器物，持国天为琵琶；增长天为宝剑；广目天为蛇；多闻天为宝幢。

以须弥山为中心的这一组佛国国土，尚有立体的空间解释，即三界理论。所谓的三界包括有欲界、色界、无色界。代表凡夫生死往来的世界层

①天帝释所居之宫殿名称各异，《立世阿毗昙论》称为皮禅延多阁；《杂阿含经》称为毗阇延堂，堂中有七层楼的百楼观；《起世经》称毗阇耶多，汉译为最胜之意；《俱舍论》称之为殊胜殿，经文曰“天帝释所都大城中有殊胜殿，种种妙宝，具足庄严，蔽余天宫，故名殊胜。”估计以上诸名皆是汉梵之异名。

②三界三十二天是依《法苑珠林·三界篇·诸天部》的论述。而《俱舍论》称欲界六天为四天王天、忉利天、须夜摩天、兜率天、化乐天、他化自在天。而忉利天为欲界第二天。欲界之下为人界的四大洲、再下为无间地狱。色界有十六天（或十七天、十八天）。无色界为四天，总计为二十六天或二十八天。

③《法苑珠林·卷二·三界篇·述意部》：“虚空不有，故厥量无边，世界无穷，故其状不一。于是大千为法王所统，小千为梵王所领，须弥为帝释所居，铁围为藩墙之城，大海为八维之浸，日月为四方之烛，总总群生，于兹是宅。”

④《法苑珠林·卷二·三界篇·述意部》：“世宗周孔，雅伏经书，然辩括宇宙，臆度不了，易称天玄，盖取幽深之名；庄说苍天，近在远望之色。于是野人信明，谓旻青如碧；儒士据典，谓乾黑如漆。青黑诚异，乘体是同，儒野虽殊，不知是一。俗尊天名，而莫识实，岂知六欲之严丽，十梵之光明哉。”

⑤在《西藏布达拉宫》一书中认为时轮坛城的艺术构思是须弥山、四大部洲、八小中洲、日月两殿的布局。但从实际的造型来看，这种意境并无表现，而更突出的是表现层叠高耸的宫殿群体。故以释尊所居住的善见城殊胜殿来理解较为贴切。

级。欲界为十天，代表有情欲有物质的世界。色界为四禅十八天，代表无情欲有物质的世界。无色界有四天，代表无欲无物，唯以心识住于深妙的禅定之世界，三界共有三十二天[2]。三界观念代表了佛教徒修行精进的层级。其中的欲界第六天的忉利天，即是天帝释所居的须弥山顶。忉利天是离凡人最近天域，又是可见的山形，所以也是一般佛教徒想往之处。

综上所述，以须弥山为中心的九山八海、四洲、三界：日月回转，普照的四天下情景，谓之一国土，或称一世界。佛经又认为一千个这样的世界可以组成更大的世界，周围有铁围山围绕，称之为一小千世界。一千个小千世界可以组成一个中千世界，亦有铁围山围绕。一千个中千世界可以组成一个大千世界，亦有铁围山围绕，俗称三千大千世界。皆是一化佛所统之处，号称娑娑世界。娑娑世界所包括的高山、日月、洲土、海水乃至各项，多不胜数，无有尽端。

佛教认为宇宙体是由四大元素组成，即地、水、火、风。茫茫宇宙充满巨风，大风聚集而生火，火尽而生水，水集尘沙而成地，称之为“四大”。《俱舍论》中说大地之下有水轮承托，水轮下有火轮，火轮下有风轮形成世界。而《大日经》说大风之下为无尽的虚空，故合地、水、火、风、空为“五大”。密教则认为一切实体皆缘于思想认识。故合地、水、火、风、空、识为“六大”。总之，佛教经典中企图把各种自然现象皆归纳到宇宙的本质中，以期阐明凡人与自然的关系。这种理念往往在佛教建筑也有所体现。

当然佛经所述的宇宙观念，与现今已察明的科学的宇宙知识，并不相符。但是在原始佛教时期，能对宇宙有所探索也是难能可贵的。尤其是某些思路的取向，在今天看来也是正确的。比如，把宇宙看作无限的空间体，在三千大千世界，百万亿的日、月、山、川等，不可胜数，今天我们通过对宇宙的探索，不是也发现宇宙是无限的吗[3]。又如把大地国土分四洲，除中土人民居住的南瞻部洲之外，尚有其他三洲，各有子民居住，各洲被大海围绕。这种观点在哥伦布发现新大陆以前，能有这样推测，也是很有预见性的。又如将宇宙本质分解为地、水、火、风四大，相互承载。与中国传统金、木、水、火、土五行，分时化育，以成万物的观点十分类似，都表现了物质世界即是独立的又是依存变化的特质。在佛教信仰者看来，佛教对天的解释远胜于儒家，道家及俗人对天的解释。认为儒道只提苍天遥远幽深，并提不出上天是什么样子，即“俗尊天名，而莫识实”[4]。唯有佛家可以提出宇宙各种层级的组成实体（天体）、名称、天神，甚至描写到佛国城市、建筑、园林的状貌及体量数据、构成材质，虽然这些描述都无法摆脱世间生活素材的影响，是“以世喻佛”的缩影。但正是有了这些具象的描述，宗教艺术家可以据之创作出佛教艺术品，展现出辉煌而丰富的佛教艺术。如表现西方净土的壁画、佛祖本生故事的壁画、诸佛聚集的唐卡，以及各种建筑形式的坛城。

在藏传寺庙中常有坛城形象的模型作品。在西藏拉萨的布达拉宫中就保存有六座。一座为红宫时轮佛殿内的时轮坛城。这座坛城为铜质镀金，其设计是以佛宫善见城为构思蓝本的[5]。下为圆形坛座，坛座台面刻划出四个同心圆，分别代表地、水、火、风四大。圆台中心为一逐层递收的方形4层楼阁，下3层分别在四正向凸出一4层塔式门楼，最上1层为重檐方形小殿。整座坛城的门廊空透，缀满珠珞，建筑意味较强烈（图7－4）。此外，在红宫的坛城佛殿内布置有三座坛城模型，皆建于清乾隆

图7－4　西藏拉萨布达拉宫红宫时轮殿时轮立体坛城

年间，铜质镀金工艺。东边一座为胜乐坛城。中间一座为大威德坛城。西边一座为密迹坛城（图7－5～图7－7）。此外，在红宫七世达赖灵塔殿内尚有两座坛城模型。其一为须弥山坛城。即在圆形坛座上，中心布置一座五峰并峙的印度式佛陀迦耶方塔，周围布置四大部洲及八小部洲，造型比较简单（图7－8）。另一座坛城的造型与坛城殿的大威德坛城类似。而且可逐层拆卸，发现其内部中央佛尊为大圣欢喜天，周围为八大明王，呈九宫格式布局。估计许多坛城模型的顶部楼阁空间内，皆为九尊式布局。此外，在承德须弥福寿之庙之内亦有七座类似的木制坛城模型。北京紫禁城宫殿内亦保存有类似的坛城模型。众多的坛城模型的出现说明坛城形制对清代初期密宗建筑艺术中的广泛影响。坛城的建筑布局模式皆为十字对称，方圆互套，九宫八格，层叠累高，有的还环绕水道，在此基础上表现佛国世界。虽然各种坛城皆有差异，但总体形象不出此种模式。

3. 坛城的建筑实例

（1）桑耶寺

最早的坛城布局式的寺院当属西藏扎囊的桑耶寺。该寺位于西藏山南扎囊县境内的雅鲁藏布江北岸的一片开阔地上（图7－9）。据藏族史书《西

图7-5　西藏拉萨布达拉宫红宫城坛城殿胜乐曼荼罗（德却坛城）

图7-6　西藏拉萨布达拉宫红宫坛城殿大威德曼荼罗（桑旺堆巴坛城）

图7-7　西藏拉萨布达拉宫红宫城坛城殿密集金刚曼荼罗（吉坦坛城）

图7-8　西藏拉萨布达拉宫红宫七世达赖灵塔殿内的须弥山

图7-9　西藏扎囊桑耶寺

藏王统记》记载[①]，它建于吐蕃王朝赤松德赞时期，约在8世纪的中后期[②]。该寺是以印度摩羯陀的欧丹达菩提寺（即飞行寺）为蓝本建造的。扎囊地区原为吐蕃王朝赤松德赞的建都之地。赤松德赞热衷佛教，曾从印度迎取密宗莲花生大师（即西藏王统记中所称的大阿阇黎）入藏，剃度众僧，传授密法，并建桑耶寺为莲花生住锡之所。并陆续有许多信徒出家为僧。赤松德赞并在寺庙主殿门旁立兴佛证盟碑，发誓永兴佛法。该寺是西藏地区历史较早的一座密宗寺院。

该寺在漫长的历史演变中，历经战火摧残，教派争斗及宗教灭法的影响，屡经兴衰与毁坏，有关历史资料极少，目前很难确切地搞清其建筑的历史演变。关于桑耶寺建筑布局方面最早的历史资料是出于《西藏王统记》。据该书记载可知当时桑耶寺的主殿大首领殿是一座三层楼的建筑物，顶部象征须弥山的五峰并峙状；四方有四大部洲，八中洲等十二座殿宇；大殿两侧尚有日殿、月殿及其他三洲；大殿四隅方向建四塔；在西牛货洲附近建有放光梵塔，寺院四周围墙上建有一百零八座梵塔；此外，赤松德赞的后妃还建造了三座殿宇。寺内各座殿宇的名称、尊像及壁画的内容、大致的位置，以及部分殿宇的功用都交代清楚了。说明桑耶寺的建筑布局正是依据以须弥山为主体的，表现佛国世界的曼荼罗构思布置的。只可惜无法了解桑耶寺各殿宇的具体形象。至于清初六世达赖重修以后的桑耶寺情况，却发现了一幅很重要的壁画，可为参证。这就是位于西藏拉萨布达拉宫红宫的蔡巴拉康殿（汉名为无量寿殿）内的表现桑耶寺拜佛活动的壁画（图7－10）。该殿建于八世达赖时期（乾隆二十三年至嘉庆八年，公元1758～1803年）。从壁画的风格、墨色及斑驳情况都说明这是一幅年代较久远，与建筑物同期的壁画，即18世纪中后期的壁画。该画描写忠实、细致，再现了当年桑耶寺的概貌。后来乾隆二十年（公元1755年）在承德修建普宁寺时所模仿的对象，即是这幅画所描绘的桑耶寺状貌。按照此壁画的描述及《西藏王统记》的论述，可以大致绘出寺庙布局的一张示意草图，即乾隆时期桑耶寺的状貌。桑耶寺的现状已在第二章中介绍过，不再赘述。

（2）普宁寺

河北承德普宁寺的概已于前章介绍过，该寺后半部以大乘阁为中心的建筑组群是一组奇特的建筑群（图7－11）。其中各座殿、塔、台、阁皆有宗教上的含义。如中央大乘之阁象征着帝释天所居住的圣山——须弥山；

①《西藏王统记》是藏族文献中的重要史书之一，为索南坚赞撰，成书于戊辰年（明洪武二十一年，1388年）。目前有两个译本。一为1955年王沂暖译，商务印书馆出版；一为2000年，刘立千译，民族出版社出版。

②桑耶寺的始建时期有不同的说法。据《西藏王统记》称建于兔年，应为公元763年（唐宝历二年），历时12年，于公元775年完工。又据《佛教大百科》称建于公元776年。《藏族简史》称始于公元767年（唐大历二年，羊年），完成于公元779年（唐大历十四年）。其他书籍如《藏族史要》等，亦记载为公元779年之说。参见《西藏文物见闻记－山南之行》，王毅，《文物》1961年6期。又参见《承德普宁寺－清代佛教建筑之杰作》，第216页，《普宁寺建筑设计的蓝本－桑耶寺》，孙大章著，中国建筑工业出版社，2008年。

图7－10　西藏拉萨布达拉宫红宫蔡巴拉康殿（无量寿殿）壁画（桑耶寺全图）

图7－11　河北承德普宁寺全景

其周围殿台分别代表着日月神殿和部洲土地；四塔代表着佛祖的四智；四周波形围墙象征为铁围山。共同组成了一个佛经所阐述的佛国世界，即宇宙的模式。又据乾隆皇帝撰写的普宁寺碑文记称“蒙古向敬佛，兴黄教，故寺之式即依西藏三摩耶庙之式为之”。说明该寺规划是本着三摩耶庙（即桑耶寺）的规制而建造的。同时他又说“爰作大利益，肖彼三摩耶，为奉天人师，作此曼荼罗”。说明三摩耶庙的规制是一座“曼荼罗”，即是一座藏传佛教的“坛城”。统而言之，普宁寺的大乘阁组群是以佛教坛城的建筑布置形式，来象征性地表现出佛教的宇宙世界的理念。若是说佛像使人认识了神，那么建筑曼荼罗使人认识了神的世界——天堂，使之在更广阔的领域里接受佛教的宗教思想。这样的手法在传统佛教建筑布局中是一个大胆而创新的试探，也可以说是清代建筑的一个重大成就。普宁寺虽然是模仿桑耶寺的布局，但有诸多方面的改进。如布局方面展现众星捧月，集中紧凑之势。桑耶寺规模巨大，占地直径达300米，视觉上无法观览全局；而普宁寺全寺进深不足百米，各处皆可观赏全貌。因为布局紧凑，更显出主体建筑大乘阁的巍峨雄大。普宁寺建筑造型统一，变而不乱，皆用黄色琉璃瓦屋顶，统刷红白两色，十二部洲及四塔的比例雷同，而在细部上各有特点，而桑耶寺的配属建筑形制多样，颜色各异，显得零乱，影响了其总体艺术质量。普宁寺的最成功之处是沿山坡布局，将坛城全体呈斜面抬起，远观近视，皆可看到各组建筑，成为立体景象，独具匠心。北京清漪园的大报恩寺及山西五台山显通寺后半部的布置，皆同此理。

因为普宁寺建造的成功经验及优异的效果，乾隆皇帝于二十三年（公元1758年）在清漪园后山依普宁寺坛城式样，建造须弥灵境庙（图7－12）。该庙除主体建筑“香岩宗印之阁”外，其他各项辅助建筑与普宁寺完全一样，可以说是清代坛城式寺院的姊妹双姝[①]。

（3）普乐寺

河北承德普乐寺的后半部建筑亦是一座坛城。该寺前半部为一汉传佛教寺院，而后半部为一坛城，又称阇城（图7－13）。阇城的平面构图为3层正方形坛台上面建造一圆形殿堂的形制。第一层坛台上的四正向建四座门殿，周围以六十八间转角厢房相联系，组成正方形庭院；庭院中间为第二层高台，东西台壁中有拱门、磴道可通台顶。高台上四角及四正面为八座形制相同颜色各异的琉璃喇嘛塔，四角塔为白色琉璃砖贴面，塔座为八

①参见《建筑史论文集》第8辑《承德普宁寺与北京颐和园的须弥灵境》，周维权。

②根据20世纪初的旧照片显示，坛城中亦仅有胜乐王佛像一尊。从内部空间来看，也无法容许供奉多尊佛像。在藏传佛教曼荼罗也有独尊佛像的，而是用其他的法器、执物及种子图案来丰富坛城的。如金刚界九会曼荼罗中的第六会（一印会）即是独尊。

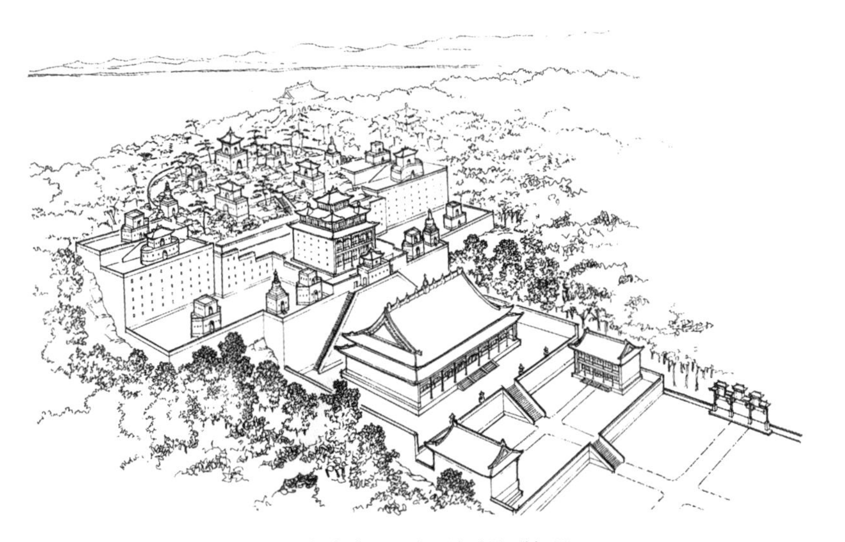

图7－12　北京清漪园须弥灵境建筑群复原图

图7－13　河北承德普乐寺阇城外景

角形石须弥座；四正向塔的颜色为西紫、东黑、南黄、北蓝，塔座为四方形。二层台的中央又砌筑高6.6米的第三层高台，南北台壁有拱门，磴道可达台顶。三层台中央为黄琉璃瓦重檐圆形殿堂——旭光阁。阁内中央的汉白玉须弥座上为一木制坛城，其造型与布达拉宫、普陀宗乘庙中供养的坛城模型类似。下为折角方形台座，四面伸出金刚杵，座上四正面设印度式门坊，中为木制殿堂。殿内供养双身胜乐王佛铜像，铜像上部的天花为八柱支承的圆形，圆内以九宫分格，绘画出六字真言图案，天花中部方井之上又突出一座方形小殿。若从诸佛聚集的角度去考察普乐寺曼荼罗，的确佛像不多，仅在木制坛城中心有一尊胜乐王佛②，但该寺的坛城建筑布局却给人们留下难忘的印象。不仅轴线明确，呈十字构图，平面上方圆互补。三层方形坛台，上托重檐圆殿，象征天圆地方。三层方台又象征着凡夫生死往来之世界，即欲界、色界、无色界等三界。四正向的四座喇嘛塔代表佛的四智，四隅的四塔代表围绕须弥山的四天王天。其细部装饰亦独具匠心，第一层坛台的四门殿象征四大部洲，第二层坛台象征帝释夫所居的须弥山上的善见城（台顶边缘有城垛），第三层坛台为宫殿的台基（周边为汉白玉石栏），中间为宝楼重阁的殊胜殿——旭光阁，面向东方，迎接旭日朝阳。以东为正向也是金刚界曼荼罗的基本规定。总之，普乐寺坛城除了佛尊供养以外，更着意表现的是佛教的宇宙观、世界观。

（4）极乐世界佛殿

北京北海公园西北角的极乐世界殿亦是一组建筑意味浓重的坛城。极乐世界建于清乾隆三十三年（公元1768年）（图7－14）。其总体布置是中心对称的四方形平面。四周有矮墙围绕，四正面各建四柱七楼琉璃牌楼一座，四角各建重檐攒尖方亭一座。围墙内为方河，方河内为七开间见方重檐攒尖顶大殿，黄琉璃瓦绿剪边屋面，镏金宝顶。殿内中心部位为13.5米见方，13.5米高的大空间，由四根攒金柱支顶。在这个空间里建造了一座佛山。最下为方形汉白玉须弥座，座内为旱河，旱河内为荷花、茨草、地景、花树等装饰物，旱河内建五层木骨泥胎山形彩塑，沿山势布置佛菩萨像两百余尊，山顶部为铜胎镏金如来佛像及阿难、迦叶两胁侍尊者。顶部天花中央为八角藻井，悬挂乾隆御笔的“极乐世界”的匾额。此外，还随山势点缀有亭阁、宝塔、喇嘛塔、花树、佛鸟等附属配置。极乐世界殿的设计实际有两部分，一为佛山，一为建筑。中心部分的佛山是表现西方

图7－14　北京北海极乐世界

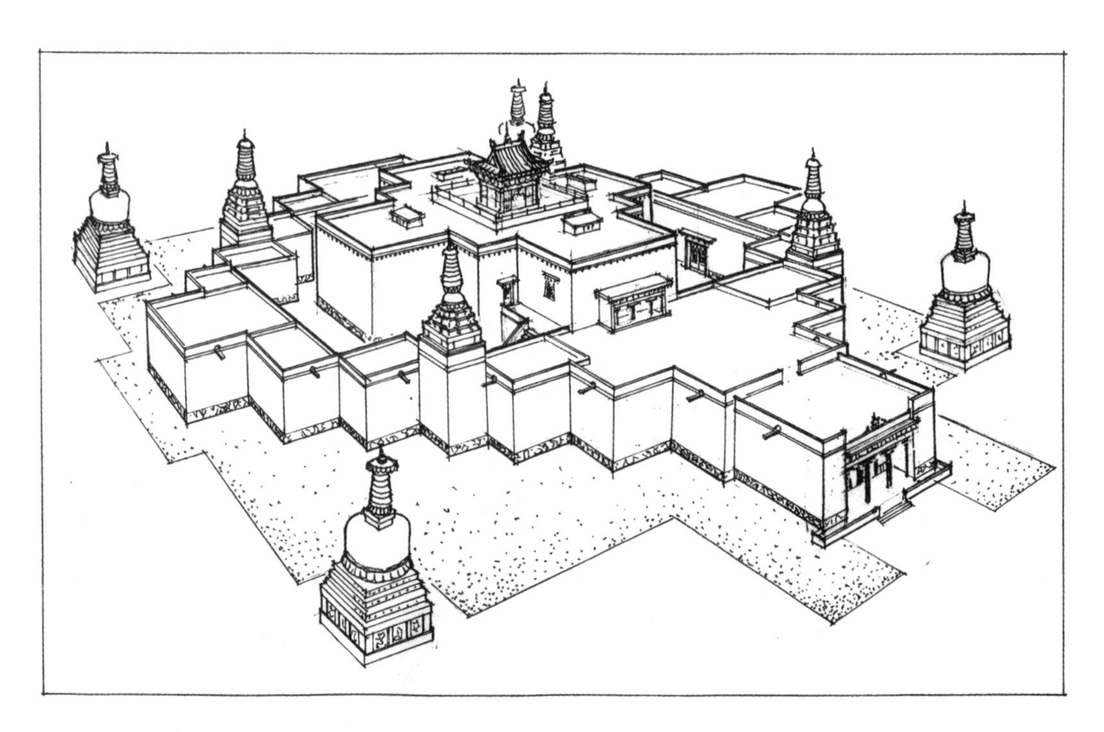

图7－15　西藏札达托林寺迦萨殿复原图

净土极乐世界诸佛聚集的一座曼荼罗，以阿弥陀佛为中心，众菩萨为辅衬，并显现出佛国世界的各种景象，佛山周围有大海围绕（旱河），佛山上下为云雾缭绕（云步造型），奇花异草，神佛会聚。这组曼荼罗就是一个形象逼真内容，丰富的立体雕塑。而建筑部分是为了进一步加强曼荼罗的意境。中心大方殿就代表了佛所居住的宫殿，同时又起到庇护雕塑的作用，殿外方河围绕，河外城垣围护，四正面为城之四门，四隅为四个角楼，俨然是一座城堡。中心对称，四正四隅的建筑布置进一步加强了宗教坛城的构思深度①。

①据《北海景山公园志》引“乾隆三十三年二月初二日内务府奏案”中提到的佛山像设为：“如来佛一尊、阿兰、迦舍二尊、八大菩萨八尊、圆觉菩萨十二尊、接引菩萨十二尊、音乐菩萨二十四尊、供养菩萨十七尊、罗汉三十五尊、执幢幡菩萨十四尊、绕塔菩萨十二尊、善男信女十八尊。”加上旱河内的佛像，总计达二百余尊。

（5）托林寺的迦萨殿

西藏扎达的托林寺的迦萨殿（建于公元996年）亦是仿效坛城的布局的实例（图7－15）。该建筑坐西朝东，分为内外两部分。内部中心为14米见方的佛殿，四正面又附建四座佛殿，形成十字形布局，代表着须弥山，也代表着五方五佛之意。外部环绕着一圈呈多折角的十字方形的围合建筑。四正面各有三殿，象征四大部洲及每大部洲两侧的中洲。四隅处各建一座喇嘛塔及两座小殿，象征四天王及其眷属。据说迦萨殿的布局是仿照桑耶寺布局设计的，但是比桑耶寺的布局更为集中。该例也说明宇宙模式的坛城建筑艺术在西藏后弘期佛教艺术中是常用的构思。

（6）白居寺菩提塔

西藏江孜白居寺菩提塔（建于明永乐十二年，公元1414年）是另一类以坛城形式设计的佛塔（图7－16）。该塔基座为5层三入折角方形，平面成为复杂的亚字形，逐层收缩，四正向开门，设佛殿。诸多折角处皆有供养佛像的龛室，共计有64个龛室。基座上的塔身为圆桶形，四面开门，内部设有佛殿。塔顶相轮粗壮，顶托华盖及莲状宝珠，皆为铜制镏金。该塔整体稳重而华丽。塔内殿堂、龛室内保存有佛、菩萨、天王、尊者塑像192尊，壁画9800余幅，若将壁画中的佛像计算在内，数目达10万余尊。故该塔又称“十万佛塔”。有如此众多的佛像集聚在一起，同时又采用了中心四隅，分层设置（在曼荼罗中是分院设置）的布置方式，反映出坛城诸佛集聚的构思。至于菩提塔所表现的是哪一类坛城，因为对众多佛像的内容还没有详尽的介绍，所以还无法断定其内涵。

（二）须弥山的构思

须弥山是释迦所居住的圣山，高大巍峨，众宝所成，山上有宫殿、城垣、园林、市廛，诸多妙好。主峰之周尚有四座次峰围护，形成五峰并峙之态。须弥山璀璨壮丽的形象在各种曼荼罗模型中有写实的描画，但在单体建筑物上却难以表现。因此须弥山的五峰耸立的状貌，就成为表现圣山的特征符号。例如河北承德普宁寺主体建筑大乘阁，其屋顶做成五座攒尖亭阁；又如北京雍和宫的法轮殿的黄色琉璃瓦屋顶上设立了五个小阁，阁上各有小型喇嘛塔一座；四川峨眉万年寺明代砖殿，为一座方形穹隆顶建筑，内部供养普贤像。砖殿屋顶中央及四角各筑一座喇嘛塔，呈五塔耸峙之势。这些建筑造型的创意皆原于须弥山五峰（图7－17～图7－19）。

最显明的实例为各地的金刚宝座塔，更直接地选用佛塔来代表五峰。最著名的就是北京真觉寺的金刚宝座塔（图7－20）。该塔建于明成化九年（公元1473年），是按番僧班迪达所贡的金刚宝座规式建造的。而所谓的金刚宝座规式即是指建于中印度佛陀伽耶的释迦牟尼成道处的大塔，因其附近有释迦成道时所坐的金刚座，故称此塔为金刚宝座塔。北京真觉寺塔全部石造，下为台座，台座身挑出五层短檐，檐下四周刻佛龛，龛内刻佛坐像。台顶上建造了一正四隅五座密檐方形小塔，中塔高8米余，隅塔7米，形成五峰并峙的造型，中间大塔前有一座方形罩亭，是登塔的出口。金刚宝座塔的五塔造型的象征含义在学术界有不同的理解。一种认为是代表金刚界五部佛主，但五塔的位置并不是四正向，而是四角部，同时在台座及塔身上所刻的五佛座——狮、象、马、孔雀、迦楼罗，也与五方五佛的方位不对，皆相差了一个方向，塔台内部的中心

图7-16 西藏江孜白居寺菩提塔引自《西藏古迹》

柱的四面龛原来所供的四尊佛像为横向三世佛及未来佛，与金刚部五佛也不相应。另一种看法认为五塔象征圣山须弥山的造型，因其有高高的台座，五峰并峙，台座上的四周栏楯亦为山形，台座下方有四大天王雕像作为护持，皆可说明此意。当初明成祖优待班迪达，建造此塔，是表示对佛祖及佛法的尊重，故取圣山之式。该塔塔身分割成5层，层间遍布佛像，塔台上五塔塔身四面亦有佛像。众多佛尊齐集须弥山，组成一个诸佛集会的意向，此为其设计主导思想。

国内类似的金刚宝座塔尚有多例。如北京碧云寺金刚宝座塔（建于乾隆十三年，公元1748年）。该塔与真觉寺的造型类同（图7－21）。下为石雕基座，基座上亦是五座密檐式小方塔，皆为13层密檐塔形制。不同处是基台前方伸长部分又建了两座喇嘛塔，同时台上的罩亭亦做成小型的五塔形式。显现出丰富的外观。另外，内蒙古呼和浩特慈灯寺金刚宝座塔（建于雍正五年，公元1727年）亦是仿真觉寺的造型，但全塔为砖建。云南昆明官渡镇妙湛寺金刚宝座塔（建于明天顺二年，公元1458年）又采用了另一类造型（图7－22），因塔基台正当交通要道，故做成十字对穿的券洞，形成过街的塔台。台上建造了五座喇嘛塔，一大四小。红砂石建造，比例清秀。说明五塔规式可有多种造型。采用喇嘛塔式的金刚宝座塔尚有山西五台山圆照寺塔（建于明宣德九年，公元1434年），该塔的塔基台较矮，是为特例。北京玉泉山的妙高塔（建于乾隆年间）亦是一座喇嘛塔式的金

图7－17 河北承德普宁寺大乘阁五顶造型

图7－18　北京雍和宫法轮殿五顶造型

图7－19　四川峨眉山万年寺砖殿五顶造型

图7－20　北京真觉寺（五塔寺）金刚宝座塔

刚宝座塔。因为地形的局促，所以该塔比例瘦长，喇嘛塔细而高，远观好像是西方教堂的尖顶轮廓。还有的实例是五塔采用了混合的塔型。北京西黄寺的清净化城塔（建于清乾隆四十七年，公元1782年）其中塔为喇嘛塔，而四角为经幢式的小塔。又如湖北襄阳广德寺的多宝佛塔（建于明弘治七年至九年，公元1494～1496年），其塔基座为八角形，上部五塔的中塔为喇嘛塔，而四角塔为六角形三檐的多檐塔。金刚宝座塔仿制得最彻底的是民国初年，建于四川彭州市县城内的一座金刚宝座塔。该塔完全按照印度佛陀迦耶城的金刚宝座塔的原型建造，只不过是比例缩小而已。以上实例说明须弥山五峰并峙的造型在中国佛塔设计中被广泛应用，并成为一种有特色的塔型。

图7－21　北京碧云寺金刚宝座塔

晚期寺庙设计中常用的平面制度也是一种象征手法，用以表现佛国世界，最前面的山门，又称三解脱门，代表人神交界之门，入门才能登达佛界；二进的天王殿代表须弥山半腰的四天王山，内部供养着护法的四神将；最后的大雄宝殿代表须弥山，即为释迦的居处。

（三）五方五佛

藏传佛教有五方五佛之说，认为世界各方皆有如来佛的法身。按金刚界五智所成的五如来是中央大日如来佛，东方阿閦佛，南方宝生佛，西方阿弥陀佛，北方不空成就佛。五佛分列五方，这种五方形式在艺术创作中往往与佛教五智（即法界体性智、大圆镜智、平等性智、妙观察智、成所作智等五方面智慧）、五大（即地、水、火、风、空五大元素）、五色（即指黄、青、赤、白、黑五种正色）等相联系[①]，使得五方五佛的概念更加扩展，其象征的手法更加多样化。表示五方五佛扩展的内容可见下表。

	五方	五佛	五佛座	五智	五大	五色
一	中	大日如来佛	狮子座	法界体性智	地	黄
二	东	阿閦佛	象座	大圆镜智	空	青
三	南	宝生佛	马座	平等性智	火	赤
四	西	阿弥陀佛	孔雀座	妙观察智	风	白
五	北	不空成就佛（释迦牟尼）	迦楼罗鸟座	成所作智	水	黑

①五智代表修习佛法的五种见识。法界体性智，代表理智具足，觉道圆满，主方便究竟之德；大圆镜智，代表觉悟人的本性，显法界之万象，发菩提心之德；平等性智，代表成诸法平等作用，修菩提心之德；妙观察智，代表观察众机，说法断疑，成菩提心之德；成所作智，代表成就自利利他之妙业，入涅槃之德。五大代表佛教密宗对世界本质元素的认识，认为世界是由地、水、火、风、空五大元素构成。五色是指黄、青、赤、白、黑五种正色。

图7－22　云南昆明官渡妙湛寺金刚宝座塔

图7－23　北京五塔寺五方佛坐骑雕刻

图7－24　河北承德普陀宗乘庙五塔门

在建筑物或坛城布局中象征性地引用五方五佛的概念，是常用的手法。虽然在称谓、内容、颜色、佛尊数量、布局形式方面各有不同，但实质皆是表现密宗五佛的思想。例如北京正觉寺金刚宝座塔的五个小塔塔座上，雕刻的狮、象、马、孔雀、迦楼罗鸟，就是代表五佛的坐骑（图7－23）。塔基四壁雕刻的不同手印的坐佛，即是代表五佛的造像。西藏桑耶寺四角建造的四塔颜色为赤、白、黑、绿，加上中央乌策大殿的黄色金顶，亦为五方五佛的代表颜色。同样河北承德普宁寺的四塔亦为同样的颜色设计，也是基于五佛的构思。承德普陀宗乘之庙前部的五塔门应该说也是五佛的设计。但它没有采用十字对称布局和方向含意，而是在三券洞白台上一字排列五座喇嘛塔来代表五佛聚集的组合（图7－24）。每座喇嘛塔的颜色、塔肚的形状及塔肚上的装饰图形（分别代表五方如来佛的三昧耶形）皆不相同。而各塔的高度、比例、须弥座形状大小、相轮层数、塔刹形状都是相同的，所以整座塔门的外观十分完整协调，远观浑然一体，近视微有差别。是一座很成功的设计（见下表）。

	西二	西一	中	东一	东二
塔身及相轮颜色	红	绿	黄	白	黑
塔肚形状	倒置圆形覆钵	折角方形	小八方形	鼓形	正置圆形覆钵
塔肚装饰图形	莲花	宝剑	佛龛	法轮	降魔杵
代表佛尊	宝生佛	阿闳佛	大日如来	阿弥陀佛	不空成就佛

（四）千佛

千佛是佛教艺术中常用的题材，它来源于佛教经典中所谓过去、现在、未来三劫中各有一千佛出世，普救众生。一般指贤劫即现在劫之千佛。在《梵网经》中说“我今卢舍那，方坐莲华台，周匝千华上，复现千释迦”即是说佛法广大，化身甚多，指引信者，无处不在。禅宗主张，禅定修行，清除杂念，一心念佛，则会在冥想中见到千佛，所以见到千佛可以表现信徒虔信忠诚。

①参见《佛学大辞典》华藏世界条唐《华严经》曰“尔时普贤菩萨告大众言，诸佛子，此华藏庄严世界海是昆卢遮那如来，往昔于世界海微尘数劫修菩萨行时，……劫中亲近世界海微尘数佛，……佛所净修世界海微尘数大愿之所严净。”又据《梵网经》莲华藏世界条“有千叶之一大莲华中台有卢舍那佛，千叶各为一世界，卢舍那佛化为千释迦，居于千世界，复就一叶世界有百亿之须弥山，百亿之四天下，千亿之阎浮提，千释迦各化为百亿之释迦，坐于百亿之菩提树下。”

在佛教建筑艺术中应用千佛主题的甚多，如千佛阁，即以千佛为主题，在佛殿中壁面上满布成列的佛像，以示千佛，如云冈、龙门诸洞窟的实例甚多。北京智化寺万佛阁、承德普宁寺大乘阁、北京颐和园的智慧海等建筑亦如此。在佛塔建筑中亦充分利用千佛题材，来充实佛塔的艺术内容及表现力，千佛雕刻多用在塔身外壁，个别的也有用在塔心室。现存的实例很多，如北魏曹天度供养石塔（公元466年）、开封相国寺繁塔（公元954年）、开封佑国寺塔、山西原平林泉寺灵牙塔（明）、北京颐和园多宝琉璃塔（清乾隆）、闻喜柏底石塔（唐）、山西阳城龙泉寺宋塔（宋）、苏州万佛塔（公元1106年）、浙江瑞安观音寺塔（公元1068年）（图7－25、图7－26）。至于铁塔应用千佛雕刻则更为普遍，广州光孝寺、镇江甘露寺、峨眉伏虎寺铁幢等（图7－27）咸阳千佛塔、鼓山涌泉寺陶塔上影塑佛像达1078躯。

图7－25　河南开封繁塔细部

千佛装饰仅是一种意匠上艺术构思，并不一定准确地表现为数量关系，往往都是按照塔形条件，随宜布设。如颐和园多宝塔仅有720尊，瑞安观音寺塔为472尊，涞水金山寺塔为843尊，不足千佛之数，而阳城龙泉寺塔为1224尊；开封繁塔，不算塔内佛龛仅外部即达5364尊；至于蒙城万佛塔达8000余尊。

在诸多千佛艺术造型中可分为两大类，一类为将佛像直接呈横列状排列，如山西原平林泉寺塔、五台狮子窝琉璃塔及若干铁塔的处理方式（图7－28）。一类为佛像置于小型龛内，龛形有圆有长方，也有做成山崖洞穴之状，佛龛成列布置，或者错置，因为龛形有一定深度故在塔身上形成阴影明显的点状装饰构图。若为琉璃砖佛龛则更增加彩色效果。在这类佛塔中可以开封繁塔的设计最为精美，其龛形为圆形，龛形与塔身的比例大小，深度均甚合宜，远观近赏，皆收美观效果。

图7－26　河南开封祐国寺铁塔细部

图7－27　四川峨眉伏虎寺尊圣宝幢细部

图7－28　山西五台狮子窝琉璃塔细部

图7－29　河北涞水金山寺千佛舍利塔细部

除上述通常处理手法以外，值得注意的实例尚有涞水金山寺千佛舍利塔，该塔为汉白玉石制八角密檐塔，一层塔身采用浅刻的手法雕饰千佛，每面上部有一尊较大的深雕结跏说法佛像，其下部全刻成矮小的佛像，构图是按透视方式排列的，除第一排露出身体外，其余仅露头像及圆形背光，远视则成为一排排圆形图案，成为上部深雕佛像的背衬，简繁对比，主从分明，平淡中见变化，喻义之中又映出精美的装饰效果（图7－29）。

此外河北曲阳修德寺塔（宋、辽）亦应为千佛题材实例。该塔为八角6层楼阁式砖塔，其第二层塔身特别高，素壁无窗，塔身壁面上雕饰着无数小方塔，以塔代表佛尊，每面显4座（两座在隅角），共计上下五排，塔身上共有120座，值得注意的是该小方塔布置得愈在上则凸出的厚度愈少，由下至上形成一种退晕的效果，显示出极精美的装饰艺术性。此外在明清两代的金刚宝座塔塔台四壁也大量雕制成排的佛像，应该说是千佛意匠的体现。

另外，宁夏青铜峡的百八塔的塔数，亦是按密教仪轨经典《金刚顶经》所述，毗卢遮那佛有一百零八尊法身契印之数而设计，暗含象征之意。宁波天童寺内的内万工池中设计了八座佛塔，象征佛经中的圣水——八功德水等。以上这些都是佛教建筑创作中应用象征手法表达思想内容的实例，各有所长，形式各异。

（五）华藏界

华藏界为莲华藏世界的简称，是释迦如来真身的毗卢遮那佛所居的净土。佛经上称宇宙之下为风轮，轮上为香水海，海中生千瓣大莲花，包藏微尘数之世界，故称莲华藏世界。该世界的中心为毗卢遮那佛所居之净土[①]。这种由千叶大莲花形成的佛国世界就成为建筑象征的对象。最普通的例子是佛座皆作成重瓣大莲花座，又称莲台。佛殿内的开花现佛亦是这个思路，近年江苏无锡灵山所建的大型音乐喷泉，是以莲花造型为主体，内含佛祖初生形象，象征“开花现佛”的主题，亦是以莲花象征世界之意。自唐代以来许多砖石塔的塔刹部分，亦用多层莲瓣为刹座（图7－30、图7－31）。最华丽的当属甘肃敦煌的城子湾花塔，其塔刹是由7层宝装

图7-30　山西太原蒙山开化寺双塔 宋淳化元年（公元990年）

图7-31　山西五台佛光寺杲公禅师墓塔 金泰和五年（公元1205年）

莲瓣组成，花叶饱满，层叠而上，再现了盛开的大莲花繁茂之景象，是表现华藏世界的成功作品（图7-32）。

二、制高统驭的布局

关于宗教建筑艺术方面的表现力，东西方建筑有不同的考虑。西方的教堂是一座独立的砖石构造的建筑，为表现上帝与天堂，则将建筑极力升高，以空间体量统率全城的建筑；而东方木构建筑的体量不可能过大，以群体布局为其特色，建筑按中轴对称，主次安排，分院布列，形成均衡有序的构图。为了强调中心重点，往往在佛教寺院中，建造楼阁以示雄伟。寺院用地有高差地形时，多在制高点处安置殿阁或佛塔，统率全局，以示佛祖的博大庄严。

南北朝末期中国佛教寺院开始建造佛阁以安置佛像，当时多为两层楼阁。唐代尤为兴盛，在寺院内多安置弥勒大阁，在长安曲池南北的佛寺中皆有弥勒阁，五台山的佛光寺内亦过去有“三层七间弥勒大阁，高九十五

①《宋高僧传·卷二十七·唐法兴传》：“建三层七间弥勒大阁，高九十五尺，圣贤、八大龙王、罄从严饰。”

②《入唐求法巡礼行纪》卷三：“阁九间，三层，高百余尺。壁檐椽柱，无处不画，内外庄严，尽世珍异。颙然独出杉林之表，白云自在下而叆叇，碧层超然而高显。”

③《朝野佥载》卷五：“周证圣元年，薛师各怀义造功德堂于明堂之北。其中大像高九百尺，鼻如千斛船，中容数十人并坐，夹纻以漆之……至十六日……二更功德堂火起，延及明堂，飞焰冲天。”

图7-32　甘肃敦煌城子湾花塔细部

尺”[①]。五台山金阁寺内供养文殊菩萨的金阁，亦为3层九间高达百尺的大阁[②]。唐代最高大的楼阁为武则天时代建的天堂大阁，建至第五层已可俯视当时的大建筑明堂，可惜此建筑未完工，即被焚毁。其后薛怀义又造功德堂，其中大像高九百尺，工程未及一半，亦为天火焚毁，说明唐代建造大阁风气的盛况[③]。宋代盛行建造千手观音像，亦须建大阁来供养，如现存的河北正定隆兴寺佛香阁、天津蓟县独乐寺观音阁，皆为一时的巨构。根据《戒坛图经》所绘的图式，唐代佛阁皆在寺院的后部，成为佛寺中院的艺术高潮的总结。盛唐以后亦有将佛阁安排在佛殿之后，亦是统率全寺的重要位置。这种布局一直沿用到明清时期，例如北京雍和宫的万福阁，河北承德普宁寺大乘阁、普乐寺旭光阁、北京颐和园万寿山佛香阁等，皆是在寺院后部以高阁结束（图7－33、图7－34）。

建筑在坡地上的寺院，往往将主要殿堂设高坡之上，俯视全寺建筑，成为全寺的视觉中心。这种布局的方式，尤其在藏传佛寺中的反映最为鲜明。如日喀则扎什伦布寺是建在尼玛督山的南坡，寺中体量庞大的，色彩艳丽的建筑，如佛殿、大经堂、灵塔殿等，皆建在高坡的台地上，沿等高线一字排开。而其他的扎仓用房、僧房、管理用房等皆建在坡下平地。前部以众多白色低矮建筑，烘托着后部红墙、金瓦、高耸的主体建筑，金碧辉煌。背后以高山为衬，益显气势之磅礴宏大（图7－35）。甘肃夏河的拉卜楞寺亦是同样的布局。该寺布置在大夏河北岸高山的坡地上。寺院中间有一条东西大道，大道以北高地建造了大经堂、寿禧寺佛殿及扎仓等大型建筑。道南地势较低，建造了公署、僧舍、服务用房等。亦是以高大建筑统率全寺（图7－36）。内蒙古包头五当召的用地也是多层台地，采用了将独宫（大经堂）布置在后部中心地位的手法，以此作为全寺的重点。

华北地区的佛教中心——山西五台山台怀镇，许多寺庙集聚在一起，无法辨别主次，而菩萨顶的真容院坐落在灵鹫峰上，俯视台怀诸寺如在画中。虽然真容院占地面积不大，建筑体量亦小，但以绝

图7－33　河北承德普宁寺全景（自西向东望）

图7－35　西藏日喀则扎什伦布寺

图7－34　北京颐和园佛香阁

图7－36　甘肃夏河拉卜楞寺全景

佳的位置成为诸寺之首。登寺需踏上一百零八级云阶，一气呵成，暗喻人生经困苦磨砺才能达到彼岸之意。春秋之季，云雾缭绕，菩萨顶时隐时现，扑朔迷离，益增幻境般的宗教气氛。五台山诸寺是佛教建筑充分利用环境地势，而造就的绝佳的宗教艺术（图7－37）。

佛塔由早期作为佛寺的主体建筑，逐渐让位给佛殿，成为佛寺的附属建筑。但是在佛教建筑艺术上，佛塔成为不可缺少的成分。它不仅造型丰富，高耸伟岸，宗教内容多样，反映出许多宗教含义，同样也成为佛寺建

图7－37　山西五台菩萨顶真容院

筑艺术布局的重要手段，以其高大的体量，成为寺庙布局的最后的结点。如须弥福寿之庙的琉璃塔、北京香山昭庙的琉璃塔、江苏镇江金山寺塔等皆在这类布局中发挥了作用（图7－38～图7－40）。北京北海永安寺的白塔，亦是以佛塔统率全寺，成为北海公园明显的标志性建筑（图7－41）。在这方面，北京玉泉山静明园对佛塔的布置，是非常高明的一项设计。玉泉山的地貌按山势走向与沿山的河湖水系，可分为南山、东山、西山三个景区。在南山景区的主峰山建立了香岩寺及7层八面琉璃砖制的玉峰塔，登临其上极目远眺，西郊一带的田野村舍，山影湖光，尽收眼底。西峰之上又建白玉石制的小型华藏塔，成为南山景区尽头设计的远景。东山景区是一组水景园，在北部峰顶上建立一座金刚宝座式的妙高塔。三座形式各异的佛塔分别控制了三个峰顶，并标志了三处景区，充分发挥了佛塔在园林设计中的作用（图7－42、图7－43）。

图7－38　河北承德须弥福寿之庙琉璃塔

图7－39　北京香山宗镜大昭庙琉璃塔

图7－40　江苏镇江金山寺塔

图7－41　北京北海公园白塔

图7－42　北京玉泉山静明园玉峰塔

图7－43　北京玉泉山静明园妙高塔

①《高僧传》卷六·晋庐山释慧远传“远创造精舍，洞尽山美，却负香炉之峰，傍带瀑布之壑，仍石垒基，即松栽构，清泉环阶，白云满室。复于寺内别置禅林，森树烟凝，石筵苔合。凡在瞻履，皆神清而气肃焉。”

②乐卫光．略论中国寺观园林．建筑师，11期．

三、山林寺院的景观设计

初期佛教的传布依靠皇权及公卿贵族的支持，因此佛寺多建在城市之中，规模庞大，多院连属，甚至占有一坊之地。其布局多与宫室大宅相似，采用中轴对称，多院联通的方式，规整有余，变化不足。虽然佛殿雄大，高阁耸立，气势辉煌，但视觉感观尚觉单调。西晋末年，战乱频仍，社会混乱，文人之间时尚玄学，超凡脱俗，乐道山水之间，追求精神安静。佛教中的禅宗兴起，亦于远山之中，建立精舍，潜心静修。高僧慧远在庐山建东林寺，是为山林佛寺的开始之作①。唐代禅宗大盛，佛学完全中国化，以玄学为本质的禅宗南宗，历宋、元、明时期，更在江南一带占主导地位，山林禅寺修建甚多，如宁波天童寺、阿育王寺，杭州灵隐寺、虎跑寺，天台国清寺、普陀山诸寺庙以及四川峨眉山诸寺院等。因地理条件的变化，山林佛寺与城镇佛寺的布局大不相同。随形就势，按地建房，自由布置，不求轴线对称之规划。经营环境，广植树木，重点设计前区的导引路线。利用山水环境，创景借景，丰富自然景观。故一般的山林佛寺皆成为风景游览的著名景区。中国山林佛寺所创造的宗教环境独具特色，是人与自然相结合融汇的产物，具有重要的文化价值，在世界范围内亦占有重要地位②。

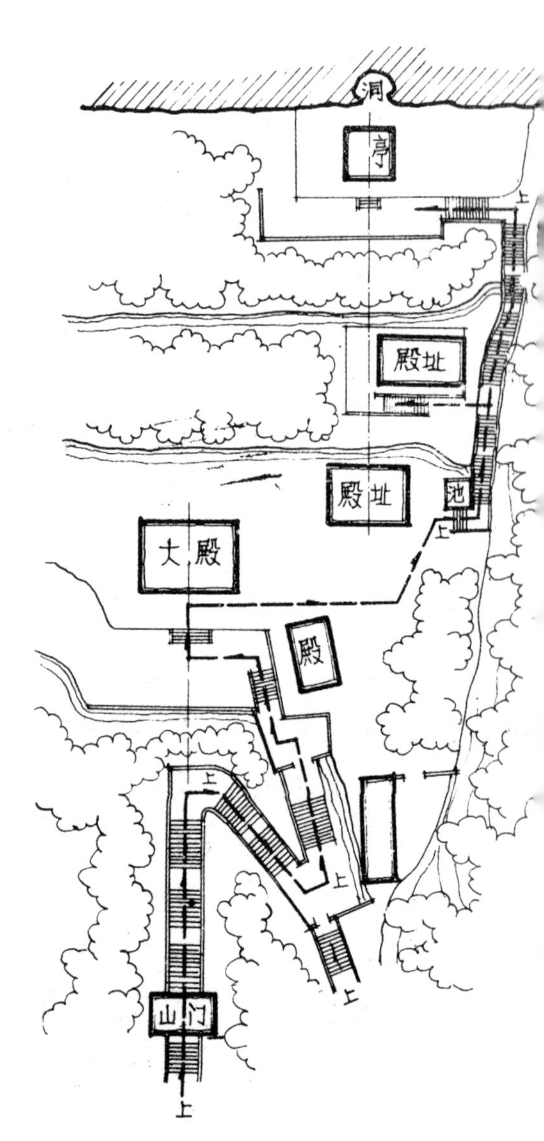

图7－44　杭州韬光寺平面示意图 引自《建筑师》11期

（一）布局自由有序

山林寺院地处岩壑之中，高差不等，平地缺少，故只能采用挖填相抵，分层建造部分小平台，以为建筑小型殿堂及僧舍之基，因此不能迁就朝南方向，各方皆可，随宜而设。寺院内部利用磴道、台阶、过洞及纳陛，来联系寺内各类建筑，产生曲折回环，层叠而上的空间环境。平地寺院以中轴线作为全寺观赏的主干，而山林寺院是以踏道组成行进路线作为全寺的观赏重点。例如杭州韬光寺的平面，进入山门以后，经三折登山踏道，才进入大殿。过大殿右转沿山壁登山，途经三个平台上的佛殿，最后达到顶端的方亭，可一览全寺风光。全寺的踏级全处于建筑的一侧，与殿堂并无轴线关系，布局完全依山势而建，自由灵活（图7－44）。又如河北井陉福庆寺的桥楼殿，更是拥有奇特的寺院布局。该寺建于南北夹峙的崖壁之中，进入山门以后，沿山沟的磴道而上，经过几个景点后达到山沟尽端小平台，急转入北崖，从崖道上进入两崖间架设的双桥，桥上建有天王殿及大殿。桥楼殿架于百仞峭壁之间，仰视蓝天一线，俯临万丈深渊，形势极为险要。而其他小型殿堂皆设在两崖的崖道上，呈分散式的布局，在山间峰顶没有用地的情况下，凭崖道及桥梁建造出了一座寺院，充分显示了工匠的巧妙构思（图7－45）。福建泰宁的甘露庵则是另一种布局方法。该寺为一小型庙宇，建在山上岩洞之中，岩洞底部崎岖不平，约成40度的坡度，为兴造寺院增加巨大的难度。工匠采用吊脚木构架，分别形成3层平台，在一层平台上建造了前庭小佛殿，二层平台上建蜃阁及两侧的观音阁、南安阁，三层平台上建上殿，作为最后结束。进入寺院需经券门及二门，有石级婉转登上岩洞，从北侧进入一层平台，又从小佛殿的右侧登二层平台，展示主殿蜃阁，蜃阁两侧有梯级上达三层平台的上殿，上殿左右有路可通观音阁及南安阁的上层。古代匠师能在方圆不足2亩，地形崎岖不平的崖洞中，利用几处

图7－45　河北井陉桥楼殿沿山崖建筑

突出的崖层，稍加平整，辅以木柱栈道，架设平台殿阁，完成众多建筑的安置。楼阁重叠，走道梯级曲折相连，以空间形式完成全寺游览路线的串通衔接[①]（图7－46、图7－47）。

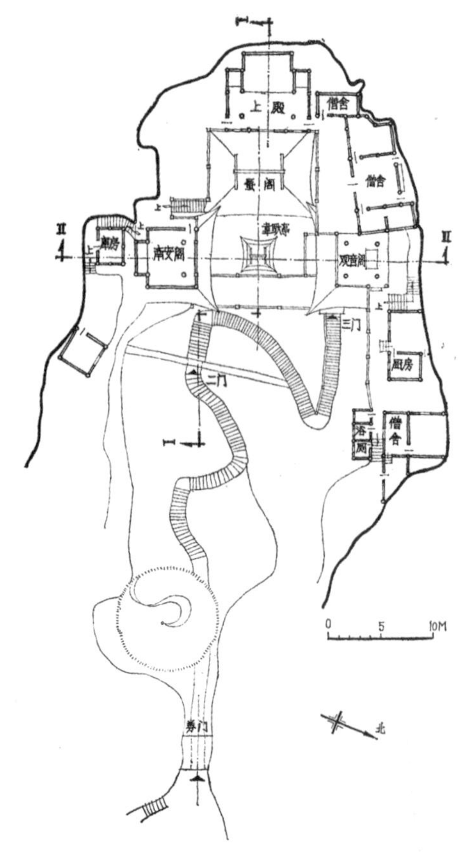

图7－46 福建泰宁甘露庵平面图

①张步骞．甘露庵．建筑历史研究第二辑．

（二）经营环境景观

山林寺院多选择自然植被比较优良的山区，寺院周围遍植花草树木，具有天成的自然景观。但寺院为了增加禅意，对植物树木品种有意进行选择，一般多取松、竹为主，取其临风傲雪，挺立不染之性格。历来将松竹梅称为岁寒三友，具有高洁之意。并有计划地成片成林地种植。如杭州灵隐寺的“十里云松”、宁波天童寺的“深径回松”、杭州云栖寺的“云栖竹径”、莫干山的“遍地修篁”、峨眉山伏虎寺、万年寺前的楠木林、罗汉坡上的冷杉林等，皆是成片成组的林木景观。一些创建年代久远的寺庙，虽然建筑屡经改建，但一些古树名木却保留下来，因树组景，单枝欣赏，形态苍健，古拙浑厚，成为寺庙的特殊景观。如庐山的古银杏、峨眉洪椿坪的古椿树、杭州灵隐山的古柏等。

山林寺院皆着意经营寺院的前区，即寺前的入山道路，使之成为朝拜香客的导引之路，在这方面有许多成功之作品。前区导引设计多在山路曲折上下之处，设置亭阁、门洞、影壁、牌坊、塔幢、水渠、小桥等小品建筑，辅以林木，形成动态景观。步移景异，增加敬仰之心，逐步接近心中的目的地。前区导引虽非寺院本身的用地范围，但作为景观构成却是非常重要的一环。例如浙江天台国清寺的前区起自七塔，七座形式雷同的瓶式塔一字排开，指引了前进方向。山路两侧为茂密的森林，继之在路边设拾寒亭，供路人小憩。路随溪转，林木葱幽，有“教观总持”照壁设在路旁，与寺院对峙。过丰干桥，有“隋代古刹”照壁立于寺前。绕过照壁从侧面的山门而入，才达寺院内部。一路弯转曲折，景观变幻，人们的心境随着空间的变化而达高潮，作为入寺前很好的铺垫（图7－48～图7－53）。

图7－47 福建泰宁甘露庵全景

宁波天童寺的前区亦十分有特色。自“伏虎亭”山门开始，沿路参天古松夹道，潺潺清溪相随，茂林修竹，环境清幽。香道几经曲折，层次起伏，错落变化。沿途又设古山门、景倩亭等小建筑，最后到达寺前广场。经长途林木幽闭以后，豁然开朗，精神为之一振。广场上有宽大的万工池

（放生池）及七塔，池北耸立着壮伟的天王殿，形成入寺之前的景观高潮（图7－54）。

前区的景观艺术的导引，深化了香客对佛土的向往与崇敬。杭州灵隐寺更是依靠飞来峰的地理特点，沿十里云松的灵隐路，组织了玉乳洞、龙泓洞、通天洞等一系列洞窟，安排了一线天、宋元佛教石刻、理公塔、冷泉亭、壑雷亭等诸多景点，才达到寺门，寺院前区的导引与欣赏丰富多彩，引人入胜（图7－55、图7－56）。

（三）因境成景

山林寺院具有特殊的自然环境，或占据山巅，或隐于山坳山麓，或立于水边弧峰，各有地理上的特点，结合晨昏雾雨，四季冷暖，奇峰异壁，水瀑萦绕的变化，形成不同的特色风景，是名山大川中的著名景观。如四川峨眉金顶大庙，海拔达3000米，云雾迷漫时，一峰刺破云层，犹如佛海中的仙岛。午后阳光照射，因水气折射之故，形成彩虹般的圆形光环，有如佛光，形成峨眉日出、云海、佛光三大奇景。峨眉清音阁位于青龙江、黑龙江两条注水溪之交汇处，溪中有一只类似牛心的石块，溪

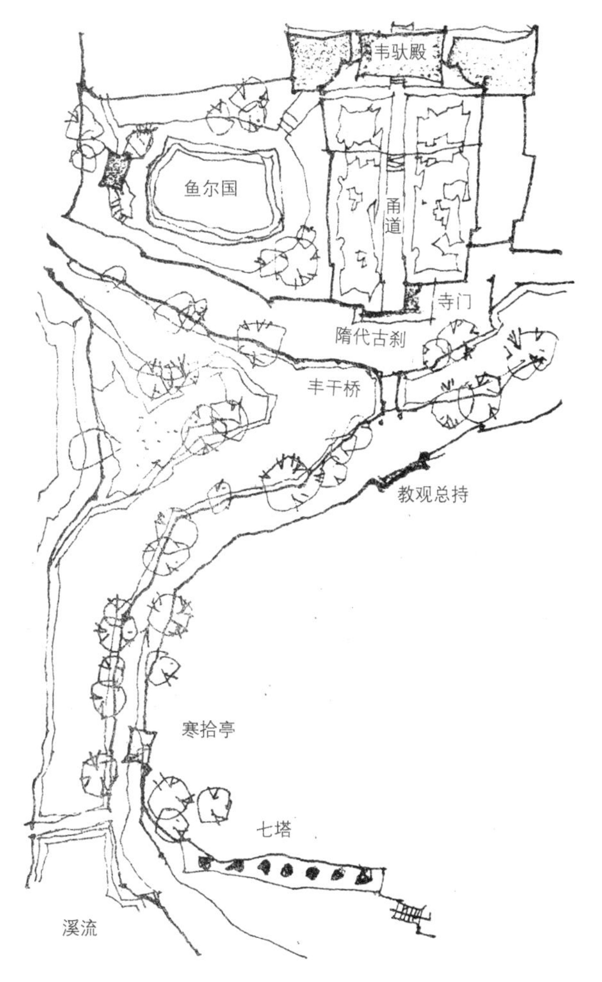

图7－48　浙江天台国清寺入口平面示意图 引自《建筑师》29期

图7－49　浙江天台国清寺七支塔

图7－50　浙江天台国清寺去寒拾亭的路上

图7-51　浙江天台国清寺之桥及寒拾亭

图7-52　浙江天台国清寺丰干桥及隋代古刹照壁

图7-53　浙江天台国清寺天王殿 两侧矮墙夹持

图7-54　浙江宁波市天童寺万工池

图7-55　浙江杭州灵隐寺一线天

图7－56　浙江杭州灵隐寺冷泉亭

图7－57　四川峨眉清音阁二水洗牛心景点

水震荡，沫花飞溅，发出音响，故有“二水洗牛心”之景色（图7－57）。天台国清寺前双涧环回，清泉潺潺，院墙顺溪而筑，形成“双涧回澜”的景色。有的寺院以植物取胜。如杭州灵隐寺的“七里云松”，宁波天童寺的“深径回松”，杭州云栖寺的“云栖竹径”，韬光寺的紫竹林等。有的是以时间为成景的重点，如“雷峰夕照”表明在夕阳映辉下的雷峰塔别有一看风味。总之，山林寺院以其布局的自由多变及多元的自然环境，这是各具特色的景观，这是不同于城镇寺院的艺术面貌。

四、精巧的小木作装修

作为大型建筑的佛寺建筑其装饰手法与宫殿、坛庙有类通之处。如琉璃瓦屋面、汉白玉石栏杆、鲜艳的油饰与彩画、棂花隔扇门窗、精细的天花藻井等。从建筑装修角度评价，自然以宫殿建筑最为豪华，但佛殿也有其个性的表现，亦有许多优秀的作品，保存了许多历史久远的实例，成为建筑史文化发展的证物，具有重要的史证价值。在装修小木作方面，有三项是有突出成就的，就是天花藻井、门窗棂格及转轮经藏。

（一）天花与藻井

1. 天花

天花是建筑构造中很实用的构件，其技术目的就是把平板固定在梁枋下皮，遮盖室内粗糙加工的屋架，防止尘土飘落，使室内空间更为整洁有序。并有一定的保温效果。而设置的顶棚，是坡顶房屋所采用的一项小木作构造。什么时候开始出现天花有待考据，但在南北朝时期的云冈石窟及巩义市石窟的窟顶上，就有类似后代井口天花的雕饰。实例有云冈第7窟、8窟、24窟、25窟、38窟诸窟，巩义市石窟第1窟、4窟等。井口板内雕有莲花、飞天、莲花坐佛等题材，排列随意，并无规律。有些支条亦有雕饰（图7－58、图7－59）。至于南北朝时期大型佛教殿堂的上部空间是否有天花吊顶，尚无实例可证，仅知当时已经出现了天花。

图7－58　山西大同云冈石窟第9窟天花雕刻

降至唐代，出现了以方椽密集相交，构成小方格状的网架。网架约为一椽两空的方格，上盖木板，称为“平闇”，即《营造法式》中所称“以方椽施版谓之平闇”。平闇以其组合的强度可以作成大面积的天花，用于佛殿的大空间。建于唐大中十一年（公元857年）的山西五台佛光寺大殿就是应用了平闇式天花（图7－60）。而且一直影响到后期的辽代建筑，如山西应县木塔首层的斗八藻井、河北蓟县独乐寺观音阁等建筑，皆是平闇式天花（图7－61）。元代以后不见这种做法。

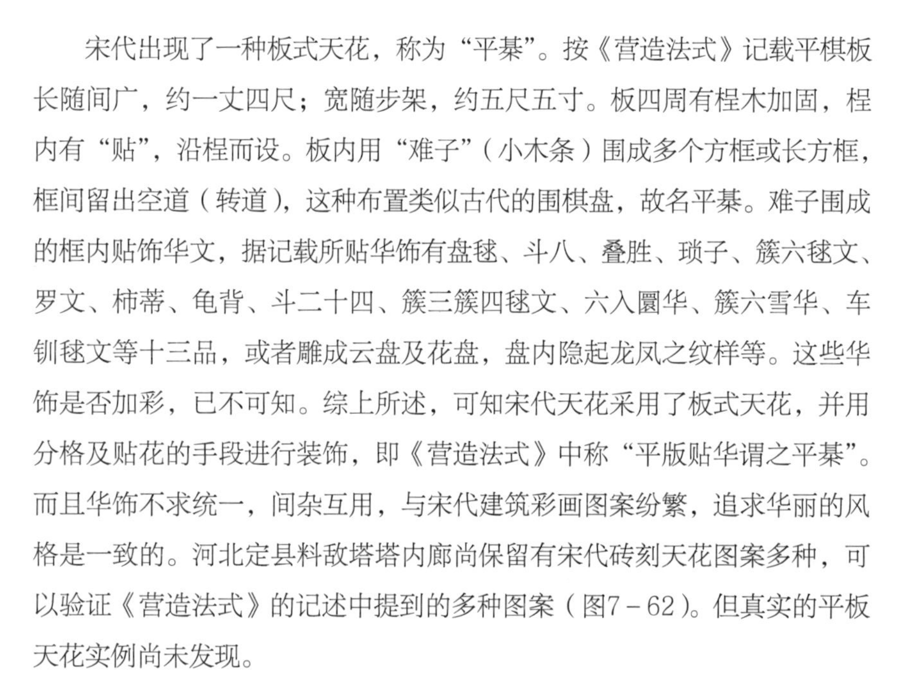

宋代出现了一种板式天花，称为“平棊”。按《营造法式》记载平棋板长随间广，约一丈四尺；宽随步架，约五尺五寸。板四周有桯木加固，桯内有“贴”，沿桯而设。板内用“难子”（小木条）围成多个方框或长方框，框间留出空道（转道），这种布置类似古代的围棋盘，故名平棊。难子围成的框内贴饰华文，据记载所贴华饰有盘毬、斗八、叠胜、琐子、簇六毬文、罗文、柿蒂、龟背、斗二十四、簇三簇四毬文、六入圜华、簇六雪华、车钏毬文等十三品，或者雕成云盘及花盘，盘内隐起龙凤之纹样等。这些华饰是否加彩，已不可知。综上所述，可知宋代天花采用了板式天花，并用分格及贴花的手段进行装饰，即《营造法式》中称“平版贴华谓之平棊”。而且华饰不求统一，间杂互用，与宋代建筑彩画图案纷繁，追求华丽的风格是一致的。河北定县料敌塔塔内廊尚保留有宋代砖刻天花图案多种，可以验证《营造法式》的记述中提到的多种图案（图7－62）。但真实的平板天花实例尚未发现。

宋代平棊板式天花有一项缺点，就是每块平棊板过大过重，不利于制作及安装，所以明清时期大型殿堂建筑室内出现了“井口天花”。井口天花是吸取了平闇天花的方格网架构造，加大了网格间距（一般按斗栱攒距为准，规划方格大小），形成以支条为骨的网架。支条围成的方格称为井口，故称为井口天花。井口背板是分块制造，可以减少厚度，搭在支条上。井口天花在构造上的改进是其提吊的方法。首先将支条网架用扁铁吊在帽儿梁上，每两井用吊铁一根；然后帽儿梁用挺钩吊在檩条上，每一步架用帽儿梁一条，每条用挺钩八根。这样将天花的匀布荷载全部转移到屋顶构架上，解决了板式天花过重变形的缺点。井口天花可产生均布在整座殿堂顶

图7－59　河南巩义市石窟第4窟天花雕刻

图7－60　山西五台佛光寺大殿平闇天花

图7－61　山西应县木塔首层藻井平闇

部大面积的构图形式，具有整齐划一之美，这也是明清时期建筑美学特色之一。井口天花的美学加工主要是彩绘，所有的井口采用统一图案，有如织绣般的华美，不再间杂互用。但不同的建筑可以采用不同的图案，以增显建筑的个性特征。

井口式天花在辽代即已出现，如大同下华严寺薄伽教藏殿的天花（图7－63）。降至明清时期佛殿天花俱为井口式样，而且全部为彩绘装饰，井口内圆光图案大部分为六字真言，梵字图案，也有用佛八宝纹样的，或者为花卉植物等。现存的优秀实例较多，如北京智化寺的井口天花（图7－64）。根据开间尺寸的变化，井口有正方形、长方形、三角形的不同形状。承德普乐寺旭光阁为圆形平面，故其井口天花呈放射圆形分格（图7－65）。此外，如北京卧佛寺、隆福寺、北海极乐世界、河北易县开元寺观音殿等处皆施以井口天花（图7－66、图7－67）。

2. 藻井

在吊顶中的藻井纯属装饰构造，其所以能够出现，源于传统建筑是坡屋顶，其分间梁架之间有相

图7－62　河北定县开元寺料敌塔塔内天花

当高的三角空间，可以制作向上凸起的藻井。藻井之饰起于何时，一般皆引用东汉张衡的《西京赋》中文称，“蒂倒茄于藻井，披红葩之狎猎”及东汉王延寿的《鲁灵光殿赋》中文称“圆渊方井，反植荷蕖”之句。说明东汉时期，即公元1世纪时已有藻井，并在井中心装饰有倒垂的莲荷藻类植物形象，象征性地以水克火，避免火灾烧毁建筑。但当时的藻井是什么形象，是否如后世的斗八藻井图式？并不明了。依作者推测，按当时木质的吊顶天花尚未出现以前，这种藻井很可能是梁架之间搭建的方井，利用抹角的方式，回旋叠架而成，最后以方板结顶，饰以反植荷蕖。这种方井的深度不可能

图7－63 山西大同下华严寺薄伽教藏殿天花彩画 辽代

很大，估计也没有成熟的斗栱参与，因为当时的斗栱也未曾定型。这种方形转角的顶棚在汉墓石室中多有出现，只不过是用石板叠砌而成的，用木枋构成的尚无实例。在甘肃敦煌莫高窟北京第268窟的窟顶天花上，就出现了仿木构的方形转角井，抹角构件相互承托之状十分明显，这时是公元5世纪初（图7－68）。在以后的北朝石窟的窟顶上多次出现方形转角井，敦煌石窟的窟顶天花彩画上也有这种形状，只不过将其平面化了。

到了宋代明确提出了斗八藻井的概念，并且有标准的做法。同时期的辽代建筑，也应用了斗八藻井，但形式比较简单。按辽代建筑多遵从唐制的规律，说明唐代应该出现了斗八的形制。斗八之意为八根枋木（宋代称阳马）向上斜置，交会于一点，呈交斗之势。斗八构造抬高了藻井的深度，有利于其造型的变化，宋以后的藻井的发展皆缘于斗八，虽然不一定仍保持有八根枋木，但八方重叠之势，层层上升之形，仍是宋代斗八藻井之遗韵。明清时期藻井艺术得到很大的发展，出现了各种形态的藻井，是宫殿、坛庙、寺观、祠堂、戏台等重要建筑的内檐装修的手段。成为中国室内装饰的重头角色。佛寺殿堂中出现的藻井，从形式上分类有：斗八井、方井、圆井、多角井、吊井、平井等。

图7－64 北京智化寺万佛阁井口天花彩画 明代

（1）斗八藻井

如上述，斗八藻井的基本形态为八根木枋倾斜交斗的构造，并无斗栱参与其中。枋间为木板，或参照平闇天花的制式制作的菱形密格。斗八中心为一垂柱，抑或安装一圆盘，称为明镜。这种早期的简单的形制，在辽代建筑的独乐寺观音阁（公元984年）、应县木塔（公元1056年）内已经出现

图7－65　河北承德普乐寺旭光阁圆形井口天花 清乾隆

图7－66　北京隆福寺正觉殿明间井口天花彩画 清初

图7－67　北京北海极乐世界八方形 井口天花

图7－68　甘肃敦煌莫高窟第268窟窟顶天花 北凉

图7－69　河北蓟县独乐寺观音阁藻井 辽代

（图7－69、图7－70）。在已毁的河北易县开元寺毗卢殿（辽乾统五年，公元1105年）内亦为此种形式的藻井（图7－71，跨页：河北易县开元寺毗卢殿藻井）。这些实例皆早于《营造法式》的刊行年代（公元1103年），据作者推测此式的出现时期应该更早，是否唐代已有斗八藻井，尚须实证。

降至宋代，华丽之风盛行，斗八藻井出现复杂的造型。据《营造法式》记载有两种，即斗八藻井与小斗八藻井。斗八藻井用于“殿内照壁屏风前，或殿身内前门之前，平棊之内”；小斗八藻井用于“殿宇副阶之内”，即殿宇周围廊的天花上。斗八藻井的形制分为3层，“其下曰方井，方八尺，高一尺六寸；其中曰八角井，径六尺四寸，高二尺二寸；其上曰斗八，径四尺二寸，高一尺五寸，于顶心之下施垂莲，或雕华云卷，皆内安明镜”。方井、八角井的枋木之上皆有斗栱，而且斗八的枋木（阳马）为微曲的，使结顶呈弧形。枋木间的背板上粘贴有难子及华子等装饰物，斗八藻井总高达160厘米。所以宋式斗八藻井是很华丽的（图7－72）。

小斗八藻井仅有两层，“其下为八角井，径四尺八寸；其上为斗八，高八寸”。总高仅60厘米左右。八角井斗栱之上并贴络门窗钩栏等装饰，是与斗八藻井不同之处（图7－73）。

《营造法式》所列的藻井形制多为皇家宫廷建筑所用，是比较高级的形制，民间所用更为多样。如建于宋大中祥符六年（公元1013年）的浙江宁波保国寺之藻井，即在八角井之上，出偷心五铺作斗栱，托圆形枋木，上为弧形斗八阳马，没有背板，代之以数圈弧形椽条，形成简单、空透、结构感极强的新式斗八藻井（图7－74）。

图7－70　山西应县释迦塔首层藻井

（2）方形藻井

所谓方井就是在井口天花的中间留出正方形井区，井内用抹角的方式形成八方，八方之上聚成圆形，顶部以圆盘结束，盘上多为雕刻的盘龙。虽然井口之上仍有斗栱作为过渡的构件，但体量缩小很多，实际为贴在背板上的装饰件。方井藻井整体是由方井、八方井、圆井叠合组成，已经没有八根枋木聚斗的痕迹。最早出现方形藻井的时代应该是金代，建于金代的山西应县净土寺大殿（金大定二十四年，公元1184年）亦为此式。只不过它是由方井、八方井，直接过渡到八方背板上，没有圆井（图7－75）。

（3）圆形藻井

圆井是指圆形的藻井，一般皆用在圆形建筑的室内，或者方形建筑经过抹角梁的搭接形成八角或十六角的平面，而组成圆形藻井。圆形藻井皆是由层层圆井逐层数缩而成。每层圆井的内收部分可以用镏金斗栱或出挑斗栱完成，也可用井口天花来补充，或者用雕花的圆梁来代替。宫殿建筑的圆井皆是如此构造。而河北承德普乐寺的旭光阁又采用了另外一种艺术方式。在青绿井口天花中心留出满雕云龙的圆形环梁，梁上以九踩斗栱及环形井口天花托2层环梁，梁上又出九踩斗栱承托3层环梁，梁上又出十一踩斗栱托4层环梁，梁上为巨大的流云底的盘龙，口御宝珠，龙首倒垂。旭

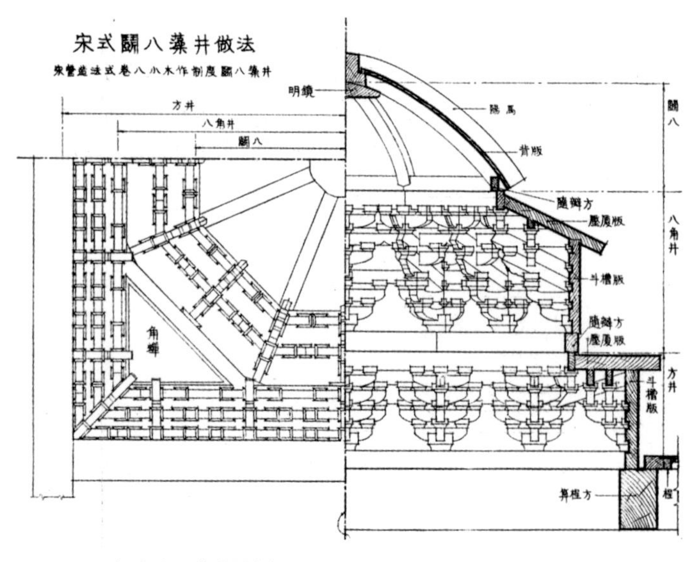

图7－72　宋式斗八藻井平剖面图

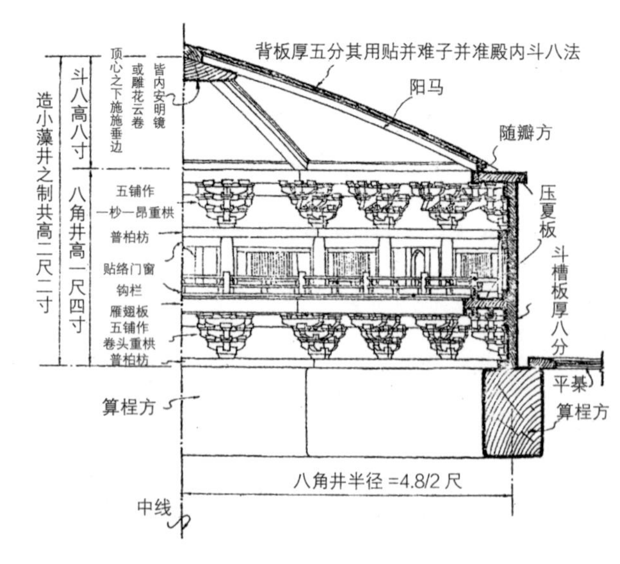

图7－73　宋式小斗八藻井剖面图

图7-74 浙江宁波保国寺斗八藻井

图7-75 山西应县净土寺天花藻井 金代

光阁的圆形藻井整体布满斗栱与繁密的雕刻，并且全部贴金，金光闪烁，璀璨绚丽，颇具匠心（图7-76）。

图7-76 河北承德普乐寺旭光阁满金藻井

（4）多角藻井

多角井是藻井平面呈各种形式，如八角、六角、菱形、星状等。山西大同善化寺大雄宝殿藻井为八角井（公元1143年），在四方枋木抹去边角，而成正八方式，以2层斗栱承托，中为八方圆光（图7-77）。北京北海极乐世界的藻井是另一种方式，平面由四方变八方井，然后铺设大面积的井口天花，中间留出贴金的八角井，井口下方正好是弥陀佛的供养位置。最丰富的寺庙藻井当属山西应县净土寺大殿（图7-78、图7-79）。该殿全部内檐屋顶划分为三间，每间分为前中后三个不同面积的藻井，共为九个藻井。明间中央为八角井，前部为菱形井，后部为扁六角井；两次间中央为八角井，前部为正六方井，后部为菱形井。全部藻井为青绿彩绘，中央藻井周围有天宫楼阁小木作装饰，全部沥粉贴金，华丽异常。所有藻井皆由一攒攒小斗栱围合攒聚而成，绿色栱身，金色小斗，如夜空繁星闪烁其间。中央三个八方井正对下方的三世佛像，两次间的藻井与山墙上的佛像壁画亦有呼应。藻井成为建筑内檐空间艺术组成部分，并有力地加强了室内的宗教气氛，为一项成功之作品。

（5）悬吊藻井

吊井是指中心井口下吊之藻井，目前仅发

现了一个实例，即北京隆福寺正觉殿明间的藻井，该寺已经拆毁，此藻井修复后，现存北京古代建筑博物馆内。该寺建于明代景泰四年（公元1453年）。圆井共有4层，每层皆以流云雕刻的圜梁承托着模拟天宫楼阁的小建筑模型，内有镏金的仙人站立。最上层为覆斗式天花，顶部绘制了天文星宿图。隆福寺明间整间屋顶天花为井口天花，中间留出一个较大的圆井口，向上内收，呈覆斗状，交会在中间圆井的第三层圜梁上。形成中间的四层圆井一半悬吊在覆斗天花之下，而另一半深入覆斗天花之上，造成深邃之感，烘托出天国世界的装饰主题（图图7－80、图7－81）。隆福寺的吊井藻井完全是用铁构件拉吊承重，这也说明了封建社会后期对铁构件的应用逐渐增多，并不一定遵守全木构榫卯，不用一钉的传统做法，如拼钻大型梁柱用的铁箍、大型立佛的牵拉钢索等皆为金属构件。

图7－77　山西大同善化寺大雄宝殿藻井

（6）平井

平井是指天花微凹形成的藻井，一般呈平板状，多应用在藏族和维吾尔族采用平顶的建筑中。藏族平井藻井多为长方形或方形，从天花上凹进十余厘米，四周边框刻有莲瓣，或绘有卷草。平井板上皆彩绘，没有雕刻。题材为多层覆莲或几何图案（图7－82、图7－83）。在西藏扎囊桑耶寺三界铜殿内的藻井，尚保留着较早期的转角方井的格式，中心画圆光坛城图，四周用红绿白黄四色为衬，说明这一例是较早的藻井（图7－84）。

图7－78　山西应县净土寺大殿六角形藻井

（二）门窗棂格

门窗棂格是指传统建筑木门窗空透部分组成图样的木棂条。木棂格在中国各地建筑中使用了很长的时间，是建筑中小木作的重要表现，直到近代净片玻璃应用到门窗采光以后，才慢慢地退出历史舞台。秦汉时期的门皆是木板门，采光主要靠窗户。当时窗户的遮挡及采光的材料为纱，为了固定纱布，需要在窗框内加设木棂条。此时期窗户皆为固定式窗，从汉代墓室明器中的建筑形象来推断，此时的窗棂条皆很粗壮简单，图式有直棂、横卧棂、斜十字格，也有少量的稍复杂的十字加环形格（图7－85、图7－86）。

图7－79　山西应县净土寺大殿菱形藻井

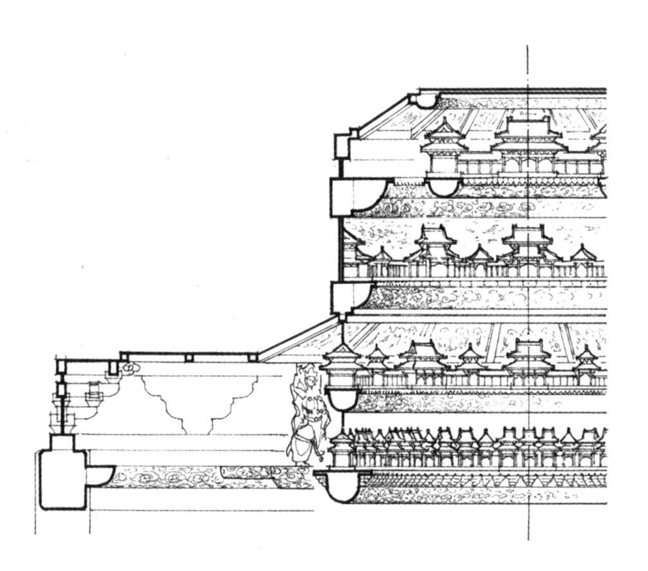

图7-80　北京隆福寺正觉殿明间藻井剖面示意图

图7-81　北京隆福寺正觉殿明间悬吊式藻井

图7-82　西藏扎达古格王国白庙平井天花

图7-83　西藏拉萨大昭寺大殿平井天花

图7-84　西藏扎囊桑耶寺三界铜殿藻井

图7-85　徐州画像石博物馆藏汉代画像石

图7-86　西汉绿釉陶屋

南北朝时期纸张开始普及，窗户的遮挡及采光材料改为纸以后，其防风及保温性能大为提高。窗户棂格形式统一固定为直棂窗，即在固定窗框内垂直竖立若干直棂条的窗式，这种窗式一直沿用至隋唐，甚至宋辽时代。南北朝时期的窗棂断面是方形，还是三角形，尚无考古材料确认。但隋唐时期的直棂窗棂条明确为直角三角形，尖角朝外，平面朝内，便于糊纸。这种棂条是用正方形棂条对角锯开而成两条三角形，术语称“结角对解 ”，故又称这种窗式为“破子棂窗”。河南登封会善寺唐代净藏禅师墓塔（图7－87）、山西运城唐代泛舟禅师墓塔的塔壁上皆表现出破子棂窗的形式，另外现存唐代的五台佛光寺大殿及南禅寺大殿皆是破子棂窗。唐代是否出现了可以透气采光的格子门，尚无实例可证，但在江苏镇江甘露寺铁塔塔基出土的唐代舍利银椁上，就刻有直棂格眼的格子门，也说明格子门在唐代南方地区可能出现了。宋代仍沿用破子棂窗，棂条尺寸的宽厚随窗高而定。宋代还出现了板棂窗，即窗棂呈平板状，宽厚比约为3：1。板棂的做法还影响到北方金代建筑的小木装修设计。

图7－87　河南登封会善寺净藏禅师塔 唐代

宋代除了沿用历史上成熟的直棂及板棂窗以外，在建筑装修上尚有两项具有划时代的成就。其一是窗户改为可以开启的栏槛钩窗，继而引发了后代的各种窗式；其二是板门改为门板上有棂格采光的格子门，与钩窗相同采用类似的棂格心，增进了门窗之间观赏艺术的协调性，为后代的隔扇门之先声。据《营造法式》卷七小木作制度中，叙述宋代格子门及钩窗中的棂格图案仅有两种，即四斜毬文格眼和四直方格眼。毬文格眼是用连续葫芦状的棂条45度斜交，形成类似古钱状的毬文图案；方格眼是用直棂条十字相交，形成井字格，即后代俗称的豆腐块。在毬文棂条上还可起线，《营造法式》上称“毬文上出条桱重格眼”。《营造法式》所载格子门窗为官式建筑的情况，按照官式是吸取民间艺术营养的理论，估计民间建筑已经应用带有棂格的格子门。河北正定料敌塔的砖刻方窗就出现了井字格、井字格嵌万字、龟背纹嵌菱花的棂花图案（图7－88）。河南洛阳出土的宋代砖雕墓中，仿制格子门就有许多图样的棂花格心，如套四方等，说明当时民间建筑装修上已经有短棂出现，可以创作出新花样。

图7－88　河北定县料敌塔塔外雕花窗 宋代

棂格门窗在金代传至北方地区，最初多为带花式透刻的板棂形式，以后又发展为棂条组合形式。棂格图案很多，有时在一座建筑的外檐上使用多种棂格图案，并不强调统一协调。图案比较密集，透光量小，更注意外观花式多变的新颖感觉，这种现象可能与气候寒冷有关。实例建筑以山西

图7－89　山西朔县崇福寺弥陀殿门窗棂格 金代

图7－90　山西朔县崇福寺弥陀殿门窗棂格举例

图7－91　河北涞源阁院寺文殊殿门窗棂格 辽代

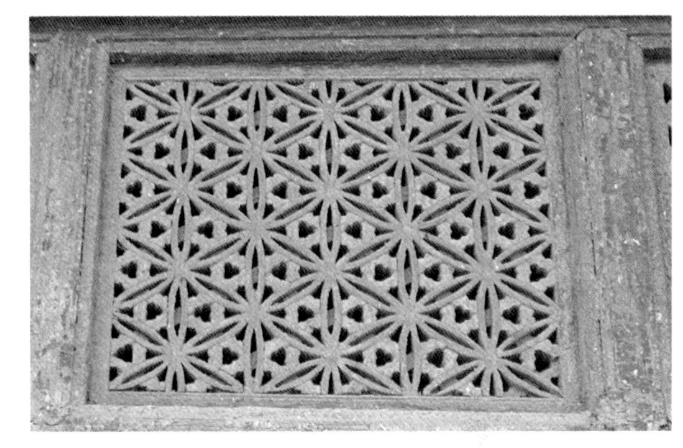

图7－92　河北涞源阁院寺文殊殿门窗棂格举例

朔县崇福寺弥陀殿及河北涞源阁院寺文殊殿的外檐装修最为著名。崇福寺弥陀殿建于金皇统三年（公元1143年），是一座面宽七间的大殿。其正面五间外檐装修的格子门尚保留着金代原建的模样，每间四扇，中间两扇较宽，两边扇较窄。每扇门施单腰串，下为裙板，上为棂格心。门扇之上为固定的横披窗，分为五格，皆为棂花格眼。该殿格子门及横披窗的棂花图案达十五种之多，设计追求变化，不尚统一。棂条搭接可分为三交六椀、四交方格、六交长方格，有的三交六椀棂花采用双层套叠，成为套六方的图案，更呈繁复之形态。有些簇六式样的棂格中间嵌插六出石榴菱花。此外，有些簇六棂格在棂条上起线，在棂条边缘做出花饰线脚，交结处贴小团花，使得这类棂格图案进一步丰富起来。崇福寺的棂花大部分为板棂，为了在板棂中间能挖刻出花饰，采用双拼棂条，便于锯刻。正因为是板棂，经多次交叉以后所余空隙甚小，不够透亮，同时门扇过大，棂条用材粗厚，风貌显得笨拙，是其不足之处（图7－89、图7－90）。阁院寺文殊殿为辽代建筑，但其正面外檐殿门之上的横披窗仍为金代改装原物。每间五樘，大小统一。其棂格图案有斜方格、米字格、扁米字格、毬文、毬文套簇六等，与崇福寺棂花的风格类似。但其中较有特色是毬文与背部的簇六纹是半体相嵌，产生两种纹样套叠的立体感，这种做法对后代有一定的影响（图7－91、图7－92）。以上两例对门窗装修的历史发展，有重要的史证价值。

①参见《佛学大辞典》“轮藏”条目及“傅大士”条目。

明清时期的隔扇门窗及各地的支窗、花窗的棂格图案得到很大的发展，图案变化繁多，尤其是民间建筑在棂花图案中多有创造，可称之为百花齐放的阶段。寺院建筑的门窗装修基本分为两类：一般寺院仍沿用简单的直棂图案，如一码三箭、豆腐块或者加入一些六方体等，以实用为主导思想。大型殿堂多采用花式直条棂格，有双交、三交棂花图案。花饰直条棂格的特征就是每个棂条两侧皆刻出凹凸花饰，不是矩形直棂。经交叉咬合以后，形成有特殊意味的图案，十分巧妙，这也是中国木制棂格的重要的成就。具有代表性的是三交六椀嵌灯球菱花棂格。三交六椀的意思就是三根棂条呈60度交角交叉，在交义点上形成一朵六瓣菱花，并用一根金属钉钉在菱花心上，钉帽上镏金，以固定三根菱条。在官府敕建的皇家寺庙中多采用三交六椀棂花窗格（图7－93～图7－98）。

（三）壁藏、转轮藏、天宫楼阁

佛殿建筑内部附加的小品建筑，对佛殿的艺术感观亦有深刻影响，如经橱、壁藏、转轮藏、佛帐、供案等，都是佛殿中常设置的小木作供具，其中最精巧复杂的是壁藏、转轮藏与天宫楼阁。

两晋以后，佛经的翻译工作取得了巨大的进步，佛经数量增多，因此寺院中多设置经藏或藏经阁。唐宋之际，亦有佛寺将藏经书的经橱设计在佛殿以内，一般设在两侧山墙墙壁前，称为壁藏。著名的实例为山西大同下华严寺薄伽教藏殿的壁藏（图7－99）。壁藏是储藏经书的书柜，在这座佛殿里把它做成楼阁形式。围绕左右山墙及后檐墙共三十八间，分上下两层，下层为经橱，每间一橱。橱上为腰檐、平坐、勾栏，上层建佛龛及行廊，佛龛较行廊略高，左右山墙壁佛龛各一座，后檐墙明间两侧各一座。壁藏在后檐中间处断开（可能原来有后门），悬空架设一弧状拱桥，称圜桥子。桥上置小殿三间，左右挟屋各一间，称天宫楼阁。这样一圈高下起伏，翼角错落的壁藏，不仅是实用品，而且也是佛殿内有特色的装饰物。此外，太原崇善寺大殿内亦有壁藏，但仅为一般的经橱。像薄伽教藏殿的经藏实属珍贵之物。《营造法式》卷十一中曾详述造壁藏之制度，卷三十二附有天宫壁藏的立面图，按图所示的壁藏较实物更为复杂华美，可惜没有实物可证（图7－100）。

转轮藏为一可转动的经橱，一般为八角形，外观采用宫殿建筑形式，每面有橱柜，以藏经书。中心有立轴，轴下有枕石，轴上部与屋架相接固定，推之可转动，故名转轮藏。转轮藏之设计源于梁朝的傅翕，傅翕为佛教居士，自号善慧大士。因信士不识字而不能读经，或虽识字但无暇读经，故创转轮之藏，每推转一匝，即可视为读经一遍，与读经同功①。自宋朝以后，寺院内多设转轮藏殿，成为独立的殿堂。因为要安装巨大的藏柜，并能转动，所以该殿堂在平面柱网及构架上，皆需与转轮藏相配合，作出某些改动。如河北正定隆兴寺转轮藏殿柱网增加了前金柱和后金柱各两根，与前檐柱构成六角形

图7－93 山西洪洞广胜下寺毗卢殿门窗棂格 元代

图7－94 北京智化寺智化殿门窗棂格 明代

图7－95 山西平遥双林寺大雄殿门窗棂格 明代

图7－96　北京北海小西天门窗棂格 清代

图7－97　北京卧佛寺卧佛殿门窗棂格 清代

柱网，以安经藏。并用斜弯梁以扩大轮藏空间，是与一般殿堂不同之处（图7－101）。根据宋《营造法式》中所记载的转轮藏条文与图样描述，在藏柜顶上有天宫楼阁的雕作（图7－102），隆兴寺的转轮藏没有设计天宫楼阁，只是做成重檐八面的出檐，檐下有细密的八铺作斗栱，全为宋代规式。类似的建筑实例尚有四川江油云岩寺的飞天藏殿中的转轮藏。该例建于南宋淳熙八年（公元1181年），亦是按法式的模式建造的，而其中的天宫楼阁更为华丽，分

图7－98　甘肃夏河拉卜楞寺僧房窗格

为上中下3层，上中两层之间有平坐相隔，而中下两层每面各立抱厦、重楼、平坐与行廊，较法式所载更为复杂。云岩寺是佛道兼容的寺庙，飞天藏表现的是道教的内容，在天宫楼阁及柜壁上原有道教雕像200余尊，显示为二十八星宿及二十四气之神祇，故飞天藏亦称星辰车（图7－103、图7－104）。此外，四川平武报恩寺华严殿内亦存有一座明代的转轮藏，其形制亦按法式所载建造。元代以后藏传佛教盛行，寺院内多设有转经筒或转经廊，大者可达数米高，廊内转经筒与人等高，便于推转。其宗教含义与转轮藏相同，亦为转筒一周，类同念经一遍，是最简易的作功德的形式（图7－105、图7－106）。

天宫楼阁是佛国世界的一种表现形式。在上述的壁藏及转轮藏中皆有表现，它是由宫殿、行廊、圜桥、栏杆及小佛像组成的展开型木制小模型，表现上天佛国世界的辉煌壮丽，实际是人间帝王宫殿的摹写。天宫楼阁也用于殿壁的装饰，如应县净土

图7－99　山西大同下华严寺薄伽教藏殿天宫经藏

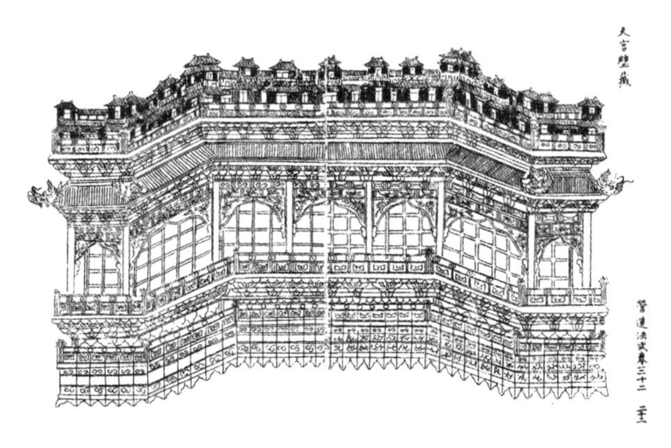

图7－100 《营造法式》卷三十二天宫壁藏图

图7－101　河北正定隆兴寺转轮藏殿内景

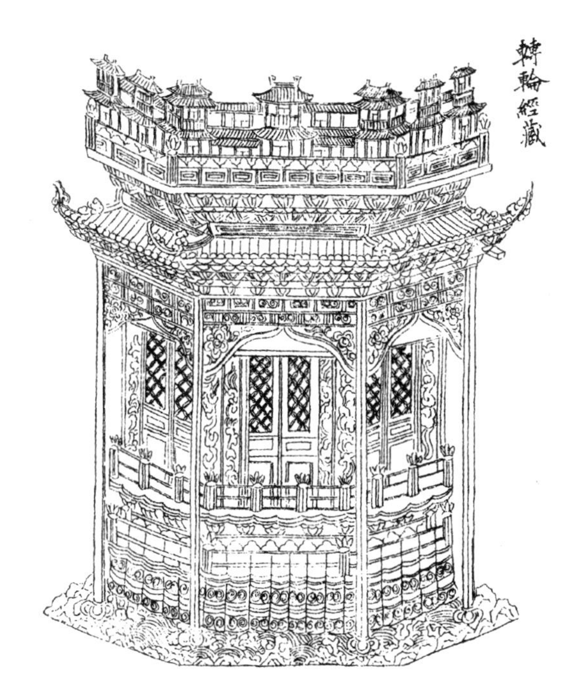

图7－102 《营造法式》卷三十二转轮经藏图

图7－103　四川江油窦团山云岩寺飞天藏殿星辰车

图7－104　四川江油窦团山云岩寺飞天藏殿星辰车细部

图7－105　甘肃夏河拉卜楞寺内转经筒

寺的山墙上端即有设计，与山墙壁上的佛像绘制相呼应（图7－107）。在北京隆福寺正觉殿的悬吊藻井中，即安排3层圆形布局的天宫楼阁，最上又设一层方形布局的天宫楼阁，并配以仙人、佛像，象征天界的不同层级（图7－108、图7－109）。

另外，在殿堂内部设置开花献佛、活佛灵塔、持法戒坛、坛城模型等，皆对建筑内部艺术空间产生巨大的影响。北京北海极乐世界内表现西天梵境的须弥山，是以巨大的人造山体充满全殿，山间布置了溪水、植物、神

图7－106　甘肃夏河拉卜楞寺内转经廊

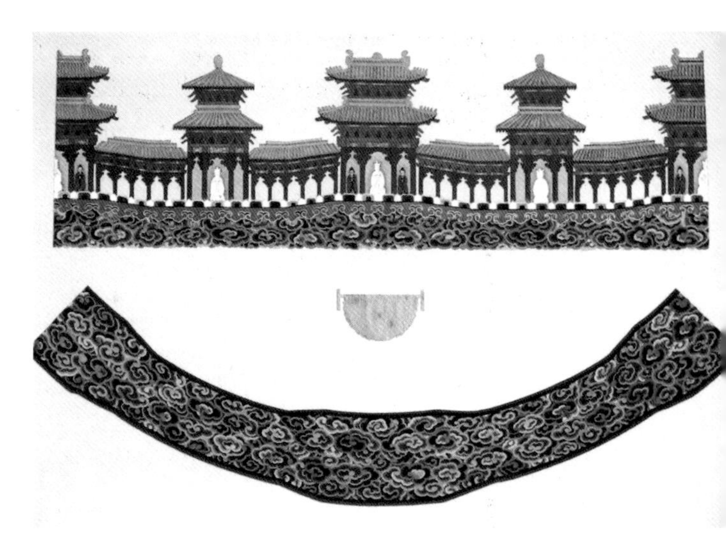
图7－107　北京隆福寺正觉殿明间藻井彩绘天宫楼阁（一）清初

图7－108　山西应县净土寺天花上天宫楼阁

图7－109　北京隆福寺正觉殿明间藻井彩绘天宫楼阁（二）清初

仙、楼阁，最高处为阿弥陀佛端坐云端，表现出西方极乐世界的辉煌壮丽，将佛经上的描述形象化。这项小木作设计，完全改变了传统的长方形佛殿的空间感觉（图7－110）。

图7－110　北京北海极乐世界殿中的须弥山彩塑

图7－111　山西五台佛光寺栱眼壁唐代壁画诸菩萨众

五、彩绘及塑造工艺的成就

①傅熹年. 山西省繁峙县岩山寺南殿金代壁画中所绘建筑的初步分析. 建筑历史研究，1982，第一辑.

中国传统建筑装饰手段可分为雕刻、构造、绘画、塑造、贴嵌、金饰等诸多方面，各类建筑所用的装饰方法，各有所长。如宫殿坛庙建筑中花罩、隔扇门窗、彩画、贴嵌、镏金等应用较多；民间祠堂则多用砖雕、藻井；民居建筑多用花式窗格；藏传建筑多用彩绘、壁画及金饰；佛教建筑在装饰方面亦采用多种方法，比较突出的有三方面，即壁画、塑壁及彩画。兹分述如下：

（一）壁画

佛寺壁画历史悠久，传说中第一座佛寺洛阳白马寺内即画有壁画。至隋唐时更为盛行。画壁的主要地方有山门里壁、廊院行廊里壁以及佛殿内壁。画题有地狱变、龙、天王像、药叉像、维摩变、罗汉像、天龙八部等，其中尤以西方净土变题材的壁画数量最多。一些唐代的伟大画家，如阎立本、吴道子、王维、韩干等都从事过寺观壁画的创作。可惜现在皆已不存。在山西五台山佛光寺大殿的栱眼壁及佛座束腰部分尚有小幅唐代图像遗存，难能可贵（图7－111）。

图7－112　山西高平开化寺壁画 宋绍圣三年

在现存的佛殿壁画中仍有许多佳作。例如山西高平开化寺大雄宝殿的佛传故事壁画，绘于宋绍圣三年（公元1096年），画中人物形象逼真，线条流畅，并有许多建筑配景，有很大的历史价值，可与山西芮城永乐宫元

图7－113　山西应县释迦塔辽金壁画东方持国天 引自《山西寺观壁画》

图7－114　山西繁峙岩山寺壁画

图7－115　山西繁峙岩山寺金代壁画须阇提本生后宫祭祀

代壁画相媲美（图7－112）。此外，山西应县佛宫寺释迦塔内所绘辽代金刚像（图7－113）、天津蓟县独乐寺观音阁底层两壁的十六罗汉像、河北石家庄市毗卢寺正殿元代的人物故事组画，都有十分重要的价值。值得一提的是山西繁峙岩山寺大殿的金代壁画，其两壁所画的题材是佛传故事画。此画虽然是宗教故事，但其背景是按中国皇家宫殿的建筑布局展开的，建筑描绘十分忠实。经专家分析，这组宫殿图是参照金代中都城（今北京）宫殿原型，加以减损绘制的。在此图中所绘的工字殿、挟屋、朵殿、阙楼、十字脊屋顶、黄绿蓝色琉璃瓦等，都反映出宋、金皇家宫殿的形制，其布局亦与宋范成大《揽辔录》及楼钥《北行日录》所描写的金中都宫城布局类似。在北壁、东壁、南壁的壁画中还描绘出楼阁、城墙、敌楼、白露屋、草庐等形象。岩山寺壁画中的建筑形象对研究宋金建筑史的价值极大。有些建筑类型仅见于文字记载，但无实际形貌，岩山寺壁画填补了这方面的空白。岩山寺壁画的绘画技巧水平亦十分高超。整座大幅宫殿的散点透视线控制得很准确。每座建筑透视线亦很准确，各建筑的远近、向背、凹凸、穿插描绘得很清楚。画面利用十分紧凑，几乎每一方寸都布满了建筑和人物。该画用软毛笔绘制，起止转折，轻重疾徐，极富变化，具有一种流畅之美。人物面貌、须发用细笔勾勒，水墨渲染，在笔墨技巧方面十分全面，与传世宋画水平不相上下。所以岩山寺壁画是佛殿壁画中的精品①（图7－114～图7－116）。

在人物画方面，北京法海寺大雄宝殿内的壁画表现出很高的水平。北壁的左右是由帝、后、天龙八部、侍从共三十六人组成的“礼佛护法图”。帝后端庄，天王威猛，力士刚劲，形象细腻而逼真，加以用了叠晕、沥粉贴金等手法，更增加全幅壁画宏大豪放的气势（图7－117）。

藏传佛寺壁画亦十分丰富。如西藏拉萨大昭寺的走廊和殿堂皆布满历史人物迹和神话故事的壁画（图7－118）。布达拉宫的各殿堂内皆有题材

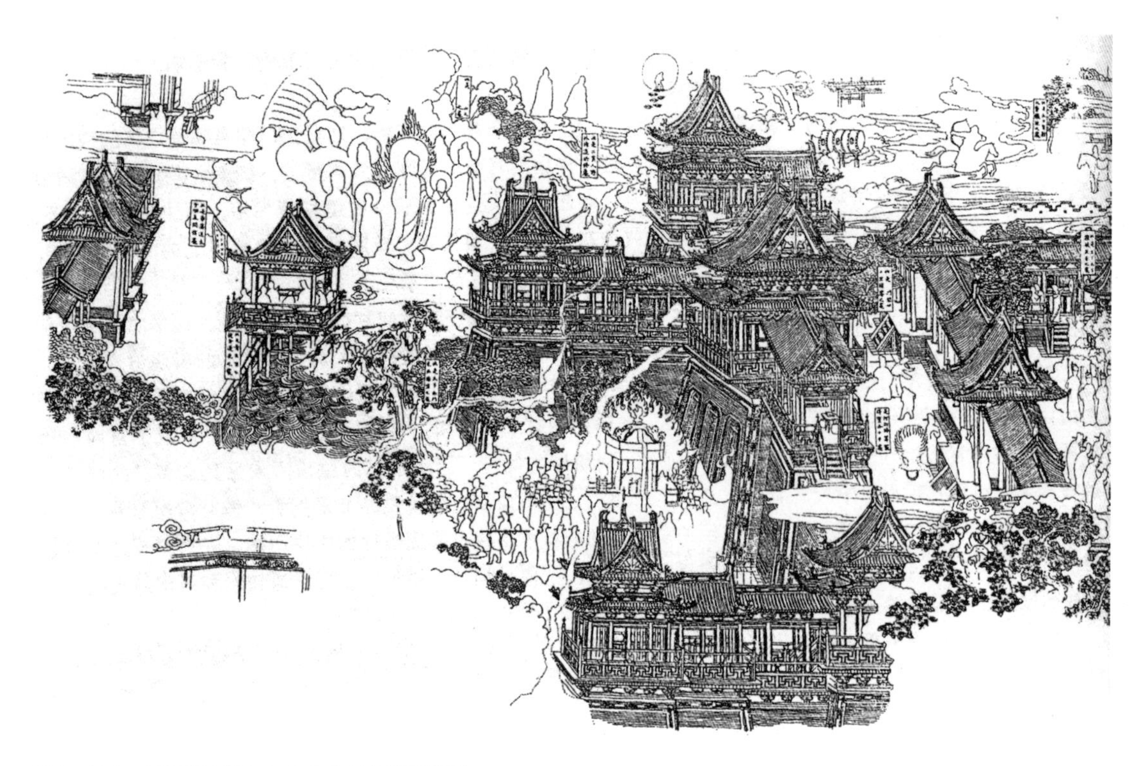

图7－116　山西繁峙岩山寺金代壁画宫殿墨线图

丰富、绚丽多姿的壁画，如佛、本尊、菩萨、度母、明王等神像和佛传故事等，而且还绘制了大量具有社会政治意义的图画，如“五世达赖觐见顺治皇帝”“文成公主”故事以及大幅的“布达拉宫落成图”等（图7－119、图7－120）。西藏阿里地区札达县象泉河畔的古格王国遗址，是公元10世纪至17世纪的一个崇信佛教的王国都城。遗址内佛寺、宫殿还保存着大批壁画，除宗教内容外，尚有宫廷画，如宫廷生活、帝王世系图像、王宫落成图等。还有不少风俗画，如欢迎佛教大师阿底峡入藏盛况、舞狮、杂技、射箭等[①]（图7－121）。青海地区藏传佛寺壁画受地方做法的影响，多绘于布幔上，而后挂在墙上，称为“唐卡”。精通此艺的艺人多集中在同仁县隆务镇的五屯寺附近，故又称为“五屯艺术”。

①金维诺．中国古代寺观壁画．中国美术全集绘画篇．文物出版社，1988.

佛殿内的壁画不同于一般的绘画，具有体量庞大、内容复杂的特点，既要保持细部充实有物，同时要把握住宏观构图完整协调，因而创造出许多特殊的构图法。对于佛、菩萨、胁侍、金刚等眷属众多的大场面，一般采用扩大佛的比例，与眷属体量形成大小对比，构图居中，使之成为全幅图画的统率。对于人物众多的“水陆画”一类的壁画，则采用前呼后拥，帝后、梵天置于中心，将人物分层次绘制，人物比例类似，层次之间以烟云隔开，类似现今用长焦镜头摄制的大场面图片，这种构图对佛殿内横长的东西，在山墙上应用极为合宜。佛传故事是由多幅单独故事画组成的，

图7－117　北京法海寺壁画

图7－118　西藏拉萨大昭寺壁画 桑耶寺图

图7－119　西藏拉萨布达拉宫红宫壁画 瞻佛会

图7－120　西藏拉萨布达拉宫红宫西大殿壁画 达赖五世觐见顺治皇帝

图7－121　西藏古格王国红庙壁画

为了形成统一构图，可以在图画间以烟云、山石、树木相隔开，似隔非隔，气势连贯。布达拉宫落成图亦是几幅庆典场面的组合图，图间以图案化的云朵相隔。岩山寺西壁的佛传故事图画更别开蹊径，将各故事全部安排在一组宫殿建筑内，用鸟瞰式的透视法，将空间展开，同时又用横向流动的行云将各幅故事场景的时空关系拉开，构思十分巧妙。藏式佛殿壁画多具有丰富的装饰性，例如整幅壁画的边缘多绘有装饰带。全幅壁画亦注意装饰性构图，如古格王国白庙中的壁画“二十七星宿图”“古格王统世系图”、红庙的“礼佛图”等皆是数层并列的图像，每一图像皆不相同，但轮廓构图一致，远观效果十分统一，具有鲜明的藏传佛教壁画的特色。云南地区的南传佛寺亦有壁画实例，如勐海景龙村曼档佛寺壁上，就画有迎佛、祟佛、舞蹈等场面的壁画。

（二）塑壁

泥塑是佛教建筑中常用手法，除了金属铸造的石刻的佛像以外，大部分佛像是木架泥胎的塑像。从南北朝开始，直到清代，绵延达两千年之久。其间塑像风格几经演变，表现了时代的艺术表现。所以泥塑佛像一直是雕塑家、美术史家研究的对象。并在许多美术史文章、书籍中进行详尽的论述。因此，对泥塑佛像本书不再赘述。

塑壁是传统佛寺装饰的一项独特的创造，具有很高的艺术性，应当予以重视。塑壁就是在墙壁上作泥塑，是一种密切结合室内空间的艺术手段，相当于一幅立体的图画，装饰性极强。现存早期的塑壁实例已不多见，原河北正定隆兴寺大悲阁未改建前的两山墙上，尚有宋代塑壁残段。东西山墙各为文殊、普贤像，像侧有众多弟子、金刚等眷属，分三排站立，采用对称式构图，四周及上部以云朵、山峦为背景，疏密相间，舒展匀称。特别是上部云端有仙宫楼阁数座，忠实地描绘出宋代建筑的风貌[①]（图7－122）。

①梁思成. 正定调查记略，中国营造学社汇刊，第四卷二期.

在大型佛殿中，为了沟通与后部殿堂的交通，需在后檐明间设门。为此，大雄宝殿佛像扇面墙的后壁面对后门，因此成为必须进行装饰的部位。一般习惯用观音塑像，站像或坐像，称为“倒座观音”。除观音像以外，整座屏壁全部浮塑山峦云气、胁侍弟子、护法神将等图形，成为佛殿北入口的重要对景，这种做法几乎成为明清佛教建筑的通制。现存观音塑像的佳例极多，其中以山西平遥双林寺的渡海观音、自在观音像的气势神态尤为佳妙（图7－123）。河北正定隆兴寺摩尼殿的山水观音坐像亦十分精彩（图7－124）。四川新津观音寺渡海观音塑壁（明成化四年，公元1468年）等（图7－125），亦为观音圣像的塑壁。此外，也有其他题材的塑壁，如山西长治观音堂十二缘觉和二十四诸天像塑壁（明万历十年，公元1582年）（图7－126）。

图7－122　河北正定隆兴寺摩尼殿宋代塑壁

有的佛殿为掩饰顶部的斗栱梁架，增加佛国仙界的气氛，往往将塑壁

图7－123　山西平遥双林寺千佛殿自在观音像

图7－124　河北正定隆兴寺摩尼殿内檐观音塑壁

图7－125　四川新津观音寺明代塑壁（成化四年，公元1468年）

延高至脊檩，称为悬塑或悬山。北京潭柘寺大殿观音菩萨像后的诸天神像悬塑，即为一例（图7－127）。山西五台殊像寺文殊阁也是利用这种手法，将五百罗汉的塑像完全包容进去。罗汉塑像在云端高低上下，或立或坐，生动自由，较之一般平铺直叙陈列的罗汉像要活泼得多（图7－128）。

陕西隰县小西天大雄宝殿内明代末年崇祯七年（公元1634年）建造的悬塑更为著名。殿内由佛座至脊檩的整座山墙，全部用层层叠叠的小楼阁装饰起来。阁内外布置了成百上千的塑像，阁间配以行龙、云朵，绘以金绿彩色，塑像全部贴金，色彩十分绚丽，使佛殿的室内环境呈现出扑朔迷离的场景（图7－129）。

（三）彩画

建筑梁枋彩绘图案装饰手法由来已久，历代变化亦很显著，总的讲是从五彩并陈向冷暖色调，写

图7－126　山西长治观音堂十二缘觉和二十四诸天像 明代万历十年（公元1582年）

生式向图案式，遍装化向标题化发展，装饰效果逐步增强。据《营造法式》记载，至宋代建筑彩画已逐步定型为五彩遍装、碾玉装等五个品类。至清代又明确划分为和玺彩画、旋子彩画、苏式彩画三大类。这些彩画在佛教建筑中皆保留有不少实例。建筑彩画是由水粉绘制，不易保存，尤其是早期建筑彩画更为稀少，故这时期佛殿中的早期彩画更具有重要历史价值。

现已知的最早的彩画是五台佛光寺栱眼壁上唐代的诸佛图案（图7－130）。敦煌石窟第427窟及第431窟的窟檐内部保存了宋代梁枋彩画，可与《法式》所述彩画制度进行对照，十分珍贵（图7－131）。

辽宁义县奉国寺大殿彩画仍是辽代原作，色彩纷繁，包括有朱红、青、绿等色，系属于“五彩遍装”类型。图案内容有莲花、宝相花、团窠柿蒂和各种锦纹图案。特别是在大梁底面所画的飞天人物图案，优美流畅，在国内是罕见的实例（图7－132）。有关辽代彩画，在山西大同下华严寺薄迦教藏殿天花上保留少量团窠、柿蒂、水纹等纹样彩画。在应县木塔藻井中画有散点大小花卉，亦是辽代彩画遗作（图7－133、图7－134）。

明代彩画实例可以北京智化寺为代表。北京智化寺建于明正统八年（公元1443年），为权阉王振所建。寺内各建筑尚存明代所绘之彩画，代表了明代中期的官式彩画之规制。各殿座之外檐彩画已多漫漶，但内檐彩画尚存，例如，如来殿（万佛阁）、西配殿（藏殿）等处皆有精美的图案。如

图7－127　北京潭柘寺大殿悬塑

图7－128　山西五台殊象寺天殊阁塑壁

图7－129　山西隰县小西天大雄宝殿悬塑之一

来殿为全寺主体建筑，上下两层，墙壁上遍饰佛龛九千余座，故又称万佛阁。万佛阁的内檐彩画，包括有额枋、斗栱、栱眼壁、七架大梁、抱头梁、天花梁、檩条、井口天花、门窗券拱壁等处，较完备地反映了建筑各构件的彩绘情况。智化寺的梁枋彩画为早期的石碾玉金线大点金旋子彩画，整体用金量较多，显得雍容华贵。其井口天花彩画十分精美富丽，井口有长方形、正方形、三角形三种，画题为缠枝莲花、佛梵字、宝瓶、佛八宝（轮、螺、伞、盖、花、罐、鱼、长）等交互组合而成（图7－135）。北京法海寺的大殿及山门亦建于明正统年间，弘治年间进一步扩建、修缮，现尚存有部分明代彩画。在该寺彩画图案中，明显可看出两种旋花图案并存的现象。大额枋旋花的旋瓣为涡云状；而下额枋为破瓣如意头（图7－136）。

清代佛寺建筑彩画的遗构较多，可举数例说明。北京瑞应寺彩画约绘制于康熙五十二年（公元1713年），是清初彩画的重要例证（图7－137、图7－138）。从瑞应寺彩画中，可以看出若干历史信

图7－130　山西五台佛光寺大殿栱眼壁彩画 唐代

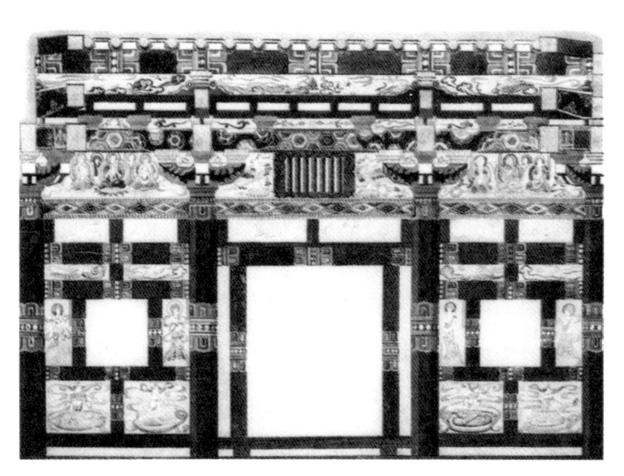

图7－131　甘肃敦煌莫高窟第431窟窟檐内檐彩画临本 宋代 引自《敦煌石窟全集·石窟建筑卷》

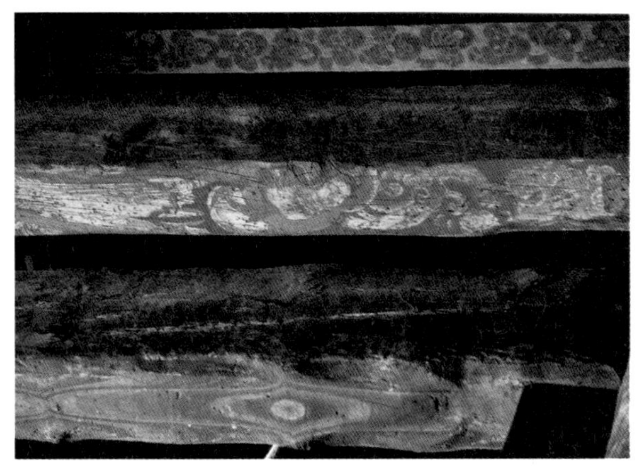

图7－132　辽宁义县奉国寺梁枋彩画 引自《义县奉国寺》

图7－133　山西大同下华严寺薄伽教藏殿内彩画

息。首先是此时的金龙枋心和玺彩画和锦枋心青绿旋子彩画皆已成形。同时也可推测后来雍正十二年（公元1734年）颁布的工部《工程做法》中提出的琢墨彩画与五墨彩画，即可能是和玺彩画与旋子的早期称谓。和玺彩画与旋子的箍头找头部分与枋心部分基本上是各占三分之一，分三停的习惯做法已成熟。另一方面，旋子彩画的旋花花瓣已成为涡卷形，花心已成为圆形（后期称之为旋眼），已出现一路瓣，二路瓣，这也为清代典型旋花出现的时间有了定位。最为突出的是其天花的设计，没有沿用井口天花形式，而是采用平棊大板的设计。地子是席纹锦（双向十字别的组成），上面绘制一大四小椭圆形八瓣柿蒂状的团窠，内绘缠枝西番莲图案。其图案组成仍然以西番莲花为重点，组成一大朵带多小朵花团的办法。所以整块天花图案非常整齐有序，且风格高雅。这种花锦纹地子上浮绘团窠的天花画法，具有江南彩画的风格，是否为南匠所绘已无法查考了。

北京隆福寺彩画约绘于清雍正元年（公元1723年），该寺现已拆除。其梁枋的旋子彩画亦是清代风格，如一整二破的圆形旋花已经确立，旋瓣为涡形瓣，旋花心（旋眼）为正圆形，规制墨线大点金等（图7－139）。隆福寺彩画最精彩的是其藻井的设计及彩绘。其明间的藻井是内凹式兼悬垂式的圆井。共计分为四层，每层皆是以云座托着一圈天宫楼阁，造型及色彩皆不相同。云纹圈梁及斗栱全部沥粉贴金，金光闪烁。亭阁皆彩绘，红柱、青绿梁枋斗栱，石黄屋面。亭廊内皆有镏金仙人站像。中间顶部绘天文星宿图，蓝色底，周圈为沥粉贴金的莲瓣纹。此外，该殿的两次间天花亦设计有藻井，是由方井，转八方及圆形井构成，周圈斗栱承托。皆沥粉贴金，绘有龙纹、凤纹，并用红黄两色金，以示区别。圆井中心是一个坛城图，以红、黄、蓝、绿四色相间。艺术效果亦十分豪华。从隆福寺正觉殿的内檐藻井及彩画设计中，可以体会中国古代寺庙发展到明清之际，其装饰艺术是多么的绚丽多姿。

北京大悲寺彩画约绘于康熙五十一年（公元1712年）（图7－140）。该寺药师殿彩绘有几处特点。首先是外檐绘和玺彩画，而和玺彩画的用金量极大，并用红黄两色金，同时其圭线光的端头为弧形线，应属于《工程做法》中的清代早期的最高等级的“金琢墨金龙枋心沥粉青绿地仗”彩画。内檐旋子彩画为龙锦枋心墨线大点金彩画，也算是上等彩画。其中旋花已经是一整二破的规矩图案。最特殊的是该建筑的檩垫枋三件中的垫板高度较大，其画法也较特殊，每间垫板用卡子分隔出三个池子，池子内容有写

图7－134　山西应县木塔首层藻井散花彩画 辽代

图7－135　北京智化寺万佛阁楼上明间彩画

图7－136　北京西郊法海寺彩画

图7－137　北京瑞应寺后楼西稍间北半部天花彩画

图7－138　北京瑞应寺后楼西稍间山面梁枋彩画

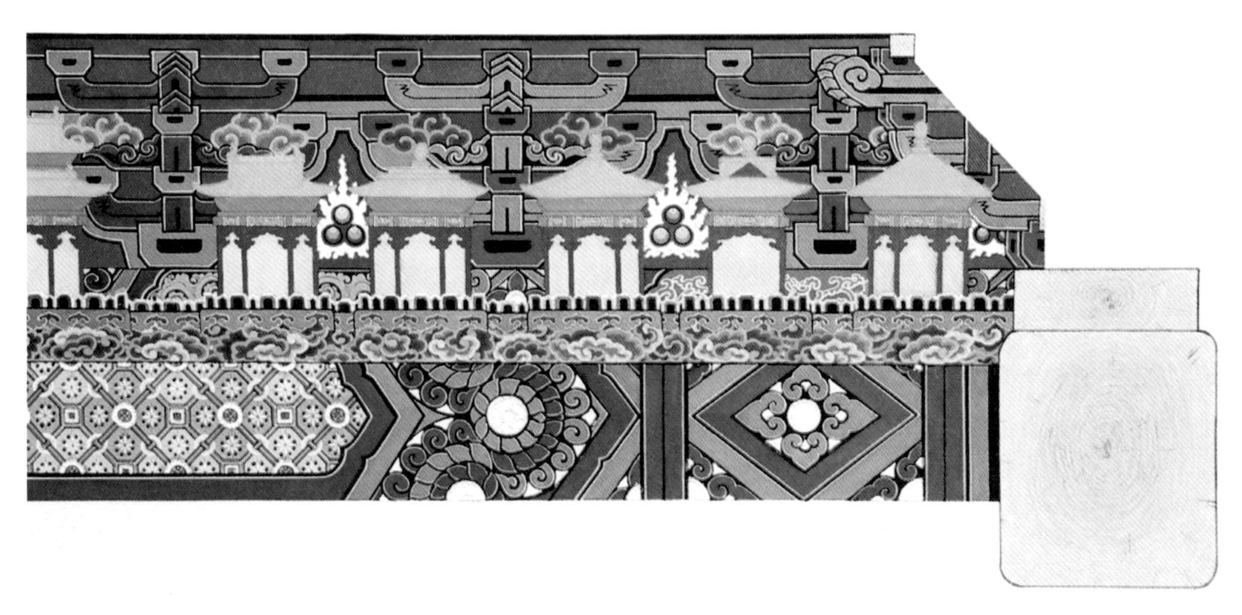
图7－139　北京隆福寺正觉殿明间彩画 清初

图7－140　北京西山八大处大悲寺药师殿外檐明间梁枋彩画

生、花卉、贴金卷草西番莲、玉作缠枝莲花、切活缠枝莲等，尤其是写生花卉题材甚多，有牡丹、牵牛、荷花、桃花、灯笼花等多种。池子之间的找头是用四个青绿半圆旋花，中央一个红色菱形的栀子花，并沥粉贴金。所以整条垫板的彩绘内容十分丰富。

以上所举的三座庙宇的清代彩画实例，皆为清代早期的作品。过去有的同志认为是明代作品，这只能有待于进一步研究了。实际上，明末清初的建筑状况有相近之处，建筑的发展变化需要一个社会客观条件改变的过程，不会因为改朝换代而突变。建筑彩画与建筑结构及建筑形制皆是如此。

建筑外檐装修除了雕刻及彩画之外，某些佛殿采用了地方性手法。如四川峨眉飞来殿外檐柱应用了巨大的立体盘龙雕饰，绕柱盘旋，气势生动。在山西、内蒙古一带的佛寺，喜欢在廊柱间采用木雕挂落，有的在梁头出檐处加用雕刻的兽头（图7－141）。福建一带佛寺佛殿的外檐柱喜欢用石柱，并雕饰有高浮雕的云龙雕刻。河南登封少林寺初祖庵石柱上刻有天王像。至于西藏佛寺的内外檐装饰的柱帔、大托木雕刻、金刚结门饰、金红彩画等，更具有浓烈的民族风貌（图7－142，后页：西藏拉萨布达拉宫门廊柱披彩画；图7－143，跨页：四川乾宁（八美）惠远寺檐柱大替木彩画），这些都是传统佛寺建筑装饰的特殊之处，在此不再多加论述。

图7－141　山西五台塔院寺大殿挂落

六、多彩的佛教建筑装饰图案

建筑装饰图案是建筑美学的重要组成部分，是表现某种思想内涵的载体，图案应用在雕刻、彩绘、塑制、建筑构造等名种装饰技法中，使建筑内外空间更加丰富多彩。图案题材的来源是多方面的。有的是源于原始信仰，如西王母、女娲、蟾蜍、玉兔、四神（青龙、白虎、朱雀、玄武）；有的源于对自然的崇拜，如水、火、云、龙、凤、植物、花卉等；有的源于几何图形，如井字格、米字格、六方龟纹、万字、回纹等；有的源于对吉祥的祈望、如福寿财禄的形象代表、蝙蝠、寿桃、元宝、官帽，以及盘长万字结等；有的来源于宗教思想，如道教的太极图、八卦图、八仙、玉皇等，伊斯兰教的几何图案、阿拉伯文字等。而佛教题材的建筑装饰图案最多，为中国建筑装饰作出巨大的贡献。如飞天、火焰券、莲花、忍冬与卷草、山花蕉叶、狮子、象、宝珠、金刚杵、宝幡 、须弥座、佛教的八种宝物（即法螺、法轮、宝伞、华盖、莲花、宝罐、金鱼、盘长）、五佛座坐骑以及密宗的六字真言（唵嘛呢叭咪吽）、梵文 、坛城等。每一题材都代表着佛的事迹和教义，而且还有图形上的种种变化，题材起到了概括佛迹、佛法的符号作用，可以说佛教寺院建筑中的装饰图案题材最为广泛与丰富。

飞天　代表飞舞于云际的天国仙女，是护法的象征。飞天图案设计非常有创意，它没有采取西方带有翅膀的天使形象，而是以飘扬飘逸的绸带，表示可以在天空飞舞的仙女，是人性化的描写。飞天图案出现在南北朝时期，是否受印度或西域佛教的影响，无据可证。在大同云冈石窟、洛阳龙门石窟及巩县石窟的天花上皆有飞天雕刻，说明飞天题材是当时很普遍的装饰手法（图7－144、图7－145）。敦煌石窟的隋代窟有飞天壁画，唐代的净土变壁画中亦有飞天（图7－146）。飞天题材的运用一直持续到辽代建筑彩画中。最精妙的是在辽宁义县奉国寺大殿中，六根大梁的底部绘有大尺度的飞天图案，面相庄严，体态婀娜，裙带飘浮，色彩艳丽，而且各不相同，是一项水平极高的写生式的图案（图7－147）。此外，大同下华严寺薄伽教藏殿平棊天花上也绘有飞天（图7－148）。宋《营造法式》彩画作中亦有“飞仙”图案，飞仙可能是中原地区对飞天的另一称呼，虽无实例证明，但说明宋代飞天图案仍在应用。元代以后，则不再见到该图案了。但在福建泉州开元寺大殿梁下的替木，仍雕作具有翅膀的飞仙，是南

图7－144　山西云冈石窟第9窟天花飞天雕饰 北魏

图7－145　河南洛阳龙门石窟古阳洞飞天雕刻 北魏

方建筑仅见的一例（图7－149）。

火焰券　是指佛教石窟中供养佛龛的一种桃尖半月形的龛楣，在南北朝时期各大石窟中皆有应用。因为没有定名，学者根据其近似火焰形状，而名火焰券。也有认为其形状类似草庐顶，而名为龛庐券。笔者认为该形式源于印度佛教的大精舍（佛殿），早期这类建筑为筒状纵长竹拱结构，草屋顶，在其山墙面上弯曲的厚草顶，形成带尖的弯月状，是该券的初期形态。以后的石制佛殿仍保留了这个形状，可以从印度阿旃陀石窟及其他各石窟的支提窟（Chaitya）的入口形状得到验证（图7－150）。这个形状广泛用于印度佛塔、佛寺中，甚至印度教的佛塔也有这种龛形，所以这个龛形传入中国是顺理成章的。火焰券面上亦有雕刻，题材有忍冬叶、火焰纹、飞天、坐佛等，火焰券佛龛、阙门式佛龛、梯形梁佛龛是北朝石窟常用的三种佛龛形制（图7－151、图7－152）。火焰券不仅用于中国石窟，很多佛塔的入口也用此式，成为印度式的门楣（图7－153、图7－154）。宋代以后被拱券式门楣取代，火焰券门消失了。而在南方禅宗寺院的木制窗洞口，作成多弧尖拱形，并有券尾，尚存火焰券的余意（图7－155）。北方寺庙的石拱窗券，也能看到火焰券的影子。

莲花　佛教传说中，释迦佛出生时，向四方各行七步，步步生莲花，因此佛座为莲花座，代表庄严妙法，以示不污、不染、不生、不死之意，莲花即代表佛祖。又按《华严经华藏世界品》所述的世界构造，下为无数风轮支撑，其上为香水海，海中生大莲花，莲花中包藏着微尘数世界，每个世界皆有一佛祖，这种华严世界有二十重，重叠排列，组成莲花藏世界。因此莲花在佛教中有着极为崇高的地位。莲花组成的图案极为丰富，从侧视角度设计，有仰莲、覆莲、仰覆莲、束莲、单瓣莲、重瓣莲的变化；从平视角度设计，有八瓣莲、十二瓣莲；加上弯曲的枝条可以成为缠枝莲。仰莲可重叠数层成为莲台，作为佛座；每个莲瓣还可以有多重线脚，并将如意头的曲线及宝珠组织进去，成为宝装莲瓣。莲花纹饰应用甚广，汉代就有将莲花倒置在天花上的记载。洛阳龙门石窟就有以大莲花雕刻作为窟顶装饰的实例，敦煌石窟中的莲花纹井口藻井的实例甚多（图7－156）。南北朝时期的柱头及柱根以莲瓣为饰，柱身中央雕刻出束莲纹饰（图7－157）。这种做法一直延续到唐宋的建筑彩画中以及清代建筑石刻上。唐代的莲花纹铺地花砖及瓦当甚为普遍，并且花饰图案甚多（图7－158～图7－160）。柱础用石雕覆莲形式甚多，从南北朝开始，一直是唐宋辽金时期建筑应用最多的题材（图7－161、图7－162）。佛教造像的须弥座，由初期的工字形叠涩座，至宋代演变成有上下枭混，中有束腰的完整的标准须弥座。而高贵的宫殿、陵寝等高级建筑中皆采用这种须弥座（图7－163、图7－164）。佛寺中为表现佛祖诞生的主题，采用开花现佛的形式，即是在盛开的莲花中，

图7－146　甘肃敦煌石窟第412窟西壁龛顶飞天绘画 隋代

图7－147　辽宁义县奉国寺彩画飞天 辽代
引自《义县奉国寺》

图7－148　山西大同下华严寺薄伽教藏殿彩画飞天 辽代

图7－149　福建泉州开元寺大殿梁架飞天雕刻 宋代

图7－150　印度奥兰加巴德阿旃陀石窟入口门券

图7－151　甘肃敦煌石窟第251窟佛龛

图7－152　河北磁县南响堂山第3窟拱门

图7－153　山西五台山佛光寺祖师塔 唐代

图7－154　北京房山云居寺北塔东南角小塔（唐太极元年，公元712年）

图7－155　南方禅宗寺院的拱券形窗

图7－156　河南洛阳龙门石窟莲花洞天花

图7－157　河北邯郸北响堂山石窟中洞入口檐柱束莲

图7－158　唐代莲花纹方砖

图7－159　南京南朝建康城出土莲花纹瓦当

1. A型Ⅱ式（93LTQT31③ 59）　2. B型Ⅰ式（96LTGT642③ 解剖沟夯土1）

3. B型Ⅱ式（95LTGT642② 2）　4. C型Ⅰ式（93LTQT31③ 62）

图7－160　河南洛阳出土唐代瓦当

图7-161　山西五台佛光寺柱础 唐代

图7-162　河北正定开元寺柱础 唐代

图7-163　山西长子法兴寺燃灯塔仰覆宝装莲基座 唐代

图7-164　清代标准须弥座

设置初生的释迦佛缓缓升起，佛祖降临人间。佛教的莲花已经成为中国各类传统建筑普遍使用的装饰题材，用于花台、基座、地砖、柱础、藻井、砖雕、木构雕饰及建筑彩画中。并且将花瓣变形为卷曲的尖瓣，创造了一种新的花饰，称为西番莲，广泛用于民间建筑装饰。

忍冬与卷草　忍冬纹与莲纹是随佛教传入中国后，首先出现的植物纹样。忍冬纹是一种植物变形纹样，其特点是在一片细长的尖状叶子上有数瓣微弯的子叶。忍冬纹的来源尚未查明。在图案设计中，将这种简单的纹样通过顺排、对排、接续排、加枝蔓等组织方法，可以形成单叶纹、双叶纹、桃形纹、波状纹、锁链纹、藤蔓纹等，各种不同的两方连续图案，成为边饰、门框、椽枋的常用图案。南北朝时期最为盛行，一直延续至唐代（图7-165、图7-166）。因为忍冬纹是有自由度的纹样，在保证基本造型

图7-165　河北邯郸北响堂石窟第3窟洞门忍冬雕饰

基础上，宽窄、长短、曲度皆可变化，适应不同装饰要求，可以说是中国条形植物装饰图案的基本图形。唐代以后，在忍冬纹的基础上将叶片变为卷曲圆润状，成为一种新的花草造型，称为卷草纹。又因其兴盛在唐代，又称为唐草（图7－167）。卷草图案有单片花叶、双片花叶或三片花叶之分，呈左右排列在曲枝两侧。卷草叶并不是哪一种植物树叶的原型，可就势创造，有流畅、华丽、富有生机的艺术风格。卷草中还可增加花卉，形成缠枝花。花卉品种可选莲花、牡丹、菊花等大朵花卉，更增加了卷草纹的多样性。清代官式彩画中将单独的卷草纹称为吉祥草，若与宝珠结合，称三宝珠吉祥草。若将两个吉祥草相对联束一起，又称把子草，在彩画中用作分隔用的图案（图7－168）。

璎珞华鬘　璎珞是将玉珠串为珠串，挂在身上，以示高贵，是印度贵族常用的服饰。华鬘是将花朵串为花圈，套在脖颈上，表示尊敬与虔诚，是印度及东南亚各国人民习用的风俗。中国曾将悬垂的华鬘称为“花绳”，亦可通用。璎珞与华鬘亦用于佛教建筑装饰，以示对佛祖的尊仰与爱戴。佛典认为将珠花“行列结之，以为条贯，无问男女贵贱，皆此庄严，或首或身，以为饰好”。《大唐西域记》中亦称佛教信徒“首冠华鬘，身佩璎珞”作为信仰的表征。在中国佛教建筑中常将璎珞华鬘作为龛饰或檐下的垂幕的装饰（图7－169）。经幢兴起以后，又将该图案应用在幢顶上，成为经幢必备的装饰题材（图7－170、图7－171）。喇嘛塔的塔身上亦将璎珞华鬘作为装饰，

图7－166　河北邯郸北响堂石窟中部北窟忍冬纹雕刻

图7－167　山西高平开化寺大殿栱眼壁卷草彩画 宋绍圣三年（公元1096年）

图7－168　清代建筑彩画中的卷草纹样

特别是达赖等活佛的镏金灵塔，更以珠玉为饰的璎珞装点覆钵，益增华美之态。内蒙古地区的喇嘛塔亦多有璎珞华鬘之饰（图7－172）。

山花蕉叶　是一种飞翘的叶状装饰，用于单层塔塔身叠涩檐上，檐角称蕉叶，檐中部称山花。这种佛教建筑的脊饰，是中国创造的。早期建筑的正脊脊端尚未形成鸱尾，只是上翘的数片羽片，微微上卷。应用到佛塔上形成山花蕉叶。早期蕉叶为三片微卷的尖状叶，唐代开始呈云卷状叶。在北朝石窟的案例中表现十分明显（图7－173、图7－174）。五代十国以后出现建造阿育王塔的热潮，其原始造型取自单层佛塔，但它把塔刹升高，覆钵缩小，蕉叶改为立刀状，并雕刻出人物故事，完全没有原有的叶形（图7－175）。后期佛塔则很少应用山花蕉叶。

狮子　狮子威武雄壮，吼声达数里，威慑群兽，为兽中之王。狮子产于非洲及南美，本不产于中国。但佛经《传灯录》中说，释迦佛生时，一手指天，一手指地，作狮子吼，并说天上地下，唯我独尊。表示佛教威神，发大音声，震动世界之意。故佛教建筑中多有狮子形象，如蹲狮、柱下狮子座、藏传佛寺门楣上的白狮等（图7－176、图7－177）。另外，文殊菩萨的坐骑亦为狮子。

白象　象亦是热带的动物，力大而柔顺，印度甚多。佛教《瑞应本起经》中说："菩萨初下，化乘白象，贯日之精，因母昼寝，而示梦焉，从右胁入"。即佛祖化作六牙白象，以入母胎的故事，故白象代表佛的降生。在建筑雕刻中多有大象或象座。另外，普贤菩萨的坐骑亦为白象（图7－178、图7－179）。

宝珠　宝珠又称火焰珠、摩尼珠、如意珠，是随着佛教的传入而兴起的装饰图案。佛经云，"心性宝性，无有染污""净如宝珠，以求佛道"。赋予此珠除病、去苦等功德，譬喻佛法与佛德。其最初形象为六颗各色宝珠，呈三、二、一梯形排列，周围是燃烧的火焰。而南北朝的石刻中，多为一颗大珠，外包火焰式样（图7－180）。清代彩画中将宝珠与卷草相结合，成为三宝珠吉祥草图案（图7－181）。在椽头彩画中有一种称为虎眼，在宋式彩画中称为叠晕宝珠，亦是宝珠的一种画法。

图7－169　河南洛阳龙门石窟古阳洞璎珞龛楣

金刚杵　杵是印度曾存在的一种手执的短兵器。藏传佛教借用以表示

图7-170　河北易县开元寺经幢中璎珞花绳 唐代

图7-171　河南郑州开元寺经幢 五代后唐天成五年（公元930年）

图7-172　内蒙古包头昆都仑召喇嘛塔细部

图7-173　山西大同云冈石窟第2窟东壁中层中部佛塔雕刻 北魏

图7-174　河南安阳灵泉寺塔林 唐代

图7-175　福建泉州开元寺河育王塔 宋代

坚利之智慧，断烦恼，伏恶魔，金刚杵具有降魔护法之意。按杵的两端尖刺分枝的多少，分为独股金刚杵、三股金刚杵、五股金刚杵。金刚杵多用于佛座间柱，或单独形成图案（图7-182）。彩画中用于天花支条上或垫板上（图7-183）。立体坛城的四面城门下方多用五股金刚杵，以示保卫之意。

法轮　法轮代表佛法，能辗碎一切烦恼，使众生入圣道。中心轮毂代表戒律，八个轮辐代表八正道，即八种正确的思维，外轮圈为汇集正念之意。在藏传佛寺的大经堂或佛殿顶上，常将法轮与双羊相配，称为“吉祥法轮”（图7-184）。法轮用在屋顶或墙壁上，作为装饰物，并且多为铜胎镏金，金

图7－176　北京西黄寺清净化城塔翼狮

图7－177　西藏拉萨布达拉宫白宫平措堆朗大门上的蹲狮

① 《佛学大辞典》，第1987页，“六字真言即”喇嘛教徒常口唱的咒文，即莲花手菩萨祈未来极乐往生时所唱之六字题目也。彼教徒信此菩萨，如彼阿弥陀如来，在极乐莲台救济祈者，生生世世，出离因果无穷之生死，故不问僧俗皆口唱之，尊戴最厚。……又不惟独唱此题目，始有功德。即著之于身，或持于手，或藏于家，亦得为生死解脱之因。西藏人多书此六字题目于长布片等，藏于经筒中，称之为法轮，人人手自回转之，或依风车水车之力，使之旋转，名为转法轮。

图7－178　河北正定广惠寺花塔塔刹上白象

图7－179　江苏南京大报恩寺琉璃塔附近白象

图7－180　河北邯郸响堂山石窟石刻火焰珠

图7－181　清式彩画三宝珠

图7－182　北京真觉寺塔雕刻金刚杵

图7－183　清式井口天花彩画支条结点五股金刚杵

图7－184　西藏拉萨大昭寺镏金吉祥法轮

光闪烁，华美异常，成为藏传佛寺的重要标志物。法轮也作为佛教八宝物之一，在基座或墙壁上雕成单独图形。

佛八宝　八宝指的是八种物件，为轮、螺、伞、盖、花、罐、鱼、长，皆为供养释迦佛的用品，代表对佛的尊重。轮是法轮；螺是乐器；伞是遮阳用具；盖是佛顶防尘之具；花是供养植物；罐是水罐，为洁净之具；鱼为有余的意义；长为绵长永久之意，多用盘长花结表示。佛八宝皆成组使用，可以作为须弥座束腰上的雕刻，作为壁画中的题材，作为彩画中的图案，也可在坛城中作为边饰，是藏传佛寺的独有的图案（图7－185、图7－186）。

坛城　坛城的梵文称曼荼罗，有诸佛聚集之意，绘制或造型的坛城，可使信徒僧众增加对佛国世界的观想意会。藏传佛教坛城的一般构图是方圆互套，中心是大日如来，四佛拱卫，呈圆形莲花状，周围为方城，有四门，外周有圆形大山大海包围，色彩十分富丽。坛城可绘成“唐卡”，悬挂在殿壁上。也可做成模型，供养在殿内。大量的坛城图案是用在井口天花的圆光上，或者用在藻井中心的圆光上（图7－187）。

六字真言　六字真言为六个梵文字母，音译为汉文的“唵嘛呢叭咪吽”，是藏传佛教的一种咒语。经常念诵六字真言，可广积功德，修行圆满，往生得去西方净土莲台，得到解脱。藏区人民不但口诵，还可制成经幡置于门口及村口，以为祈福[①]。六字真言可横排，也可环形排列。多用于梁枋及天花彩画中，也可制成铜板装饰上墙壁上（图7－188、图7－189）。

五佛座　藏传佛教认为世界有五个如来佛，代表金刚界的五智。即中心的大日如来；东方的阿闳佛；南方的宝生佛；西方的阿弥陀佛；北方的不空成就佛，分据五方世界，又称五方佛，佛殿的供养中常有五佛并列。而五佛的坐骑各不相同，大日如来为狮子座；阿闳佛为象座；宝生佛为马座；阿弥陀佛为孔雀座；不空成就佛为迦楼罗座，即金翅鸟。在佛寺佛塔的雕刻中常以五佛坐骑代表五佛。在几座金刚宝座塔的基座雕刻中，常有表现（图7－190）。

千佛　千佛是指过去、现在、未来三劫中各有一千个佛出现，表示佛法无边，涵盖宇宙。千佛亦是佛教建筑中常用的图案题材，在云冈石窟、敦煌石窟中，有的窟壁即雕满千佛。有的寺院还有以千佛阁命名做建筑。千佛图案有十分庄严的装饰性，如河北承德普宁寺大乘阁内檐壁面即制成规则的山岩形状，每个岩洞内安置鎏金铜佛坐像一尊，形成密布在全壁的立体装饰图案。另有将千佛置于殿外，如北京颐和园的智慧海殿即用琉璃制的小佛像，规则地贴砌在外墙上，流光溢彩，黄绿相间，具有很强的装饰性（图7－191）。

以上所举的建筑装饰图案皆源于佛教的故事及理念形成的题材，是真正的佛教图案。但在中国佛教发展中，逐渐融合中华民族本土的理念及文化观点，因此，在佛教建筑装饰题材又广泛采用了世俗的装饰素材。如龙纹、云纹、水纹、山纹、如意纹、万字纹及各种花卉植物纹样，创制出丰富的装饰效果，是佛教建筑艺术的宝贵财富。也验证了世界各种文化皆是不断发展融合创新的，是兼容并包的文化载体。

中国佛教建筑的艺术含义及技术手法都是在不断变化与发展过程中，本文只能做到概略性的介绍，有些尚需进一步总结。但从总体上看可以发现中国佛教建筑的一些共同特点：佛教建筑并不企求表现自身的庄严与不朽性，而更多的是利用各种艺术手段来烘托供养主体——佛像的神圣感；其次，充分注意到艺术的综合性，选址、布局、建筑、雕刻、绘画、装饰图案、陈设各方面的手段结合在一起，相辅并用，相得益彰；再者，佛教建筑与世俗建筑有着亲密的共通性，主要的建筑手法、手段皆来自民间建筑，所以中国佛教建筑具有鲜明的民族气质；同时，佛教建筑也像中国其他建筑类型一样，喜欢将象征主义手法应用到建筑艺术创作中，含蓄地阐述着形体之外的思想意蕴。总之，中国佛教建筑在构思、形体、手法等方面都将为中国建筑的发展提供有益的借鉴。

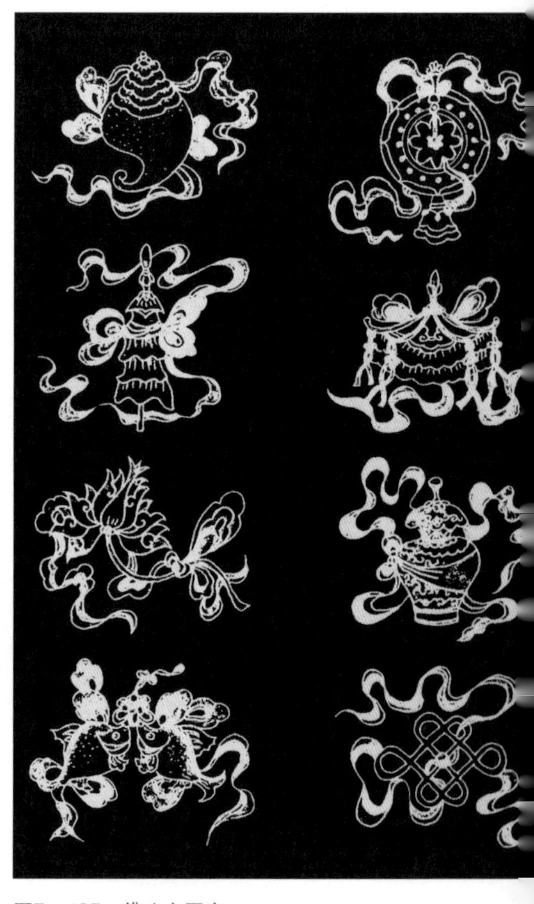

图7－185　佛八宝图案

图7－186　清式彩画中的佛八宝图案

图7－188　清式井口天花的六字真言彩画

图7－187　北京隆福寺大殿次间藻井坛城彩画

图7－189　河北承德普宁寺大乘阁额枋六字真言和玺彩画

图7－190　北京真觉寺塔五佛座雕刻

图7－191　四川峨眉山伏虎寺尊胜宝幢铸铜千佛图案

第八章 传承创新继往开来

一、中国现代佛教建筑的演进

新中国成立以来，中国佛教建筑与民族传统建筑一样，走过了一段曲折起伏的岁月。这期间有过沉寂、误解、探索、创造等发展所必经之路，至今仍在继续这个过程。概括地说从1949年算起，可分为两大阶段，前三十年与改革开放的后三十余年。

前三十年对佛教建筑来说是沉寂萧条时期，没有什么发展，而且呈萎缩的状态。推究其原因有诸多方面，首先就是经济因素。历史上寺院的建造资金来源有两方面，一是皇室御赐建造，经费由朝廷支出；二是贵族富户捐赠布施，是广大地方佛寺主要集资方式。而新中国成立以后进行社会改造，农村经土地改革，消灭了地主阶级，后又经过合作化、人民公社的改革，土地国有，农村中皆是自耕农，没有富裕人家。城市里经过行业公私合营到全面国有企业，城市居民皆是政府或企业的职员，没有私人经济与积蓄。所以佛寺失去了城乡居民的经济支持。而且新中国成立初期国家生产尚未恢复，故国家投资于宗教方面亦十分有限，佛寺建筑日渐萎缩是必然的现象。

另一项原因是思想认识上的变化。新中国成立以来倡导马列主义，唯物主义的认识论，革命者应是无神论者，信仰单一化，往往把宗教信仰与封建迷信混为一谈，削弱了宗教对群众的教化作用。这期间的宗教改革者曾提出若干有创见的论述，如赵朴初先生提出的“人间佛教”理论，以“诸恶莫作，众善奉行”教化信徒，但在当时环境下其影响受到局限。1966年开始的“文化大革命”更将传统文化（包括宗教文化）的破坏推向高潮，一切传统文化皆是“落后”的，属于“四旧”范围，是红卫兵打倒的对象。佛寺内建筑被占，经书烧毁，僧侣还俗，碑碣推倒，佛教建筑受到极大破坏，这十年间是佛教发展的低潮。

前三十年的佛教寺塔不仅没有增长，而且毁坏了不少，有些殿堂塔幢是有很高的历史文化价值的，但由于各种原因受到破坏与消失，再也无法弥补。21世纪初罗哲文、杨永生同志曾对此状况做过初步调查，集录出版了“失去的建筑”一书，书中收集了169项古代建筑，其中也包括不少佛教建筑。限于条件，这仅是不完全的统计。例如内蒙古呼和浩特市原有众多的寺庙，但目前仅有大召、席力图召、五塔召、乌苏图召等四座寺庙，其他如小召、乃木齐召、弘庆召、喇嘛洞召等皆已不存。全国其他各地皆有类似情况。

佛教建筑的破坏与消失有几种原因，有些是由于战争，如河北宝坻广济寺三大士殿、易县开元寺毗卢殿等辽代建筑皆毁于抗日战争期间。有些因资金不继，日渐倒塌，一些偏远地区寺庙皆属此种状况。有些建筑保护不力，使用不当，毁于火灾，如福建泰宁甘露庵。有些是因为城市开发更新改造而被拆除，如北京长安街的大庆寿寺双塔、北京护国寺、隆福寺、法渊寺、嵩祝寺、瑞应寺等。还有些寺庙建筑虽然仍然存在，但宗教活动已经停止，使用状况有了改变，一般改为学校、仓库或城镇政府办公用房。由于使用功能的改变，建筑的内外檐装修亦多改造，已非原貌。在一般寺庙中的佛塔多为实心构造物，即使内部有空间也很狭小，没有多少使用价值，因此出现庙毁塔存，佛塔遗存多于寺庙遗址的状况。总之，新中国成立初期三十年间，佛教建筑的发展处于衰微的状态。

1976年“文化大革命”结束以后，全国进入全面改革时期。在经济上实行多种经济共存，鼓励人民创业，发展民营企业作为国有企业的补充，改善人民生活，提高了社会的消费水平。政治上扩大了民主生活，社会思想更趋活跃，进一步落实宗教政策，作为团结全国各族人民的重要助力。在这后三十余年中，佛教亦进入了发展时期，亦有许多佛教建筑兴建起来，呈现出新的生机。佛教建筑的发展离不开宗教革新的刺激因素，最关键的是“人间佛教”的观念逐渐为大家接受。认为佛教应走入社会，接触人民，作有益社会的活动，不是自己解脱，而是帮助大众解脱，因此宗教活动要融入社会之中，这也是大乘佛教追求的目标。在这种思想指导下，佛教建设不

图8-1　中国佛学院普陀山学院

仅要盖佛寺、殿堂，铸造尊像，还要参与社会各种活动，扩大宗教的影响。例如寺庙内要设禅堂，不仅供僧人参禅，也要扩大规模，接受信众居士习禅。寺院内设写经堂，开展信徒写经活动，加深对佛经的理解。台湾佛光寺内设有电视台，办了寺院自己的报纸及刊物，以宣传佛教的人生理念。北京龙泉寺在学诚法师的指导下，成立了互联网研究室及DVD制作中心，并设计了典型的动画人物贤二。一般新建寺庙中多建有图书馆及会议厅，与传统的藏经楼在内容与形式上皆有很大的不同。在台湾的慈济院以救死扶伤为目的，曾建有多座医院，为百姓治病。为了深入研习佛学，除了在北京成立中国佛学院以外，各地亦建立多座佛学研究院（图8-1）。近年国内的旅游业有了巨大的发展，除了传统的著名寺庙是游客希望参观的景点之外，有的地区依托寺庙建立佛教文化园区，构成新的参观热点。如无锡的灵山胜境、西安的法门寺、三亚的佛教文化园等皆是这类景点。改革开放以来，中国佛教协会与世界各国的佛教寺庙建立了交流与协调关系，并成功地主办了四届世界佛教大会及世界佛教论坛。为此还建立了宏大的会议中心，以满足承办大会任务，无锡的梵宫就是为此而建造的（图8-2）。同时各国间也有建筑方面的交流。为了振兴佛祖的诞生地，展现尼泊尔的兰毗尼地区的文化特质，中国佛教协会于2000年在兰毗尼建造了中华寺，以示尊崇（图8-3）。同样，印度佛教协会在中国的第一寺，洛阳白马寺内，亦建造了一座仿佛陀伽耶大窣堵坡式的佛殿，表现出中印两国佛教的渊源（图8-4）。为了纪念对中日两国文化交流作出重大贡献的鉴真和尚，由我国著名的建筑史家梁思成先生，亲自设计了扬州鉴真纪念堂，该堂是按照日本的鉴真遗物唐招提寺式样设计的，是唐代建筑艺术风格（图8-5）。同时在三亚南山建造了纪念日僧空海的纪念苑。空海是日本的遣唐僧，将唐代真言宗（亦称密宗或唐密），带回日本，建立日本真言宗（东密），是中国宗教东传的使者。该建筑完全仿造日本寺院式样建造，反映了日中两国在建筑上的交流（图8-6）。

在现存寺庙的扩建改建方面亦走出了新的步伐。如呼和浩特的大召，在寺前建了宽阔的广场；扶风法门寺结合游览区兴建，改造了寺、院的布局；上海静安寺因用地狭窄，无法扩展用地，而将寺院的配殿建筑改造为4层的楼房，就地抬高了寺庙，并在庙后建造了佛塔（图8-7）；台湾的某些寺院为了更紧密地接近市民，而又无法取得城市用地的情况下，往往购买已建的办公楼或宾馆，加以改造而成寺庙，将天王殿、大雄宝殿、禅堂、僧舍分层布置，成为立体式佛寺布局。如台中的惠中寺、花莲的兰阳别院皆取此式（图8-8、图8-9）。总之，现代佛教建筑也在与时俱进，不断演进变化之中，希望能走出一条全新的道路来。

图8-2　江苏无锡灵山梵宫

图8-3　尼泊尔蓝毗尼中华寺

图8-4　河南洛阳白马寺内印度佛陀伽耶纪念堂

图8－5　江苏扬州鉴真纪念堂

图8－6　海南三亚空海纪念苑

图8－7　上海静安寺多层殿堂

图8－8　台湾台中惠中寺会议厅

图8－9　台湾花莲兰阳别院佛殿

二、中国现代佛教建筑的设计构思

随着社会的进步，宗教思想开放以及建筑技术的革新，近年的佛教建筑亦逐步出现新的面貌，不再拘泥于传统的佛寺规制，呈现出百花齐放之势。在诸多新的设计实例中，目前尚无法断定那些设计构思是未来的发展方向，估计中国现代佛教建筑尚有一段多元共存的时期。说明成熟的宗教艺术作品是经过历史的检选产生的，不可能一蹴而就。按目前的设计构思趋势可分为几种类型，各有千秋。

（一）以体量高大取胜的案例

图8－10 香港天坛大佛

由于工程技术的提高，新建的佛教建筑在体量上较历史建筑更为高大。在20世纪末曾出现过建造大像的热潮，例如1993年香港在大屿山木鱼峰顶建造的天坛大佛，像高26米，加莲花座及基座共高34米。为释迦结跏趺坐的镏金坐像，仿隋唐佛像风格。青铜铸造，用铜250吨（图8－10）。继之，1997年在浙江普陀山建造的南海观音立像，为铸铜工艺，像高18米，与台基共高33米，在当时已是很大的佛像了（图8－11）。同年，江苏无锡建造的灵山大佛亦完工，举行了开光仪式。佛像为青铜铸造，用铜700吨，像高79米，莲花座高9米，共高88米，比历史上现存的乐山大佛还高出17米。佛像下面有巨大的基座，像前有218级登山云道，又将佛像抬高了30余米，灵山大佛成为当时国内最高的露天大佛（图8－12）。结合灵山大佛的建造，赵朴初先生曾提出五方五佛的概念，即北方云冈大佛、西方乐山大佛、东方灵山大佛、南方香港大佛、中心龙门大佛，这样的配置关系更加肯定了灵山大佛的宗教地位。但最高露天造像的记录很快被打破，2005年在海南三亚南山海滨，建造了三尊一体的白衣正观音立像，一面朝向大陆，两面朝向大海，三面观音手执器物不同，分别执莲花、金书、佛珠。观音像立于海中，有长达百余米的长桥与陆地相联。观音立像全高108米，比美国纽约自由女神像还高15米，为国内最高的造像（图8－13）。佛像为不锈钢制作，表面涂白色防腐膜，洁白无瑕，在蓝天碧海的衬托下，益显神圣高贵。在遗迹修复方面亦有创举，太原龙山开化寺后山崖上原有一座摩崖大佛，建于北齐天保二年（公元551年），高约40余米，是最早的露天大佛。后来风化圮毁，头部不存，胸臂埋在沙石之中。2007年被发现，集资修复，高达10米的头部仿北齐佛像风貌恢复，成为太原的重要景点（图8－14）。今后是否还会有更高大的佛像出现，只能拭目以待。

在单体佛殿建筑中体量最大的案例为辽宁辽阳的广佑寺。该寺始建于辽代，为东北地区的重要的寺庙，历代皆有兴建，盛时达200余间，至今尚有一座辽代砖塔遗存，称辽阳白塔，为全国重点文物保护单位。寺庙在1900年遭沙俄侵略军焚毁，逐渐废圮。2002年在政府的主持下重建了广佑寺，规模扩大了许多。其布局仍采取山门、天王殿、大雄宝殿的轴线式规划，其中最引人注目的是其巨大的大雄宝殿。该殿面阔十三间，长达73.78米；进深七间，深宽49.8米，建筑面积达11472平方米，是国内古今历史中最大的单体佛殿（图8－15）。该殿为3层楼阁式，前后各有五间抱厦，整

图8-11 浙江普陀山南海观音像

图8-12 江苏无锡灵山大佛

图8-13 海南三亚南海观音像

图8-14 山西太原蒙山大佛

体造型较为丰满。建筑为钢筋混凝土结构，故可建造出如此大体量的建筑。殿内还安置一尊樟木镏金大佛，使用了香樟木600立方米，高达21.48米，佛身高17米，与云冈石雕大佛等高，可称是国内最大的殿内木制坐佛。

佛塔方面亦有竞高的案例。江苏常州天宁寺是江南重要的佛教丛林之一，历史悠久，乾隆下江南曾三次赴天宁寺拈香顶礼，亲赐“龙城象教”匾额。该寺原有佛塔，后圮毁，于2005年由主持方丈松纯和尚发愿重建。新的天宁寺塔为八角13层楼阁式塔，仿唐宋风格，每层皆有平坐，底层有副阶围绕。该塔高达153.79米，是全国最高的佛塔（图8-16）。超过古代最高的河北定县宋代料敌塔达一倍以上（料敌塔高为73米）。该塔为钢结构，用钢量达6500吨，具有良好的抗震抗风性能。外形虽为传统模式，但塔刹改为金刚宝座式，五峰并峙，全部镏金，金碧辉煌。塔基台上设置999个小塔，环绕主塔。顶层设置铜钟，声音远播。该塔内部装修

图8－15　辽宁辽阳广佑寺大雄宝殿

装饰亦十分豪华，包括有东阳木雕、扬州漆器、常州刺绣、惠安石雕等著名传统手工技艺，表现出该塔在继承传统方面的追求。

（二）继承传统建筑风格的案例

中国历代佛寺建筑除佛塔外皆为木构建筑，其建筑的外观形制特点是梁柱搭接，分间明确，斗栱密布，隔扇式门窗，油饰彩绘，曲坡灰瓦屋面，高等级建筑可用彩色琉璃瓦等。近年来虽然建筑材料有了改变，工程技术有巨大的发展，但为维持信众对佛教建筑的认从，许多新建佛寺仍然采用传统外观形式。如海南三亚的南山寺、湖南张家界天门山寺、江苏无锡祥符寺、宜兴大觉寺、苏州重元寺、山东庆云金山寺、荣成法华院、上海静安寺、辽宁辽阳广佑寺、香港志莲禅院、台湾佛光山寺等。近年新建的一些佛塔，亦采用传统形制，多为楼阁式方塔或八角塔。如杭州新雷峰塔、常州天宁寺塔、北京雁栖湖景观塔、上海静安寺塔、宜兴大觉寺塔等。这些传统外貌的佛教建筑，其结构多为钢筋混凝土构架，内部装修亦多现代化，实现了新的功能，是一种革新的尝试。

海南三亚南山寺是在1998年建成，位于落伽山脚下。因为南山历来有观音巡海的传说，并且是鉴真大和尚第六次东渡日本的出发地，是吉祥之地，故建寺纪念之。该寺为仿唐式建筑，依山按中轴线安排照壁、天王殿、大雄宝殿，两侧为钟楼及经藏、左右配殿。轴线两侧则还安排了12座四合院，具有唐代廊院制布局的特色（图8－17）。

图8－16　江苏常州天宁寺塔

图8－17　海南三亚南山寺

这种仿历史建筑特色的设计方法，当时曾盛行一时，如无锡祥符寺是仿辽代建筑，辽阳广佑寺为结合辽代的白塔，亦取辽式。但仿制历史风格最彻底的是香港的志莲净苑，该寺位于九龙的钻石山，全为仿唐建筑，不仅布局、建筑形制全为唐制，而且为全木构造。特别其细部设计，一丝不苟，皆具唐风。鸱尾、陶瓦、斗栱（双杪双下昂七铺作斗栱）、人字叉手、覆莲柱础、板门直棂窗、寻杖式栏杆、唐式石灯等皆依唐式而建（图8－18）。近年更在寺南建造了南莲园池，是依据唐代山西绛守园居池的意境描写设计的，亭阁馆榭、苍松莲池，有序分布，清雅宜人。该寺是仿唐建筑的经典之作。

图8－18　香港志莲净苑

湖南张家界的天门山寺，在民国以后仅存遗址。2009年建成新的寺庙，是按清代官式建筑风格建造的，全部为钢筋混凝土结构，绿琉璃瓦黄剪边屋面。按轴线布置了五进院落，尤以大雄宝殿后的观音阁最为雄伟，两层三檐，折角亚字形平面，每层皆有十二个翼角，飞檐叠起，气象华美，有北京故宫角楼纤巧之态（图8－19）。

图8－19　湖南张家界天门山寺观音阁

台湾高雄佛光山有南台佛都之称，是星云大师率众弟子所建，自1967年陆续建成，亦是仿清官式建筑，黄琉璃瓦屋面。大雄宝殿内供横三世佛，殿内四壁仿千佛构思，贴制了14800个小佛龛，气象宏伟，是内檐装修的改革。大雄宝殿的两侧左右山头尚建造了大悲殿及大智殿，分别供养净瓶观音及文殊菩萨。东山还建有大佛城，主尊为金身的接引大佛。佛光山以规模宏大著称（图8－20、图8－21）。同样在江苏宜兴所建的佛光山别院大觉寺，亦是采用传统建筑形式，加以革新变化而成。该寺结合地形采取变轴线的做法，进入山门以后两侧为雕像群，左为佛陀行化图，右为十八罗汉，远处可望15层楼的宝塔。至莲花

图8-20　台湾高雄佛光山大雄宝殿

池轴线转90度，两侧为爬山长廊，东禅楼、西净楼，中央为坐南朝北的大雄宝殿。其布局并没有按传统的朝南形制（图8-22）。

苏州重元寺原为苏州大丛林，始建于南朝，屡建屡毁。2007年在新址重建，寺址选在阳澄岛的沉雁湾，是按江南佛寺风格建造的，灰瓦、黄墙、褐色装修、白色石栏，斗栱纤细，屋角高翘，皆为香山帮建筑的规式。大雄宝殿面阔七间，副阶周匝，三檐歇山，体量庞大。最有创意的是在寺院对面湖中岛上建观音阁，阁庙相对，以长桥联系。阁高3层五檐，亚字形平面，翼角众多。内供33米高的观音立像，是国内最高的室内佛像（图8-23、图8-24）。

图8-21　台湾高雄佛光山大雄宝殿内檐千佛壁

使用钢筋混凝土结构的佛教建筑，由于使用的要求，亦采用了革新的新技术。如宜兴大觉寺宝塔高15层，平面方形，结构面阔五开间23米。该建筑虽为佛塔，实际为容纳多种用途的办公大楼，其中有佛殿、会所、行政用房、辅助用房等，因此皆要求为大空间。故下两层的结构为梁柱框架剪力墙结构；而三层以上采用大跨度预应力空心板结构，板面积达18×25（平方米），空间宽敞，满足使用需要（图8-25）。

图8-22　江苏宜兴大觉寺大雄宝殿

以上诸寺结构多为钢筋混凝土结构，仅为仿制的传统式样。真正还用木

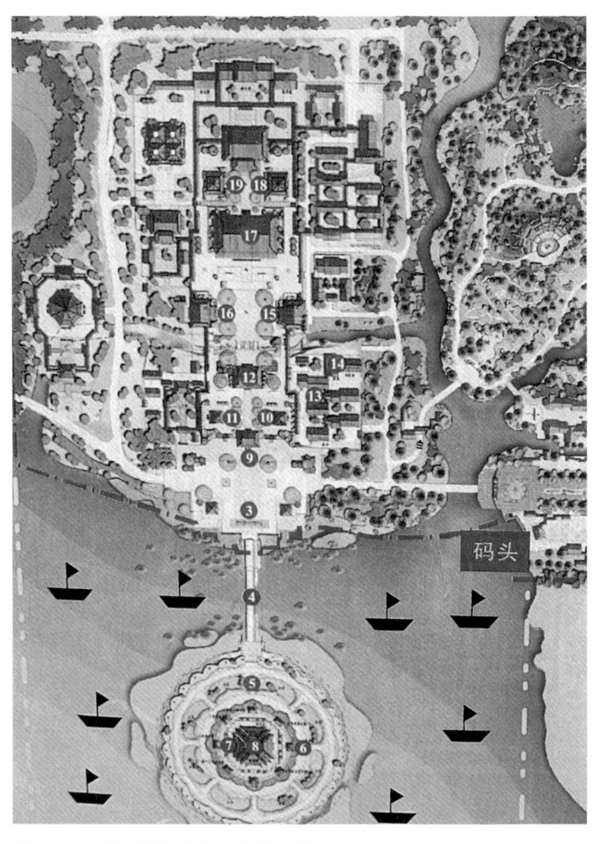

图8－23　江苏苏州重元寺平面图

材构造的，除香港志莲净苑以外，武汉归元寺的圆通阁当为巨构。主体楼阁全用进口红木建造，梁、柱、斗栱、飞檐、挑台、栏杆皆是纯木榫卯联结，不用其他材料。构架基本为清代官式做法，但翼角飞翘为南方建筑特点。平面方形，面阔五开间，十字歇山顶。阁高44米，内5层，外显3层。各层平面不同，底层四面各出三间抱厦；二层四面各出一间龟头屋；三层四角各出一间抱角亭，各层檐口皆不相同，加上各层周圈的挑台，形成丰富多变的立面效果，是历代楼阁所未见的构图（图8－26）。该建筑是在克服地基、抗震、防火、疏散等各项要求下建成，实属不易。

过于高大的佛教建筑尚可采用钢结构，如杭州新雷峰塔及常州天宁寺塔。雷峰塔为保护遗址，必须做成中空状。塔高49.17米，通高71.68米，钢框架结构，铜皮外装修。常州塔为追求全国第一高

图8－24　江苏苏州重元寺观音阁

图8－25　江苏宜兴大觉寺塔

塔，13层，塔高153米，全部为钢结构，共用钢材6500吨，此两例说明现代技术的威力（图8－27）。

图8－26　湖北武汉归元寺圆通阁

（三）具有创新意识的案例

近年一些佛教建筑力图打破传统木构形制的束缚，尝试应用各种建筑材料及装饰手法营造新的佛教建筑。借鉴传统建筑的局部形制或符号，传达出中国佛教建筑的意境，散发出某种新鲜感受。

例如三亚佛教文化园的"不二法门"景点，是取材于汉代阙楼的形式。将双阙改为三出阙，并扩大为群阙，并配以褐色琉璃瓦及彩色贴面砖，赭红及白色墙面刷饰，造成具有民族建筑风格的新式门阙（图8－28）。

三亚南山观音苑的入口采用传统的经幢形式，六座高大的经幢一字排开，其高度自中心向两侧递减。幢顶有三层重幔及花绳，各层八面均有佛龛坐佛；幢身有"南山海上观音文化苑"的题字及佛教偈语；幢座为两层须弥座及莲台山崖组成，较传统经幢造型丰富许多。这种设计布局与园区广阔的环境相得益彰（图8－29）。

无锡灵山胜境的二门，是吸取了江南建筑常用的贴墙门的形式。在五座城门洞的大墙上，贴饰六柱五间十一楼的牌楼，并采用了垂花式的屋顶，褐式琉璃瓦面。既有传统风格又有现代的面貌（图8－30）。

另外值得注意的是在灵山胜境景区的中部，为了解决地形高差，在断崖上塑制了"降魔成道"的大型浮雕，表现释迦牟尼在菩提树下打禅静思，经七天七夜，战胜了魔王派出的以权欲、财宝、美色来引诱佛祖的魔兵魔将，终成大悟的觉者，天地都为之震动的故事。浮雕吸收了西方的雕塑手法，但又引用传统的构图及装饰符号，是一幅中西结合的优秀作品（图8－31）。

在佛塔方面亦有创新，例如宜兴大觉寺宝塔，不仅高度达15层，而且内容也已改变，该塔方形，直上直下没有收分，没有平坐，每两层设一挑檐，无斗栱，每层没有间柱全部开窗，实际为一座多功能的办公行政大楼。结构上采用预应力大板，以保证大跨度空间，为佛塔造型提供了新的思路。西安园博会的观光塔虽非佛教建筑，但也采取了唐代佛塔的造型。但全部

图8－27　浙江杭州新雷峰塔

图8－28 海南三亚佛教文化园的不二法门

图8－29 海南三亚观音苑六幢门

图8－30 江苏无锡灵山胜境二门

为钢结构，不设斗栱，内外檐装修采用不锈钢、铝板及玻璃等现代建筑材料，轻巧玲珑，完全是一座现代建筑（图8－32）。

台湾南投的中台禅寺是以现代建筑的基本骨架，融合某些佛教建筑符号进行设计的。寺庙总体为中心对称左右铺配的高层建筑。内部有天王殿、大雄宝殿、地藏殿、万佛殿、大讲堂、斋堂等建筑，与僧房、办公用房等皆联系在一幢建筑内，没有采用院落式布局。各殿堂皆有新的创意，如天王殿的四大天王是依托包裹承重大柱设计的；大雄宝殿的坐佛高大，圆形宝轮状背光，较少装饰；外檐用蕉叶、莲瓣、覆钵等佛教符号装点；建筑顶部多为镏金（图8－33）。最称壮举的是在中心塔楼中部设计了一樘大帷幕玻璃墙，高30米，宽16米。该墙无支条框架，是由钢索网结构支撑，具有耐压抗震

图8－31　江苏无锡灵山胜境“降魔成道”浮雕

的效果。透过玻璃墙可望见中心塔内药师七佛塔，夜间照明后更为绚丽华美（图8－33）。该建筑设计的某些细部，如檐口莲瓣、楼顶的蕉叶、依柱而建的四大天王像等，皆过于放大，有比例失调的遗憾。

陕西扶风法门寺佛教文化景区是一组庞大的建筑群，占地15万平方米。由山门、净水池、佛光大道组成前区。大道两侧设“佛陀圣迹”及“法界源流”多座雕塑。中心最后安排“合十舍利塔”，以为结束。该塔以巨大的金色双手作合十状，双手中心捧着一座传统形式的单层唐塔，塔内安置佛骨舍利，以象征对佛祖的崇敬礼拜之情（图8－34、图8－35）。全区虽然规模宏大，但有失简略，有的宗教人士认为主体建筑的合十塔并不是佛教合十状态，有待讨论。

为召开世界佛教大会而建的无锡灵山梵宫，亦是一座具有多功能的为宗教活动服务的现代佛教建筑。梵宫层高3层，但占地面积广大，总进深达180米。建筑以南北为轴线，东西呈对称式布局。建筑外檐墙面全用淡黄色花岗石构筑，显示出庄严与永恒的壮观气势。屋顶上有五座华塔，由丛聚式的莲瓣构成，全部镏金，闪耀碧空。建筑内部由门厅、廊厅、塔厅及圆形的有全景舞台的圣坛组成。轴线两侧布置了多座会议厅、接待厅、展厅以及千人宴会厅等（图8－36）。内檐装修更是集国内传统美术工艺之大成，采用了东阳木雕、敦煌彩画、扬州漆器、北京琉璃、堆漆、油画、景

图8－32　陕西西安世园会观光塔

图8－33　台湾中台禅院主楼

图8－34　陕西扶风法门寺景区合十塔效果图

图8－35　陕西扶风法门寺景区大殿内景

图8－36　江苏无锡灵山梵宫

泰蓝镶嵌、青花瓷器等各地名师作品，将传统文化的精华表现得淋漓尽致。梵宫造型吸收了佛教建筑的许多有特色的形制与概念。如华塔是取自于表现华藏世界的千莲千佛的概念（图8－37）；入口的束莲柱及火焰券是采用南北朝时期的石窟外观；主塔及周围四角佛幢是表现须弥山五峰的描写；三层檐上的八座佛灯是代表了“花、香、灯、涂、嬉、鬘、歌、舞”八供养菩萨；中心塔厅的天花“天象图”是按炽盛光佛、九曜星图等十二幅图案绘制的（图8－38）；塔厅穹顶八面挑出的飞天伎女是古代石窟中常用的题材；圣坛穹顶的大型灯饰是表现大莲花世界；梵宫门口的白象代表了佛祖的降生；圣坛环廊天花绘制的是著名的敦煌壁画；廊厅对景的华严世界大型琉璃作品表现出佛教“明心见性”的澄明修为等。梵宫的设计在现代化及传统继承方面进行多方尝试，应该说效果较佳，得到群众的好评，可称成功之作。

（四）借鉴国外建筑艺术的案例

世界各国的建筑文化具有互补的特征，中国古代佛教文化既受到了印度及西域的影响，同时又将

图8－37　江苏无锡灵山梵宫华塔细部

图8－38　江苏无锡灵山梵宫塔厅天花“天象图”

图8－39　台湾花莲慈济院静思堂外观

图8－40　台湾花莲慈济院静思堂大堂

自己的佛教文化传布到朝鲜和日本。随着交通条件的改进，更促进了彼此间的交流。现代佛教建筑同样会相互启发，共享共荣。目前中国佛教建筑在吸取国外艺术方面正在起步，已经有了试探的成果。

台湾慈济医院是台湾的证严法师创立的。法师立志要济贫救难，博爱人间，以无限坚忍的精神，在1966年首创慈济功德会，以济世救人为宗旨，并得到广大信众的支持与捐赠。数十年间成立了慈济纪念堂、慈济专护、慈济医学院等，成绩最显著的是在台湾各地成立的多座慈济医院，其中花莲慈济医院是诸院的中心。该院的建筑设计亦十分有特色，虽然使用了曲坡大屋顶，仍属于传统建筑类型，但是融入了许多国外建筑因素。例如山面朝前，形成纵长的体量，以改传统建筑横长的固定模式（图8－39）；而叠加三层悬山博风板，有南传佛教建筑的风格；医院设立的会议厅类似教堂大厅，厅堂后部没有立体佛像，采用大幅油画的佛祖图为背景（图8－40）；大厅两厢设3层楼座，类似西方剧场；大厅上方显露坡形屋面，亦有西方教堂风貌（图8－41）；医院静思堂墙面以马赛克贴画的形式表现佛祖救生图等，皆有域外建筑的因素。至于传统建筑的表现多用在装饰细部上，如博风板、正脊、楼座栏板、外部石阶等处多雕有飞天、坐佛、流云等，对建筑的整体风格仅能起到辅助作用。

喷泉水景是西方园林中重要的景观题材，与中国园林中自然山泉流瀑的感受不同。尤其被西方皇家园囿中大量采用，如法国巴黎的凡尔赛宫、俄国圣彼得堡的夏宫，其中的喷泉都是赫赫有名的作品。近年在中国佛教建筑中亦引用喷泉，著名实例为无锡灵山胜境的九龙灌浴喷泉。“九龙灌浴”的构思是据佛教《本行经》记载佛祖诞生的故事情节产生的。佛祖生后，向东南西北各走七步，步步足下显出莲花，他一手指天，一手指地，称“天上地下，唯我独尊”，这时园中出现两方池水，天空出现九条巨龙，龙口吐出水柱，为佛祖沐浴净身。设计人员按此情节在广场中心建造一座巨大的莲花铜柱雕刻，下部由四尊力士金刚承托，柱周为圆形水池，池畔有铜雕九条飞龙和八组形态各异的伎乐供养仙女。随着“佛之诞”音乐声起，莲瓣徐徐绽开，现出镏金的太子佛像。此时，九龙口中一齐喷射出数十米高的水柱，为太子佛像沐浴，太子佛像在水幕中缓缓旋转一周。最后莲瓣合拢，喷水停止，池边的凤凰口中流出八功德水，供信众饮用（图8－42、图8－43）。这项设计不仅将动态喷泉引入构图，而且增加了转动、升起、吐水、音乐以及传统式样的铜铸佛像、力士、伎乐仙女等，形成一组复杂的音乐喷泉（图8－44、图8－45），借此表现出“花开见佛”“九龙灌浴”“佛光普照”“济世惠人”等众多的有关佛教的故事及理念，是游客最喜欢的观赏之地，也是一件成功的作品。这项构思也被其他地方所复制，如山东荣成赤山新建的法华院，即按此模式建造了一座喷水观音像，可见好的构思是有影响力的（图8－46）。

图8－41　台湾花莲慈济院静思堂大堂楼座及屋顶

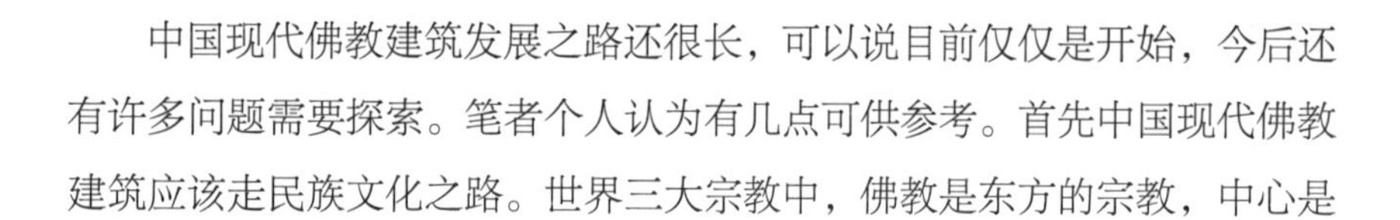

中国现代佛教建筑发展之路还很长，可以说目前仅仅是开始，今后还有许多问题需要探索。笔者个人认为有几点可供参考。首先中国现代佛教建筑应该走民族文化之路。世界三大宗教中，佛教是东方的宗教，中心是

图8－42　江苏无锡灵山胜境九龙灌浴喷泉

图8－43　江苏无锡灵山胜境九龙灌浴喷水状

图8－44　江苏无锡灵山胜境喷泉之供养仙女

图8－45　江苏无锡灵山胜境喷泉之力士

图8－46　山东荣成赤山法华院之观音喷泉

在中国、朝鲜、日本等亚洲国家，已经形成自己的建筑体系及形制，是信众喜闻乐见的视觉感受。唯有发扬东方式的宗教建筑文化，才能立足于世界，发挥其影响力。要想很好地继承发展民族传统，首先要熟知自已的历史及其总结出的经验与不足，以便继续前进，佛教建筑亦应如此。为此，我觉得应加强佛教界与建筑界人士的交流，切磋理念，求得共识。同时在民族化的过程中，允许失误或弯路，久之，必然更成熟一些。其次，发展应该是渐进式的，不能一蹴而就。有些设计把传统形式过度简化，以追求现代风格，超过人们在视觉上的暂留规律，则无法接受。所以设计需要渐近，逐步改进，慢慢地转到新形式中来。佛教建筑是有艺术性的建筑，因此在构图中应该融入艺术成分，不能仅从现代技术角度来设计佛教建筑。第三，现代佛教建筑应该是开放式的，不应拒绝世界文化的影响。世界发展很快，许多新生事物已经在人们日常生活中传布，现代社会的新功能新技术一定会给佛教建筑带来新的机遇。现代社会的交流条件已经十分便捷，世界优秀的文化可以方便介绍到各地区，佛教建筑也应博采众长，以我为本，以开放的心态迎接各种挑战。我衷心地希望中国佛教建筑更上一层楼，迎来更为辉煌的明天。

图书在版编目（CIP）数据

中国佛教建筑／孙大章著．—北京：中国建筑工业出版社，2017.5
ISBN 978-7-112-20655-1

Ⅰ．①中… Ⅱ．①孙… Ⅲ．①佛教－宗教建筑－建筑史－中国 Ⅳ．①TU-089.3

中国版本图书馆CIP数据核字（2017）第076661号

责任编辑：费海玲　焦　阳
书籍设计：张悟静
技术编辑：孙　梅
责任校对：焦　乐　张　颖

中国佛教建筑

中国建筑设计院建筑历史研究所
孙大章　著

*

中国建筑工业出版社出版、发行（北京海淀三里河路9号）
各地新华书店、建筑书店经销
北京锋尚制版有限公司制版
北京顺诚彩色印刷有限公司印刷

*

开本：880×1230毫米　1/16　印张：31　字数：764千字
2017年12月第一版　2017年12月第一次印刷
定价：288.00元
ISBN 978-7-112-20655-1
（30312）